MANUELS-ROR

NOUVEAU MANUEL COMPLET

DU

PEINTRE EN BATIMENTS

VERNISSEUR, VITRIER

ET

COLLEUR DE PAPIERS DE TENTURE

CONTENANT

les Procédés les plus nouveaux et les plus usités dans ces différents Arts

OUVRAGE UTILE AUX OUVRIERS QUI EXERCENT CES PROFESSIONS
ET AUX PROPRIÉTAIRES
QUI VEULENT DÉCORER OU ENTRETENIR EUX-MÊMES LEURS HABITATIONS

PAR

MM. RIFFAULT, TOUSSAINT, VERGNAUD
et F. MALEPEYRE

NOUVELLE ÉDITION

Augmentée du Peintre d'Enseignes
de la Pose des Vitraux
de la Série des prix pour les travaux de Peinture, etc.

ORNÉE DE 42 FIGURES DANS LE TEXTE

PARIS

ENCYCLOPÉDIE-RORET
L. MULO, LIBRAIRE-ÉDITEUR
12, RUE HAUTEFEUILLE, VIe
1908

AVIS

Le mérite des ouvrages de l'**Encyclopédie-Roret** leur a valu les honneurs de la traduction, de l'imitation et de la contrefaçon. Pour distinguer ce volume, il porte la signature de l'Éditeur, qui se réserve le droit de le faire traduire dans toutes les langues, et de poursuivre, en vertu des lois, décrets et traités internationaux, toutes contrefaçons et toutes traductions faites au mépris de ses droits.

ENCYCLOPÉDIE-RORET

PEINTRE EN BATIMENTS

VERNISSEUR, VITRIER

ET

COLLEUR DE PAPIERS DE TENTURE

PRÉFACE

———

L'accueil flatteur qu'ont reçu les éditions antérieures de cet ouvrage nous a imposé le devoir de rendre cette nouvelle édition plus complète encore que les précédentes, d'apporter plus de soin à la rédaction générale, en respectant toutefois les analyses et les citations textuelles, et de la débarrasser des répétitions qui s'y étaient introduites, ainsi que de plusieurs formules hasardées qu'on y avait admises d'abord, et dans lesquelles il était difficile de démêler le bon grain d'avec l'ivraie.

Nous avons, en un mot, cherché à nous rendre clair et intelligible pour tous, et notamment pour les ouvriers qui ne sont pas initiés dans les théories, mais dont le désir et le besoin sont de connaître tous les procédés de la pratique. C'est pourquoi nous avons remplacé quelques expressions scientifiques que les savants seuls peuvent comprendre, par des termes plus simples et plus usuels sans dénaturer le texte, et nous en avons supprimé d'autres tout à fait inutiles et

même insolites dans un ouvrage qui s'intitule modes-
tement *Manuel*.

Nous avons dû conserver les additions importantes
qui avaient été ajoutées à l'édition dernière, et qui
sont de nature à intéresser la classe des lecteurs auxquels nous nous adressons ; de plus, nous avons ajouté
un grand nombre de développements nouveaux sur
les diverses peintures de bâtiments, *sur le Peintre
d'Enseignes, la Pose des Vitraux*, et sur les fraudes
dont se rendent coupables quelques ouvriers de mauvaise foi.

Cependant, le cadre dans lequel il nous était imposé
de nous renfermer ne nous permettant pas de nous
étendre au delà d'une certaine limite, nous avons dû
renoncer à grossir ce volume, ce qui n'eût pu être fait
qu'en augmentant son prix, au détriment de la bourse
de l'acheteur. Nous nous sommes donc efforcé de rester
dans notre sujet, élaguant ce qui lui était étranger et
renvoyant à tel ou tel ouvrage de l'*Encyclopédie-
Roret* pour les procédés de telle ou telle industrie,
décrits dans un ouvrage spécial avec plus de détails
que nous n'aurions pu le faire ici.

Ainsi, tout ce qui concernait dans les précédentes
éditions la dorure sur bois et sur métaux sera lu avec
plus de profit dans l'*Art du Peintre, Doreur et Vernisseur*, dans le *Manuel de Dorure et d'Argenture des
métaux* et dans le *Manuel de Dorure sur bois* ; le
Manuel du Bronzage des métaux et du plâtre renferme
in extenso tous les procédés relatifs à cette industrie,
et celui de *Peinture et Vernissage* contient tous les procédés connus jusqu'à ce jour pour peindre et vernir
les métaux et les bois ; le *Manuel de Peinture sur*

verre, sur porcelaine et sur émail, contient toute la chimie des métaux et des couleurs vitrifiables, qu'un doreur sur porcelaine et sur verre a besoin de connaître. Nous ne pouvions remplacer ces ouvrages par un aperçu trop écourté sans être plus nuisible qu'utile.

Cette classification des industries similaires à la peinture décorative, qui fait l'objet de ce manuel, nous a conduit à le refondre entièrement, en réunissant en une seule partie tout ce qui est d'une même profession. Notre travail, épuré et augmenté de ce que nous avons reconnu utile, se divise donc aujourd'hui en quatre parties bien distinctes :

1° *La peinture en bâtiments et l'emploi des vernis*;

2° *Les enseignes et le filage*;

3° *La vitrerie*;

4° *La pose de papiers de tenture*.

Ces quatre parties de notre Manuel traitent de travaux exécutés par les peintres en bâtiments, quelle que soit leur spécialité, surtout par ceux des campagnes qui se chargent de toutes sortes de travaux. Pour ceux-ci surtout, notre nouvelle édition est indispensable. C'est principalement pour eux que nous avons complété notre travail par les deux dernières parties.

Dans les villes, ce sont des ouvriers spéciaux qui se chargent de décorer les appartements, les rampes des escaliers, les devantures de boutiques et de faire les enseignes et le filage. Mais dans les campagnes, qu'un propriétaire ou un commerçant ait à faire exécuter des travaux analogues, sera-t-il dans la nécessité de faire venir à grands frais un ouvrier de la capitale? Ne vaut-il pas mieux, en pareil cas, qu'un peintre de sa localité connaisse et puisse exécuter ces travaux, qui ne sont presque toujours que des raccords? Cette connaissance de la partie décorative de la peinture en bâtiments tournera à l'avantage de l'un et de l'autre.

En résumé, cette nouvelle édition est presque un ouvrage nouveau, par sa classification, sa rédaction rectifiée et les nombreuses additions qui y ont été faites. Puisse-t-elle être accueillie avec autant de faveur que ses devancières et rendre comme elle des services qui la feront apprécier et rechercher. Tel a été notre désir en la publiant; nous serons heureux de penser que notre but aura été atteint.

NOUVEAU MANUEL COMPLET

DU

PEINTRE EN BATIMENTS

VERNISSEUR ET VITRIER

PREMIÈRE PARTIE

PEINTURE EN BATIMENTS

Ustensiles ; Matières employées ; Travaux divers, Préparation, Broyage, Mélanges et Application des couleurs et des vernis ; Moyens de neutraliser leur action délétère ; Enduits hydrofuges ; Peintures de décors.

---

1. — Origine de la Corporation des Peintres

La corporation des peintres remonte au XIV⁰ siècle ; ils étaient réunis aux sculpteurs. Le roi Charles VI leur donna des statuts le 12 août 1391, par lesquels ils étaient exemptés du guet ; puis, en 1430, leurs privilèges furent étendus à l'exemption de toutes tailles, subsides, gardes, etc., lesquels privilèges furent confirmés en 1548 par Henri II et en 1583 par Henri III. Ce ne fut que plus tard, sous Louis XIII et Louis XIV, que les peintres-artistes furent réunis

Peintre en bâtiments. 1

aux sculpteurs, à l'exclusion des peintres en bâtiments, et placés sous le patronage du Directeur
général des bâtiments du roi, sous le nom d'*Académie royale de Peinture et de Sculpture*.

Dès lors, les autres peintres s'en tinrent aux
travaux ordinaires du bâtiment, et c'est pour cette
dernière classe que furent rendues plusieurs ordon-
nances attributives, en date de 1723 et 1776, qui
lui accordaient quelques privilèges et l'assimilaient,
pour quelques objets de commerce, aux épiciers,
aux tapissiers, etc.

Les travaux de la peinture en bâtiments constituent depuis cette époque une profession spéciale,
qu'on est dans l'habitude de distinguer des beaux-
arts proprement dits. Toutefois, les études profes-
sionnelles et l'habileté que déploient parfois certains
peintres, surtout ceux qui s'appliquent à la partie
dite décorative, permettent souvent de les mettre
au rang des vrais artistes.

2. — Atelier et Magasin

Les ateliers de peinture en bâtiments sont : 1° la
broierie; elle doit être située au rez-de-chaussée,
dans un lieu frais et le moins humide possible :
c'est dans cet atelier que sont déposées les couleurs
en poudre, en pierre, ou en trochisques ; c'est aussi
là qu'elles reçoivent les différentes préparations
qui les rendent propres à leur emploi. Il faut, autant que possible, choisir cette broierie de manière
à pouvoir en renouveler l'air par un courant continu, lorsque quelques-unes de ces préparations
présentent du danger. Ses dimensions doivent être

relatives à la quantité de broyeurs que nécessite l'importance des travaux qu'on exécute habituellement. Quant à la disposition des outils, on ne peut rien prescrire de positif ; c'est à la sagacité du maître à trouver les places les plus convenables à chacun d'eux, en raison de la disposition des lieux. Le plus communément, cependant, on pose les pierres à broyer dans le sens le plus éclairé de la pièce, si toutefois cette disposition de gêne pas la circulation ; sur le côté opposé, et même au-dessus de ces pierres, on place des casiers à tiroirs pour contenir les couleurs en poudre dont l'emploi est le moins fréquent. Les machines à broyer une fois placées, le surplus de la pièce est occupé par une grande table portée sur des tréteaux et garnie de tiroirs pour serrer les outils de broyage : c'est sur cette table que les ouvriers déposent les outils qu'ils rapportent des ateliers de ville ; c'est aussi sur elle que le premier broyeur leur donne ceux dont ils ont besoin pour entreprendre de nouveaux travaux. Sous la table, on place les tinettes aux couleurs broyées dont on fait le plus d'usage.

Quant aux couleurs broyées, dont l'usage est moins fréquent ou étendu, on les renferme dans des vases vernissés ou couverts, sur une planche au-dessus des pierres à broyer.

Le surplus de la broierie est occupé par les tonnes de céruse, d'ocres et autres couleurs qui sont le plus en usage : des seaux, camions, brosses, échelles, grattoirs et autres outils usuels.

2° Une *cave* doit aussi nécessairement faire partie des dépendances d'une broierie : c'est là qu'on conservera les colles, les huiles, les eaux secondes et les essences.

3° Un *atelier* doit être parfaitement sec ; il serait convenablement placé au-dessus ou à la suite de la broierie ou du magasin. C'est dans cette pièce que l'on peint, dore, vitre, etc., etc., les objets qui demandent un soin particulier, ou qui, pouvant facilement se transporter, épargnent de la sorte des pertes de temps ruineuses, en même temps qu'ils évitent à leur propriétaire l'odeur désagréable de la peinture, ainsi que l'embarras et les saletés que causent la plupart des ouvrages préparatoires. Le milieu peut être occupé par une table destinée à supporter les ouvrages des peintres et doreurs. Si l'atelier est suffisamment grand, on peut disposer au surplus quelques établis pour faire la mise en plomb des panneaux de verre à compartiments. Ces établis doivent être garnis de tiroirs pour recevoir les outils des ouvriers.

4° Enfin, pour ceux qui joignent la vitrerie à la profession de peintre (et c'est presque tous), un second *magasin* ou dépôt de feuilles de verre de toutes dimensions, dressées de champ dans des cases en tringles de sapin, avec un établi et une table bien dressée et métrée sur les deux sens pour couper le verre. Dans ce magasin, il y a toujours du mastic préparé et des pointes à verre, afin de répondre de suite à toutes les demandes.

Outils et Equipages

Voici la nomenclature des objets qui doivent garnir les ateliers et magasins d'un peintre en bâtiments.

1.º Une *pierre à broyer*. — Les pierres à broyer les couleurs sont en grès ou en liais, et même en marbre, granit ou porphyre; plus le grain de ces pierres est fin et serré, moins elles absorbent de liquide, et plus le broyage est parfait. On donne à ces pierres la dimension de 1 mètre à 1ᵐ 30 de long sur autant de large et 15 centimètres à peu près d'épaisseur. Ces dimensions n'ont rien d'absolu; on peut les subordonner à l'emplacement qu'on leur destinera. Cependant il ne faudrait pas les diminuer sensiblement, car alors le broyage deviendrait très coûteux par le peu de couleur qu'on pourrait y étendre.

Ces pierres doivent être posées horizontalement sur un fort bâti d'assemblage en bois de chêne, dont les traverses, s'il n'y a pas de dessus plein, devront être d'environ 16 centimètres de large; ou sur de forts jambages en briques à plat et disposés de manière à recevoir l'extrémité de deux pierres, tout en ménageant entre elles un espace d'environ 5 centimètres. Cet espace se garnit en mastic au blanc de céruse : ce mastic doit être étendu de manière à former une gouttière ayant sa pente du côté où doit se mettre le broyeur; un vase appendu au-dessous de ces gouttières reçoit le liquide qui s'en échappe. Ces gouttières sont très utiles pendant le nettoyage des pierres, puisqu'elles évitent la perte du liquide, s'il a quelque valeur, et les saletés qui le souilleraient s'il tombait à terre.

2º Pour broyer les couleurs fines, on emploie une *molette* (fig. 1), en forme de cône tronqué, faite de la même matière que la table; ou des tranches de marbre de 5 à 8 centimètres d'épaisseur. Ces marbres doivent être choisis compacts ; on doit préférer ceux peu veineux, et exclure surtout ceux à veines blanches ; ces veines, et généralement les marbres blancs, étant d'une densité moindre, s'usent promptement et rendent le broyage long et inégal. On doit rejeter tous ceux qui auraient quelques traces de métaux : les fragments qui s'en détacheraient, si petits qu'ils fussent, nuiraient à la pureté de certaines couleurs.

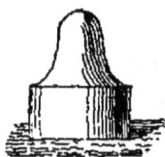

Fig. 1.
Molette.

Lorsqu'on veut broyer une couleur ou une substance quelconque, on la place sur la table et on la triture avec la molette. Comme, par le mouvement circulaire qu'on imprime à celle-ci dans la trituration, on finit par étendre les substances sur presque toute la surface de la table, et par les faire adhérer tant à cette surface qu'à celle de la molette, il faut les détacher de temps en temps, et les rassembler au centre de la table avec un couteau long et flexible, d'acier, de corne ou d'ivoire; mais on comprendra aisément que si l'on se bornait à porphyriser à sec sous la molette, les substances colorées s'échapperaient en poussière. Il a donc fallu avoir recours à l'emploi de liquides qui puissent retenir les particules légères divisées par le broiement et la pulvérisation, les *détremper* ou les imprégner de façon qu'elles devinssent faciles à étendre sous le pinceau. Ces liquides, ainsi atteints de la couleur des substances qu'ils ont imprégnées, s'appliquent facilement sur les objets, et, en les pénétrant, ils y incorporent la couleur, qui s'y trouve alors fixée et maintenue solidement.

Lorsque l'on cesse de broyer, on doit nettoyer la pierre et la molette : ce nettoyage se fait par un lavage à grande eau, si l'on a broyé à l'eau, et en essuyant fortement la pierre avec un linge, si l'on a broyé à l'huile ou à l'essence. Lorsqu'on aura négligé de nettoyer les pierres et les molettes immédiatement après le broyage, ou qu'on voulût changer de couleur, il faudrait verser de l'huile sur la pierre, et promener la molette comme si l'on broyait, et lorsque la couleur paraît détachée, enlever et essuyer. Si la pierre avait été délaissée pendant un laps de temps assez long pour durcir la peinture, il faudrait, avant l'opération que nous venons de décrire, en faire une pareille, en substituant de l'eau de potasse à l'huile. Veut-on se servir, pour broyer à l'eau, d'une pierre sur laquelle on aurait précédemment broyé à l'huile, il faudra, la pierre étant à l'état de propreté que les opérations ci-dessus devront lui procurer, la saupoudrer de sablon fin tamisé, qu'on mouillera et broiera, jusqu'à ce que la pâte qui en résultera soit suffisamment colorée, on lavera, on recommencera ce broyage jusqu'à ce que la pierre ne dégage plus de couleur; alors on la lavera à grande eau de manière à enlever tout le sablon.

Si, après ce travail, il arrive que la pierre soit encore grasse, on la lave à l'eau de potasse, puis à l'eau pure.

3° *Machine à broyer.* — Nonobstant cette manière primitive de broyer, on se sert maintenant de plusieurs machines à broyer qui accélèrent ce

travail, emploient moins de bras et donnent un
broyage plus uniforme et aussi complet qu'on le
désire.

Nous donnons ci-après la description d'une
broyeuse inventée par M. Douglas, et d'une autre
machine analogue de M. Fleischinger.

Broyeuse Douglas

Les figures 2 et 3 présentent une coupe verticale
et longitudinale de cette machine par le milieu et
une coupe transversale ou de profil.

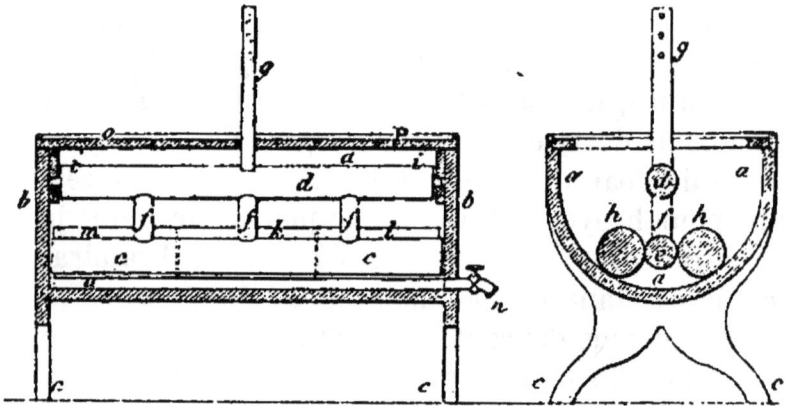

Fig. 2.   Fig. 3.

Broyeuse Douglas.

a. espèce d'auge circulaire en fonte de fer, ayant
la forme d'un berceau, qui se trouve bouché à
chaque bout par une joue *b* également en fonte,
dont la base est évidée et présente deux pieds *c* qui
servent à porter la machine.

d, *e*, deux rouleaux en fonte placés horizontalement et parallèlement entre eux dans toute la lon-

gueur de l'auge. Ces deux rouleaux sont fixés l'un
à l'autre par trois montants *f*, ce qui forme une
espèce de châssis. Le rouleau supérieur *d* qui occupe le centre de la courbe que présente le fond de
l'auge, porte, à chaque bout, un tourillon en fer
qui tourne librement dans le support en cuivre *i*.
Ces deux supports sont fixés contre la face intérieure de chacun des côtés *b* de l'auge,

g, levier planté verticalement sur le rouleau *d* et
servant à faire tourner avec la main ce rouleau
sur ses tourillons.

h, *h*, deux autres rouleaux en fonte occupant intérieurement toute la longueur de l'auge. Ces rouleaux ne sont que posés librement dans l'auge
comme le rouleau inférieur *e*, du châssis *d e*, l'un
par devant, l'autre par derrière. Chacun d'eux est
formé, dans sa longueur, de trois petits cylindres
égaux en longueur et en diamètre, qui sont indé-
pendants les uns des autres. Les trois petits cylindres qui composent le rouleau *h*, sont représentés
par les lettres *l*, *k*, *m* ; ceux du rouleau de devant *h*,
qui sont enlevés dans la figure de gauche, sont disposés de la même manière.

Il résulte de cette disposition qu'une personne
étant placée en avant de la machine, tirant et pous-
sant alternativement devant elle le levier *g*, qu'elle
tient avec la main et qu'elle fait mouvoir de manière à ce qu'il aille toucher, l'un après l'autre, les
bords latéraux de l'auge, fait décrire au châssis *d*
e, une portion de surface cylindrique, en allant et
en venant alternativement. Ce mouvement continu
de va-et-vient circulaire met continuellement en
action les six cylindres de fonte qui composent les

1.

rouleaux *h h*, et qui, en touchant toujours la paroi intérieure de l'auge, contre laquelle ils appuient de tout leur poids, écrasent et broient les substances qu'on y a mises et qu'on fait sortir par le robinet *n*.

Cet appareil est fermé par-dessus avec un couvercle en bois, composé de deux parties *o p*, qui laissent entre elles, au milieu, une ouverture rectangulaire et transversale, dans laquelle se meut librement le levier *g*.

Broyeuse à sec de M. Fleischinger

M. Fleischinger, voulant obvier aux graves accidents qu'éprouvent les broyeurs de couleurs, a inventé la machine suivante :

Cette machine a des dents d'acier et est formée de lames minces de même métal, placées les unes à côté des autres, et plombées à leurs extrémités, de manière à former un tout invariable.

Ces lames, qui présentent de chaque côté un tranchant à deux biseaux, ont de longueur, entre les deux extrémités plombées, 68 millimètres ; leur largeur est de 2 millimètres. Vingt-six de ces lames placées de champ les unes à côté des autres à égale distance, occupent un espace de 27 millimètres. Les espaces que ces lames forment entre elles sont à peu près égaux à leur épaisseur. Toutes les lames d'une même machine montée présentent à l'œil la figure complète d'un peigne de tisserand, dont la longueur serait de 35 millimètres et la hauteur de 54 millimètres. Les extrémités de cette machine sont terminées chacune par une plaque de métal de 15 millimètres de large, et dont l'épaisseur est égale à la largeur des lames d'acier. Les extrémités de ces plaques sont plombées de manière à ne présenter qu'un seul corps avec les lames d'acier.

Au moyen de cette machine, qui est facile à conduire, un jeune homme de quatorze à quinze ans peut broyer 50 kilogr. de couleur par jour, plus ou moins, suivant qu'elles sont plus ou moins dures, et quelle que soit leur espèce, pourvu qu'elles soient en pierre ou en morceaux.

Un modèle de cette machine se trouve parmi les collections du Conservatoire des arts et métiers.

Du reste, on trouvera dans la collection des brevets d'invention d'autres machines destinées au même usage.

Meules à broyer. — On peut se servir encore de meules pour les couleurs communes. Ces sortes d'appareils consistent en deux meules, en grès très dur ou même en pierre meulière à grain fin, placées horizontalement. La meule inférieure est fixe et entourée d'un rebord en bois qui vient affleurer parfaitement la deuxième ; elle est taillée légèrement en dôme. A son centre est adapté une vis qui la traverse, et y est maintenue par un écrou fixe. L'extrémité de cette vis est en pointe et correspond à une crapaudine fixée au centre de la deuxième meule qui est taillée en sens inverse de la première ; cette pièce de fer est disposée de manière à ne point masquer un trou qui existe au centre de cette meule et qui la traverse ; il sert à introduire la couleur à broyer. La vis est destinée à éloigner ou rapprocher les meules selon le degré de finesse que l'on veut obtenir. Par la disposition

des meules, la couleur, arrivant au centre, tendra
toujours à gagner les extrémités, et finirait par
passer en dessus si l'on n'avait point pratiqué sur
le côté une ouverture pour lui donner issue. Le
mouvement est communiqué, soit par un moteur,
soit par un ouvrier; dans ce dernier cas, on y
adapte une manivelle. Une couleur, pour être bien
broyée, a besoin de passer plusieurs fois sous la
meule, et à chaque fois, il convient de diminuer
l'écartement des meules.

Mais une des machines les plus recommandables
par l'élégance de sa forme, la rapidité de son travail et les bons résultats qu'elle produit, est la machine à broyer les couleurs de M. Hermann, constructeur à Paris, qui se compose principalement de
trois cylindres en granit, rapprochés les uns des
autres et commandés par des roues d'engrenage.
Ces trois cylindres constituent ainsi un appareil à
deux couples de cylindres. Les couleurs brutes je-
tées dans une trémie passent d'abord entre le premier couple où elles sont broyées un peu grossièrement, puis elles tombent entre les cylindres du
deuxième couple où elles achèvent de s'affiner et
d'où elles sortent parfaitement broyées. Si les couleurs ne sont pas suffisamment atténuées, on peut
les faire passer par la machine une seconde ou une
troisième fois. Cet appareil travaille proprement,
fonctionne d'une manière expéditive, est facile à
nettoyer et donne des produits dont on peut faire
varier à volonté la finesse en rapprochant, au
moyen de dispositions qu'on y remarque, les cylindres entre eux.

Les couleurs d'un usage très fréquent et communes se broient souvent dans des établissements particuliers pourvus de grands appareils de broyage qui en débitent beaucoup. Les peintres alors n'ont plus besoin de broyer eux-mêmes leurs couleurs et s'en approvisionnent dans ces établissements.

Quelques couleurs sont aussi broyées à sec dans ces établissements, parce qu'étant destinées à séjourner plus longtemps en magasin ou à être transportées au loin, elles s'altéreraient si elles étaient mélangées à des excipients, Dans ce cas, les appareils qui les réduisent en poudres impalpables sont disposés pour qu'il n'y ait pas dissipation de cette poudre dans l'atmosphère. Nous citerons à cet égard le bel établissement de broyage de M. Menier, à Noisiel, qui est mis en activité par de puissantes turbines.

4° *Brosses.* — Le nom de *brosse* est la qualification générique donnée aux pinceaux de soies de porc ou de sanglier, dont se servent les peintres et

Fig. 4. Brosse.

les doreurs pour étendre leurs couleurs. Ces brosses sont formées de soies blanches ou grises *c*, liées autour d'un manche en bois blanc *a* au moyen d'une ficelle ou d'un lien en métal *b*. On les désigne sous les noms de *brosses à quartier, brosses à main, brosses d'apprêt* ou *taupette* (fig. 4).

Sous la première désignation, on comprend les brosses pour la formation desquelles on a employé à peu près 200, 250 et 275 grammes de soies.

Sous la seconde désignation, on comprend les
brosses de 150 à 180 grammes de soies.

Et sous la dernière, les brosses de 30 à 125 grammes
de soies.

Au-dessous de 30 grammes, les brosses prennent
le nom de *brosses d'un pouce*.

Enfin, celles moins fortes s'appellent *brosses à
réchampir* et *brosses à filets*.

Au-dessus de 27 millimètres, les brosses ordinaires pour peindre sont en soie grise de Cham-
pagne. Mais les brosses à vernir doivent être en
soie blanche de Russie ou des Ardennes, parce que
cette soie étant plus douce que la grise, expose
moins à rayer les peintures et permet de mieux
lisser le vernis.

A partir et compris la brosse de 30 grammes,
toutes celles moins fortes sont en soie blanche.

Quelques brossiers mélangent leurs soies de crin
et même de baleine, ce qui produit de mauvaises
brosses qu'il est difficile cependant de juger à l'œil ;
mais on découvrira facilement la ruse en trempant
les brosses dans l'eau ; si, après avoir secoué légèrement l'eau, les soies se redressent et présentent
une surface unie, les brosses sont bonnes ; si les
soies tournent, les soies sont mélangées et les
brosses doivent être rejetées.

Les liens des brosses à quartier, à main et tau-
pettes, ayant ordinairement du côté des soies deux
nœuds qui embrassent de six à huit tours de ficelle,
il suffit, pour allonger les soies devenues trop
courtes par l'usure, de les délier. On commencera
d'abord par le premier nœud du bas ; le second
nœud empêchera le lien de se dérouler, puis au

second nœud on devra ficher un clou au-dessus du premier tour, de façon que la tête serrant fortement les deux premiers tours de ficelle, les empêche de se dérouler davantage. Toutefois, nous engageons à ne défaire que le premier nœud, car une fois le second défait, quelque précaution qu'on prenne, la brosse perd des soies et elle ne peut être employée que pour les ouvrages les plus communs.

Certains marchands, pour vendre à bas prix, fabriquent de ces brosses dont la soie est courte, et dans ce cas le lien n'a qu'un nœud ; on devra donc, en achetant des brosses, avoir soin d'examiner s'il y a deux nœuds et surtout si la soie traverse bien toute la longueur du ;lien. L'absence de cette dernière condition doit les faire rejeter, car elles perdent leurs soies aussitôt qu'on s'en sert.

On fait aussi des brosses plates appelées *queues de morue* : elles sont toujours en soie blanche et ont leurs soies établies en forme de balai (Voy. fig. 5).

Fig. 5. Queue de morue.

Le manche *a* est en bois blanc, réuni à la soie *c* au moyen d'un lien en fer-blanc *b* fixé par des clous et rabattu du côté des soies, de manière à les serrer fortement. On les distingue par leur largeur.

On a cherché de temps à autre à perfectionner les brosses et les pinceaux, et nous ferons con-

naître ici deux dispositions qui ont été proposées
à ce sujet.

M. Thiercelin, de Paris, compose une brosse à
peindre (fig. 6) :

1° D'un manche en bois de telle nature qui conviendra ;

2° D'une virole en cuivre ou de tout autre métal ;

3° De soies de porc ou de sanglier ;

4° D'une pièce servant à maintenir ensemble les
soies, la virole et le manche.

La propriété de cette brosse est de
ne pouvoir se démancher, de ne
perdre aucune de ses soies, de ne
pas pourrir en séjournant dans l'eau,
et de pouvoir être aussi longue de
soies que l'artiste le désirera : toutes
propriétés que ne possèdent pas celles
fabriquées jusqu'à ce jour.

Le manche, fait en bois, porte à
l'une de ses extrémités une tête imitant en quelque sorte le talon d'une
brosse ancienne ; cette tête est pro-
portionnée en longueur et en grosseur, suivant les différents numéros
des brosses. Une entaille circulaire
de 5 millimètres de longueur sur 2 de
profondeur, est pratiquée à l'extrémité de cette tête pour recevoir une
partie de la virole, un trou conique
est aussi pratiqué au centre de cette
tête.

Fig. 6.
Brosse
système
Thiercelin.

La virole en cuivre ou tout autre
métal doit avoir de 15 à 34 millimètres de hau-

leur, sur 2 millimètres d'épaisseur, suivant la grosseur des numéros.

Les soies de porc ou de sanglier doivent être toutes de la même longueur, à 3 ou 4 millimètres près, et toutes les racines du même côté ; on doit en remplir la virole, sans cependant trop forcer ; une fois introduites, il faut les brûler avec un fer rouge, de forme plane, et du côté des racines, afin de les rendre égales en longueur, et former autant de petits arrêts qu'il y a de soies, ensuite les tirer afin de laisser à la virole le vide que doit remplir le manche.

Quant à la pièce qui doit réunir la virole et le manche, elle doit être de forme pyramidale, avec une base ronde de 8 à 10 millimètres de longueur, sur 10 à 20 millimètres de diamètre, suivant la grosseur des numéros, et sa longueur est de 60 à 80 millimètres ; elle doit être évidée un peu à partir de la base en allant vers la pointe ; des coups de ciseau donnés sur les quatre angles l'empêchent de s'arracher une fois entrée.

Les alternatives d'humidité et de sécheresse auxquelles est exposé le bois qui constitue le manche des brosses des peintres, les fait souvent gonfler, puis se contracter. Il en résulte que le serrage des soies se relâche, que celles-ci se détachent et que les brosses ne sont plus propres à l'usage.

MM. S. P. Faught et W. Cook, de Boston, ont cherché, en 1865, à remédier à cet inconvénient, et voici la manière dont ils montent les brosses.

Ils font choix d'une virole A, fig. 7, qui est double, c'est-à-dire composée de deux viroles de diamètres différents, séparées entre elles par une

cloison *a* dans laquelle est percé un trou taraudé.
Ils chargent la virole inférieure de soies comme à
l'ordinaire, puis ils introduisent au centre un cône
tronqué D en métal, percé de
part en part d'un trou dans lequel ils font entrer une vis *e* qui
se visse dans le trou taraudé de la
cloison, et pénètre aussi dans le
manche qu'on a entré de force
dans la virole supérieure. De cette
manière les soies sont serrées fer-
mement sur les parois internes
de la virole inférieure et à l'abri
des changements de volume du
bois du manche. Quand les soies
sont usées et hors de service, on
les retire en dévissant le cône, les
remplaçant par des neuves, serrant de nouveau la vis, de façon
que la monture, plus dispen-
dieuse, il est vrai, de première acquisition, peut
durer bien plus longtemps et presque indéfiniment.

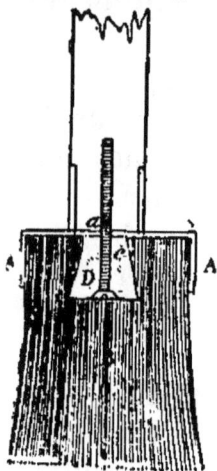

Fig. 7. Montage de brosses, système S. P. Faught et W. Cook.

Il est à craindre néanmoins que ces sortes de
brosses ne soient un peu creuses.

On a aussi essayé de remplacer la virole en
métal par une virole en gutta-percha, mais les
brosses ainsi faites ne paraissent pas s'être répandues.

Plusieurs inventeurs américains ont proposé de
faire usage de brosses où le pinceau proprement
dit peut prendre telle inclinaison qu'on veut sur le
manche. Cette disposition peut être utile dans cer-

taines circonstances, mais elle doit élever sensiblement le prix de cet outil.

C'est à M. Lidy, de Paris, qu'on doit d'avoir
supprimé la forme conique des viroles qui relient
le pinceau avec le manche ou la hampe, et l'adop-
tion d'une virole cylindrique d'une ouverture inférieure d'un diamètre uniforme pour enter toutes
grosseurs de pinceaux sur des manches de même
grosseur, afin de régulariser et de simplifier la
fabrication des manches qui se trouve réduite à un
seul type.

Les pinceaux sont ordinairement collés avec de
la poix ou de la colle-forte, ou bien avec un
mélange d'huile et d'arcanson, ou encore avec de
la colle de pâte. Ces substances se détrempant et se
dissolvant aisément, le collage de la brosse se
ramollit et les poils se détachent. M. Lidy, pour
coller les pinceaux, se sert de l'un des deux
mélanges ci-après :

On broie séparément à l'essence de la litharge et
de la chaux vive, puis on combine ces matières en
proportions convenables et on les broie au vernis
copal.

On chauffe de la céruse jusqu'à· ce qu'elle
devienne jaune, on la réduit en poudre, puis on
la broie avec du vernis, de la litharge et du
minium.

Ces deux compositions acquièrent un grand
degré de dureté et ont l'avantage de ne se détremper ni dans l'eau, ni dans le vernis, ni dans l'alcool.

M. Lidy construit aussi des pinceaux en dispo-
sant un bouchon conique en bois ou en métal à

l'intérieur de la virole, de manière à pouvoir assujettir le pinceau entre ce bouchon et la virole, et à pratiquer dans les viroles droites, formant porte-pinceaux, une gorge médiane contre laquelle viennent appuyer les extrémités du pinceau qui se trouve ainsi fixé d'une manière rigide. La virole est droite et s'adapte sur le manche d'une manière convenable. Le pinceau n'entre pas de plus en plus dans cette virole comme dans le montage ordinaire.

Pour monter cette brosse, il suffit de faire entrer la tête du manche dans la partie restée vide de la virole, d'introduire au centre des soies la pièce que doit maintenir la virole et le manche, de l'enfoncer avec force dans le trou pratiqué dans le manche jusqu'à ce que l'extrémité inférieure de la base soit au niveau de l'extrémité supérieure de la virole : cela se fait en posant un bouton de fer et en le frappant avec un marteau.

Bien que les brosses à peindre soient ordinairement rondes, on peut, par ce procédé, les faire de toutes les formes, c'est-à-dire rondes, ovales, carrées, rectangulaires, telles enfin que les artistes peuvent les désirer, en donnant à toutes les pièces une forme correspondante à celle demandée.

D'un autre côté, M. Leclaire, connu par les efforts qu'il a faits pour propager la peinture au blanc de zinc, s'exprime ainsi dans un brevet qu'il a pris pour un mode de fabrication des brosses de peintres en bâtiments :

« Les différentes brosses employées jusqu'à ce jour dans la peinture des bâtiments consistent en un manche en bois, au bout duquel on attache fortement, avec un fil quelconque, les soies qui constituent la brosse.

« Il résulte du mode d'attache même que le tiers ou la moitié de la longueur de ces soies sont perdus sans profit aucun, attendu qu'une partie de cette longueur est employée à recevoir le fil d'attache, qu'on serre fortement afin de fixer solidement les soies au manche de la brosse.

« Dans le système de brosse que je propose, toute la longueur des soies, quelle qu'en soit d'ailleurs la nature, est utilisée, et la nouvelle brosse peut servir jusqu'à usure complète.

« La nouvelle brosse se compose de soies cousues ou fixées sur un bâti, soit au moyen d'une couture, soit par tout autre moyen.

« Une douille soudée sur la rondelle qui recouvre le bâti ou corps de la brosse, reçoit le manche qui y est fixé, et ce manche, ne pénétrant plus dans le bâti, n'est plus un obstacle pour la fixation des soies sur ce bâti ou corps de brosse.

« L'avantage de la nouvelle brosse, outre l'utilisation de la longueur des soies, consiste aussi dans le moyen qu'elle offre de recevoir une plus grande quantité de matière dans les zones circulaires situées entre les rangées de soies, de telle sorte qu'une brosse peut devenir un réservoir capable de contenir une certaine quantité de peinture où viennent puiser une brosse ou un pinceau plus petits jusqu'à épuisement ».

Les huiles rectifiées de pétrole ont été employées avec succès, comme on sait, pour dissoudre le caoutchouc, la gutta-percha, les matières grasses, mais on en a fait aussi une application ingénieuse pour nettoyer les brosses et les pinceaux des peintres de l'huile, des vernis et des couleurs qu'ils emportent après le travail et pour purifier les pots à couleur. Utilisées de cette façon, ces huiles économisent beaucoup les ustensiles des peintres.

5° *Echelles.* — Les échelles dont se servent les peintres sont ordinairement en bois léger, tel que le bois d'aulne. Ces échelles ont différentes hauteurs ; les montants sont ronds et proportionnés à leur hauteur, la partie la plus faible est toujours réservée pour former le haut du montant ; les échelons sont espacés de 32 centimètres ; ils sont plus forts vers le milieu, et cette partie est façonnée de manière à présenter un côté plat par dessus, afin de moins fatiguer les pieds. Le haut des montants est percé pour recevoir une tringle qu'on appelle clef. Cette tringle est quelquefois en bois de cornouiller, mais il vaut mieux qu'elle soit en fer rond, avec un écrou à tête ; la réunion de deux bras forme une échelle double. Pour éviter l'écartement qui pourrait s'opérer en montant, on place au tiers de la hauteur de l'échelle une corde nouée à deux échelons.

Les échelles de grandes dimensions ont un montant dans le milieu pour soutenir les échelons qui sont nécessairement plus longs ; et lorsque les échelles sont fort grandes, on adapte des roulettes sous les montants, de façon à pouvoir les transporter facilement.

Les échelles d'une très grande longueur sont ordinairement droites. Les montants sont carrés ou de forme polygonale, en bois de chêne ou sapin, t maintenus de distance en distance par un écrou.

Dans les travaux à l'intérieur des bâtiments, en particulier pour les travaux de décor, les peintres emploient souvent de petits échafaudages volants permettant d'établir à une certaine hauteur au-dessus du sol un petit plancher proche des parois à peindre et sur lequel s'établissent commodément les ouvriers. L'agencement d'un semblable engin est facile à comprendre.

Imaginez une paire de tréteaux, formés chacun de deux montants verticaux parallèles avec des jambes de force dans des plans perpendiculaires au tréteau, reliant les montants à des semelles posant sur le sol, et des entretoises passant à travers les montants dans des mortaises par des tenons fixés en place par des boulons. On comprend que sur deux de ces barres horizontales choisies à la même hauteur dans les deux tréteaux, on puisse disposer des planches juxtaposées sur lesquelles on pourra s'installer commodément pour travailler.

Dans certains cas, comme pour peindre des plafonds, c'est même le seul moyen à employer. Ces engins sont quelquefois construits d'une seule pièce, et munis de petites roues à la base pour les déplacer facilement. Cette disposition ne s'utilise guère que pour un travail de longue durée ; autrement, ils se démontent comme le premier décrit, afin de pouvoir être facilement transportés d'un lieu à un autre.

En parlant de ces divers appareils, nous ne saurions passer sous silence le nom de M. Thivolet, qui s'est adonné spécialement à leur construction. Ses échelles à coulisse et ses échafauds mobiles à

coulisse permettant d'obtenir facilement diverses
hauteurs dans la position du plancher de travail,
sont connus et justement appréciés par tous les
entrepreneurs de travaux.

Echafaudages. — Depuis un certain nombre
d'années, les peintres en bâtiments se servent pour
peindre, badigeonner et nettoyer l'extérieur des
bâtiments, d'échafaudages mobiles, c'est-à-dire
d'échafaudages qui, au moyen de divers systèmes
mécaniques, peuvent monter ou descendre à la
volonté des ouvriers parallèlement au plan de la
façade des maisons et des monuments. On fait
aujourd'hui à Paris un usage fort étendu de ces
sortes d'échafaudages. On en connaît plusieurs
systèmes qui ne diffèrent entre eux que par le
moyen mécanique pour monter et descendre l'échafaudage, et comme exemple de ces sortes d'appareils, nous décrirons celui dont on doit l'invention
à M. Célard, et celui de M. Leclaire. Ces échafaudages sont applicables à la peinture des grands
tableaux et aux travaux que comportent les façades
des maisons.

Les figures 8 et 9 représentent l'échafaudage de
M. Célard.

Pour installer un échafaudage de ce genre, on
monte dans les greniers de la maison, et après
avoir visité la charpente, on voit si l'on peut
amarrer des cordes sur les arbalétriers, les chevrons
ou les poinçons, enfin, après les pièces de la charpente offrant toute la garantie de solidité désirable;
en démontant quelques tuiles, on fait passer ces
cordes en dehors, sur des chevalets, et on fixe à
leurs extrémités des moufles *a, a*; deux ou trois

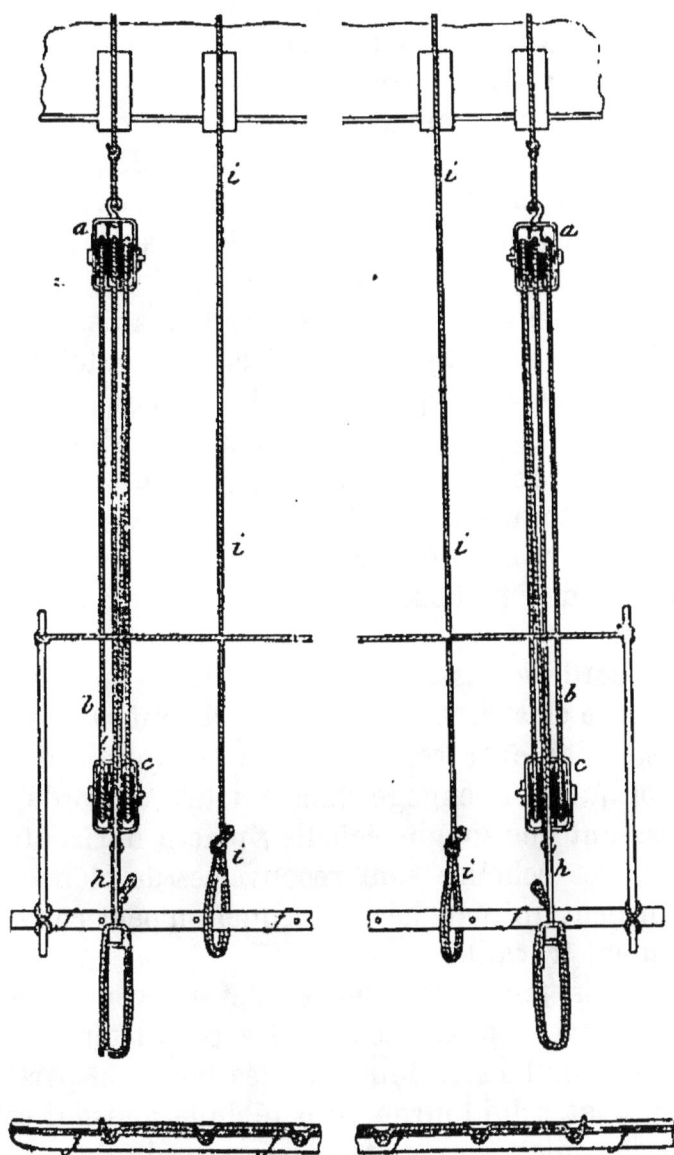

Fig. 8. Echafaudage Célard.

Peintre en bâtiments. 2

suffisent ordinairement ; pourtant, dans une très grande longueur que l'on voudrait ne pas diviser, on pourrait en mettre un plus grand nombre. Toutefois, il vaut mieux n'employer que deux ou trois moufles à chaque partie d'échafaudage, parce que deux hommes suffisent à la manœuvre, qui consiste à les élever ou à les abaisser avec l'écha-faudage, selon les besoins du travail.

Ces moufles a, a sont installées de manière à ce qu'elles se trouvent pendre en dehors de la toiture ; il est sous-entendu que les cordes où ces moufles sont attachées reposent sur des coussins, des planches ou des pièces de bois, pour protéger le bord de la toiture contre la pression de ces cordes, qui se trouve encore augmentée par le poids des hommes, des planches et des outils placés sur l'échafaudage.

Une corde b passe sur les poulies de la moufle supérieure et sur celle de la moufle inférieure et correspondante c ; cette dernière est munie d'un crochet que l'on engage dans un lien de corde e, embrassant une longue échelle f placée horizonta-lement ; les échelles sont recouvertes de planches qui forment un plancher sur lequel on peut conve-nablement travailler.

Les liens faits avec des cordes peuvent aussi servir à fixer après l'échelle les conducteurs ou morceaux de bois g, dont l'un des bouts, et parti-culièrement celui tourné du côté de la maison, est garni de roulettes ou de tampons pour diminuer le frottement, et dont le bout opposé sert à amarrer la corde b qui passe sur les poulies des moufles du haut et du bas. Ce mode d'amarrage a l'avantage

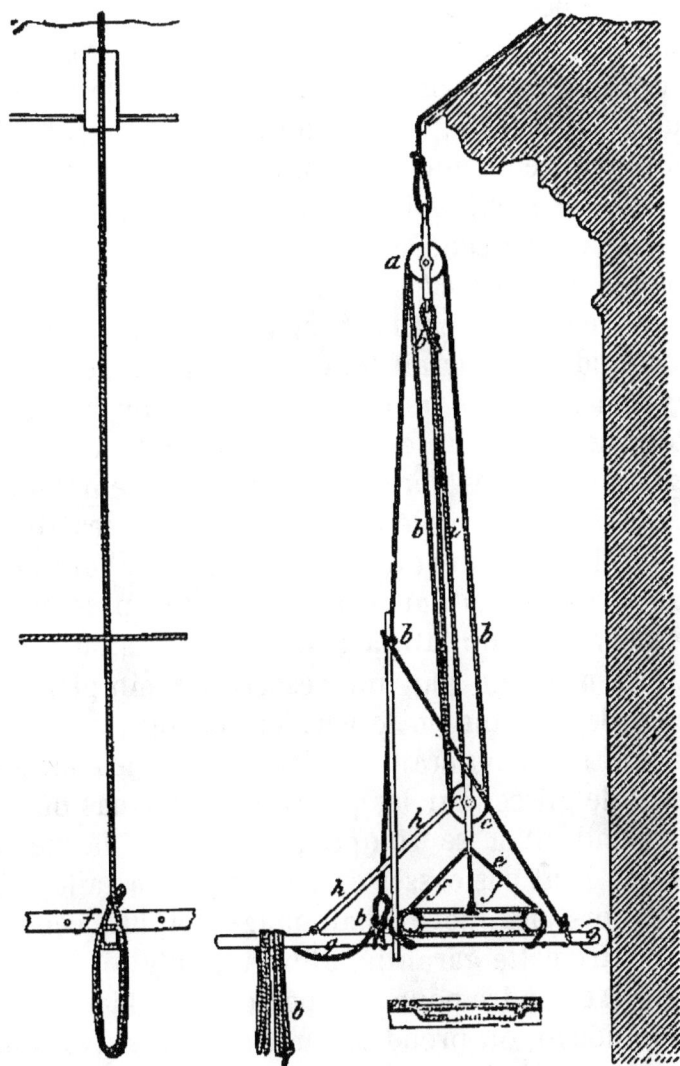

Fig. 9. Echafaudage Célard.

de faire rentrer l'échafaudage du côté de la maison ;
en effet, si le tout était attaché après une ou plusieurs cordes, il tomberait verticalement dans le

plan de ces cordes; mais les deuxièmes étant attachées au dehors de l'échafaudage, la verticale divisera l'angle formé par la première et le dernier bout de la corde *b*, comme on le voit figure 9.

On comprend que les hommes placés sur ces planches peuvent, suivant le besoin ou la volonté, s'élever ou descendre en raccourcissant ou en allongeant la corde *b*; mais avec cette disposition, si l'une des deux cordes *b*, *b*, venait à se rompre, l'échafaudage pourrait tomber; pour empêcher ce grave accident, on munit les moufles du bas d'un buteur comprimant les cordes, pour les empêcher de glisser dans les gorges des poulies; ce buteur *h* pourrait être assemblé à charnière après les directeurs *g*. Les buteurs du bout opposé aux charnières seront découpés et garnis de cuir pour presser la corde sans la trop fatiguer, et cette pression pourrait être produite par un ressort ou simplement une corde, comme on le voit ici; le bout, garni de cuir, qui s'arcbouterait sur les cordes, les empêcherait de glisser sur les poulies, dans le cas où un bout viendrait à se rompre; et, comme la même corde ne peut pas casser en trois points à la fois, il est impossible que l'échafaudage tombe; cependant, outre cette garantie, afin qu'il n'y ait aucun danger à craindre pour les personnes placées sur l'échafaudage, on prend les précautions suivantes.

On attache également après la charpente de la maison deux autres cordes *i*, *i*, qui sont amarrées après l'échelle *f*, de sorte que, si une corde vient à casser, on est toujours soutenu par trois. Lorsque les personnes qui travailleront auront besoin de descendre, elles devront mesurer chacune une

même longueur de cordes *i* et les rattacher solidement, puis détacher celles de retour des moufles et
se laisser descendre jusqu'à la hauteur déterminée
à l'avance, et réglée par les deux cordes *i, i*.

Cette disposition comporte toute la sécurité désirable contre une chute produite par la rupture de
l'une des cordes. Pour éviter aussi d'autres accidents, on peut fixer sur le côté extérieur de l'échelle
des montants reliés entre eux par une ou plusieurs
cordes, pour former une balustrade ou espèce de
rampe.

Dans certaines constructions, il pourrait se faire
qu'on ne pût pas facilement attacher les cordes
après la charpente de la maison, et faire passer ces
cordes en dehors en ôtant les tuiles ; mais on peut
les attacher après les cheminées, ou après une
pièce de bois assujettie sur le toit, ou dans les
chambres·des combles, ou même après certains
balcons assez solidement fixés pour supporter
l'appareil.

On pourrait objecter que, si l'échelle venait à se
rompre, les personnes placées sur cet échafaudage
seraient exposées à faire une chute ; d'abord, on
n'a pas à craindre sérieusement cette chute, puisque l'échelle est supportée en quatre points ; mais,
dans le but de garantir contre ce malheur, on
place sur l'échelle des planches percées de trous de
distance en distance, et on passe une corde dans
ces trous, comme on le voit figure 9, en faisant
un laçage avec les bâtons ou échelons de l'échelle.
On comprend que, si cette dernière cassait, le tout
décrirait une courbe et laisserait très bien aux
personnes placées sur l'échafaudage le temps néces-

2.

saire pour descendre, ou tout au moins le temps
de se préserver de tout accident.

L'échafaudage de M. Leclaire est représenté
dans les figures 10, 11 et 12.

A, entablement de maison surmonté du toit B.

C, semelle en bois sur laquelle repose l'appareil,
et qui se place sur le toit. Cette semelle ou plate-
forme peut, à volonté, être disposée en dessous de
manière à être garnie d'un corps élastique qui
prendrait la forme et l'aspérité produites par l'assemblage des tuiles entre elles, afin de la fixer à sa
place pendant le service du pont volant, ou bien
être unie et lisse, pour glisser sur les ardoises à
droite et à gauche, selon les besoins du pont
volant. Elle peut aussi n'avoir que la largeur d'un
chéneau, soit 25 centimètres environ, pour y être
placée, au lieu de reposer sur le toit.

D, armature fixée avec vis à la semelle C, et
portant deux oreilles d, servant à recevoir et supporter les extrémités du boulon-tige ou pivot sur
lequel manœuvrent les doubles bras ou montants
de la chèvre.

E, doubles bras ou montants d'arrière formant
jumelles, reliés et maintenus dans leur écartement
par les boulons de traverse e, dont les supérieurs
servent en même temps de moyen de raccourcisse-
ment de la corde de manœuvre ou de suspension
pour éviter de la raccourcir par ses extrémités,
ainsi qu'on le voit figure 12. Afin de rendre ces
montants aussi légers que possible, tout en les
laissant solides, on les a composés d'un cylindre en
tôle, rempli d'une âme en bois, comme il pourrait
l'être pour toute autre matière. Leur base forme,

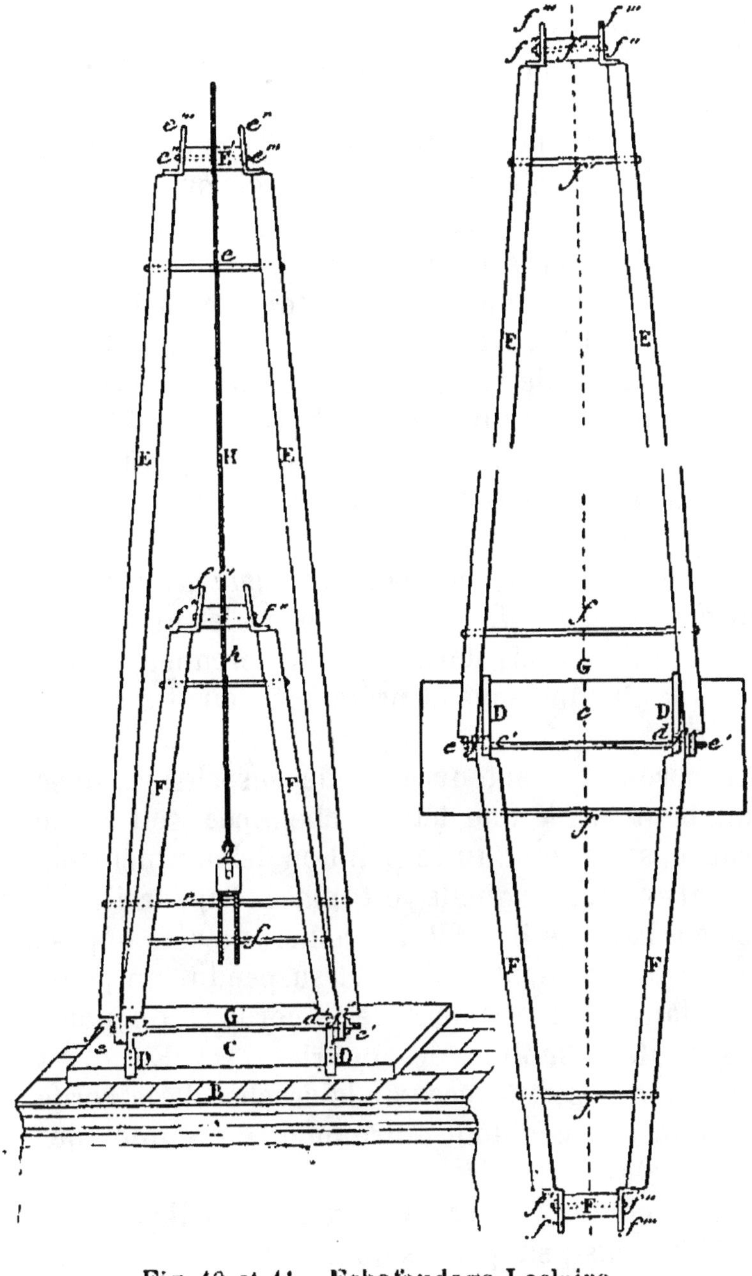

Fig. 10 et 11. Echafaudage Leclaire.

en *e'*, des oreilles correspondantes aux oreilles *d*, et traversées de même que celles-ci par le boulon pivot. En E', est un rouleau mobile sur son axe *e''*, porté par deux montants coudés *e'''*, reliés au sommet des jumelles et servant à recevoir ou supporter la corde.

F, doubles bras ou montants d'avant, formant aussi jumelles, reliés et maintenus de même par les boulons de traverse *f*, dont les supérieurs servent, à l'égard de la corde, comme les traverses *e*. En *f*, sont des oreilles semblables aux oreilles *e'*; en F', *f''* et *f'''*, on voit les mêmes pièces, telles que rouleau, axe et montants coudés, comme aux jumelles d'arrière.

G, boulon-tige, *dit pivot de manœuvre des jumelles d'arrière et d'avant*, lequel supporte les quatre jumelles qui, en pivotant sur lui, prennent ainsi toutes les inclinaisons et présentent tous les angles possibles.

H, corde de manœuvre ou de suspension, fixée d'un bout soit à une tête de cheminée, soit à une lucarne, soit à tout autre point en dehors même de la maison sur laquelle est placé l'appareil, ou même à laquelle il suffit d'attacher, du côté opposé à celui dont le pont volant est suspendu, un poids dépendant du frottement de la corde et du poids de l'échafaud mobile, des ouvriers, etc. En *h*, est l'anneau qui sert à recevoir le crochet de la corde à moufle, ou bien tout autre mode de réunion des deux cordes.

La manœuvre de cet appareil est facile à comprendre. Ainsi, supposons qu'il soit apporté à pied d'œuvre, on le hisse par les moyens ordinaires, ce

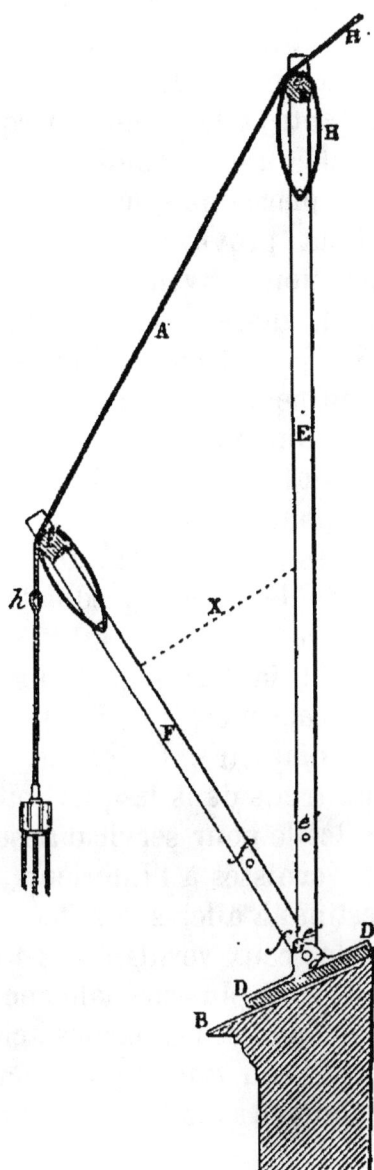

Fig. 12. Echafaudage Leclaire.

qui devient facile, vu sa légèreté ; on le place sur
le toit, et, pour faciliter ce placement, la corde ne
maintenant pas encore les deux jumelles à une distance quelconque entre elles, une courroie à boucles ou une chaîne, une crémaillère, etc., qu'on
peut ajouter à la place indiquée par la ligne X
(fig. 12), maintient provisoirement ces doubles
bras dans une position convenable ; puis, la corde
de manœuvre et de suspension étant placée à son
point d'attache, on la fait passer sur les rouleaux
des jumelles où on peut la fixer au moyen d'un
nœud coulant, et l'on adapte au crochet qu'elle
porte, ou de toute autre manière, la corde à moufle qui suspend le pont mobile.

6° *Camions.* — Les camions sont des vases destinés à contenir les couleurs et ingrédients employés
en peinture et dorure.

Ceux de *terre* ont la forme de la figure 13, et
varient de 13 à 22 centimètres de hauteur sur 16 à
25 centimètres de diamètre. La partie supérieure
est percée de deux trous dans lesquels on passe un
fil de fer ou une ficelle pour servir d'anse. Ils sont
vernissés ou non vernissés à l'intérieur ; ceux non
vernissés sont destinés à aller sur le feu, on peut y
faire fondre la colle ; ceux vernissés ne doivent pas
être mis au feu, ils sont plus spécialement destinés
à contenir l'eau seconde et les parties acides, ainsi
que les couleurs à l'eau qui se gâteraient si elles
étaient mises en contact avec la tôle des autres camions.

On fait aujourd'hui de petits camions en tôle ou
en fer-blanc, qui sont propres, commodes et durables, et quand on n'a besoin que d'une petite quan-

tité de couleur fine, de petits pots (fig. 14), en terre
ou en fer-blanc.

7° *Crochet.* — Le crochet sert à suspendre les camions à l'échelle sur laquelle le peintre est monté :
il a la forme d'un S (fig. 15); il est fait en fort fil
de fer ou de laiton. La partie large s'accroche aux
échelons de l'échelle, et la partie étroite du bas reçoit le camion.

Fig. 15.
Crochet.

Fig. 13.   Fig. 14.
Camion.   Pot.

8° *Couteaux.* — Le couteau à *broyeur* est composé d'une lame en acier mince et flexible. Sa longueur ordinaire est de 30 centimètres sur une largeur de 6 centimètres ; l'extrémité est terminée en
rond, comme fig. 16, et quelquefois les angles seuls
sont arrondis. Cette dernière forme nous paraît
préférable et elle est plus commode pour nettoyer
la molette ; le bout opposé est emmanché dans un
manche rond, de 15 centimètres de longueur, ayant
une virole par le bas pour retenir la soie de la
lame.

Les broyeurs se servent encore d'un autre cou-

teau appelé *amassette*. Il est ordinairement en
corne, quelquefois en bois, sa forme varie ; certaines fois on lui donne celle de la fig. 17 ; le bout

Fig. 16.   Couteau à broyeur.

Fig. 17.   Amassette.

le plus étroit des deux modèles est le manche ; il
est toujours plus épais que la lame, qui vient toujours en s'amincissant ; ces couteaux sont destinés
à ramasser les couleurs fines dont les nuances s'altéreraient au contact du fer.

Le couteau à *reboucher* (fig. 18 et 19) est composé
d'une lame *a*, en acier, de 14 centimètres de long,

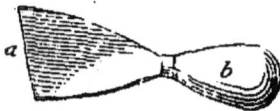

Fig. 18.   Fig. 19.
Couteau à reboucher.

taillée en biseau, de manière à présenter un angle
aigu et un angle obtus : cette lame va en s'amincissant jusqu'au tranchant, de manière à être légèrement flexible. Le manche est rond, quelquefois
plat ; cette dernière forme nous paraît préférable,
il tient mieux dans la main, et j'ai remarqué que

les marchands ne faisaient monter ainsi que leurs meilleures lames.

Le *couteau à enduire* (fig. 20), se compose d'une lame rectangulaire en métal, insérée dans un manche en bois. Il sert à étaler et lisser avec rapidité des couleurs épaisses dont on le charge, sur des surfaces unies.

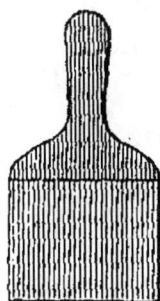

9° *Balais*. — Les *balais ordinaires* servent à nettoyer les pièces, soit après les travaux préparatoires, soit avant l'exécution d'un travail délicat. Ces balais ont la forme de

Fig. 20.
Couteau
à enduire.

ceux dont se servent les ménagères pour le même usage.

Les *balais à poser l'encaustique* sont de même que les précédents, mais les crins en sont plus longs, plus touffus et d'un meilleur choix. Leur longueur est ordinairement de 12 centimètres, afin de pouvoir entrer dans le seau qui contient l'encaustique.

Les *brosses à épousseter* servent à épousseter les objets avant la peinture, et à les débarrasser de la poussière qui les charge et qui salirait la peinture.

10° *Entonnoirs*. — Les entonnoirs servent à transvaser les liquides ; leur forme est assez connue pour nous dispenser d'en faire la description. La broierie devra en être fournie de plusieurs sortes : ils sont le plus communément en verre ou en fer-blanc ; les entonnoirs en verre serviront pour les eaux acides, et ceux en fer-blanc pour les autres

Peintre en bâtiments. 3

liquides, en ayant soin de conserver chacun à une
seule sorte. Ainsi, on aura un entonnoir pour l'essence, un pour l'huile, un pour le vernis gras et
l'huile siccative, et un pour le vernis blanc.

11° *Cuillères.* — Ce sont de grandes cuillères à
pot, elles servent à puiser dans les couleurs détrempées pour remplir les camions.

12ᵉ *Poêle ou réchaud à brûler.* — Ce réchaud est
en forte tôle et a la forme de l'ustensile de cuisine
appelé *cuisinière* ; le devant est garni de tringles
en fer espacées d'environ 3 centimètres, destinées
à retenir le charbon ; celle du haut est placée de
manière à laisser un espace assez large pour permettre d'introduire le combustible ; celle du bas
est également espacée de 7 à 8 centimètres, et est
au niveau d'autres tringles placées horizontalement pour supporter le combustible et recevoir les
cendres ; une douille est rivée au dos pour y
adapter un bâton ou une poignée. Ce poêle porte
ordinairement 48 centimètres de long sur 32 cen-
mètres de haut, et 11 centimètres de profondeur.

13° Enfin, un atelier doit être pourvu de bouteilles destinées à contenir les liquides que l'on
emploie journellement dans les peintures, elles
sont de plusieurs formes et grandeurs ; ce sont généralement des bouteilles en verre comme celles à
vin ordinaire ; des touries et dames-jeannes en
grès ou en verre (fig. 21) et des bidons ou bouteilles en cuivre, en fer-blanc ou en zinc.

Les bouteilles de grande capacité, telles que les
dames-jeannes, doivent être emballées avec de la
paille dans un panier en osier, afin d'éviter la
perte considérable qui résulterait d'un choc.

Les bidons ont ordinairement la forme de la
figure 22, ils se composent d'un corps cylindrique
avec poignée *a*, surmonté d'un cône avec entonnoir et goulette *d*, et d'une anse *c* attachée sur le
cône ; ils ne doivent pas avoir une grande dimension : 30 à 50 centimètres de hauteur sur 20 à 30 centimètres de diamètre sont suffisants, parce que ces
bidons étant plus spécialement destinés à contenir
les liquides d'un usage fréquent, doivent être faciles
à transporter.

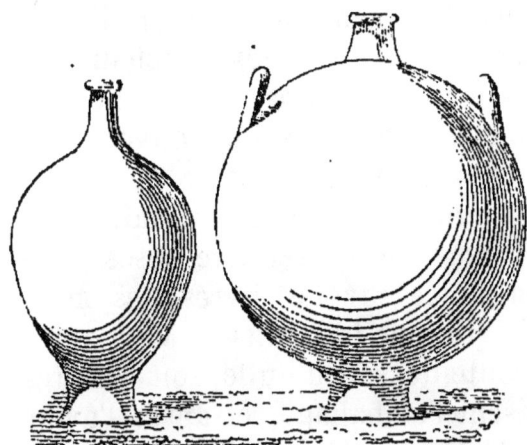

Fig. 21.
Tourie et dame-jeanne.

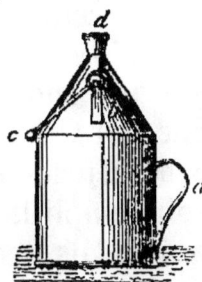

Fig. 22.
Bidon.

Les grosses bouteilles sont en quelque sorte les
réservoirs qui alimentent les bidons.

Quelles que soient d'ailleurs la forme et la dimension des bouteilles et bidons, ils devront toujours
être étiquetés de manière à éviter les recherches et
les erreurs, et devront aussi toujours contenir le
même liquide, et à leur retour du bâtiment à la

broierie, être égouttés et nettoyés avec soin. Nous insisterons surtout sur ces trois précautions, car, faute d'elles, on peut s'attendre à de nombreux mécomptes, à des malfaçons, et conséquemment à des pertes souvent considérables.

On peut indistinctement mettre les huiles et les vernis dans des vases en grès ou en métal ; mais l'eau seconde et les autres eaux acides dont on peut avoir l'emploi, doivent toujours être renfermées dans des bouteilles de grès ou de verre.

Beaucoup de peintres achètent leurs huiles et essences par dames-jeannes chez les marchands de couleurs. Nous ne terminerons pas cet article sans leur signaler une fraude dont ils sont souvent victimes : cette fraude consiste à peser la dame-jeanne avec son emballage, tenu ordinairement dans un endroit sec ; cette première pesée s'appelle *tare* et est notée sur les livres des marchands ; jusque-là, rien de frauduleux. Mais après avoir rempli la bouteille, soit d'huile, soit d'autres liquides, ils arrosent l'emballage, et après l'avoir laissé égoutter, ils le portent humide sur la balance, ce qui donne le poids total appelé poids *brut*, qui, s'il est vérifié chez le tireur, se trouve exact, mais dans lequel sont compris quelquefois jusqu'à 6 à 7 kilogr. d'eau.

Il faut donc, pour éviter cette fraude, peser le poids brut, transvider le liquide et peser la tare immédiatement, car l'emballage venant à sécher, représenterait son poids primitif.

En règle générale, tous les vases dont on se sert pour mettre les couleurs doivent être vernissés ;

en prenant cette précaution, elles s'y dessèchent moins.

Le peintre doit également avoir toujours à sa disposition dans son magasin les objets dont la désignation suit :

Eau seconde ou eau de potasse. — Les artisans qui travaillent les métaux donnent habituellement le nom d'eau seconde à de l'eau ordinaire acidulée par l'acide sulfurique, tandis que les peintres réservent ce nom à une solution de potasse, faite avec :

Eau de rivière. . . . . 5 litres.
Potasse concassée . . . . 4 kilog.

Au bout de quatre à cinq heures, on décante et l'on verse deux litres d'eau sur le résidu, on décante encore et l'on réajoute de l'eau jusqu'à ce que celle-ci, en sortant, marque moins de 7 degrés, au *pèse-sel;* alors on réunit toutes ces liqueurs, ce qui constitue l'eau seconde, que l'on garde dans des bouteilles bien bouchées. Cette eau est employée à laver et à dégraisser les vieilles peintures à l'huile et au vernis. On en fait usage pour le dégraissement des peintures à l'huile, sur lesquelles on veut peindre de nouveau à la colle ; on l'emploie aussi pour enlever le vieux vernis, alors elle doit marquer environ 30 degrés au pèse-liqueur de Baumé.

Pierre ponce. — Substance très poreuse, légère, de nature vitreuse, à pores allongés. Sa couleur est d'un blanc grisâtre, tirant parfois au verdâtre. On la trouve dans les terres volcaniques, notamment aux îles Lipari. On se sert de cette pierre pour faire disparaître les petits inégalités qui peuvent se trouver sur les bois, sur les toiles, etc. ; elle est employée aussi à adoucir les soufflures des premières couches de peinture.

Les peintres en bâtiments s'en servent en morceaux et à sec pour donner une surface lisse et unie aux ouvrages qui doivent être peints avec soin ; ils poncent immédiatement sur la première couche d'impression.

Tripoli. — On appelle ainsi une substance ferrugineuse tirant un peu sur le rouge, qui paraît avoir été produite par des feux souterrains. Cette substance a un aspect argileux, et peut être facilement réduite en poussière, dont les grains sont rudes, arides au toucher, et servent à polir les corps durs. On l'apportait autrefois de Tripoli, en Barbarie, d'où elle a tiré son nom, mais on en a trouvé en différents endroits de l'Europe. Le tripoli de la meilleure qualité est celui qui se tire d'une montagne près de Rennes, en Bretagne ; on l'y trouve déposé en lits d'environ 30 à 35 centimtères d'épaisseur. Il sert aux peintres, aux lapidaires, aux orfèvres, aux chaudronniers, pour polir et blanchir leurs ouvrages.

Le tripoli sert également aux peintres pour polir les vernis gras.

Il y a du tripoli inférieur qui provient de la ponce broyée ou de l'argile schisteuse torréfiée. M. Ehrenberg y a trouvé beaucoup d'animaux infusoires. Elle est composée de :

Silice....................	92
Alumine................	7
Oxyde de fer...........	3

Papier de verre. — On prend du papier un peu fort sur lequel on étend une couche de colle de gélatine, ou bien de celle qu'emploient les colleurs de papier ; d'autre part, on réduit du verre en poudre et on le tamise dessus ce papier avant que la colle soit sèche, le verre y adhère alors avec force. On peut en faire de la même manière avec le sable, l'émeri, etc. Il y a dans le commerce des papiers de verre de plusieurs numéros, c'est-à-dire où la finesse du grain ou du verre pilé varie, et qui a passé à travers des tamis plus ou moins fins.

Plombagine ou *Graphite* (carbure de fer). — On en connaît deux espèces :

1° Le *graphite écailleux*. Couleur d'un gris d'acier foncé, tirant sur le noir, éclat brillant métallique, rayant le papier en noir ;

2° Le *graphite compact*. Plus noir que le précédent ; éclat métallique, cassure inégale à grains fins. Quand on le chauffe dans un fourneau, il brûle sans flamme et sans fumée en laissant un résidu ferrugineux.

Carbone.. 91
Fer.. 9
                                    ———
                                    100

La plombagine réduite en poudre fine et incorporée avec de l'huile de lin siccative, constitue une couleur qui sert à donner aux ouvrages en fer ou en fonte une nuance d'acier.

Enfin, les peintres en bâtiments se servent de *grattoirs* (fig. 23), de *limes* ou de *râpes*, de *fers à dégager* (fig. 24), etc.

Les peintres décorateurs, c'est-à-dire ceux qui

imitent les bois et les marbres, et les peintres d'attributs, se servent de palettes, de règles, compas,
pinceaux, etc.

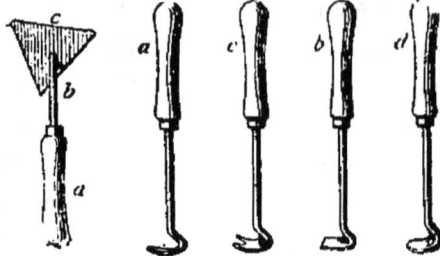

Fig. 23.
Grattoir.

Fig. 24.
Fers à dégager.

Palette. — La palette (fig. 25), est une planche de
bois mince très serré, d'une forme ovale ou carrée,
un peu plus mince aux extrémités qu'au centre, et
sa plus grande épaisseur n'est que de 3 à 4 millimètres. On y pratique, vers le bord, un trou ovale,
a, assez grand pour pouvoir y passer le pouce de
la main gauche jusqu'à sa naissance. Ce trou est
taillé de biais dans l'épaisseur du bois, de sorte que
la partie de dessous la palette qui recouvre le pouce
est un peu en chanfrein, ainsi que la partie de dessus qui est recouverte par le pouce. Le bois de la
palette est le plus ordinairement de poirier ou de
pommier, plus souvent de noyer, sur lequel sont
fixés un ou deux petits godets en fer-blanc, *b*, lesquels contiennent de l'huile et de l'essence pour y
détremper le pinceau au besoin. On enduit le dessus de la palette, quand elle est neuve, d'huile de
noix siccative, à plusieurs reprises, à mesure que
l'huile sèche et jusqu'à ce qu'elle ne s'imbibe plus

dans le bois. Quand l'huile est bien séchée, on polit
la palette en la ratissant avec le tranchant d'un
couteau, et on la frotte avec un linge trempé dans
l'huile de noix ordinaire.

La palette sert pour placer dans un certain ordre
les couleurs broyées à l'huile, et ordinairement en-
fermées dans de petites vessies ou dans des cylindres en étain, que le peintre presse avec l'index et
le pouce pour en faire sortir ce qui lui est nécessaire pour le moment; on les y arrange au bord

Fig. 25. Palette.

d'en haut le plus éloigné du corps quand on tient
la palette en partie appuyée sur le bras. On place
les couleurs les unes à côté des autres, par petits
tas, de manière que ces couleurs ne puissent pas
se toucher, les plus claires ou blanches vers le
pouce. Le milieu et le bas servent à faire les teintes
et le mélange des couleurs, avec le couteau, qui
doit être, pour cet effet, d'une lame extrêmement
mince et flexible.

On nettoie la palette en ôtant, avec le bout du
couteau, les couleurs qui peuvent encore servir; on

3.

la frotte avec un morceau de linge ; on y verse ensuite un peu d'huile nette pour la frotter encore et
la nettoyer parfaitement, d'abord avec une brosse
usée et un peu rude, et ensuite avec un linge propre. S'il arrivait qu'on laissât sécher les couleurs
sur la palette, il faudrait la ratisser promptement
avec le tranchant du couteau, en prenant garde
d'en hacher le bois, et la frotter ensuite avec un
peu d'huile et une brosse rude, jusqu'à ce que les
traces laissées par la couleur séchée soient entièrement effacées.

Fig. 26. Peigne.

Fig. 27. Brosse à sec.

Fig. 28. Queue de morue.

Outre les *peignes, brosses à sec,* et *queues de
morue* (fig. 26, 27 et 28), les peintres de décors se
servent ordinairement de *pinceaux* de petites

dimensions en martre ou en petit-gris, montés
dans des tuyaux ou dans des tubes en fer-blanc,
selon la grosseur, pour réchampir les fonds entre
les ornements étrusques, arabesques ou autres.
Ces pinceaux doivent être en *fleur de poil*, c'est-à-
dire faire la pointe; ils doivent être souples et
avoir assez d'élasticité pour se redresser lorsqu'on
en a courbé la pointe. On reconnaîtra leur qualité
en les roulant entre les doigts, de manière à en
séparer les poils : on les trempera ensuite dans
l'eau et on appuiera légèrement sur le bord du
vase ; ils doivent se redresser et former une pointe
parfaite.

Règles, équerres, compas et fil à plomb. — Les
peintres de décors se servent de ces objets d'art
pour distribuer et tracer des moulures, panneaux,
tables, joints de coupes de pierres, filets d'incrustation, etc. Les règles et équerres doivent être de
bois de poirier, abattues en chanfrein.

Le compas est en fer (fig. 29). Les branches,
bien pointues, doivent avoir au moins 0ᵐ20 de
longueur. Il doit être très juste, et l'ouverture de
l'angle formé par les deux branches devra rester
invariable pendant l'opération.

Le fil à plomb (fig. 30) est composé de deux
pièces : le *poids* et le *chas.*

Le poids A a la forme d'un cône tronqué droit,
sa base a environ 0ᵐ05 de diamètre, son sommet
0ᵐ035 et sa hauteur 0ᵐ06.

Un trou passant par son centre le traverse dans
toute sa longueur et donne passage au fil.

Le chas C est une plaque carrée en fer de 0ᵐ005
d'épaisseur, dont le côté est égal au diamètre de la

base du poids. Un trou pratiqué en son milieu communique avec celui du poids. On passe le fouet dans le poids et le chas, et on l'arrête, sous la base du poids, par un nœud. Le fouet du plomb dóit être en septain assez fort et être assez long pour servir de cordeau au besoin.

Fig. 29. Compas.

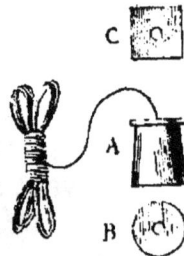

Fig. 30.
Fil à plomb.

Pour mettre un objet d'aplomb, on appuie un des côtés du chas C qu'on maintient dans la position horizontale, contre la partie supérieure de l'objet. On fait descendre le poids au bas de cet objet, qui sera d'aplomb, lorsque la partie basse du poids touchera cet objet.

Il faut avoir aussi en magasin les couleurs que nous indiquerons ci-après, qui sont usuelles, tant pour le peintre d'impressions que pour le peintre de décors, le peintre d'attributs, le peintre de lettres, et enfin le fileur.

On trouvera la manière de fabriquer toutes les couleurs, les huiles et vernis les plus en usage, dans le *Manuel du Fabricant de Couleurs* et dans le *Manuel du Fabricant de Vernis*, de l'*Encyclopédie-Roret*.

Th. Browne, de Londres, a inventé des vases

propres à conserver les couleurs à l'huile pour la peinture.

Ces vases, très en usage aujourd'hui, sont établis en étain et de forme cylindrique. La feuille d'étain est étirée en tube, d'après les procédés ordinaires, et le métal a environ 1/3 de millimètre d'épaisseur.

Les extrémités sont réunies en pressant les bords et en les fondant ou en les soudant au chalumeau ou avec un fer chaud, de manière à ce qu'ils ne forment plus qu'une seule pièce. Il est bien entendu que la couleur est introduite avant que l'extrémité supérieure ne soit soudée. A cette extrémité, une petite ouverture est faite pour le passage de la couleur.

Ces vases sont construits de sorte que, par une faible pression à la partie inférieure, la couleur puisse s'échapper par l'ouverture pratiquée à cet effet. Le volume des vases diminue selon qu'ils contiennent plus ou moins de liquide et en s'enroulant sur eux-mêmes, ils sont toujours pleins, quelle que soit la quantité du fluide qui y reste. Les couleurs sont préservées de tout contact nuisible avec l'atmosphère.

Cette manière de conserver les couleurs artistiques à l'état liquide, comprend également les vernis et tous les fluides, en général, qui demandent à être employés de temps en temps.

M. Malapeau a aussi imaginé des cylindres remplaçant les vessies pour les couleurs à l'huile.

Ces cylindres sont en verre ou en métal, et renferment un piston qui peut monter ou descendre. En baissant le piston, on fait sortir la

couleur par un petit tube qui est la base du
cylindre. Pour remplir le cylindre, on plonge le
petit tube dans la couleur; on relève le piston, et,
par suite du vide, la couleur remplit le cylindre.
On peut encore introduire la couleur en faisant
monter un piston dans le réservoir-cylindre qui la
contient, et qui est percé d'un petit trou à la base
supérieure; la couleur pressée peut s'introduire
alors dans le petit cylindre placé au-dessus du
réservoir, et sur le petit trou.

Colles employées par le peintre en bâtiments

1° Colles de peaux de lapin, pour encoller sous
les couches d'impression.

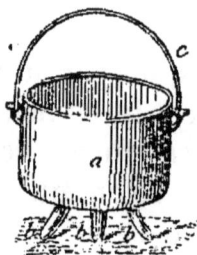

2° Colles de brochette et de
parchemin, pour recevoir les vernis.

On fait fondre ces colles dans
des chaudrons a (fig. 31), munis
de trois pieds b et d'une anse c, c,
qu'on accroche à la crémaillère de
la cheminée.

Fig. 31.
Chaudron.

Huiles, vernis et siccatifs employés usuellement par les peintres en bâtiments et de décors

1° Huile de lin pour détremper, c'est la meilleure.

2° Huile d'œillette pour broyer.

3° Essence de térébenthine, pour mêler aux couleurs à l'huile. Essence d'Amérique.

4° Vernis à l'huile de lin.

5° Vernis gras ou à l'huile.

6° Vernis vernis au copal.

Couleurs en pain ou en poudre à l'usage des peintres en bâtiments

Blancs

1° Blanc de craie ou de molleton dit *blanc de Meudon*, pour les détrempes.

2ʰ Blanc de céruse, pour les ouvrages à l'huile.

3ᵘ Blanc de Clichy, pour les mêmes ouvrages.

4° Blanc de zinc, pour les mêmes ouvrages.

5° Blanc léger, dit *blanc d'argent*, pour les décors et les glacis.

Noirs

1° Noir léger (noir de fumée).

2° Noir d'os (de charbon animal).

3° Noir d'ivoire, — de Cassel, — de Cologne.

4° Noir de lampe.

5° Noir d'Allemagne.

6° Noir de composition (de bleu de Prusse).

7° Les décorateurs se servent également des noirs de hêtre, — de pêche, — de vigne.

Jaunes et bruns

1° Ocre, terre d'ombre naturelle et calcinée.

2° Ocre, terre de Sienne naturelle et brûlée.

3° Ocre, terre d'Italie naturelle et brûlée.

4° Ocre de ru naturelle et brûlée.

5° Bistres.

6° Brun Van Dick.

7° Terra merita (curcuma), pour les carreaux et parquets.

8° Graine d'Avignon (jaune de grains), pour les mêmes ouvrages.

9° Jaune de chrome.

10° Jaune de Naples.

11° Jaune minéral.

12° Massicot, céruse calcinée (teinte dure).

Rouges, orangés, violets

1° Rouge de Prusse.

2° Ocre rouge (brun-rouge).

3° Rouge d'Angleterre (Colcotar).

4° Rouge de mars.

5° Vermillon de la Chine.

6° Cinabre (vermillon de Hollande), pour les décors.

7° Pourpre de Cassius, pour les décors.

8° Minium.

9° Brun orange (orangé de mars).

10° Orange de chrome.

11° Laque plate (de cochenille).

Bleus

1° Bleu de Prusse.

2° Bleu minéral (bleu d'Anvers).

3° Bleu de cobalt (de Thénard).

4° Outremer artificiel, pour les décorateurs.

5° Cendres bleues, employées par les décorateurs.

6° Bleu d'émail (verre pulvérisé), pour les fonds azurés des enseignes de magasins.

Verts

1° Vert de montagne.

2° Vert de Scheele.

3° Vert de grains,

4° Vert-de-gris ou verdet.

5° Vert de Vienne, — de Schwenfurt et de Brunswick.

6° Vert de vessie.

7° Vert de chrome.

8° Vert de titane.

Encaustiques

On les prépare au fur et à mesure des besoins.

Les ocres sont des terres colorées en jaune ou en rouge par la présence d'une certaine quantité d'oxyde de fer, mêlée avec quelques parties de chaux et d'alumine. Elles forment un sable, souvent fin et serré, qui passe au rouge-brun et même au noir par la calcination.

Les ocres rouges étant plus rares dans la nature que les ocres jaunes, le commerce y supplée par la calcination de ces dernières ; et c'est ainsi qu'on obtient les *bruns de mars* et quelques autres.

Cette matière si utile dans la peinture, s'exploite notamment en Bourgogne, dans le Cher et quelques autres départements. Les premières ont particulièrement la faculté de se changer en ocre rouge, connue dans la fabrication des couleurs sous les noms de *rouge de Hollande, rouge de Prusse*, etc. L'ocre de ru, qui se tire d'Italie et d'Angleterre, se métamorphose très facilement en brun, et alors elle prend le nom de *terre d'Italie*.

La *terre d'ombre* est une espèce d'ocre que l'on tire d'une contrée d'Italie (l'Ombrie). Il en est de même de la *terre de Sienne*, d'une belle couleur jaune, et qui, étant calcinée et grillée, prend une teinte rouge-brun pour imiter l'acajou ; on la nomme alors *terre de Sienne brûlée;* de la *terre de Cologne* ou *de Cassel*, espèce de lignite terreux que l'on exploite dans ce pays; du *stil de grain brun d'Angleterre*, qui est une argile mêlée d'alun avec une décoction de graine d'Avignon; — enfin, du *brun Van Dick*, qui est une préparation bitumineuse, modifiée par d'autres matières colorantes.

Nous renvoyons les lecteurs à notre *Manuel du Fabricant de Couleurs*, s'ils veulent connaître en détail la nature et la composition chimique de chacune de ces couleurs, et la manière de les obtenir par la fabrication. Ce premier chapitre étant spécialement destiné au *peintre en bâtiments*, qui achète toutes les matières dont il a besoin chez le fabricant de couleurs, il serait inutile de placer ici tous ces procédés. On verra cependant que nous nous sommes un peu étendu sur la nature et la propriété des *blancs*, parce qu'ils sont la base de toute la peinture d'impression, et que, sous ce rapport, il est très important que l'entrepreneur et l'ouvrier connaissent parfaitement cette matière, afin de ne pas être trompés par un marchand de mauvaise foi qui falsifierait ses céruses, soit en les mélangeant de blancs de Bougival ou autres, soit en les broyant avec des matières défectueuses.

3. — Travaux généraux exécutés par le peintre en bâtiments et par les artistes qu'il emploie.

L'entrepreneur de peinture fait lui-même les peintures d'impression, c'est-à-dire toutes les teintes unies : ce travail consiste à préparer les murs, plafonds, boiseries et autres surfaces quelconques pour recevoir la peinture en teintes unies dont elles doivent être couvertes pour leur décoration et leur conservation, et ensuite à étendre successivement ces couches de teinte.

Les ouvriers qui, sur ces premiers fonds préparés par l'entrepreneur, imitent les bois, les marbres et les granits, ainsi que la coupe, les assises et les joints des pierres de taille, sont désignés, dans le langage des bâtiments, sous le nom de *peintres de décors*. C'est l'entrepreneur de peinture d'impression qui les appelle et les paie pour terminer ces travaux.

Il est encore une classe de peintres, les *fileurs*, qui ne font ordinairement que les filets ombrés et éclairés des joints imités de la pierre ou des panneaux feints, ainsi que les cimaises, moulures et tables saillantes ou renfoncées, dont on veut décorer les parties unies.

Les lettres des enseignes des boutiques et magasins, indications peintes de bureaux et autres, sont exécutées par des peintres spéciaux dits *peintres de lettres*.

Enfin, les ornements extérieurs des magasins ou ceux à exécuter dans les intérieurs sont peints par les *peintres d'attributs*.

Ces quatre classes de peintres, qui ne sortent jamais de leur genre spécial, sont choisis et employés par les entrepreneurs, qui traitent de gré à gré avec eux, et à prix débattu, pour la façon de chaque objet à peindre, et leur fournissent les couleurs nécessaires pour leurs travaux. Il est très rare qu'un propriétaire les emploie directement sans l'intermédiaire de son entrepreneur : du reste, il n'y gagnerait rien, parce que, travaillant constamment pour les uns ou les autres de ces derniers, ils feraient payer plus cher qu'à leurs clients naturels, qui leur fournissent de l'ouvrage durant toute l'année, et qu'ils sont, par conséquent, intéressés à ménager ; de plus, ils gâcheraient les couleurs qu'on serait obligé de leur fournir, ce qui serait une source continuelle d'embarras et de désagréments, et plutôt une cause de perte que de profit.

Dans toutes les constructions où un architecte dirige les travaux, cet artiste surveille les ouvrages préparatoires, tels qu'époussetage des plâtres, encollages et impressions à l'huile, rebouchages en mastic, grattages à vif des murs et boiseries, lessives des anciennes peintures, ponçages, etc.

Ensuite il choisit et fait faire, en sa présence, des essais et des échantillons de teintes pour chacune des pièces à peindre.

Dans le cas où le propriétaire n'a point d'architecte, il faut que le maître-entrepreneur ait assez de goût pour le suppléer, et donner des conseils relativement au choix des teintes convenables à chaque objet ; et lorsqu'elles sont fixées et arrêtées, il n'a plus qu'à les étendre d'une manière uniforme, sans surcharges d'épaisseur, de sorte qu'elles puissent flatter agréablement la vue.

La peinture en bâtiments est loin d'être un art purement mécanique ; la composition des teintes par le mélange des couleurs exige quelques connaissances et une certaine pratique ; il faut de l'adresse pour leur emploi, et l'habileté en ce genre ne consiste pas à appliquer une couche de peinture, mais

bien à en calculer les effets, et à n'omettre aucun
des détails qui peuvent assurer à l'ouvrage toute
la durée et tout l'éclat dont il est susceptible.

Quant à l'imitation des bois et des marbres, les
décorateurs qui les exécutent, sous l'inspiration de
l'architecte, se bornent à porter cette imitation au
plus haut degré de perfection, en copiant des modèles d'un beau choix de teintes et de veines. Pour
y parvenir, ceux d'entre eux qui tiennent à atteindre à cette perfection peignent à loisir sur des
cartons d'à peu près 50 à 60 centimètres de largeur,
sur 70 à 80 centimètres de hauteur, tous les marbres connus, et dont l'emploi est le plus fréquent.
Ces modèles sont faits avec le plus grand soin
d'après les marbres mêmes, et ces cartons mobiles
sont transportés à l'atelier, soit pour déterminer le
prix de l'architecte, soit pour servir à coucher et à
mélanger les teintes de fonds et à veiner le marbre
ou le bois, tels que la nature les donne.

Et c'est ici le lieu de faire remarquer la nécessité
pour un propriétaire de s'adresser pour l'exécution
de ses travaux à un entrepreneur honnête qui ne
cherche pas à le tromper en l'alléchant par des
conditions et des prix au-dessous de ses confrères.

Rien, au premier examen, ne paraît plus facile
que la peinture en bâtiments ; aussi, il n'est point
de profession où l'on improvise aussi lestement des
ouvriers. Cependant aucune manutention ne réclame des soins plus attentifs et des observations
plus soutenues ; car c'est non seulement de la qualité supérieure des matières premières que dépend
la beauté de l'ouvrage, mais aussi du choix de ces
matières pour les mélanger, de leur trituration, et

de leur application, selon l'objet, et, à cet égard, la pratique suggère mille combinaisons qui ne paraissent pas importantes, et qu'aucun livre ne pourrait donner, mais d'où dépend souvent le succès ; et les praticiens seuls comprendront cette vérité qui, pour d'autres, aura l'air d'un paradoxe, parce qu'eux seuls éprouvent chaque jour, par l'expérience, la justesse incontestable de notre observation.

Il est bon de faire observer, dès à présent, qu'il n'y a aucune des professions qui concourent à l'érection ou à la décoration des bâtiments plus que la peinture d'impression, dans laquelle il soit plus facile de tromper, même les praticiens, s'ils n'ont pas exactement suivi l'exécution du travail, ou s'ils n'y sont pas extrêmement exercés ; c'est ce qui explique naturellement comment des *barbouilleurs* font de la peinture à un tiers et même à moitié du prix que demandent les entrepreneurs honnêtes qui ont à cœur de faire des ouvrages solides et durables.

Ils savent très bien, ces hommes éhontés, que ces sortes de marchés ne sont onéreux que pour le bénévole propriétaire dont ils se moquent intérieurement, et qu'ils regardent d'avance comme une dupe. Ils promettent tout ce qu'on veut ; ils font même des conventions écrites, dans lesquelles ils s'engagent à ne fournir que des marchandises de première qualité, à n'employer que du blanc de céruse, des vernis blancs, etc. Qu'est-ce que cela leur fait ? rien de ce qui les entoure ne s'y connaît : personne ne les surveille, ils sont donc sûrs de l'impunité, aussi y comptent-ils et font-ils souvent une fortune rapide, tout en exécutant leurs travaux à vil prix, parce qu'ils s'attachent à n'employer que des substances les moins chères, à en imposer sur le nombre des couches, en modifiant à leur profit celles qu'ils sont obligés de mettre ; enfin, à simplifier les manutentions de manière à n'avoir que très peu de main-d'œuvre ; que, nonobstant toutes ces friponneries cumulées, on les paiera comme si toutes les matières fournies étaient de bonne qualité ; comme si les mélanges annoncés de couleurs fines en étaient en effet ; comme si les apprêts avaient été faits convenablement ; comme si le nombre requis des couches existait ; comme si, enfin, tous les soins nécessaires avaient été apportés aux grattages, aux rebouchages, aux ponçages, aux encollages et à l'application des teintes ; car la peinture, quelle qu'elle soit, présente à l'œil le même aspect pendant plusieurs mois ; ce n'est qu'après un certain laps de temps qu'on peut s'apercevoir des nombreuses fraudes dont on est la victime, parce qu'alors les peintures que l'on s'applaudissait d'avoir fait faire à si bon marché se détériorent, jaunissent, s'ondulent, s'écaillent ou farinent, et tombent en définitive, sans que cette détérioration ait d'autres causes que la mauvaise foi du peintre désintéressé à qui l'on a eu la bonhomie de confier ses travaux, dont il faut toujours payer la valeur, de quelque manière qu'on s'y prenne, parce qu'il n'est pas d'entrepreneurs qui passent des marchés à leur détriment.

Il est à remarquer, de plus, que les mauvaises matières, au lieu de conserver le sujet qui les reçoit, ce qui est le but essentiel de la peinture, le détériorent sensiblement ; conséquemment, un peintre ignorant ou fripon, non seulement vous trompe dans ce qu'il vous fournit, mais aussi détruit les plâtres et les bois sur lesquels il a exercé son ineptie ou sa désastreuse cupidité.

Il est donc très urgent, et nous ne saurions trop le redire, de charger un architecte expérimenté de la direction et de la conduite des travaux de peinture que l'on se propose de faire exécuter. Cet artiste, s'il a une entière connaissance pratique de son art, et par conséquent l'habitude des ateliers, ne se laissera pas imposer par le jargon de l'entrepreneur ; il verra les teintes préparées, il reconnaîtra au toucher les blancs broyés, il vérifiera avec attention si les apprêts sont bons, si les encollages et les impressions sont ce qu'ils doivent être, si les rebouchages sont exactement faits ; enfin, par une inspection simultanée, constante et non prévue, de toutes les heures, de tous les instants, il déjouera les fraudes, et s'assurera de la parfaite confection de ces sortes de travaux.

4. — Travaux préparatoires à faire avant de peindre

Des Epoussetages

Les *époussetages* consistent à enlever des plafonds, murs ou boiseries déjà peints en détrempe, la poussière qui s'y est attachée, ou les blancs dont la colle n'existe plus et qui, par cette raison, s'écaillent ou s'enlèvent au plus léger contact de l'objet qui les touche, et au moindre frottement : ce travail se fait avec un balai de crin sans manche, ou une époussette (fig. 27, p. 46), ou des brosses rudes qui font tomber toute l'ancienne peinture qui n'est plus adhérente au corps qui l'a reçue : on époussète également les plâtres neufs pour en faire tomber les grains et autres petites aspérités qu'ont pu y laisser la truelle ou la taloche du maçon.

Des Lessivages et Grattages

Les anciennes peintures à l'huile sont *lessivées*, c'est-à-dire qu'on enlève, avec un lavage à l'eau seconde, pure ou coupée d'eau ordinaire, si l'on veut, la malpropreté et les parties graisseuses de leur surface. On doit, dans ce travail, avoir l'attention de ne pas laisser séjourner longtemps l'eau seconde sur les boiseries, ni de laisser aucun dépôt sans l'essuyer.

Au reste, l'eau seconde n'est pas la seule matière qui puisse être employée au même ouvrage, la *cendre* ou la terre franche, dite *terre à four*, produisent le même résultat. Il suffit de faire détremper cette terre dans de l'eau et de la délayer de manière à pouvoir la passer dans un linge ou un tamis afin d'arrêter les grains qui pourraient rayer la peinture ; on étend ensuite l'eau savonneuse tamisée sur la surface des peintures, on frotte légèrement avec une brosse à quartier, on lave ensuite à grande eau pure, et enfin on essuie ces parties dégraissées avec un linge ou une queue de mouton.

Le lessivage doit être fait avec le plus grand soin lorsque surtout on veut conserver de belles peintures et de riches décorations, c'est alors surtout qu'il faut employer l'eau seconde avec les plus

minutieuses précautions, pour ne pas les altérer ni
les détériorer. Dans ce cas aussi, l'architecte ou le
propriétaire doivent tenir compte à l'entrepreneur
du temps passé par les ouvriers, afin de payer ce
lessivage extraordinaire ce qu'il vaut en effet : il
en est ainsi, au surplus, de tous les apprêts
extraordinaires, dont nous allons parler ci-après.

Quelquefois le lessivage simple ne suffit pas
pour enlever entièrement les anciennes peintures
à l'huile, les vernis et les vieux apprêts, afin de
mettre le bois tout à fait à découvert. Il faut alors
opérer un *brûlage*, ce qui consiste à étendre ou
asperger avec la brosse de l'essence de térébenthine
sur la surface que l'on veut mettre à vif, et à l'en-
flammer, puis à gratter de suite, ou bien avec un
réchaud fait exprès, que l'on y applique aussitôt,
et que l'on promène immédiatement sur toutes les
parties de cette surface; et lorsque les peintures
sont atteintes par l'essence incandescente ou bouillante, on y passe le grattoir en cherchant à vider
et nettoyer les creux des moulures et des sculptures s'il y en a : les peintures se roulent et s'enlèvent plus facilement par ce moyen, et le bois
étant à vif, est propre à recevoir les nouvelles peintures. C'est notamment sur les portes cochères, les
devantures de boutiques, et autres objets extérieurs
en bois, que se fait ce travail extraordinaire.

Comme, dans un grand nombre de cas, pour
des travaux de ce genre, on peut avoir facilement
le gaz à sa disposition, notamment pour les devantures de boutiques, on remplace le réchaud par
une sorte de petite lance à gaz dont la forme rap-
pelle une brosse, donnant ainsi une flamme assez

large. Ce petit outil s'adapte à un tuyau de caoutchouc qu'on ajuste sur un bec de gaz intérieur.
Un petit robinet placé dans le manche permet de
l'allumer à volonté. Cet outil, beaucoup moins
lourd et plus maniable que le réchaud, rend le
travail plus facile.

Lorsqu'on veut peindre à la colle d'anciennes
parties déjà peintes de cette façon, mais non assez
chargées pour nécessiter un grattage, on lave à
l'eau pure et à l'éponge brune, de manière à enlever tout ce qui peut s'en détacher.

On lave aussi à l'eau pure les carreaux de terre
cuite et les parquets salis de peinture en détrempe.

Les peintures et les papiers vernis qui sont seulement salis de fumée ou de poussière se lavent
avec une dissolution légère de savon noir ou d'eau
seconde coupée extrêmement faible ; ce dernier
moyen est préférable en ce qu'il ne graisse pas
comme le savon noir : on se sert pour ce lavage
d'une éponge blonde parfaitement douce et bien
débarrassée du sable et des coquillages qui raye-
raient les peintures. Les parties grasses, comme il
s'en trouve aux endroits où l'on met les mains aux
portes et celles où l'on pose la tête sur les papiers
vernis, comme cela arrive dans les établissements
publics, doivent être dégraissées avec de l'eau
seconde coupée à six ou huit degrés de l'aréomètre
(pèse-liqueur de Baumé) ; et le tout lavé plusieurs
fois et à grande eau pure et fraîche pour raviver
les couleurs.

Le lavage prend le nom de *lessivage*, lorsque,
pour nettoyer des peintures trop salies de corps
gras ou de fumée, on remplace l'eau de savon, qui

agirait trop faiblement, par une eau seconde coupée à cinq ou six degrés de l'aréomètre : ce lessivage doit être fait avec promptitude, afin de ne
point endommager les couleurs, en laissant séjourner l'eau de potasse sur elles ; on devra procéder par parties et les attaquer dans toute leur
hauteur ; car si on commençait par le haut, les
gouttes qui s'échapperaient en filets sur la partie
inférieure pourraient, pour peu qu'elles y séjournent, attendrir la peinture et former autant de
taches.

Ce lessivage ne devra jamais être fait sur des
peintures en détrempe vernies à l'esprit-de-vin, car
ce vernis se détrempant facilement, on courrait
grand risque de les détacher, quelque soin qu'on
y apporte d'ailleurs. Le lavage, dans ce cas, doit
être seul employé.

On lessive encore de cette façon certaines boiseries neuves en chêne dont la surface est trop
graissée du suif que les menuisiers étendent sur
leurs outils pour faciliter le rabotage.

Le lessivage à l'eau seconde pure doit être fait
lorsque l'on veut coller du papier ou repeindre soit
à l'huile, soit à la colle, sur d'anciennes peintures
à l'huile. Cette opération est très importante, et en
la négligeant, on s'exposerait à de nombreux mécomptes, dont les moindres seraient de présenter
plus de difficulté dans l'application des couches,
de produire des taches sur les peintures à la colle,
enfin, de détruire la solidité de la peinture, qui
ne tarderait pas à s'écailler ou à se lever en cloches.

Les anciennes peintures à l'huile, vernies et
polies, qu'on veut refaire à neuf, doivent être

lessivées à l'eau seconde très forte, dont on augmente l'action corrodante en frottant le sujet avec une pierre ponce jusqu'à ce qu'on ait découvert les apprêts de teinte dure ; s'ils ne sont pas endommagés, on peut repeindre par-dessus, on lave alors à grande eau pour bien entraîner toute l'eau de potasse, et on recommence les opérations à partir de l'adoucissage des couches de teinte.

S'il y a quelques fentes ou défauts à reboucher, on donne une couche de teinte dure, on rebouche, on donne une seconde couche de teinte dure, on ponce, etc., etc. Si les couches de teinte dure sont endommagées, il faut les détruire soit en continuant d'unir avec la pierre ponce et l'eau seconde, soit à l'aide du réchaud et du grattoir.

Lorsque les peintures neuves polies sont salies, on les nettoie à l'eau pure, ou à l'eau de savon s'il y a des parties grasses, et on les essuie avec une peau de chamois bien douce en frottant de façon à leur rendre leur luisant.

On peut diminuer le nombre de ces opérations lorsqu'on ne désire pas arriver à la perfection ; dans ce cas on peut supprimer quelques couches de teinte dure, et ne pas les adoucir après le ponçage ; on peut diminuer aussi le nombre des couches de teinte et n'en donner que deux en mêlant un peu de teinte dans la première et la deuxième couche de vernis, ne donner que quatre à cinq couches de vernis, supprimer le polissage du vernis et même le lustrage, etc., etc.

Lorsqu'on veut détruire une teinte de couleur pour en substituer une autre, le plus sûr, en général, est de tout enlever et de lessiver les

4.

vernis, les couleurs, les blancs d'apprêt, les encollages, les teintes dures et les impressions surtout :

Si la pièce est en détrempe, et qu'on ait l'intention de repeindre à l'huile ;

Si elle est à l'huile, et qu'on veuille la remettre en détrempe ;

Si même, étant en détrempe, on désire y remettre une détrempe.

Pour détruire tout à fait les couleurs et les vernis, il faut imbiber le sujet d'eau alcaline, en mettre plusieurs couches pour qu'elle puisse pénétrer tout à fait, ensuite lessiver et laver avec de l'eau et des grattoirs, dégorger les moulures et les sculptures avec des fers à réparer. L'eau alcaline corrode tout jusqu'au vif ; le bois redevient comme s'il n'avait jamais été peint ni verni, et quand il est bien sec, on peut le repeindre, en suivant les procédés qui ont été indiqués. La dose d'eau alcaline est ordinairement d'un quart de litre par dix mètres carrés pour chaque couche.

Si les anciennes teintes ont été données à l'huile, et si on a l'intention d'en donner une autre également à l'huile, il suffit de détruire seulement le vernis jusqu'à la couleur. On repeint alors avec des couleurs broyées à l'huile et détrempées à l'essence : et par-dessus ces couleurs, on applique deux ou trois couches de vernis.

On observe que ces couleurs nouvelles doivent être détrempées à l'essence, car si on les employait à l'huile, elles donneraient une odeur désagréable, l'huile ne pourrait pas s'imbiber dans les bois, l'ancienne couleur repousserait la nouvelle dans l'appartement, et donnerait de l'odeur, au lieu que l'essence s'évapore et se dissipe ; en y mettant un vernis, la nouvelle peinture n'a pas plus d'odeur que si elle était sur un lambris neuf.

Les *grattages* se font pour enlever toutes les couches étendues précédemment sur les objets que l'on veut repeindre entièrement, ou même, cette opération est facile sur des parties planes, il ne s'agit alors que de traîner une des faces du grattoir sur ces surfaces, sans l'incliner, afin que les pointes ne laissent ni traces, ni creux, mais il faut plus de soin afin de dégager les moulures, et leur rendre la pureté primitive et conserver leurs arêtes, ainsi que pour les sculptures afin de ne pas les détériorer ; car nous devons faire observer que si le grattage à vif a la propriété de restituer aux moulures et aux sculptures leurs formes et leurs ornements, que l'empâtement des anciennes peintures souvent superposées à différentes reprises a fait disparaître en partie, il a aussi de graves inconvénients lorsqu'il est exécuté par des ouvriers insouciants ou maladroits ; car, par ce grattage mal fait, ces derniers peuvent, au lieu de rétablir les profils, les dénaturer et rendre ainsi obligatoires des réparations très coûteuses.

M. Zink, qui a étudié les divers moyens employés pour enlever les anciennes couches de peinture, recommande les suivants :

On enduit l'objet proposé d'essence de térébenthine chaude, qui dissout assez facilement l'ancienne couleur que l'on enlève ensuite sans peine.

Ce procédé un peu coûteux est recommandable pour des pièces chargées de moulures, où le grattoir pénètre difficilement, ou bien encore avec des arêtes vives qu'on veut respecter.

On peut encore avec avantage employer pour laver une solution de carbonate de soude très concentrée, formée de 1 partie de carbonate et 1 partie d'eau. On accélère l'action en ajoutant un peu de chaux caustique.

Le bois auquel on veut rendre sa couleur primitive sera enduit de savon noir; après une attente de quinze à vingt heures, la couleur est assez altérée pour en être enlevée même par un simple lavage à l'eau froide.

La peinture fraîche, mise par erreur, s'enlève facilement avec de la benzine.

Des Rebouchages

Les *rebouchages* sont de deux sortes, à l'huile ou à la colle, mais on distingue encore ceux à l'huile, en *mastic* ordinaire, composé de blanc de Meudon et d'huile de lin, et en *mastic* teinté, composé de même que le précédent, mais dans la composition duquel on ajoute des couleurs en rapport avec la peinture qui doit le recouvrir. On fait encore, mais plus rarement, un troisième mastic appelé mastic de teinte dure ou mastic au vernis ; il est composé de blanc de céruse, d'ocre et broyé avec du vernis gras. Ce mastic s'emploie dans les peintures qui doivent être poncées à l'eau ; on ne fait aucune distinction pour les rebouchages faits sur plâtre, de ceux sur boiseries, ni de ceux sur plâtre et boiseries neuves, de ceux sur plâtre et boiseries vieilles.

Le rebouchage à l'huile ne se fait que lorsque

l'objet a déjà reçu au moins une couche de peinture, car, appliqué sur le bois cru, le mastic à l'huile tiendrait mal, et ne tiendrait nullement appliqué, sans cette précaution, sur le plâtre ou la pierre. Lorsqu'on veut remastiquer d'anciennes peintures très détériorées, il est nécessaire, pour le même motif, de les repeindre soit par places, soit en totalité.

Le *rebouchage ordinaire* consiste à boucher tous les trous ou fentes qui peuvent se trouver dans l'objet à peindre ; mais lorsque les plâtres sont poreux et surtout lorsque l'on veut faire de belles peintures, ou des peintures vernies polies, on rebouche en *enduit*, et l'on couvre alors entièrement le sujet de mastic pour en cacher le moindre défaut. Ce travail est fort long, par conséquent très coûteux et nécessite toujours un ponçage pour unir sa surface. Pour reboucher en enduits les plâtres poreux, on peut économiser beaucoup de temps en infusant du blanc de Meudon dans de l'huile, de manière à faire un mastic très clair que l'on couche à la brosse comme on ferait de la peinture ; on laisse sécher quelques heures, et avec un large couteau qu'on promène en tous sens, on fait pénétrer dans les cavités le mastic, qui a acquis plus de consistance. On enduit encore les soubassements, ébrasements ou autres parties en pierre poreuse. Celles en pierre dure peuvent être rebouchées en plâtre avant l'impression, mais celles en pierre tendre à gros grains doivent être rebouchées en mastic : les grands trous se bouchent en mastic de consistance ordinaire ; lorsqu'il est sec, on enduit en plein au moyen de mastic mou,

Le mastic ordinaire ayant le défaut de jaunir, on devra le remplacer par le mastic au blanc de céruse, lorsque la peinture qui doit le recouvrir sera d'un ton clair ; sans cette précaution, les peintures présenteraient des taches partout où il y aurait été mis du mastic.

Le mastic teinté doit être du même ton que l'ancienne peinture; il s'emploie lorsqu'on veut repeindre à une seule couche.

Le mastic teinté s'emploie aussi quelquefois à reboucher les boiseries que l'on ne veut pas repeindre : ce mastic doit être, dans ce cas, composé de blanc de céruse pur broyé, ainsi que les couleurs destinées à le teinter. Ce rebouchage exige beaucoup d'habileté dans sa confection et son application.

Le rebouchage aux mastics durs a pour but le mastiquage des grands défauts, dans lesquels le mastic ordinaire à l'huile n'offrirait pas suffisamment de résistance.

Le *rebouchage à la colle* n'a lieu qu'après l'application de la couche d'encollage, et s'exécute de deux façons différentes, au mastic ou à la teinte morte. Le mastic dont on se sert dans le premier cas est celui dont nous avons donné la composition précédemment, et ne s'applique que lorsque l'encollage est sec. La teinte morte est la teinte en pâte épaisse, et qui n'est pas encore détrempée dans la colle, et ne s'applique que lorsque l'encollage est froid, ce qui a lieu dans la peinture croisée dont nous parlerons plus loin. Au surplus, les procédés d'exécution sont les mêmes. On prend le mastic dans la main droite, et on en charge l'extrémité du couteau à mastiquer en quantité suffisante, pour qu'en l'appliquant dans le sens de la longueur des fentes, trous ou autres défectuosités que l'on veut cacher, il y ait excès de mastic, que l'on enlève en repassant le couteau dans le sens opposé, en le couchant et l'appuyant sur le mastic de façon à le lisser. Lorsque les crevasses sont trop grandes, le mastic tient mal et ne tarde pas à tomber ; il faut, pour le consolider, appliquer par-dessus une bande de papier ou de mousseline trempée dans de la colle de peau ; quelquefois même il est préférable, lorsque les crevasses ont trop de profondeur ou de largeur, de supprimer le mastic et de les recouvrir de bandes de papier ou de mousseline.

Lorsque les parties sont trop détériorées pour obtenir un bon résultat du rebouchage, soit sous le rapport de l'effet, soit sous celui de la dépense de temps nécessaire pour arriver à sa perfection, on remplace le rebouchage en collant en plein des feuilles de papier gris au moyen de la colle de pâte.

Rebouchage des boiseries de sapin. — Il faut examiner si les nœuds sont complètement privés de résine ; sur le moindre doute, il faut mettre obstacle à l'écoulement qui pourrait s'établir dans les grandes chaleurs ou sous le moindre rayon de soleil, et qui gâterait certainement la peinture ; quatre moyens peuvent être employés à cet usage : le premier consiste à coller avec de la colle forte de minces feuilles d'étain battu comme l'or ; le second, à user les nœuds au moyen de la ponce, et d'y appliquer deux à trois couches de teinte dure (massicot) broyée à l'essence et détrempée à l'huile siccative, qu'on ponce ensuite pour mettre au niveau de la boiserie ; le troisième consiste à enlever une partie avec une mèche de vilebrequin, ce qui forme une cavité qu'on rebouche ensuite avec du mastic ; enfin, le quatrième ne diffère du troisième qu'en l'application préalable d'un fer chaud qui purge, autant que possible, les matières résineuses contenues dans les pores du bois.

Si les nœuds ne contiennent pas de résine, il suffit, avant de peindre, de les frotter avec une tête d'ail pour que la colle y adhère plus fortement. On frotte également les rebouchages au massicot.

5. — Préparation des couleurs pour leur emploi

De la Pulvérisation

Les substances à l'aide desquelles on se procure les couleurs, étant en général ou des terres, ou des oxydes métalliques, ou des compositions solides, il est évident qu'on ne pourrait pas les étendre ni les appliquer sur d'autres objets pour les y fixer, si ces substances n'étaient pas d'abord pulvérisées ou broyées. Avant de broyer les couleurs, il faut d'abord les réduire en poudre et les tamiser. A cet effet, on se sert, pour les matières communes, d'un mortier en fonte (fig. 32) qui se compose d'un corps a et de deux poignées b. On le recouvre d'une poche en peau au centre de laquelle est attaché le pilon (fig. 33), et cette poche est fixée au moyen d'une corde après le mortier ; elle a pour but d'empêcher la déperdition des matières colorantes et de garantir les ouvriers de la poussière qui s'échapperait à chaque coup de pilon, et qui pourrait occasionner des accidents plus ou moins fâcheux. Suivant les matières, on doit avoir des mortiers en fonte, en cuivre, en porcelaine, en verre ou en agate ; toutefois, ces quatre derniers sont de petite dimension. Les matières étant réduites en poudre, on doit, pour les tamiser, se servir

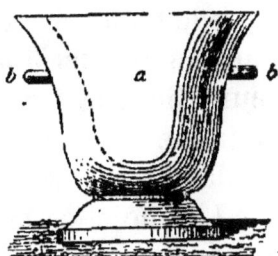

Fig. 32. Fig. 33.
Mortier en fonte.

de tamis à tambour, surtout si la poudre est vénéneuse, comme le sont au moins les trois quarts des couleurs. Ce tamis se compose de trois parties qui entrent à frottement les unes dans les autres. La partie inférieure, destinée à recevoir la poudre tamisée, se nomme *tambour*, et reçoit intérieurement la seconde désignée sous le nom de *tamis*, dont la toile est en fil métallique, en soie ou en crin ; enfin, la troisième est le couvercle qui s'ajuste en dehors avec le tamis.

Les couleurs étant pulvérisées et tamisées, sont encore dans un état de division trop grossier pour être employées ; pour les amener à un état conve-

Peintre en bâtiments. 5

nable, il faut les broyer, soit sur une table de
marbre ou de pierre dure, comme il va être expliqué ci-dessous, soit enfin sous des meules.

Du Broyage

Pour opérer le *broyage*, on prend avec le couteau
une certaine quantité de couleur, qui ne doit pas
dépasser le poids de 20 à 25 décagrammes pour les
couleurs lourdes, telles que le blanc et les couleurs
communes, et qui peut ne pas excéder 5 à 10 décagrammes pour les couleurs fines et légères, telles
que le bleu de Prusse, le jaune de chrome, etc., et
on la dépose au centre de la pierre. Cette quantité
se nomme une *molettée*. La molettée est ensuite
étendue sur la pierre en passant par tous les sens
la molette et en soulevant légèrement le côté vers
lequel on cherche à étendre la couleur. Lorsque la
couleur est étendue, on promène la molette en
ayant soin de la faire tourner dans la main et par
intervalles, afin de l'user également. Comme le
mouvement qu'on imprime à la molette tend toujours à rejeter la couleur sur les bords de la pierre,
on suspend ce broyage; on la ramène au centre à
l'aide du couteau, et on détache également ce qui
adhère à la molette en la faisant tourner légèrement d'une main, tandis que l'autre présente l'extrémité du couteau, ce que l'on recommence jusqu'à
ce qu'on soit satisfait du degré de finesse de la
couleur. Alors on la ramasse avec le couteau et on
la fait tomber dans la tinette à l'aide d'un fil de fer
tendu au milieu, et sur lequel on fait passer le plat
du couteau.

Si le broyage devenait trop pénible par suite de
l'évaporation du liquide, ce qui arrive surtout
lorsqu'on broie à l'essence, on en verserait quelques
gouttes sur la pierre.

Les couleurs sont plus ou moins difficiles à
broyer ; quelques-unes ne se broient pas, elles se
font seulement infuser. Toutes les couleurs sont
plus longues à broyer à l'huile qu'à l'eau.

Les couleurs broyées se conservent : celles à
l'huile, communes, dans les tinettes en bois, et
celles fines, dans des vases vernissés à l'intérieur.
Lorsque c'est une couleur terreuse ou végétale, on
la recouvre d'une couche d'huile qu'il faut renouveler lorsqu'elle s'épaissit. Les couleurs minérales
se recouvrent avec de l'eau qu'il faut changer
lorsqu'elle commence à se corrompre.

Les couleurs à l'eau se conservent dans des
vases vernissés à l'intérieur ; on les recouvre entièrement d'une forte couche d'eau qu'il faut renouveler souvent. Les couleurs se conservent fort bien
aussi dans des vessies ou dans des cylindres en
étain : c'est de cette façon que les marchands livrent
celles qu'ils broient ; le transport en est plus facile
et on ne les exprime qu'au fur et à mesure du besoin, en faisant un trou à la vessie au moyen de la
pointe du couteau. Les petites vessies contenant des
couleurs fines se désignent sous le nom de *boutons*.

Beaucoup de peintres et de marchands ajoutent
de l'eau à l'huile qu'ils versent en faisant leur pâte
de blanc de céruse, prétendant par là en faciliter le
broyage. Cette habitude est des plus mauvaises ;
elle diminue les qualités siccatives du blanc, et

l'altère au point de faire fariner les peintures qui en sont composées.

Le broyage étant une des opérations les plus importantes de la peinture, nous ne saurions trop insister sur les précautions à prendre dans ce travail préparatoire.

Les couleurs terreuses, telles que les ocres, contiennent souvent des matières étrangères très difficiles à réduire, et dont la présence nuirait au broyage ; pour les en débarrasser on a recours au *lavage* ; on délaie les matières pilées dans un vase rempli d'eau ; après quelques secondes de repos, on transvase l'eau encore chargée des matières colorantes, ce sont les plus légères et les plus pures ; tandis que celles étrangères ou grossières forment le résidu du premier vase. Après quelques heures, lorsqu'elle a entièrement abandonné les matières qu'elle retenait en suspension, on la décante et on fait sécher le résidu, soit à l'air, soit à l'aide du papier non collé. On peut avec avantage employer, pour abréger ce travail, un entonnoir construit exprès et portant plusieurs tubes.

Les craies ou argiles qu'on destine à mélanger au blanc de céruse doivent, après avoir été broyées, être lavées comme il est dit ci-dessus et à plusieurs eaux : la première eau devra être employée bouillante, et coupée d'un dixième d'acide hydrochlorique (acide muriatique), pour faire dissoudre les oxydes métalliques qu'elles contiennent toujours ; trois ou quatre lavages successifs, dont un à l'eau pure bouillante, suffiront pour les purger complètement de l'acide qu'elles auraient pu retenir ; les terres qui en résulteront seront d'autant plus blanches qu'on aura laissé déposer à chaque lavage, de manière à ne transvaser que les parties les plus ténues. Les craies préparées de la sorte sont très bonnes pour faire de belles détrempes vernies.

Les couleurs ont besoin d'être broyées plusieurs fois pour arriver à un grand degré de finesse ; les broyages réitérés ne se font que pour les couleurs fines, qui acquièrent une plus grande intensité. Les premiers broyages se font toujours à l'eau, et les couleurs qui les ont subies sont trochisquées ou mises en grains et séchées sur du papier non collé. Le trochisquage se fait à l'aide d'un entonnoir ; la couleur y étant versée à l'état pâteux, par la partie évasée, on la fait sortir par l'autre extrémité, par secousses : ce sont les grains qui se forment ainsi qui portent le nom de *trochisques*. Les couleurs plus communes se mettent dans des vases vernissés, d'où on les retire lorsqu'elles sont séchées. Ces couleurs portent le nom de *couleurs en pains*.

Ces couleurs préparées en trochisques et en pains peuvent se conserver indéfiniment, pourvu qu'elles soient parfaitement sèches et mises à l'abri de la poussière.

Après avoir réduit en poudre les couleurs qu'on veut broyer, il faut les imbiber d'un liquide propre à aider la division des molécules, et à en retenir les parties les plus subtiles : on emploie ordinairement, pour cet usage, l'huile, l'eau ou l'essence.

Pour faciliter et abréger le travail de l'imbibition, on dépose en un tas, sur la pierre à broyer, la quantité désirée ; on pratique au sommet une ouverture dans laquelle on verse le liquide, et on mélange en s'aidant du couteau ; on verse de nouveau liquide aussitôt après l'absorption du précédent, de manière à former une pâte consistante : c'est ce qu'on appelle faire le *pâté*. Le pâté fait, on le met sur une planche réservée pour cet usage, et on le couvre d'un linge imbibé du même liquide.

Les pâtés faits à l'eau ou à l'essence peuvent, immédiatement après leur confection, être broyés ; il pourrait en être de même de ceux faits à l'huile, mais il est préférable de les préparer au moins douze heures à l'avance : ce temps est suffisant pour que la couleur soit parfaitement pénétrée par l'huile, ce qui facilite le broyage. On devra donner aux pâtés à l'huile, quelle qu'en soit la couleur, le plus de consistance possible, car presque tous se *relâchent* pendant le broyage qui, à la vérité, est plus pénible que si le pâté était délayé ; mais les couleurs qui en résultent ont l'avantage d'être broyées plus finement à temps égal, de se conserver mieux et d'augmenter la siccité de certaines couleurs, notamment des laques, des noirs, etc., et permettent de faire entrer plus d'essence pour les détremper.

La nature des liquides à employer pour faire les pâtés n'est pas indifférente. Pour les couleurs claires, on emploie l'huile d'œillette ou l'huile blanche, et l'huile de lin pour les couleurs foncées. Pour certaines couleurs longues à sécher, on peut, lorsque les circonstances l'exigent, remplacer l'huile blanche par de l'huile de noix, qui est aussi siccative et plus claire que l'huile de lin.

L'eau n'est guère employée que pour faire subir un premier broyage aux couleurs fines, qu'elles soient destinées ou non à être broyées à l'huile.

On obtient par ce procédé des couleures mieux broyées et des teintes plus fraîches. Il faut employer une eau légère, douce et clarifiée; les eaux de certaines rivières et de la majeure partie des sources sont très bonnes; mais il est préférable de se servir des eaux de pluie, ou, mieux encore, de l'eau distillée. On doit exclure les eaux de puits, comme contenant toujours quelques sels de chaux qui altèrent les nuances.

L'essence devra être choisie pure et parfaitement incolore.

Toutes les couleurs n'emploient pas la même quantité de liquide; elle augmente en raison du volume des couleurs, c'est-à-dire que les plus lourdes emploient moins de liquide que celles qui sont légères, à poids égal.

Nous le répétons encore, parce que c'est de cette opération que dépend particulièrement la perfection de la peinture, c'est que plus les matières sont bien broyées, moins il en faut pour exécuter ce qu'on entreprend de peindre, car les molécules des couleurs sont d'une grande ténuité, et avec ces couleurs on peut couvrir plus d'étendue, considération à laquelle il n'est jamais indifférent d'avoir égard dans les grandes entreprises.

1. Quand les matières ont été ainsi broyées à l'eau, il faut les détremper à la colle de parchemin.

2. S'il s'agit de les détremper dans un vernis à l'esprit-de-vin, il suffit, après les avoir broyées, d'en détremper ce qu'on veut employer sur-le-champ, car les couleurs ainsi préparées sèchent très promptement.

3. Les couleurs broyées à l'huile s'emploient quelquefois à l'huile pure, plus souvent à l'huile coupée d'essence, et très souvent avec de l'essence de térébenthine pure; l'essence les rend coulantes et faciles à étendre. Les couleurs préparées à l'huile pure sont plus solides, mais elles sèchent plus lentement.

4. On broie les couleurs à l'essence de térébenthine, et on les détrempe au vernis; comme elles exigent un très prompt emploi, il n'en faut préparer que très peu à la fois et pour l'ouvrage du moment. Les couleurs ainsi broyées à l'essence et détrempées au vernis ont plus de brillant, sèchent plus vite que celles préparées à l'huile; mais il est plus difficile d'opérer avec elles, tant elles sont sujettes à s'épaissir, surtout quand on en détrempe trop à la fois.

Lorsque la couleur qu'on broie à la molette, en l'humectant d'eau peu à peu à mesure qu'on la broie, l'est au point où on la désire par ce moyen, on la partage en petits tas sur une feuille de papier blanc et net, à l'aide d'un entonnoir qu'on secoue légèrement, et on les laisse sécher dans un endroit propre, où il ne s'introduise pas de poussière. C'est ce qu'on appelle *couleur broyée à l'eau*, qu'on peut employer en la détrempant, soit à la gomme, soit à la colle, soit à l'huile; et les petits tas formés avec la couleur broyée avant de la détremper s'appellent encore *trochisques* : on peut, sous cette forme, conserver aisément les couleurs en les enfermant dans des flacons bien bouchés.

. La table, ainsi que nous l'avons dit plus haut, et la molette devant toujours être tenues très propres, il faut, si l'on a broyé à l'eau, les laver avec de l'eau ; si l'on ne peut enlever convenablement la couleur, on les écurera avec un peu de sablon et de l'eau que l'on broie avec la molette. On doit avoir surtout recours à ce moyen,. lorsque après avoir broyé une couleur, il s'agit d'en broyer une· d'une teinte différente. Si c'est à l'huile que la couleur a été broyée, on nettoie la table et la molette avec de la même huile pure, sans couleur, comme si l'on broyait : lorsqu'on a ainsi bien détaché la couleur restée, on enlève l'huile, et l'on se sert de mie de pain médiocrement tendre pour emporter la couleur qui reste ; ce qu'on répète plusieurs fois avec de la nouvelle mie de pain, en appuyant assez fort avec la molette, jusqu'à ce que le pain se soit formé en petits rouleaux, et n'ait plus de teinte de couleur. Si, par hasard ou par quelque autre cause, on laissait sécher la couleur sur la table avant qu'on l'eût broyée, il conviendrait de l'écurer à plusieurs reprises avec du grès, du sablon ou de l'eau seconde, jusqu'à ce que la pierre soit nette, ce qu'on reconnaît en la lavant avec de l'eau.

Ceux qui broient ordinairement du blanc de plomb se servent d'une table ou pierre particulière qu'ils n'emploient que pour cet usage, parce que cette couleur se tacherait aisément pour peu qu'il s'en mêle d'autres. Enfin, pour *broyer* et *détremper* convenablement les couleurs, il faut opérer avec soin en se dirigeant ainsi qu'il suit :

1° Broyez également et modérément vos substances ; 2° broyez-les séparément ; 3° ne les mélangez pour donner la teinte, que lorsqu'elles ont été bien préparées ; 4° n'en détrempez que ce que vous êtes dans le cas d'employer, afin d'éviter qu'elles n'épaississent; 5° pour broyer, ne mettez que ce qu'il faut de liquide pour soumettre les substances solides à la molette. Plus ces substances sont broyées, mieux les couleurs se mêlent; elles donnent alors une peinture plus douce, plus unie et plus gracieuse; la fonte en est plus belle et moins sensible; aussi faut-il apporter beaucoup de soin à broyer fortement ces substances et à les détremper suffisamment pour qu'elles ne soient ni trop légères ni trop épaisses.

Pour détremper, il faut, après avoir mis les couleurs broyées dans un pot, verser peu à peu le liquide qui doit servir à les détremper, et l'introduire en remuant bien jusqu'à ce que la couleur soit délayée au point que l'on désire, en ayant soin, cependant, de ne verser le liquide qu'autant qu'il en faut pour étendre les couleurs sous le pinceau ou la brosse.

Le mode de ne broyer et de ne détremper les couleurs qu'autant qu'on en a besoin, est essentiel à suivre, et il ne faut pas négliger de s'y conformer, parce que, tel soin qu'on emploie pour les conserver, elles se graissent et perdent toujours de leur qualité : cependant, si l'on en avait préparé une plus grande quantité, il convient, quand ce sont des terres broyées à l'huile, d'y mettre un peu d'huile par-dessus : et pour qu'elles ne sèchent pas quand elles sont broyées à l'eau, il faut les noyer d'un peu d'eau qui les surnage.

—

6. — Moyens indiqués pour neutraliser l'action délétère de certaines couleurs

Une longue série d'observations a démontré que ceux qui se livrent à la préparation ou à l'emploi de matières colorantes, ainsi que ceux qui sont exposés à leurs émanations, comme les broyeurs et fabricants de couleurs, les peintres, les vitriers, etc., en éprouvent souvent les plus funestes effets. Afin de rendre plus rationnel le traitement à apporter à ces accidents, il est bon d'en faire connaître ou mieux d'en énumérer les natures.

Les principales couleurs employées pour la peinture sont :

Pour le blanc, avons-nous dit, la céruse ou blanc de plomb, le blanc d'argent (sous-carbonate de plomb), le blanc de zinc et le blanc de baryte ou blanc fixe, ou le blanc d'Espagne, ou craie de Meudon, etc.

Pour le bleu, le bleu de cobalt (sous-phosphate de cobalt), le bleu de Prusse (cyano-ferrure de potassium), le bleu minéral, l'outremer, les cendres bleues (ammoniure de cuivre et d'indigo).

Pour le jaune, les ocres jaunes, le jaune de mars (oxyde de fer et d'alumine), le jaune de mars (combinaison d'oxyde d'antimoine, de plomb et de chaux), le jaune minéral (l'oxyde de plomb en est la base), le jaune de chrome (chromate de plomb), le jaune d'antimoine, l'iodure de plomb, l'orpiment (sulfure d'arsenic), le massicot (protoxyde de plomb) et quelques substances végétales que nous avons énumérées.

Pour les noirs et les bruns, les charbons de quelques substances animales ou végétales, comme le noir d'*Allemagne*, de *bougie*, de *charbon*, de *fumée*, d'*ivoire*, d'*os* ou *animal*, de *pêche* et de *vigne*.

Ces noirs ne sont point nuisibles. Les bruns sont dus à la combinaison de plusieurs couleurs; les plus employés sont : l'*ocre de rû*, les *terres d'Italie*, de *Cassel*, de *Cologne*, d'*ombre*, le *brun de mars* (espèce d'ocre colorée par l'oxyde de fer), et cyanoferrure de cuivre.

Pour les rouges et les orangés, l'*ocre rouge* ou brun-rouge (couleur due au protoxyde de fer), le rouge de mars, le colcotar ou *rouge d'Angleterre* (peroxyde de fer), le *minium* (tritoxyde de plomb), le *cinabre* ou *vermillon* (sulfure de mercure), le deuto-iodure de mercure, le *réalgar* (sulfure d'arsenic), la *cochenille*, le *carmin*, la *garance*, les *laques* diverses.

Pour les violets, le *pourpre de Cassius*, le *violet de mars* (alumine et oxyde de fer).

Pour les verts, le verdet ou *vert-de-gris* (sous-acétate de cuivre), le *verdet cristallisé* ou cristaux de Vénus (acétate de cuivre), le *vert de montagne* (carbonate de cuivre), le *vert de Vienne* ou *vert de Scheele*, le *vert de Schweinfurt* (arsénite de cuivre), le *vert de chrome* (oxyde de chrome), le *vert de cobalt* (sel de cobalt contenant du fer et de l'alumine), le *vert de vessie* (tiré du suc de nerprun). Tous ces verts sont très vénéneux.

Si nous examinons maintenant la nature de ces couleurs minérales, nous y trouvons les oxydes et les sels d'antimoine, d'arsenic, de cuivre, de cobalt, de mercure et de plomb, qui sont tous vénéneux. Parmi les couleurs végétales, il n'y a guère que la

gomme-gutte qui le soit ; il est donc bien évident
que tous ceux qui sont exposés à leurs émanations
doivent en éprouver les effets dangereux. Aussi,
indépendamment de la phtisie pulmonaire qui les
décime, sont-ils souvent atteints de tous les symptômes des empoisonnements par ces substances
délétères.

Les broyeurs de couleurs et les peintres sont
plus particulièrement sujets à une colique terrible
dite *colique saturnine*, *colique de plomb* ou *colique
des peintres*, qui est caractérisée par des douleurs
abdominales très aiguës, la dureté et la rétraction
du ventre, des vomissements bilieux, des crampes,
le pouls rare, la face décolorée, etc. Ceux qui emploient les préparations cuivreuses sont exposés à
la *colique de cuivre*, qui semble ne différer de celle
des peintres que parce qu'au lieu de la constipation
qui a lieu dans cette dernière, il y a dans celle de
cuivre des selles fréquentes et douloureuses ; les
broyeurs, les fabricants de couleurs, les peintres,
éprouvent souvent la colique métallique, qui est
tantôt la *colique saturnine*, et tantôt celle de cuivre.
Nous connaissons des fabricants de couleurs et des
peintres décorateurs qui, depuis très longtemps,
n'en ont pas été atteints par suite de l'usage qu'ils
font de l'eau acidulée par 25 à 40 gouttes d'*eau de
Rabel* (alcool sulfurique), à prendre deux ou trois
verres par jour.

D'après cet exposé, les couleurs minérales agis-
sant comme poison, il est bien évident que celles
qui ont pour principe colorant les composés arsé-
nieux, tels que l'orpiment, le réalgar, le vert de
Scheele, le vert de Vienne, etc., donnent lieu aux

mêmes symptômes que ceux qui sont dus aux empoisonnements par l'arsenic : bouche fétide, ptya-
lisme fréquent, crachement continuel, constriction
du gosier et de l'œsophage, agacement des dents,
hoquets, nausées, vomissements tantôt brunâtres,
tantôt sanguinolents, déjections alvines noirâtres
et très fétides, anxiétés, défaillances fréquentes, etc.
L'estomac devient si douloureux, qu'il ne peut
supporter les boissons même les plus adoucis-
santes, le pouls est petit, fréquent, irrégulier, lent
ou inégal, palpitations de cœur, syncope, soif
inextinguible, sensation d'un feu dévorant et quelquefois d'un froid glacial, etc.

Les effets délétères, dus aux couleurs du cinabre
et du deuto-iodure de mercure, sont caractérisés
par un sentiment de resserrement et de chaleur
brûlante à la gorge, anxiétés et douleurs déchi-
rantes des intestins et de l'estomac, avec nausées
et vomissements parfois sanguinolents et diarrhée :
la respiration est difficile, le pouls petit, serré et·
fréquent, crampes, sueurs froides, insensibilité
générale, convulsion, etc.

Les effets des couleurs dues au chromate de
plomb sont à peu de chose près analogues à ceux
des autres préparations saturnines ; ceux des couleurs dues à l'antimoine offrent des vomissements
et des évacuations alvines considérables, accompagnées de tranchées horribles ; il survient en même
temps des hémorragies, des convulsions, l'inflam-
mation de l'estomac et des intestins, l'érosion et la
gangrène.

Les *couleurs de cobalt* déterminent des vomissements, la diarrhée, une cachexie générale, la pros-

tration des forces. Enfin, les effets dus aux préparations colorantes du cuivre sont, comme nous l'avons déjà dit, la colique de ce nom et les symptômes de l'empoisonnement qu'il produit.

Ces effets, que nous venons d'énumérer, sont ceux que ces substances produisent à des doses suffisantes ; mais ils sont et bien moins violents et bien moins nombreux lorsqu'ils sont introduits dans l'économie animale par exhalaison ; malgré cela, ils n'en attaquent pas moins les sources de la vie et donnent lieu à diverses maladies, principalement à de fréquentes coliques, à des hémoptysies, à la phtisie, à la pneumonie. Il est bon de dire cependant que beaucoup de personnes n'éprouvent aucun de ces funestes effets : ne pourrait-on pas l'attribuer à l'habitude de vivre dans une telle atmosphère? Nous devons ajouter que, sous un autre point de vue, les appartements nouvellement peints sont très malsains. M. de Saussure a démontré qu'une couche d'huile de noix, d'un millimètre d'épaisseur, à l'ombre, absorbe, dans l'espace de dix mois, cent quarante-cinq fois son volume de gaz oxygène, et donne vingt et une fois son volume d'acide carbonique. Les appartements peints récemment ou pendant qu'on les peint sont très malsains, tant à cause de l'émanation des couleurs et des essences, que de la désoxygénation de l'air et de son état vicié par un excès d'azote et de gaz acide carbonique ; aussi demandent-ils à être bien aérés, ventilés même.

On prépare aussi des couleurs au vernis, à la détrempe ; il est certain que, quelle que soit la préparation qu'on fasse subir aux couleurs précitées,

leur effet sur l'économie animale reste le même.
Comme la colique de plomb est la plus fréquente,
nous recommandons aux ouvriers la boisson d'eau
légèrement acidulée par quelques gouttes d'acide
sulfurique, qui produit de fort bons effets.

Moyens de neutraliser promptement l'odeur des peintures récentes

Lorsque le peintre en bâtiments a terminé son
travail et que l'on désire habiter de suite les appartements que l'odeur de la peinture et des vernis
pourrait rendre insalubres, on peut faire usage
soit des fumigations de chlore, soit de chlorure de
chaux liquide : ces substances sont, au surplus,
d'excellents préservatifs contre toute espèce de
contagion. Il est toujours nécessaire, d'ailleurs,
d'allumer du feu et d'ouvrir les fenêtres pour établir des courants d'air dans les appartements que
l'on vient de peindre, quelques jours avant de les
habiter.

Chlore. — Placez dans un ballon à large ouverture un mélange de :

300 grammes de chlorure de sodium (sel de cuisine) ;

225 grammes de peroxyde de manganèse en
poudre, sur lequel vous verserez un mélange de :

300 grammes d'acide sulfurique concentré (huile
de vitriol) ;

225 grammes d'eau ;

et chauffez doucement : le chlore se dégage en
fumée épaisse et d'une odeur particulière, qu'il
faut bien se garder de respirer. Cette fumigation,

qui détruit rapidement les miasmes putrides et assainit les appartements, ayant elle-même une odeur particulière très forte, est avantageusement remplacée par le chlorure de chaux liquide.

Chlorure de chaux. — On prépare le chlorure de chaux liquide en grande quantité de la manière suivante : on fait dissoudre dans 40 litres d'eau un demi-kilogramme de chlorure de sodium, et on y délaie un kilogramme et demi de chaux délitée; on remue le mélange dans une grande terrine, dans laquelle on fait arriver du chlore obtenu par la préparation précédente ; à cet effet, on adapte au ballon à large ouverture un bouchon garni d'abord d'un tube courbé en S et terminé en entonnoir, par lequel on verse le mélange d'acide sulfurique et d'eau, et, en outre, d'un tube recourbé qui plonge dans la terrine. En chauffant doucement le ballon, le chlore se dégage et s'unit au mélange de la terrine. Ce chlorure liquide étant très fort, on l'allonge avec suffisante quantité d'eau, et on s'en sert soit en arrosage, soit en le plaçant dans plusieurs terrines vernissées que l'on répartit à différentes places. On peut employer au même usage le chlorure de potasse, dit eau de *javelle,* le chlorure de soude; mais il est à craindre que les émanations de chlore n'attaquent les couleurs.

Tous ces chlorures désinfectants se trouvent aujourd'hui à tous les degrés de concentration chez les fabricants et débitants de produits chimiques.

Du reste, le mieux et le plus simple est de faire monter un poêle portatif en tôle, et d'y entretenir constamment du feu pour obtenir dans l'appartement une chaleur de 20 à 25 degrés centigrades, ce qui sèche promptement les peintures et dissipe en même temps, sans aucun danger pour les couleurs, toutes les émanations nuisibles.

On a fait la remarque que dans une capacité fermée où il existe des émanations d'essence de térébenthine, de l'eau versée sur un vase plat qu'on y laisse séjourner semblait absorber ces émanations, aussi conseille-t-on généralement aujourd'hui de disposer dans les appartements peints récemment des plats remplis d'eau en différents points pour atténuer les effets de l'essence et du moins la rendre moins nuisible à ceux qui sont obligés d'en respirer les vapeurs.

Une autre méthode, justifiée encore par la pratique, consiste à disposer dans le local à désinfecter de grandes terrines pleines d'eau où l'on met du foin effiloché à la main qu'on change tous les deux jours environ. On arrive ainsi assez rapidement à supprimer les émanations.

7. — Mélange des couleurs pour composer les teintes, d'après M. Maviez

Blancs et gris

Blanc d'émail

Céruse, 400 parties ; bleu de Prusse, 1 partie.

Gris clair ou gris blanc

Céruse, 150 ; noir d'ivoire, 1.

Gris argentin

Blanc, 200 ; indigo, 1.

Gris de perle

Blanc, 100 ; noir de charbon, 1.

Gris de fantaisie

Blanc, 400 ; noir, 1.

Blanc azuré

Blanc, 100 ; indigo, 1.

Gris de lin

Blanc, 100; laque ou noir d'ivoire, 1.

Gris ardoise

Blanc, 100; noir, 1.

Teintes jaunes

Jaune paille

Blanc, 10; jaune de chrome, 1.
Ou bien la moitié en stil-de-grain, ou bien en jaune de Naples, en laque jaune ou en orpin.

Couleur de pierre

Blanc, 15; ocre jaune, 1.

Nankin

Blanc, 40; rouge de Prusse, 1; ocre jaune, 0 1/2.

Chamois

Blanc, 30; jaune de chrome, 1; vermillon, 1.

Chamois foncé

Blanc, 10; terre de Sienne, 1.

Jaune serin

On emploie le jaune minéral pur.

Citron

Blanc, 40 ; jaune de chrome, 1 ; bleu de Prusse, 1.

Jonquille

Blanc, 5 ; jaune de chrome, 1.

Couleur d'or

Blanc ; — jaune de chrome 1/10, ou bien jaune minéral 3/4, et vermillon 1/100.

Couleur soufre

Blanc ; — jaune-minéral 4/5, bleu de Prusse 1/400.

Café au lait

Blanc ; — terre de Sienne 1/20, terre d'ombre 1/30.

Couleur bois de noyer foncé

Blanc ; — terre d'ombre 1/10, ocre rouge 1/30.

Teintes rouges

Rose

Blanc ; — laque carminée ou laque de garance 1/10 ; en diminuant graduellement la proportion de la laque, on a des roses plus ou moins clairs.

Lilas

Blanc ; — laque 1/15, bleu de Prusse 1/60.

Lilas solide

Blanc ; — carmin de garance 1/20, outremer 1/32.

Rouge pour carreau

Ocre rouge pur, ou bien rouge de Prusse.

Rouge cerise

Vermillon de la Chine pur.

Cramoisi

Parties égales de laque carminée et de vermillon.

Ecarlate

Vermillon pur.

Pourpre

Parties égales de laque et de vermillon, et 1/20 de bleu de Prusse.

Fonds de bois d'acajou

Blanc; — terre de Sienne calcinée 1/15, mine orange 1/20.

Amaranthe

Brun-rouge, laque 1/4, blanc 1/4.

Teintes bleues

Bleu azuré

Blanc; — 1/20 de bleu de Prusse, ou bien 1/130 d'outremer.

Bleu barbeau

Blanc; — bleu de Prusse 1/50, laque 1/500.

Teintes noires

Cette couleur est simple; nous ajouterons seulement que si l'on fait usage du bleu de Prusse pur, on obtient un beau noir velouté.

Teintes oranges

Orange

Blanc; — jaune de chrome 1/5, vermillon 1/40.

Aurore ou souci

Blanc; — jaune de chrome 1/10, mine orange 1/5.

Teintes vertes

Vert d'eau

Blanc; — jaune de chrome de 1/6 à 1/2; bleu de Prusse de 1/100 à 1/150.

Vert pré

Blanc; — autant de jaune de chrome et 1/2 de bleu de Prusse; en mettant 1/3 de jaune de chrome et 1/36 de bleu de Prusse, l'on a une nuance plus claire.

Vert pomme

Cendre verte et 1/6 de jaune de chrome. On l'obtient plus clair en employant : — Blanc; même quantité de cendre verte et 1/12 de jaune de chrome.

Vert de treillage pour les villes

Blanc; 1/2 en vert-de-gris. Pour les treillages destinés à la campagne, on ajoute au blanc 2 de vert-de-gris.

Vert de Saxe

Jaune de chrome et 1/10 de bleu de Prusse.

Vert d'atelier

Jaune de chrome 1/4, indigo 1/10.

Vert américain

Blanc ; — ocre jaune 1/2 ; noir de charbon 1/8 ; bleu de Prusse 1/20.

Vert bronze

Blanc ; — jaune de chrome 1/4 ; bleu de Prusse 1/16 ; noir 1/16.

Vert olive

Blanc ; — ocre jaune 1/2 ; noir 1/4. On l'obtient plus clair en augmentant le blanc.

M. Maviez fait observer que pour obtenir des teintes vertes solides, le jaune de chrome doit être remplacé par 4 fois son poids de jaune de Naples, et le bleu de Prusse par 2 fois son poids d'outremer.

Teinte violette

Violet tirant sur le rouge

Laque carminée et 1/20 de bleu de Prusse. On augmente ou bien l'on diminue l'intensité du violet, suivant les proportions des principes constituants. Quand on veut que cette couleur soit bien solide, on remplace la laque carminée par la même quantité de laque de garance, et le bleu de Prusse par 9 fois autant d'outremer.

Teintes brunes

Chocolat à l'eau

Blanc ; — parties égales de terre d'ombre et 1/4 de rouge de Prusse.

Chocolat dit au lait

Blanc ; — terre d'ombre et rouge de Prusse et 1/10 de chacun.

Marrons

Rouge brun et 1/20 de vermillon.

Nous ferons observer que l'on peut opérer une multitude de nuances modifiées avec ces premières séries que nous ne donnons que comme des exemples, et que c'est à l'ouvrier à les composer en mettant plus ou moins de matières colorantes dans les blancs : ces modifications, qui sont à l'infini, témoignent du goût et de l'habileté du peintre, qui ajoute peu à peu de telle couleur, et qui, en mêlant avec le couteau à broyer, et étendant à la brosse pour essai, arrive graduellement à la même nuance qu'il cherche ou qui lui est demandée.

Après avoir fait connaître les différentes couleurs, les matières qui en forment la composition, et l'état dans lequel on peut les employer, nous allons exposer comment on peut obtenir des nuances de chacune de ces couleurs, et les faire varier à l'infini, pour saisir un ton donné, par leur combinaison entre elles.

« Plusieurs physiciens ont regardé, a dit *Berthollet*, toutes les couleurs comme une combinaison du bleu, du jaune et du rouge, parce que, par le moyen de ces trois couleurs, on peut former toutes celles de la peinture. Cette opinion supposerait qu'il n'y a que trois espèces de parties colorantes, qui se combinent de différentes manières ; or, cette supposition ne s'accorde point, suivant lui, avec les propriétés continues des substances colorantes.

« La nature a nuancé les matières colorées ; si l'art crée des nuances, ce n'est qu'en mélangeant ces matières ; car le ton naturel ne peut être dégradé que par la mixtion ou l'addition d'une matière étrangère. Ainsi, sous ce point de vue, la nuance deviendra une couleur secondaire, puisqu'elle n'a pu se produire que par le mélange. Mais cette variété de nuances, cette dégradation imperceptible de tons que produisent le mélange et la combinaison des couleurs, qui appartiennent si essentiellement, dans la peinture, au goût de l'artiste, ne sont point à rechercher dans la peinture d'impression. Son grand objet est de plaire par une uniformité soutenue, et de réussir à composer les teintes de manière à ce qu'elles s'harmonisent parfaitement pour ne point choquer l'œil. Enfin, dans la peinture d'impression, il faut en général s'attacher à composer et combiner entre elles les teintes, de manière à ce qu'elles puissent flatter le plus agréablement la vue ».

Nous allons indiquer comment on peut y parvenir, en ne parlant que des principales teintes seulement.

Nuances blanchâtres et grises. — Les substances qui fournissent les couleurs blanches à la peinture, sont, ainsi qu'il a déjà été dit : le *blanc de céruse*, le *blanc de plomb*, le *blanc de zinc* et le *blanc fixe*, le *blanc* dit d'Espagne ou de Bougival, qu'on extrait de la craie.

Pour obtenir un blanc en *détrempe*, lorsqu'on ne se propose pas de vernir, il suffit de broyer à l'eau du blanc de Meudon, et de le détremper à la colle de parchemin.

Si on a l'intention de vernir, c'est du blanc de céruse ou de zinc qu'il convient de broyer à l'eau, pour ensuite le détremper aussi à la colle de parchemin. On prépare de la même manière du blanc, en faisant emploi du blanc de plomb.

Si l'on peint à l'*huile*, avec l'intention de vernir, il convient de broyer la céruse ou le blanc de zinc avec de l'huile de noix ou d'œillette, et de détremper avec de l'essence de térébenthine.

Si l'on ne doit pas vernir, il faut détremper les huiles de noix et d'œillette avec de l'huile coupée d'essence.

Il est bon de faire observer que la couleur du blanc paraissant quelquefois trop fade à la vue, qu'étant sujette à jaunir avec le temps, et que l'huile la rendant toujours un peu rousse, il convient d'y mettre, pour lui conserver sa blancheur, une légère pointe de bleu ou de noir de charbon, que l'on broie séparément, soit à l'eau, soit à l'huile, en mélangeant ensuite ces couleurs ajoutées avec le blanc, que l'on peut soutenir d'ailleurs avec une très légère pointe de laque de garance.

Le blanc, nuancé de noir ou de bleu, ou de bleu et de rouge, produit le gris, dont les nuances principales sont le gris argentin, le gris de perle, le gris de lin et le gris ordinaire.

On forme le *gris argentin* en prenant du beau blanc, et en le mélangeant avec du bleu d'indigo, où du noir de composition, ou du noir de vigne, en très petite quantité.

Le *gris de lin* se produit au moyen de la céruse, de la laque, du bleu de Prusse, qu'on broie séparément, et qui, étant ensuite mélangés ensemble dans la quantité nécessaire, donnent cette nuance de gris.

Le *gris de perle* se fait à peu près comme le gris argentin : on peut seulement, au lieu du bleu d'indigo, employer le bleu de Prusse.

Le *gris ordinaire* se compose avec du blanc et du noir de charbon.

On fait également emploi de tous ces gris à l'huile et à la détrempe. Les gris d'un ton fin, éclatant, et qui ne poussent jamais au noir, se font avec du rouge, du bleu et du blanc. Le vermillon de la Chine, le cobalt et le blanc forment des tons argentés d'un grand éclat et très durables.

Nuances bleuâtres. — C'est en combinant diversement entre elles et en quantités variées les couleurs de bleu de Prusse et de blanc de céruse, qu'on peut produire les différents bleus, comme le *bleu tendre*, le *bleu céleste*, le *bleu de roi* et le *bleu turc*. Avec plus de blanc, on fait le bleu clair; il en faut peu pour le foncer. On peut se borner à broyer l'une et l'autre de ces couleurs, bleu de Prusse et céruse à l'eau, et l'employer à la colle; mais la couleur sera plus belle si, ayant été broyée à l'huile d'œillette, on détrempe à l'essence.

Lorsqu'on emploie des bleus peu solides, et qui ont de la tendance à virer au vert, il est bon de les soutenir par une pointe de garance ou de vermillon : on prévient ainsi par une nuance violette, imperceptible, la nuance verte que le bleu seul, ou mêlé de blanc, est disposé à prendre.

Nuances jaunâtres. — Avec de l'ocre de Berry pure, on produit un jaune foncé, et le jaune est plus tendre lorsqu'on emploie cette ocre mélangée avec du blanc de céruse, qui lui donne plus de corps; mais on obtient la même teinte jaune plus éclatante avec du jaune de mars et du blanc de plomb. On peut employer l'un et l'autre jaunes en détrempe; ayant été broyés à l'huile, ils peuvent être détrempés à l'huile, ou à l'essence, ou à l'huile coupée d'essence.

On forme la nuance chamois avec du blanc de céruse, beaucoup de jaune de Naples, avec un peu de vermillon et un peu de jaune de Berry. On emploie ces substances de toutes manières.

On forme la nuance *jonquille* avec de la céruse et du stil-de-grain de Troyes, etc., ou mieux, avec un mélange de blanc de plomb et de laque jaune de gaude, soutenue par une pointe de jaune de mars. Un mélange de plus ou moins de rouge et d'orpin jaune donnera le *jaune citron* ou *aurore*; l'une et l'autre de ces nuances ne se font guère qu'à l'huile, et deviennent très belles lorsqu'elles sont employées au vernis. On peut, au lieu d'orpin, faire usage de blanc de céruse auquel on ajoutera du beau stil-de-grain de Troyes, ou du jaune de Naples, qui est solide, et l'on en fera emploi, soit en détrempe, soit à l'huile.

Le jaune de chrome mêlé avec du blanc de plomb donne des tons jaunes plus éclatants que tous les autres.

Il est impossible d'indiquer toutes les nuances de jaune que l'on peut obtenir par le mélange du blanc, du jaune et du rouge; mais il est essentiel de faire observer que les bleus, les bruns et les noirs souillent tous les jaunes et les font passer au vert, tandis qu'une pointe de garance ou de vermillon soutient les nuances jaunâtres, et en rend le ton moins fade.

Quand on ne veut pas dorer un sujet, on le met *en couleur d'or*, ce qui se fait avec le plus ou le moins de blanc de céruse, le plus ou moins de jaune de Naples et d'ocre de Berry ; il peut être convenable d'y joindre un peu d'orpin rouge, pour soutenir le ton de l'or. La laque jaune, le jaune de Naples, le jaune d'antimoine, une pointe de jaune de mars et du blanc, donnent une belle couleur d'or. On emploie toutes ces matières à l'huile et à la détrempe.

Nuances brunes. — Comme il est très rare qu'on ait l'occasion de faire usage, dans la peinture en décors, d'une couleur brune décidée, nous nous bornerons à ne parler ici que des couleurs de bois ou des couleurs sombres.

On forme la couleur de *bois de chêne* avec les trois quarts de blanc de céruse et l'autre quart d'ocre de rû, de terre d'ombre et de jaune de Berry. On obtient, par l'emploi de plus ou moins de ces dernières substances, la teinte convenable. On en fait également usage à l'huile et à la détrempe.

La couleur de *bois de noyer* est produite avec le blanc de céruse, l'ocre de rû et la terre d'ombre, le rouge et le jaune de Berry. On peut employer ces couleurs à la colle ou à l'huile, à volonté.

On fait le *brun marron foncé* avec le rouge d'Angleterre, l'ocre de rû et le noir d'ivoire ; pour rendre le brun marron plus clair, on y mettra moins de noir et plus de rouge. On peut employer indifféremment ces couleurs en détrempe ou à l'huile.

L'*olive en détrempe* se compose avec du jaune de Berry, de l'indigo et du blanc de Meudon ; mais lorsqu'il s'agit de vernir cette couleur, il convient de substituer la céruse au blanc de Meudon.

L'*olive à l'huile* se forme en broyant à l'huile du jaune de Berry, qui fait la base de cette couleur, un peu de vert-de-gris et du noir, et on les détrempe à l'huile coupée d'essence : avec plus ou moins de ces deux dernières couleurs, on produit le ton de l'olive.

Granit. — Les diverses nuances de granit s'obtiennent très simplement, en couchant d'abord un fond uni de la nature voulue, et en l'aspergeant avec un pinceau trempé dans le rouge, dans le bleu, etc... On répartit ainsi une foule de points rouges, bleus, etc., de diverses grandeurs, sur le fond uni que l'on a d'abord couché.

Nuances rougeâtres. — Le rouge s'emploie quelquefois sans mélange dans la peinture, pour les carreaux d'appartement, les roues d'équipages et les chariots. Pour les carreaux d'appartement, on se sert de gros rouge et du rouge de Prusse; pour les roues d'équipages on emploie le vermillon et le rouge de Berry. C'est le rouge qui sert aux gros ouvrages de peinture dans cette couleur.

Avec de la laque carminée, du carmin et très peu de blanc de céruse, on produit le *cramoisi*.

En mettant un peu de carmin avec une pointe de vermillon et du blanc de plomb, on forme la *couleur de rose*.

De la laque de carmin et un peu de bleu font le *lilas*. Ces couleurs sont plus belles lorsqu'on les emploie à l'huile d'œillette et détrempées à l'essence.

Nuances vertes. — On forme le *vert d'eau en détrempe*, en mêlant avec du blanc de céruse broyé à l'eau du vert de montagne également broyé à l'eau, on met dans ce mélange plus ou moins de vert de montagne, suivant qu'on désire que le vert d'eau

qu'il s'agit de produire soit plus ou moins foncé;
on détrempe l'une et l'autre de ces couleurs à la
colle de parchemin.

On forme aussi un *vert d'eau* plus vif et plus durable avec la céruse, de la cendre bleue et du stil-
de-grain de Troyes, ou mieux de la laque jaune de
gaude.

Pour l'emploi du *vert d'eau au vernis*, il convient
de broyer séparément à l'essence du vert-de-gris
distillé et du blanc de céruse, d'incorporer le vert-
de-gris dans la quantité de blanc de céruse qu'on
reconnaît nécessaire pour donner la teinte, et de
détremper le tout avec un vernis à l'essence. Ce
vert d'eau ne jaunit jamais; mais on peut encore
donner plus de solidité à la couleur employée en
détrempant le vert-de-gris dont on se sert, l'essence
et la céruse, aussi broyée à l'essence, avec un beau
vernis de copal, en remuant bien.

Pour faire le *vert de treillage*, on fait un mélange
de 1 kilogramme de vert-de-gris simple et de 2
kilogrammes de céruse; on broie l'une et l'autre de
ces couleurs séparément à l'huile de noix, et on
détrempe également à l'huile de noix.

Watin fait observer, relativement au vert de
treillage, que, lorsqu'on le compose pour être
employé à Paris, il faut, au lieu de 2 kilogrammes
de céruse à mettre dans le mélange de cette
substance, avec 1 kilogramme de vert-de-gris,
porter la proportion de la céruse à 3 kilogrammes.
Cette augmentation est, suivant lui, prouvée nécessaire par l'expérience, et il croit en trouver la
raison dans ce que l'air de Paris est surchargé
d'exhalaisons animales, qui ont sur ces couleurs

de l'action, dont les effets lui paraîtraient être d'occasionner une décomposition superficielle du vert-de-gris, et de noircir la céruse.

Le *vert de composition* pour les appartements se forme au moyen d'un mélange de 1 kilogramme de blanc de céruse, de 120 à 125 grammes de stil-de-grain de Troyes et de 30 grammes de bleu de Prusse. On y met plus ou moins de stil-de-grain de Troyes, si l'on cherche à produire un ton à obtenir, ou si l'on veut raccorder une couleur. Ce vert doit être employé en détrempe, il faut le broyer à l'eau et le détremper à la colle de parchemin ; si on le broie à l'huile, il devra être détrempé à l'essence.

Le *vert pour les roues d'équipages* se compose avec de la céruse et du vert-de-gris distillé, broyé séparément avec moitié huile et moitié essence, et détrempé avec du vernis de Hollande.

Le *vert de mer* est produit avec du blanc de céruse, du bleu de Prusse, du stil-de-grain de Troyes, le *vert pomme* avec du bleu, du vert-de-gris cristallisé, du jaune et plus de bleu.

Les mélanges de bleu et de jaune produisent toujours un ton vert plus ou moins éclatant, suivant les proportions de bleu et de jaune qu'on emploie. Par l'addition du blanc, ces tons verts sont affadis ; par l'addition du bitume, ils prennent de la vigueur.

Les mélanges de noir et de jaune produisent également du vert, mais beaucoup moins éclatant que celui produit par les mélanges de jaune et de bleu.

C'est avec des noirs et des jaunes, sans mélange de blanc, qu'on fait les couleurs *olive foncé*, *vert américain*, etc.

8. — Degrés divers de la fixité des couleurs

Indépendamment du degré de fixité propre à chaque couleur, quand on l'emploie isolément, on a remarqué que certaines perdent ou acquièrent de la fixité quand on les emploie à l'état de mélange avec d'autres. Les couleurs qui, par leur mélange, réagissent les unes sur les autres, sont ordinairement celles qui ont des bases alcalines ou acides. Voici les divers degrés de fixité des couleurs que l'on emploie en peinture et qui peuvent, dans une certaine mesure, servir de guides pour prévoir la fixité d'une couleur simple ou composée, en tenant compte des variations dues ou à la lumière seule, ou au mélange lui-même des matières.

PREMIÈRE CLASSE. *Couleurs qui varient moins par l'action de la lumière que par leur mélange avec d'autres couleurs.*

Blancs
Aucuns. (*Ils finissent toujours par noircir, surtout ceux tirés du plomb et du zinc, qui s'altèrent plus encore dans les lieux privés d'air que dans ceux qui sont aérés et bien éclairés.*)

Bleus
Outremer. (*Extrait de la lazulite.*)

Outremer artificiel. (*Fabriqué avec les éléments de la lazulite.*)
Cobalt. (*Moins de corps que l'outremer et sa nuance, d'un bleu moins pur, acquiert de l'intensité.*)

Jaunes
Jaunes de Mars.
Jaune indien.
Laque jaune de gaude,
Ocre jaune,

Noirs et Bruns

Noir d'ivoire.

Noir de bougie.

Bruns de Mars.

Rouges, Orangés et Violets

Rouge de Mars.

Carmin garance.

Laque de garance.

Rose cobalt.

Terre de Sienne calcinée.

Terre d'Italie calcinée.

Orangé de Mars.

Pourpre de Cassius.

Violet de Mars.

Verts

Vert de chrome.

Vert de cobalt.

DEUXIÈME CLASSE. *Couleurs d'une fixité moins invariable que les précédentes, mais d'une assez grande solidité pour pouvoir être habituellement employées.*

Blancs

Blanc d'argent.

Blanc de plomb.

Blanc de zinc.

Bleus

Bleu de Prusse.

Bleu minéral.

Indigo.

Jaunes

Ocre de rû.

Terre d'Italie naturelle.

Terre de Cologne calcinée.

Terre de Cassel calcinée.

Bitume.

Rouges, Orangés et Violets

Brun rouge.

Terre de Sienne naturelle.

Jaune de Naples.

Noirs et Bruns

Noir d'Allemagne.

Noir de charbon.

Noir de composition.

Noir de fumée.

Noir d'os.

Noir de pêche.

Noir de vigne.

Rouges d'Angleterre et de Prusse.

Cinabre.

Vermillon de la Chine.

Verts

Terre verte (*de Vérone*).

TROISIÈME CLASSE. *Couleurs peu solides et variables par l'action de la lumière et par leur mélange avec d'autres couleurs.*

Blancs

Céruse.

Blancs de craie.

Bleus

Azur.

Cendre bleue.

Jaunes

Jaune minéral.
Jaune de chrome.
Jaune de Cologne.
Jaune de Turner.
Jaune paille minéral.
Jaune d'antimoine.
Orpiment.
Massicot.
Terra-merita.
Jaune safran.
Stil-de-grain.
Graine d'Avignon.

Noirs et Bruns

Terre d'ombre.
Stil-de-grain brun.
Brun Van-Dick.

Bistre.
Hydrocyanate de cuivre.

Rouges, Orangés et Violets

Carmin cochenille.
Minium.
Chromate d'argent.
Sous-chromate de plomb.

Verts

Vert-de-gris.
Verdet.
Vert de Hongrie.
Vert de Scheele.
Vert cendre.
Vert de Prusse.
Vert de vessie.
Vert d'iris.

De nos jours, on s'est attaché à rechercher les moyens propres à rendre ces couleurs inaltérables ; nous allons en faire connaître quelques-uns.

Moyens de rendre un grand nombre de couleurs inaltérables dans la peinture à l'huile

Cette méthode, due à M. de Boulaye-Marillac, consiste à fixer des oxydes métalliques, tant au moyen de l'acide phosphorique et de l'alumine, que par les phosphates alcalins et terreux, qui sont quelquefois indispensables.

Les couleurs rendues inaltérables par ce procédé sont :

1. Le *blanc inaltérable* et demi-transparent, composé d'oxyde d'antimoine au maximum, complètement saturé d'acide phosphorique. Cette

couleur résiste à la chaleur du creuset rouge obscur.

2. Le *blanc opaque* ou blanc de plomb, fixé parallèlement au moyen du même acide phosphorique et de l'ébullition.

3. Le *vert émeraude inaltérable*, composé d'une partie de phosphate de cuivre et de deux tiers d'alumine à l'état de gelée, fixé par la calcination.

4. Le même *vert velouté* et happant aux doigts, composé de phosphate de cuivre et d'os calcinés.

5. Le même avec le chromate de plomb, fixé par la calcination avec le phosphate de soude et un dixième de terre d'os (os calcinés).

6. Le *jaune* de chromate de plomb, fixé par le moyen de la calcination avec le phosphate de soude, employé comme fondant, et le phosphate de chaux.

7. Le *violet* provenant de l'oxyde de manganèse, fixé par l'alumine, le phosphate de soude et la calcination. On obtient le même velouté en y substituant de la terre d'os.

8. Le *violet de cobalt*, obtenu par la dernière fusion du phosphate de cobalt et de l'alumine, ou du phosphate de chaux et du phosphate de soude.

9. Le même *violet de cobalt*, calciné avec le phosphate de magnésie.   -

10. Le *bleu de cobalt*, rendu velouté par la substitution du phosphate de chaux et de l'alumine, ce qui donne autant de douceur que de l'outremer.

11. Le *jaune paille*, obtenu par la calcination du phosphate de titane.

12. Le *rouge-brun*, correspondant à la terre de

Sienne calcinée, composé de phosphate de fer et d'alumine.

13. Le *rouge foncé*, provenant de la calcination du phosphate de fer presque au *maximum*, et du phosphate de cuivre avec de l'alumine ou du phosphate de chaux. On obtient du rouge cramoisi quand le phosphate de cuivre y prédomine.

14. La *pourpre inaltérable*, provenant de l'oxyde d'or fixe :

1° Par la calcination du phosphate d'or et de l'alumine ;

2° Par la fixation du pourpre de Cassius avec de l'alumine, de la gélatine et du tanin, à l'aide de l'ébullition.

15. On obtient aussi du phosphate de molybdène et du phosphate de chaux, le *bleu pur*, le *vert émeraude* et le *violet pourpre*, par une calcination plus ou moins forte.

16. L'oxyde violet fixé par la calcination du phosphate de nickel et de l'alumine, donne le *jaune serin inaltérable*.

C'est au phosphate de chaux substitué à l'alumine que ces couleurs inaltérables doivent leur moelleux sous le pinceau. Elles réunissent non seulement toutes les qualités requises pour la peinture à l'huile, mais elles offrent un emploi plus facile.

9. — Huiles siccatives, litharge, couperose ou vitriol, huile grasse ; emploi des siccatifs

Il importe, quand on veut faire des peintures soignées ou quand il s'agit de couleurs fines ou délicates, d'employer des huiles bien purifiées. Nous indiquerons ici quelques procédés sans entrer dans le détail de ceux usuels qui ne sont pas du ressort du peintre.

M. E. Dieterich a indiqué le procédé suivant de blanchiment des huiles grasses.

Dans une cuve pourvue d'un robinet, on dissout 1 kilog. de permanganate de potasse brut dans 30 litres d'eau, on y ajoute, toujours en agitant, 50 litres de l'huile grasse, et on brasse, de temps à autre, pendant deux jours. Au bout de ce temps, on ajoute encore 20 litres d'eau chaude, puis 5 kilog. d'acide chlorhydrique du commerce, et on agite avec activité. Après quelques jours, on évacue l'eau acide en ouvrant le robinet, on traite de nouveau l'huile par l'eau chaude, afin d'en chasser les dernières traces d'acide, et on filtre à la chausse.

Afin de débarrasser autant qu'il est possible l'huile de l'eau avant de filtrer, on peut la verser dans un ballon en verre dont le col est pourvu d'un bouchon percé de deux trous, dans l'un desquels on ajuste le bec d'un entonnoir qui plonge jusqu'au fond du ballon, tandis que par l'autre passe un tube qui ne se prolonge pas au delà du bouchon, mais qui est plié deux fois à angle droit. On verse de l'eau dans l'entonnoir, et l'huile monte pure jusqu'à la dernière goutte par le tube courbé.

On réussit ainsi à obtenir parfaitement, ou du moins presque incolores, les huiles de lin, de pavot, de navette, d'olive, d'amande, de palme, de baleine, etc., à un prix assez peu élevé.

M. E. Winckler indique également cet autre procédé.

D'abord l'huile de lin que l'on choisit doit provenir de semences complètement mûres, être claire, peu colorée, douce au goût, peu odorante et vieille.

Pour 1 kg. 868 de cette huile, on prend 0 kg. 015 d'étain anglais en grenaille et 0 kg. 015 de plomb aussi en grenaille. On place le tout dans une chaudière en fer dont la hauteur doit être double du diamètre. Lorsque l'huile a bouilli pendant environ sept minutes, on essaie avec une spatule en cuivre si les métaux commencent à fondre, et quand on s'aperçoit qu'ils sont en partie liquéfiés, on ajoute 10 gr. 1/2 d'os de seiche concassés. Quelques minutes après, lorsque les métaux sont complètement fondus, ce que l'on reconnaît en passant la spatule sur le fond, on retire le chaudron du feu, et on le place sur un creux préparé pour cette destination. Alors, en tournant vivement la spatule dans le liquide, on ajoute peu à peu 0 kg. 116 de sulfate de zinc calciné réduit en poudre fine ; puis lorsque le liquide ne tend plus à déborder, on le fait bouillir jusqu'à ce qu'on n'aperçoive plus de bulles de vapeur. On laisse refroidir, et douze heures après on filtre l'huile à travers un linge, et on la conserve dans des bouteilles, sur le fond desquelles on a étendu une couche de grenaille de plomb. Il suffit de quatre à six semaines pour que l'huile devienne aussi claire que de l'eau, surtout si on la blanchit un peu au soleil.

Plus la température est égale et modérée, plus l'huile obtenue est belle.

Un Anglais, M. Score, a trouvé un moyen ingénieux pour blanchir les huiles. Il les projette, pendant qu'elles sont chaudes, au moyen de la force centrifuge, au travers d'une gaze métallique très

fine dans une atmosphère blanchissante contenue
dans une chambre en métal revêtue en bois et close
de toute part. L'atmosphère peut se composer de
chlore gazeux, mais M. Score a trouvé que l'emploi
seul de la vapeur d'eau à 100° C. et de l'air chauffé
produit des résultats très satisfaisants.

L'une des conditions dont se préoccupent à juste
raison les peintres, c'est d'obtenir un séchage rapide des peintures. Cette question est d'autant plus
importante que la première chose dont on a à se
préoccuper pour poser une couleur, c'est de lui
donner le degré de fluidité nécessaire pour qu'elle
s'étende bien et forme des couches égales. Ce résultat s'obtient par l'emploi de l'huile.

Mais il faut aussi que cette peinture devienne
solide, adhérente et sèche le plus rapidement possible.

C'est pour atteindre ces divers buts que l'on emploie généralement diverses substances désignées
sous le nom de *Siccatifs*.

Sans aborder ici l'étude des phénomènes plus ou
moins complexes qui accompagnent la siccité de la
peinture, nous nous bornerons à consigner quelques-uns des résultats que M. Chevreul, l'éminent
chimiste, a déduits d'une longue étude sur la question.

Il est prouvé que s'il est des corps qui augmentent
la propriété siccative de l'huile de lin, d'autres au
contraire la diminuent. Les corps sur lesquels s'applique la peinture exercent eux-mèmes des actions
variées; dans ce sens le bois de chêne, le peuplier
seraient antisiccatifs.

En réalité, ces propriétés sont elles-mêmes soumises à des variations suivant la présence de tels ou tels autres corps, qui peuvent être suivant les circonstances siccatifs ou antisiccatifs.

La présence de la céruse ou du blanc de zinc agissent pour rendre l'huile siccative ; si leur action n'est pas suffisante, on ajoute un complément tel que l'huile lithargée ou manganésée. Pour calculer l'effet produit, il faut tenir compte de la nature du corps sur lequel on peint, de la température, de l'air et de la lumière.

L'emploi du siccatif est également lié à la nature des teintes. Ainsi pour les teintes claires, l'huile lithargée peut avoir des inconvénients.

Mais il est prouvé que l'huile de lin, exposée à la lumière au milieu de l'air atmosphérique, perd sa couleur et devient siccative. On pourra donc l'employer dans ces conditions, sans redouter d'altérer les teintes claires.

Le carbonate de zinc, ajouté au blanc de zinc, permet de se passer des autres siccatifs et est encore très convenable pour les teintes claires.

On ne doit pas oublier que la qualité essentielle que doit présenter une bonne huile siccative, c'est tout en séchant rapidement de ne le faire que progressivement, par une absorption de l'oxygène de l'air, afin que la peinture reste luisante et même brillante, autrement, avec une prise instantanée, on n'obtient que des tons opaques.

Les siccatifs les plus employés sont la litharge, la couperose verte et l'huile grasse.

Litharge. — C'est un oxyde de plomb demi-vitreux. La plus grande partie de la litharge qui s'emploie dans le commerce est celle qu'on obtient de l'affinage de l'or et de l'argent par l'intermédiaire du plomb. Il y en a deux espèces : celle qu'on connaît dans le commerce sous le nom de *litharge d'or*, à cause de sa couleur jaune tirant sur le rouge, et l'autre, que l'on appelle *litharge d'argent*, est d'une couleur pâle, tirant en quelque sorte sur la couleur de l'argent ; ces deux litharges ne diffèrent que par la manière dont elles ont été fondues ; la première, qui l'a été moins complètement, a été refroidie en masse ; l'autre, qui a éprouvé un degré de chaleur beaucoup plus fort, a été éparpillée et a coulé sous la forme de paillettes.

Couperose ou *vitriol*. — On désignait anciennement par ce nom un sel formé d'une base et d'acide sulfurique, et les sels que produit cette combinaison sont des sulfates.

On connaît dans le commerce trois espèces de couperoses ou vitriols, savoir : le vitriol blanc (*sulfate de zinc*), le vitriol bleu, vitriol de Chypre (*sulfate de cuivre*) et le vitriol vert (*sulfate de fer*). On ne se sert guère, comme siccatif pour les huiles, que de la couperose blanche (*sulfate de zinc*). Elle doit être choisie en gros morceaux blancs, durs et bien nets, ressemblant à du sucre en pain : morceaux qu'il convient de faire sécher s'ils sont humides, en évitant, pendant la dessiccation, d'en respirer la vapeur. On fait choix de cette couperose ou sulfate de zinc pour mettre dans les couleurs claires broyées à l'huile, mais il faut en user avec précaution, parce qu'en séchant elle est sujette à faire jaunir la couleur et à en ternir la beauté.

Manganèse. — Depuis quelque temps on a cherché, surtout pour le blanc de zinc, d'autres siccatifs que ceux connus depuis longtemps en peinture, et on paraît avoir assez généralement donné la préférence au manganèse. Sans entrer ici dans l'exposé des diverses tentatives qui ont été faites à cet égard, nous ferons connaître la composition d'un siccatif au manganèse, pour lequel M. Guynemer a pris un brevet de quinze ans à la date du 15 juillet 1853.

« Depuis longtemps, dit M. Guynemer, on cherche une poudre blanche impalpable se mélangeant intimement avec le blanc de zinc et accélérant sa siccité.

« L'emploi des siccatifs à base de plomb, tels que la litharge et le sel de saturne, par exemple, offrent l'inconvénient d'enlever au blanc de zinc une partie de ses avantages, l'inaltérabilité et l'innocuité.

« C'est pour cela que M. Leclaire avait proposé pour le blanc de zinc une huile rendue siccative par le manganèse.

« L'emploi de ces huiles offre quelquefois des difficultés, soit parce qu'on ne sait pas bien les fabriquer partout, soit parce qu'elles sont coûteuses à transporter par suite du coulage et des droits d'octroi, etc., soit enfin parce que l'ouvrier se plaint, dans certains cas, qu'elles rendent la peinture moins éclatante.

« M. Leclaire a indiqué dans ses brevets le moyen de faire cette huile siccative, et l'emploi de toutes les combinaisons de manganèse comme siccatifs.

« La Société de la Vieille-Montagne, représentée par M. Guynemer, a acquis la propriété des brevets de M. Leclaire, et ce qui suit n'est qu'un procédé de fabrication d'un siccatif en poudre de manganèse.

« On prépare :

Sulfate de manganèse pur. . .	1 partie.
Acétate de manganèse pur. . .	1 —
Sulfate de zinc calciné.	1 —
Oxyde de zinc blanc.	97 —
	100 parties.

« On réduit en poudre, au mortier, les sulfates et acétate ; on les rend impalpables en les tamisant à la toile métallique n° 140.

« On étend les 97 parties d'oxyde de zinc, on les saupoudre avec les trois parties d'acétate et de sulfate ; puis, pour obtenir la saturation, on écrase le tout, par parties, avec un couteau de bois, et on mélange bien intimement les 100 parties.

« Cette opération constituera un siccatif en poudre blanche impalpable qui, mélangé dans la proportion de 1/2 ou 1 pour 100 au blanc de zinc, augmentera d'une manière énorme la siccité de ce produit, et lui permettra de sécher en dix ou douze heures ».

Huile grasse. — C'est sans contredit le meilleur des siccatifs. Pour préparer cette huile, on fait un mélange, avec 1 kilogr. d'huile de lin, de 6 décagrammes environ de litharge, autant de céruse calcinée, mêmes quantités de terre d'ombre et de talc, en tout 32 à 35 décagrammes, et l'on fait bouillir le mélange pendant près de deux heures à un feu doux et égal, en remuant souvent pour que l'huile ne noircisse pas. Lorsque le mélange mousse, on l'écume, et lorsque cette écume commence à être rare et à devenir rousse, l'huile est suffisamment cuite et dégraissée : on la laisse alors reposer : c'est en déposant toujours un peu par le repos qu'à la longue elle devient claire; elle est d'autant meilleure qu'elle est plus ancienne. Il faut la conserver dans des bouteilles soigneusement bouchées, autrement elle s'épaissirait et finirait par sécher.

Règles à observer dans l'emploi des siccatifs

1. Il ne faut mettre de siccatif que lorsqu'il s'agit d'employer la couleur; car il épaissit si l'on en fait usage dans la couleur, longtemps avant l'emploi.

2. Il ne doit point être mis de siccatif, ou au moins très peu, dans les teintes où il entrera du blanc de plomb, parce que cette substance est, par elle-même, très siccative, surtout si on l'emploie à l'essence.

3. Lorsqu'on veut vernir, il ne faut mettre de siccatif que dans la première couche; les deux ou trois couches employées à l'essence doivent sécher seules. Si l'on n'a pas l'intention de vernir, on peut mettre du siccatif, mais très peu dans toutes les couches, parce que l'essence qu'on y emploie à l'huile pousse assez au siccatif.

4. Pour l'emploi de couleurs sombres à l'huile, on peut se borner à mettre par chaque kilogramme de couleur, en la détrempant, 3 décagrammes de litharge.

Si ce sont des couleurs claires que l'on emploie,

7.

telles que le blanc et le gris, on mettra, par chaque
kilogramme de couleur et en la détrempant dans
de l'huile de noix ou d'œillette que la litharge
ternirait par sa couleur, 3 ou 4 grammes de couperose blanche qu'on aura eu soin de broyer avec
la même huile. Cette couperose, n'ayant pas de
couleur, ne peut gâter la teinte où elle se trouve.

5. Si, au lieu de litharge ou de couperose, on
veut se servir d'huile grasse, qu'il convient surtout d'employer pour les *citrons* et les *verts de
composition*, on met, par chaque kilogramme de
couleur, un peu d'huile grasse ; on détrempe le
tout à l'essence pure, et la couleur est en état de
recevoir le vernis ; car l'huile grasse qu'on ajouterait à l'huile pure rendrait les couleurs pâteuses
et trop grasses.

Un excellent moyen pour rendre l'huile de lin
siccative a été indiqué par M. Dullo.

On verse dans une chaudière en cuivre bien
propre 250 kilogrammes d'huile de lin, 7 kilogrammes de peroxyde de manganèse et 7 kilogrammes d'acide chlorhydrique concentré, on
agite avec une spatule, et au bout d'un quart
d'heure l'huile est très blanche ; on laisse encore
la réaction se prolonger deux heures pour rendre
l'huile plus siccative, mais un peu colorée. Lorsque
la réaction est terminée, on transvase dans un
réservoir où on laisse reposer une nuit. Ce réservoir porte deux robinets à des hauteurs différentes,
l'un pour décanter la partie supérieure de l'huile,
l'autre pour faire couler l'huile chargée de dépôt
après qu'on l'a bien agitée. Il n'est pas nécessaire
de neutraliser l'excès d'acide, parce qu'il se sépare

complètement. L'huile, après avoir reposé, est claire, très fluide et peut être employée immédiatement.

M. Wiederhold a proposé un autre procédé pour obtenir une huile siccative, mais une condition importante pour cela, est de la bien purifier avant de la mettre sur le feu. On se servait anciennement pour cela de charbon de hêtre grossièrement pilé, à raison de 1 partie de charbon pour 30 d'huile de lin en laissant infuser pendant dix à douze jours et agitant fréquemment. Mais voici un moyen plus rapide.

On prépare une solution composée de 1 partie de potasse (non de soude) caustique et de 100 parties d'eau, et on l'agite avec 100 parties d'huile de lin dans un réservoir. On laisse reposer, il se forme deux couches, l'une inférieure contenant en suspension les matières étrangères, l'autre supérieure rendue blanchâtre par le mélange du savon de potasse qui s'est formé. On soutire la couche aqueuse, puis on agite l'huile avec de l'eau de pluie ou de rivière jusqu'à ce qu'on en ait extrait tout le savon. L'huile ainsi purifiée est versée dans des réservoirs plats que l'on couvre de papier parchemin très mince pour empêcher la poussière d'y tomber, et on expose à l'air et à la lumière pendant quinze jours. On prend alors cette huile épurée, et pour la rendre siccative on la verse dans une chaudière remplie d'eau, 1 fois 1/2 le volume de l'huile, on mélange ensuite intimement parties égales de minium, de litharge et d'acétate de plomb, on en pèse 1/10 du poids de l'huile que l'on enferme dans un linge pour en faire un sachet

qu'on suspend dans l'huile pendant que l'eau est
en ébullition. On pousse l'ébullition jusqu'à ce
que la plus grande partie de l'eau soit évaporée.
On écume avec soin pendant la cuisson, puis on
retire du feu et on filtre au travers d'un linge
vingt-quatre heures après. Avant de faire usage
de cette huile siccative, il faut laisser au moins
quelques heures en repos; un plus long repos est
même préférable.

M. G. Harfied a proposé en 1868 d'augmenter
les propriétés siccatives des huiles et des vernis en
faisant passer au travers un courant d'ozone ou
oxygène ozonisé.

Procédé de M. Alluys

M. Alluys s'est proposé de remédier aux inconvénients que présentent dans la peinture à l'huile,
soit l'emploi de l'huile seule, soit celui de l'huile
avec les siccatifs. Il a cherché un mode de peinture mixte, séchant comme la colle, souple et
solide comme la peinture à l'huile.

Pour cela il ajoute à la peinture broyée ordinaire, au lieu d'un excès d'huile de lin, un
mélange de cire et de résine en dissolution dans
la térébenthine.

Ce mélange ne diffère pas à l'aspect de la peinture ordinaire, il se comporte à l'emploi à peu
près de même; mais lorsque l'essence est vaporisée,
il laisse une couche assez ferme pour qu'elle
supporte, sans décharger, un léger frottement.

Les qualités du procédé consistent dans l'emploi
simultané de la cire et de la résine.

Composition de M. Alluys

Cire jaune pure.	10	parties.
Huile de lin.	10	—
Essence de térébenthine	8	—
Résine ordinaire.	5	—

On fait fondre à part la cire dans l'huile, et la résine dans l'essence, on mélange les deux liquides en brassant.

Pour l'employer à la peinture ordinaire, on l'étend avec de l'essence sans la rendre liquide, et on y ajoute de la couleur broyée à l'huile dans la proportion de moitié de son volume, on remue en ajoutant un peu d'essence et on s'en sert comme de la couleur ordinaire.

Siccatif du Soleil

L'industrie livre aujourd'hui aux entrepreneurs de peinture des compositions toutes préparées pour être employées comme siccatifs, destinées à accélérer la dessiccation des peintures. La composition de ces divers produits est un secret que les fabricants conservent aussi précieusement que possible, ayant déjà assez de peine à lutter contre les contrefaçons.

Parmi tous ces produits, il en est un très employé et que l'expérience a consacré. C'est le siccatif du Soleil, de MM. Guittet frères.

Le grand défaut des siccatifs ordinaires préparés ainsi que nous l'avons dit avec de la litharge ou un sel de manganèse, c'est d'être très lourds et de ne se mélanger que très imparfaitement dans la teinte où on les ajoute.

Il en résulte évidemment une inégalité dans l'action de dessiccation.

La supériorité incontestable tout d'abord du siccatif du Soleil, c'est d'être liquide et de pouvoir par conséquent se mélanger intimement, bien mieux qu'une poudre, si fine qu'elle soit, ajoutée dans l'huile de lin qui sert à délayer la teinte.

L'expérience a de plus établi que les peintures qui sèchent avec ce siccatif ne gercent pas et ne boursouflent pas, ce qui se produit quelquefois par l'emploi des huiles cuites ou manganésées, qui déterminent une dessiccation très rapide à la surface, le fond restant mou et pouvant par une élévation de température se dilater et faire éclater la surface. La supériorité du siccatif du Soleil, dans ce cas, provient de sa richesse en oxygène, qui assure une action égale et prompte dans la masse entière.

Une seule partie de ce siccatif remplace avantageusement dix parties de litharge. Ainsi, une cuillerée à bouche ajoutée par kilogramme de peinture en détermine la dessiccation dans un espace de six à sept heures.

10. — Peintures à la colle, dites en détrempe

Des couleurs préparées à la détrempe

La peinture en *détrempe* est celle dont les couleurs broyées à l'eau sont ensuite détrempées à la colle. C'est certainement la manière la plus ancienne de peindre ; car il y a tout lieu de croire que ceux

qui découvrirent les premiers les matières pouvant
fournir les couleurs, les détrempèrent d'abord
avec de l'eau, et que, pour donner de la consistance
à cette eau colorée, ils imaginèrent de la préparer
avec de la gomme ou de la colle. Cette sorte de
peinture, lorsqu'elle est bien faite, est susceptible
de se conserver longtemps ; c'est celle dont on fait
le plus fréquemment usage. Elle s'emploie sur les
plâtres, les bois, les papiers, mais il faut avoir le
plus grand' soin de ne jamais la coucher que sur
une surface complètement sèche, autrement elle se
tacherait, se piquerait et serait immédiatement
détruite. La peinture en détrempe sert à décorer
les appartements, mais le plus souvent dans les
parties qui ne sont pas exposées aux injures de
l'air ; on peint aussi de même tout ce qui, ne
devant avoir qu'un éclat momentané, n'est pas dans
le cas d'être conservé, comme décorations de fêtes
publiques ou théâtrales.

Ces peintures, qui sont moins chères en général
que celles à l'huile, se composent principalement
d'eau, de colle de peau, c'est-à-dire faite avec des
peaux d'animaux et de blanc de Meudon, que tout
le monde connaît sous le nom de *blanc d'Espagne* et
qui est toujours à très bon marché relativement
aux blancs de plomb et de zinc.

L'eau qui sert à détremper les diverses substances
colorées doit être pure, douce et légère, et de
rivière préférablement aux eaux de puits ou de
sources, qui sont presque toujours chargées de sulfate de chaux.

On distingue trois sortes de détrempe, savoir : la
détrempe *commune*, la détrempe dite *blanc mat*, et

enfin la *détrempe vernie*, dite *chipolin*, dont l'usage
est extrêmement rare maintenant.

Avant d'exposer en détail ce qui est relatif à chacun de ces différents ouvrages, nous pensons qu'il
convient d'établir ici d'abord les préceptes qui s'appliquent à la détrempe en général.

Règles générales pour la détrempe

1. Il faut avoir soin qu'il n'y ait aucune graisse
sur le sujet qu'on veut peindre ; s'il s'y en trouve,
il faut l'enlever soit en grattant, soit en lessivant à
l'eau seconde, et quelquefois même il suffit de frotter la partie grasse avec de l'ail et de l'absinthe ;
mais lorsque les taches sont nombreuses et
adhèrent fortement, l'emploi d'eau de potasse ou
de soude, ou bien d'ammoniaque, est préférable et
enlève complètement la graisse en formant avec
elle un savon soluble. Il arrive souvent, quand on
peint les bois résineux et en général tous les bois
blancs, et qu'il entre de la chaux dans la couleur
en détrempe, qu'il se forme des traces jaunâtres
que l'on attribue à la couleur, tandis qu'elles proviennent uniquement de la matière résineuse du
bois que la chaux fait pousser : c'est donc une précaution indispensable de priver les bois des taches
graisseuses et surtout des matières résineuses qu'ils
peuvent ressuer, par l'emploi de l'essence, de l'eau-
forte, etc.

2. La couleur détrempée doit filer au bout de la
brosse lorsqu'on la retire du pot : si elle s'y tient
attachée, c'est une preuve qu'il n'y a pas assez de
colle.

3. Il convient que toutes les couches, surtout les premières, soient données très chaudes, ayant toutefois soin d'éviter qu'elles soient bouillantes. C'est au moyen d'une bonne chaleur que la couleur pénètre mieux ; si cette chaleur est trop forte, elle fait bouillonner l'ouvrage et gâte le sujet, et si ce sujet est du bois, elle l'expose à éclater ; la dernière couche que l'on étend avant d'appliquer le vernis est la seule qu'on doive appliquer à froid.

4. Lorsqu'il s'agit de beaux ouvrages, et dans lesquels on veut rendre les couleurs plus belles et plus solides, on prépare les sujets à peindre au moyen d'encollages et de blancs d'apprêts dont il est parlé ci-après, et qui servent de fond pour recevoir la couleur. On rend ainsi la surface très égale, et très unie.

5. Cet encollage doit se faire en blanc, quelle que puisse être la couleur à y appliquer, parce que les fonds blancs sont plus avantageux pour faire ressortir les couleurs qui empruntent toujours un peu du fond.

6. S'il se rencontre des nœuds au bois, ce qui a souvent lieu, surtout dans les boiseries de sapin, il faudra frotter ces nœuds avec une tête d'ail, après avoir prévenu le suintement de résine, à l'aide d'essence et d'eau-forte ; la colle prendra mieux.

Nous renvoyons nos lecteurs au *Manuel du Fabricant de Colles*, de l'*Encyclopédie-Roret*, s'ils veulent connaître les procédés de fabrication des colles diverses, et qui seraient déplacés ici, puisque c'est chez ces fabricants spéciaux que les ouvriers trouvent celles dont ils se servent, telles que les colles de peaux, de brochette ou de parchemin, etc.

Nous avons déjà fait connaître que les bases fondamentales de la peinture *en détrempe* consistent en la colle provenant de la *peau* et le *blanc d'Espagne* ou *blanc de Meudon*. Le blanc d'argent et la céruse ne conviennent pas également, quand on veut même avoir du blanc mat ; la raison en est que le contact de l'air donne une teinte jaune à l'oxyde de plomb que produisent la céruse et le blanc d'argent, tandis que les blancs de Meudon, de Bougival, etc., n'en contiennent pas un atome, et par conséquent, ne jaunissent pas ; voilà ce qui en explique la différence. Une chose qu'on ne doit point oublier, c'est que la solidité de la peinture à la colle est en raison directe de la proportion plus ou moins grande d'eau qu'on ajoute à la colle.

Encollages des plafonds

Les plafonds ne doivent être que très peu collés, attendu qu'ils ne sont exposés à aucun contact. Le contraire a lieu pour les murs et les boiseries qui sont exposés à l'air. Pour ceux-ci, toutes les couches seront ressuyées en une pâte très ferme, comme une sorte de mastic ; de cette manière, on n'y laisse que peu d'eau.

Nous ferons observer que lorsqu'on se propose d'obtenir de belles peintures à la colle, tant à deux qu'à trois couches sur objets vieux, qu'ils soient grattés ou non, il faut y passer un lait de chaux et poncer ensuite ; car, ce qu'il est bon qu'on sache, c'est qu'il n'est pas possible de peindre à la colle sur un lait de chaux. Seulement, lorsqu'on voudra reconnaître si l'on a donné le nombre de couches déterminées sur les objets vieux, on n'aura qu'à reconnaître l'existence de ce même lait de chaux.

Quelquefois, on ne donne qu'une seule couche aux plâtres, mais comme le sulfate de chaux (plâtre ou gypse) est très poreux, il arrive que ces mêmes pores ne sont jamais bien remplis. Il est un avis important que nous ne devons pas omettre, c'est que quelquefois, lorsqu'on se propose d'établir des peintures à la colle, on passe sur le plâtre et sur le bois une couche à l'huile. Nous ferons observer que ce mode ne doit être suivi que pour les localités qui ne sont point sujettes à l'humidité; s'il en était autrement, il arriverait que l'huile, s'opposant par sa nature à l'absorption de l'eau de la colle par le plâtre ou le bois, la peinture par son séjour sur la couche à l'huile, se décomposerait bientôt. C'est un inconvénient majeur qu'il est bon d'éviter, et qui attesterait l'ignorance du peintre.

Application des couleurs

On conçoit aisément que la manière d'étendre les couleurs, qu'elles aient été préparées à l'eau, à l'huile, à l'essence, au lait, etc., est toujours la même; mais il est des préparations et des précautions particulières qui se rapportent, soit au sujet qui doit recevoir la couleur, soit à l'emploi même de la couleur. Nous allons donc traiter successivement de l'emploi des couleurs en détrempe, à l'huile et au vernis : c'est ordinairement le sujet qui détermine lequel de ces trois modes de préparation de la couleur il peut convenir d'adopter; mais, avant tout, il convient de tracer ici les règles qu'il faut généralement s'astreindre à suivre dans la peinture d'impression, et que voici :

1. On ne doit préparer à la fois que les couleurs strictement nécessaires pour l'ouvrage qu'on a l'intention d'entreprendre, afin qu'elles soient d'un emploi aussi facile, d'une égale transparence et d'un même éclat dans tout l'ouvrage ; car elles sont toujours plus vives et plus belles étant fraîchement mélangées.

2. Maintenir horizontalement la brosse devant soi, sans l'incliner, et de manière que sa surface seule soit couchée d'aplomb sur le sujet; en la tenant penchée en tous sens, on court le risque de peindre inégalement.

3. Coucher hardiment et à grands coups; et néanmoins étendre uniment et également les couleurs, en prenant garde d'engorger les moulures et les sculptures. Si cet accident a lieu, on a une petite brosse dont on se sert pour retirer les couleurs.

4. Remuer très souvent les couleurs dans le pot, afin qu'elles conservent la même teinte, et qu'elles coulent également dans la brosse sans déposer.

5. N'empâter jamais la brosse, c'est-à-dire ne pas la surcharger de couleur ; si la brosse est empâtée, on la presse contre les parois du pot, afin de faire couler l'excédent de couleur.

6. Ne jamais appliquer une seconde couche avant que la précédente ne soit parfaitement sèche. Il est facile de s'assurer qu'une couche est sèche,

lorsqu'en y portant légèrement le dos de la main, il n'adhère en aucune façon.

7. Rendre la dessiccation plus prompte ou plus uniforme en appliquant avec soin les couleurs aussi égales et aussi minces que possible.

8. Avoir soin, avant de peindre, d'*abreuver* le sujet, c'est-à-dire d'étendre une couche d'encollage ou de blanc à l'huile sur le sujet qu'il s'agit de peindre, afin d'en remplir et boucher les pores, de manière qu'il devienne uni ; sans cette précaution, il faudrait répéter très souvent les couches de couleurs et de vernis, et on les ménage en employant ce moyen.

9. Donner des *fonds blancs* à tous les sujets qu'on veut peindre ou dorer. Ces fonds conservent ainsi les couleurs fraîches et vives ; les couleurs qu'on applique empêchent que l'air n'altère la blancheur, et cette blancheur répare les dommages que l'air fait éprouver aux couleurs.

Si les panneaux que l'on doit peindre sont en sapin, il ne faut pas oublier, pour empêcher que la résine des nœuds ne suinte plus tard et ne tache les peintures, de passer ces nœuds à l'essence pure, et d'en boucher les trous avec du mastic ; en général, il faut, avant de peindre, mettre tous ses soins à rendre la surface sur laquelle la couleur doit être couchée, aussi propre et unie que possible ; ainsi, il ne faudra jamais négliger de gratter, poncer, etc., avant de coucher la peinture, si l'on veut que la couleur ne s'écaille pas, quand on travaille sur des panneaux qui ont été déjà peints. Une précaution également indispensable, c'est de s'assurer que la surface à

peindre est complètement sèche : la peinture faite
sur des plâtres humides, sur des panneaux moisis,
etc., se pique en très peu de temps et tombe bientôt.

Si *la peinture en détrempe* est appliquée sur des
plâtres neufs, il faut les unir avec le grattoir, les
épousseter et reboucher les trous qui peuvent y
exister; cette opération suit toujours l'encollage.
Le mastic est fait avec la colle de peau et le blanc
de Meudon. Si, au contraire, les plâtres sont
vieux, noirs ou jaunâtres, il faudra les gratter à
vif et opérer comme ci-dessus. S'il existe déjà une
couche en détrempe et qu'elle se détache par
écailles, il faudra mouiller légèrement et gratter à
vif, enfin bien nettoyer; si l'ancienne couche ne
s'écaille pas, il faudra la laver légèrement et
l'éponger; on lessive et l'on gratte seulement les
parties tachées de graisse.

Enfin, sur peinture vernie ou non vernie à
l huile, il faut lessiver avec l'eau seconde et
ensuite laver à grande eau.

Les plafonds étant, par leur position, à l'abri de
tous frottements, se font ordinairement à la colle
légère, c'est-à-dire que l'on mêle une plus grande
quantité d'eau à la teinte que pour peindre les
murs et boiseries qui se trouvent constamment à
proximité des mains.

Les teintes étant composées et broyées à l'eau
elles doivent être ressuyées, c'est-à-dire mises en
tas ou trochisques, sur des planches, pour les
laisser sécher jusqu'à la consistance de pâte très
ferme, et c'est alors qu'on peut les employer à
chaud en les mêlant à une quantité convenable
d'eau et de colle.

On commence d'abord par étendre une couche d'*encollage*, ce qui consiste en un mélange d'eau et de colle seulement, avec très peu de blanc pour lui donner un peu de consistance, ensuite deux couches de teintes plus corsées, c'est-à-dire avec plus de blanc.

Sur des lambris, murs ou plafonds vieux, on donne quelquefois une couche de lait de chaux, mais alors il faut avoir soin de faire disparaître tout ce qui est à la surface, au moyen d'un ponçage, afin de ne laisser subsister sous l'encollage que ce qui est entré dans les pores du bois ou du plâtre, autrement la chaux dévorerait bientôt la colle, et l'ouvrage serait défectueux. On voit donc, d'après ce qui précède, que cette couche de lait de chaux ne forme pas un enduit préalable répandu sur toute la surface, mais bien une sorte de rebouchage.

Détrempe commune. — Cette détrempe est celle dont on fait usage pour les ouvrages qui n'exigent ni beaucoup de soin ni beaucoup de préparation, tels que les plafonds, planchers, escaliers. On la fait ordinairement en infusant des terres dans l'eau et en les détrempant ensuite avec de la colle.

Grosse détrempe en blanc et en nuances diverses. — Après avoir écrasé du blanc d'Espagne dans l'eau et l'y avoir laissé infuser pendant deux heures, on fait pareillement infuser du noir de fumée ou du noir d'os et noir d'ivoire dans l'eau, et l'on mêle ensuite le noir avec le blanc, mais seulement à mesure, suivant la teinte que l'on désire avoir. Cette teinte obtenue, on la détrempe dans la colle, d'une force convenable et suffisamment épaisse et chaude;

on applique alors la détrempe sur le sujet, largement avec la brosse, en une couche mince et bien unie; quand cette couche est sèche, on en donne une autre, et ainsi de suite, suivant le nombre des couches que l'on désire.

On donne ordinairement deux ou trois couches de détrempe; une seule ne couvrirait pas assez, et si l'on en donnait un trop grand nombre, quelque minces et unies qu'elles fussent, la détrempe risquerait de s'écailler.

La grosse détrempe en blanc peut se composer avec 1 kilogramme (deux pains) de blanc d'Espagne ou de Meudon, 4 ou 5 décilitres d'eau pour les faire infuser, plus ou moins de charbon, qu'on a fait infuser à part, et 50 décagrammes de colle pour détremper le tout.

Lorsqu'il s'agit d'employer cette détrempe sur de vieux murs, il convient : 1° de les gratter; 2° de passer deux ou trois couches d'eau de chaux, jusqu'à ce que le vieil enduit soit couvert; 3° d'épousseter la chaux avec un balai de crin; 4° d'y appliquer ensuite les couches de détrempe, ainsi qu'il a été dit. Si cette application doit avoir lieu sur des plâtres neufs, il conviendra de mettre plus de colle dans le blanc pour en abreuver la muraille.

Toute couleur quelconque peut être employée en détrempe commune; quand la teinte de la couleur est faite et qu'elle a été infusée à l'eau, on la détrempe de même à la colle; il ne faut pas oublier que toute détrempe se compose de *trois quarts de couleurs broyées à l'eau* et *d'un quart de colle*.

Si les murs ont déjà été blanchis, il faut : 1° avec une brosse très rude, enlever le noir de fumée et la

poussière qui salissent le plafond, ce qui détache
en même temps l'ancien blanc ; mais si ce rude
époussetage ne suffit pas, il faut gratter *au vif*
tout l'ancien blanc, c'est-à-dire remettre le plafond
autant à nu qu'il se peut, en se servant à cet effet
de grattoirs, tantôt dentés et tantôt à tranche plate
et obtuse, avec manches courts pour moins fatiguer
l'ouvrier ; 2° donner autant de couches de chaux
qu'il en faut pour l'enduire et le faire devenir
blanc (1) ; 3° épousseter la chaux ; 4° mettre deux
à trois couches de blanc de Meudon, infusé à l'eau
et détrempé comme ci-dessus, avec de la colle de
gants coupée à moitié d'eau.

Détrempe pour plafonds. — Lorsque les plafonds
et planchers qu'il s'agit de peindre sont neufs, on
prend du blanc de Meudon, auquel on joint un peu
de noir de charbon ; et après les avoir fait infuser
séparément, on détrempe le tout avec de la colle
de gants, qu'on a soin de couper par moitié avec
de l'eau, afin d'éviter que la colle, étant forte, ne
fasse écailler la couche ; on donne alors deux
couches tièdes de cette teinte.

On peut encore se servir avec avantage de la
détrempe à la chaux dont nous parlerons plus bas ;
mais il faut alors bien ménager une pointe de bleu
qu'on ajoute à la chaux, et même se servir du
cobalt quand l'ouvrage doit être très soigné.

*Quantité de détrempe nécessaire pour teindre une
surface donnée.* — Pour fixer quelle est la quantité
de peinture qu'on emploie habituellement pour

---

(1) Si les plâtres ne sont pas roux, les couches de
chaux deviennent inutiles.

Peintre en bâtiments.   8

couvrir une surface donnée, nous emploierons
pour unité de mesure 4 mètres superficiels.

On ne peut guère présenter que des à peu près
sur la quantité des couleurs nécessaires pour
peindre une superficie donnée, car il y a des substances qui boivent plus ou moins de liquide ; les
mêmes sujets en absorbant plus ou moins, selon
leurs divers degrés de sécheresse. Il est, en outre,
des parties, telles que plâtres, bois de sapin, qui
sont susceptibles d'en absorber davantage. Le
mode d'emploi de la couleur fait aussi beaucoup,
relativement à sa quantité ; avec de l'habitude, on
apprend à économiser. Enfin, on doit toujours
s'attendre à ce que les premières couches consom-
meront plus de matière que les secondes et subséquentes, et qu'un sujet préparé en exigera moins
qu'un autre qui ne l'est pas ; on sentira aisément
ces différences dans les quantités de consommation,
en considérant qu'il faut d'abord que les pinceaux,
les brosses, les toiles, les plâtres, qui doivent recevoir les couleurs, soient abreuvés, et que les premières couches étant destinées à remplir cet objet,
les quantités de matières qu'elles exigeront seront
nécessairement plus grandes que pour les autres
couches.

Peu importe que ce soit sur du bois, de la toile,
du plâtre, etc., que les couleurs doivent être appliquées, les doses seront toujours les mêmes pour les
4 mètres carrés, qui nous servent d'unité de mesure
de superficie ; il n'y aura jamais que la première
couche qui soit dans le cas d'éprouver une différence sensible, par la raison que nous venons de
donner, qu'elle est ordinairement destinée à

abreuver les sujets; mais, après cette première couche, tous les sujets, d'abord abreuvés convenablement, étant devenus par cela même égaux entre eux, ne devront plus subir cette augmentation de quantité; de sorte qu'un mur qui, par exemple, aura reçu une couche de couleur bien donnée, n'exigera pas plus de couleur à la seconde et à la troisième couche, qu'un lambris ayant aussi reçu une première couche.

Il est bon de faire observer ici que par mètre carré de superficie on n'entend parler que de surface unie et égale; car si les bois sont ornés de moulures et de sculptures, l'évaluation d'emploi ne peut plus être la même.

On estime généralement qu'il faut à peu près un *demi-kilogramme* de couleur pour peindre en détrempe une superficie de *quatre mètres carrés*, c'est-à-dire *cent vingt-cinq grammes* de couleur pour une superficie d'*un mètre carré*, et l'on suppose, dans cette évaluation, que le sujet a reçu un encollage préalable.

On compose ordinairement *un kilogramme* de couleur en détrempe avec *soixante-quinze décagrammes* de couleurs broyées à l'eau et *vingt-cinq décagrammes* environ de colle pour les détremper; ou, en d'autres termes, *une détrempe* se compose de *trois quarts* de couleurs broyées à l'eau, et d'*un quart* de colle pour les détremper. Ces proportions varient, néanmoins, suivant la force de la colle; en ajoutant trop de colle, il est à craindre que la peinture ne s'écaille; en n'en mettant pas assez, on risque d'avoir une peinture qui s'enlève par le frottement le plus léger. Ainsi, l'on doit s'écarter

très peu des proportions que nous indiquons ici,
et que l'expérience a prouvé être les meilleures,
quand la couleur et la colle sont de bonne qualité.

Blanc mat en détrempe, dit blanc de roi

On désigne ainsi cette espèce de détrempe, parce
que les appartements du roi à Versailles étaient
assez ordinairement de cette couleur. Ce *blanc de
roi*, qui s'emploie très communément lorsqu'on
n'a pas l'intention de vernir, est très beau dans sa
fraîcheur; il se prépare comme la détrempe vernie,
et on l'applique ensuite, en en donnant deux
couches d'une moyenne chaleur.

Mais ce blanc, très beau et très fin pour des
appartements qu'on occupe rarement, se détériore
aisément dans les appartements constamment
habités, dans ceux surtout où l'on couche, parce
que toutes les vapeurs et les émanations animales
font noircir ou jaunir le blanc; c'est surtout dans
les pièces dont les moulures et les ornements
sculptés doivent être dorés que l'on emploie cette
sorte de blanc, parce que son éclat fait valoir le
bruni de l'or; on vernit très rarement ces fonds
blancs, parce que le vernis leur ferait perdre le
ton mat qui s'harmonise si bien avec les dorures.

Détrempe dite *chipolin*. — Cette détrempe, ainsi
nommée du mot italien *cipolla*, ciboule, parce
qu'il entre de l'ail dans sa préparation, passe pour
être le *nec plus ultra* de la peinture d'appartements. Elle a, en effet, un grand éclat, qui lui
vient de ce que ces couleurs, qui ne changent
point, reflétant bien la lumière, s'éclaircissent par

son secours; de ce que pouvant être plus facilement adoucies, elles acquièrent plus de vivacité sans jeter de luisant; et de ce qu'étant toujours les mêmes, elles se voient également dans tous les jours, ce qui n'a pas lieu pour les peintures à l'huile, où l'on est assujetti à la position des lieux et aux reflets de la lumière, où les couleurs se ternissent et les clairs deviennent obscurs; elle conserve sa couleur, parce que, bouchant exactement les pores du bois qu'elle couvre, elle repousse l'humidité et la chaleur, qui ne peuvent y pénétrer, et ne subit pas l'influence de l'air extérieur. Ses avantages sont de ne donner aucune odeur, de permettre la jouissance des lieux aussitôt son application, de conserver sa beauté et sa fraîcheur par l'application du vernis qui la garantit des piqûres des insectes et de l'humidité qui pourrait l'altérer.

Une peinture en très belle détrempe vernie exige sept opérations principales ; elles consistent à encoller le bois, apprêter de blanc, adoucir, poncer. réparer, peindre, encoller et vernir.

La beauté remarquable de ce genre de peinture, autrefois d'un prix très élevé, quoique moins coûteuse aujourd'hui, nous détermine à présenter ici, dans le détail le plus exact, chacune de ces opérations.

Première opération : encoller. — C'est étendre une ou plusieurs couches de colle sur le sujet qu'on veut peindre. On y procède ainsi qu'il suit :

1. Après avoir fait bouillir ensemble dans 12 à 15 décilitres d'eau, et réduire par ébullition à 1 litre, trois têtes d'ail et une poignée de feuilles

8.

d'absinthe, et avoir ensuite fait passer cette décoction à travers un linge, on la mêle avec 4 à 5 décilitres de bonne et forte colle de parchemin; on y ajoute une demi-poignée de sel et 2 à 3 décilitres de vinaigre, puis on fait bouillir le tout sur le feu.

2. Avec cette liqueur bouillante, et au moyen d'une brosse courte de sanglier, on encolle le bois, on en imbibe les sculptures et les parties unies, ayant soin de bien relever la colle, de n'en laisser dans aucun endroit de l'ouvrage, de crainte qu'il n'y reste des épaisseurs. Ce premier encollage a pour objet de faire sortir les pores du bois pour que les apprêts puissent mordre dessus, et former ensemble un corps, ce qui empêche l'ouvrage de s'écailler par la suite.

3. On laisse infuser pendant une demi-heure deux poignées de blanc d'Espagne ou de Meudon dans un litre de forte colle de parchemin, à laquelle on ajoutera 2 à 3 décilitres d'eau que l'on fera chauffer.

4. Après avoir bien remué le tout, on en donne une seule couche très chaude, sans être bouillante, en *tapant* également et régulièrement pour ne pas engorger les moulures et les sculptures s'il y en a ; c'est ce qu'on appelle *encollage blanc*, qui sert à recevoir les *blancs d'apprêts*. Taper, c'est frapper plusieurs petits coups de la brosse, pour faire entrer la couleur dans tous les petits creux de la sculpture. On tape aussi pour que la couleur soit appliquée comme si on l'avait posée avec la paume de la main, mais en général il vaut mieux étendre la couleur sur les parties unies, et ne taper que dans les ornements.

Seconde opération : apprêter de blanc. — C'est donner plusieurs couches de blanc sur un sujet. Il faut faire attention que les couches mises successivement soient bien égales. S'il arrive qu'une couche, où la colle serait faible, en reçût une plus forte, l'ouvrage tomberait par écailles. On doit éviter aussi de faire bouillir le blanc parce que la chaleur le graisse, et d'employer la couche trop chaude, parce qu'elle dégarnit les blancs de dessous.

Il faut avoir soin aussi, pendant qu'on laisse sécher les couches, d'abattre les bosses, de boucher les défauts qui peuvent s'y rencontrer, avec un mastic de blanc et de colle, qu'on appelle *gros-blanc*; on se sert d'une pierre ponce et d'une peau de chien-de-mer pour ôter à sec les barbes du bois et autres parties qui nuiraient à l'adoucissage : c'est ce qu'on appelle *reboucher* et *peau-de-chienner*. Pour apprêter de blanc, on saupoudre légèrement, à la main, de la colle forte de parchemin, et jusqu'à ce qu'elle en soit recouverte d'un doigt d'épaisseur, avec du blanc d'Espagne ou de Meudon pulvérisé et tamisé. On y laisse pendant une demi-heure ce blanc infuser en tenant le pot qui contient le tout, et qu'on aura eu soin de couvrir, un peu loin du feu, et assez près seulement pour le maintenir dans un état de tiédeur, jusqu'à ce qu'on n'y aperçoive plus de grumeaux, et que le tout semble bien mêlé. On se sert de ce blanc pour en donner une couche de moyenne chaleur, en *tapant*, comme à l'encollage ci-dessus, très finement et également; car, s'il était employé trop en abondance, l'ouvrage serait sujet à bouillonner, et donnerait beaucoup de peine à adoucir. On donne ensuite sept, huit ou dix couches de blanc, suivant que l'ouvrage et la défectuosité des bois de sculpture peuvent l'exiger, en donnant plus de blanc aux parties qui doivent être adoucies : c'est ce qu'on appelle *apprêter de blanc.*

La dernière couche de blanc doit être plus claire, et on la rend ainsi en y mettant un peu d'eau. Il convient de l'appliquer en *adoucissant,* c'est-à-dire en traînant légèrement la brosse sur l'ouvrage en allant et venant, ayant soin de passer dans les moulures avec de petites brosses, et de vider les onglets pour qu'il ne reste pas d'épaisseur de blanc, ce qui gâterait la beauté de la menuiserie.

Troisième opération : adoucir et poncer. — On appelle *adoucir,* donner au sujet apprêté de blanc une surface douce et égale. *Poncer,* c'est promener une pierre ponce sur le sujet pour l'adoucir.

L'ouvrage étant sec, on prend des petits bâtons de bois blanc et des pierres ponces, affilées sur des carreaux, dans la forme nécessaire pour les parties qu'il s'agit d'adoucir, plates pour le milieu des panneaux, rondes et en tranchants pour pénétrer dans les moulures et les vides.

La chaleur étant contraire à ces sortes d'ouvrages, et pouvant les faire manquer, il faut se servir d'eau très fraîche, à laquelle même on ajoute de la glace pour mouiller le blanc avec une brosse qui ait déjà servi à apprêter de blanc, en ayant soin de ne mouiller par petite partie que ce qu'il s'agit d'adoucir chaque fois, afin d'éviter de détremper le blanc, ce qui gâterait l'ouvrage ; on adoucit et on ponce avec les pierres et les petits bâtons, en lavant avec une brosse à mesure qu'on adoucit, et passant par-dessus un linge neuf, pour donner à l'ouvrage un beau lustre.

Quatrième opération : réparer. — L'ouvrage étant adouci, on nettoie avec un fer à réparer toutes les moulures, en faisant attention de ne pas aller trop en avant afin d'éviter de faire des barbes aux bois. Il est d'usage, lorsqu'il y a des sculptures, de les réparer avec les mêmes fers, pour dégorger les refends remplis de blanc, ce qui nettoie et *répare* l'ouvrage, et remet les sculptures dans leur premier état.

Cinquième opération : peindre. — Lorsque l'ouvrage a été ainsi réparé, il est prêt à recevoir la couleur qu'on désire lui donner, et alors il s'agit de choisir la teinte ; supposons-la *blanc-argentin* : dans ce cas, l'ouvrier broiera du blanc de céruse et du blanc de Meudon, chacun séparément, à l'eau et par quantité égale ; et, après les avoir mêlés ensemble, il y ajoute un peu de bleu indigo et très peu de charbon de vigne très fin, ou mieux une pointe de laque de garance aussi broyée à l'eau séparément. En mettant dans ce mélange plus ou moins de ces substances, on arrive aisément à la teinte qu'on cherche. Après avoir ensuite détrempé cette teinte avec de la bonne colle de parchemin, on la passe à travers un tamis de soie très fin, puis on pose la teinte sur l'ouvrage en *adoucissant*, et en observant de l'étendre bien uniment. Avec deux couches de cette teinte, la couleur est appliquée. Les autres nuances s'appliquent de même, la préparation de la teinte diffère seule.

Sixième opération : encoller. — Après avoir préparé une colle très faible, très belle et très claire, l'avoir ensuite battue à froid et passée au tamis, on en donnera deux couches sur l'ouvrage avec une brosse très douce, qui aura servi à peindre, et qui sera nettoyée; une brosse neuve raierait et gâterait la couleur. On doit avoir soin de ne pas engorger les moulures ni de mettre plus épais de colle dans un endroit que dans l'autre. On l'étend bien légèrement, dans la crainte de détremper les couleurs en passant, et de faire des ondes qui tachent les panneaux, ce qui arrive quand on passe trop souvent sur le même endroit. La beauté de l'ouvrage dépend de ce dernier encollage, et il peut la perdre s'il est mal fait, parce qu'alors, si l'on vernit sur les endroits où l'on aura oublié d'encoller, on s'apercevra que le vernis noircit les couleurs lorsqu'il y pénètre.

Septième opération : vernir. — Les deux encollages qu'on vient de décrire étant secs, on donne deux ou trois couches de vernis à l'esprit-de-vin, et l'on a soin, en appliquant ce vernis, que l'endroit soit chaud. La détrempe vernie est terminée par l'application de ces couches de vernis, qui mettent la détrempe à l'abri de l'humidité.

Au surplus, cette peinture ne s'exécute plus nulle part, à cause de son extrême cherté, et aussi parce que les beaux blancs mats bien exécutés la remplacent parfaitement : c'est donc seulement comme objet de curiosité et pour ne rien omettre dans notre Manuel, que nous en avons donné la description.

Détrempe à la chaux. — C'est par cette dénomination de blanc qu'on distingue une manière de blanchir les parements extérieurs des murs et de les rendre beaux et propres.

Après avoir choisi une quantité suffisante de la plus belle eau de chaux qu'on puisse se procurer, et l'avoir passée par un linge fin, on la verse dans un baquet ou cuvier en bois, garni d'un robinet, à la hauteur qu'y occupe la chaux; et après avoir rempli le cuvier d'eau claire de fontaine, on bat avec de gros bâtons ce mélange qu'on laisse reposer pendant vingt-quatre heures; en ouvrant alors le robinet, on laisse couler l'eau qui a dû surnager la chaux de deux doigts. Cette première eau étant écoulée, on en remet de nouvelle, et ainsi de la même manière pendant plusieurs jours. Plus la chaux aura été lavée, et plus elle aura acquis de blancheur. Pour s'en servir, on attendra que toute l'eau soit écoulée par le robinet et que la chaux soit à l'état de pâte. Après en avoir mis une certaine quantité dans un pot de terre, on y mélangera un peu de bleu de Prusse, pour soutenir le ton du blanc, et de la térébenthine pour lui donner du brillant. Dans cet état de mélange, on la détrempe dans de la colle de peaux, à laquelle on ajoute un peu d'alun, puis, avec une grosse brosse, on en applique deux ou trois couches sur les murs. Il faut avoir soin d'étendre ces couches minces, et n'en pas appliquer de nouvelle que la dernière ne soit sèche. Si l'on ajoute encore une ou deux couches, on pourra frotter cette peinture avec une brosse de soies de sanglier pour lui donner un luisant qui imite en quelque sorte le stuc. On ne peut faire emploi de cette détrempe que sur des plâtres neufs; si on voulait l'appliquer sur des plâtres

Vieux, il faudrait les gratter jusqu'au vif, et les poncer ensuite de manière à les rendre aussi propres que s'ils étaient neufs, opérations que nous avons déjà eu l'occasion de décrire dans ce qui précède.

Détrempe pour murs intérieurs. — Lorsqu'il s'agit de peindre en détrempe commune des murs d'escalier ou parties de murs, après avoir fait infuser à l'eau le blanc ou telle autre terre colorée choisie, on détrempe à la colle de peaux.

Pour donner aux murs intérieurs des corridors une teinte convenable de pierre jaunâtre, on doit ajouter à l'ocre jaune et au blanc de craie une pointe d'ocre rouge, ou du rouge d'Angleterre qui soutient la nuance. Il faut faire bien attention, pour toute espèce de détrempe, d'éviter que la couleur ne devienne grumeleuse par l'addition de la colle.

Badigeons

On appelle ainsi la couleur dont on peint les dehors des maisons lorsqu'elles sont vieilles, ou les églises qu'on veut éclairer, et cela maladroitement, car on dénature ainsi le caractère, le style et la teinte que le temps y a répandus. On blanchit ainsi ces maisons et édifices en leur donnant par le badigeon l'aspect d'une pierre récemment taillée. Pour faire cette couleur, on ajoute à un seau de chaux éteinte un demi-seau de pierre tendre mise en poudre, dans laquelle on mélange quelquefois de l'ocre de rû, selon le ton de couleur de pierre qu'on désire obtenir; on détrempe ensuite le tout dans un seau d'eau, où l'on aura fait fondre un demi-kilogramme d'alun. On applique la couleur ainsi préparée, ce qu'on appelle *badigeonner*, avec une grosse brosse ; on se procure donc, pour cette préparation, de la pierre pulvérisée, on peut y suppléer en ajoutant à la chaux éteinte plus d'ocre de rû ou d'ocre jaune, en écrasant des éclats de pierre de Saint-Leu, pris sur les chantiers des tailleurs de pierre, on passe ces résidus au tamis, et on en forme avec de la chaux une teinte que la pluie et l'air altèrent difficilement.

Il ne faut pas oublier, quand on se sert d'ocre de rû, que la teinte devient un peu plus foncée par son exposition à l'air. En général, on obtient une teinte jaunâtre plus agréable à l'œil en la rompant avec une pointe de rouge.

Cette opération du badigeonnage extérieur des édifices peut s'exécuter au moyen des échafaudages volants que nous avons déjà décrits, qui rendraient évidemment le travail assez facile ; mais, d'autre part, la location de ces appareils est toujours relativement coûteuse, et, le badigeon ne s'employant dans les villes que pour les rares maisons à façade enduite en plâtre, ou dans les campagnes où l'on ne trouverait pas facilement ces échafaudages, il s'exécute le plus souvent à la corde à nœuds.

Tout le monde connaît la corde à nœuds, disposée dans tous les gymnases et après laquelle on se hisse à la force des poignets, en se servant des nœuds régulièrement espacés comme de points d'appui. Cette corde, fixée sur la toiture, se déroule devant la façade. On comprend toutefois que les ouvriers badigeonneurs doivent être pourvus d'un appareil supplémentaire leur permettant de se fixer

Peintre en bâtiments. 9

en un point quelconque, pour pratiquer leur travail
une fois suspendus en ce point.

Cet appareil se compose d'une paire de boucles
en corde, ou lanières de cuir terminées par des crochets dans lesquelles l'ouvrier passe les jambes, et
qui sont fixées sur celles-ci par des lanières à
courroie.

Il est facile de comprendre que dans les mouvements de descente ou de montée, l'homme se tient
à la corde par une main, et de l'autre amarre ces
crochets sur les nœuds successifs. Son corps est
ainsi soutenu et l'effort qu'il a à développer est
beaucoup moindre. Mais il faut de plus qu'il puisse
se fixer à poste fixe, ayant la liberté complète de
ses deux mains pour exécuter son travail. Aussi
emporte-t-il avec lui une petite planchette formant
pliant, montée sur des bretelles en cuir, et munie
d'un bout de corde à crochet relié à ces bretelles.
Lorsque l'ouvrier se déplace, il rejette cette banquette sur le côté du dos, et comme les bretelles
qui la soutiennent sont liées par des liens trans-
versaux, elle ne peut tomber. Il se déplace alors
en montant ou en descendant ainsi que nous
l'avons dit. Arrivé au point convenable, il fixe à la
corde à nœuds le crochet de sa banquette, la laisse
aller d'elle-même et s'asseoit dessus. On comprend
facilement que tenu par les crochets des boucles
embrassant les jambes, assis sur la banquette elle-
même crochetée sur les nœuds, il peut lâcher cette
corde et avoir les mains libres. Un apprenti, placé
en bas, attache alors à un petit grelin que l'ouvrier laisse libre un seau rempli de badigeon ;
celui-ci l'élève jusqu'à lui, suspend ce seau à un

petit crochet fixé après la banquette, et y trempe
ses brosses pour badigeonner. Le même procédé
lui permet d'avoir, au lieu de badigeon, de l'eau
avec laquelle il nettoie préalablement la façade.

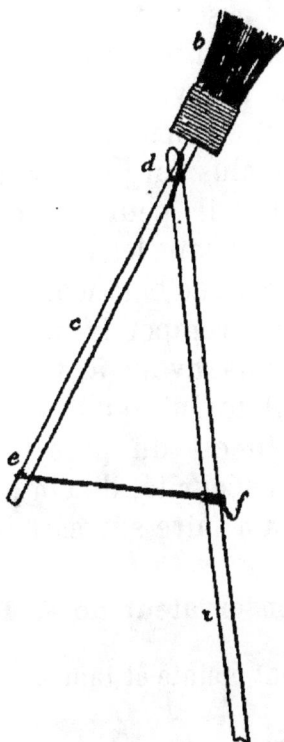

Fig. 34. Montage spécial pour brosse
de badigeonneurs.

On comprend aisément que dans de semblables
conditions, l'ouvrier ne pourrait avantageusement
se servir des brosses ordinaires pour travailler.
D'abord à cause du peu de longueur du manche,
ensuite parce qu'il ne pourrait l'incliner convenablement pour fouiller les moulures, corniches, etc.

Aussi les badigconneurs emploient-ils un montage spécial pour leur brosse, que représente la figure, dont l'inspection suffit pour en faire saisir l'usage.

La brosse *b* (figure 34) est portée sur un manche *e c d*, relativement assez long, elle se fixe sur un autre manche *f*, par un lien croisé en *d*, et un autre lien suivant *e f*. L'ouvrier tient l'outil par le manche *f*. Avec cette disposition, il peut frotter un champ beaucoup plus large qu'avec une brosse emmanchée droite. Il peut surtout l'incliner à volonté pour fouiller dans les moulures. Enfin, par un simple mouvement de balancement du manche *f*, il lui est facile de tremper la brosse dans le seau pendu sous lui, sans avoir à se retourner ou se pencher comme il le lui faudrait faire avec une brosse ordinaire; il est du plus haut intérêt, au point de vue de sa sécurité, de simplifier les mouvements qu'il aura à faire sur sa banquette.

Badigeon conservateur de M. Bachelier

Chaux récemment éteinte et tamisée.	23 parties.
Plâtre tamisé	7 —
Céruse en poudre.	8 —
Fromage mou bien égoutté, dit *fromage à la pie*.	9 —

On mêle bien le tout, on le broie, on y ajoute un peu d'ocre jaune ou rouge, suivant la teinte qu'on veut obtenir. Ce badigeon est très utile pour appliquer sur la pierre, à laquelle il donne un certain poli et la conserve très bien contre les vicissitudes atmosphériques.

MM. Chapon Vergé et Poux, de Lyon, ont modifié, ainsi qu'il suit, le badigeon de Bachelier :

Leur peinture se compose de 500 grammes de chaux calcinée, 250 grammes de fromage mou, 25 grammes de mucilage de graine de lin et 25 grammes de sélénite à base vitrifiable, le tout détrempé dans 2 litres d'eau.

Badigeon de Lassaigne

Ce badigeon se compose de chaux éteinte délayée dans l'eau, dans laquelle on fait dissoudre 4 à 5 p. 100 d'alun. Cette composition adhère fortement à la muraille et résiste davantage au frottement et à la pluie; elle est seulement plus coûteuse que les précédentes quand on se propose de l'appliquer sur de grandes surface. Dans ce cas, l'alun se trouve décomposé par la chaux qui s'empare de son acide, et l'alumine, qui en est séparée à l'état d'hydrate (ou de combinaison avec l'eau), se combine avec la chaux pour produire un composé analogue à ceux des oxydes entre eux, comme on en rencontre dans le règne minéral. C'est sans doute cette combinaison de chaux et d'alumine qui donne des qualités à ce badigeon.

Partant de cette hypothèse, M. Lassaigne a pensé pouvoir imiter cette composition d'une manière plus économique, en laissant réagir pendant quelque temps, à la température ordinaire, la chaux éteinte, délayée dans de l'eau avec de l'argile préalablement divisée dans le même liquide. Il a opéré avec des argiles pures, telles qu'on les emploie pour la fabrication des assiettes,

Les argiles blanches de Montereau ont présenté des avantages bien marqués sur celles des environs de Paris.

D'après les essais on a obtenu de très bons résultats avec les proportions suivantes :

Chaux vive. . . . . 100 parties.
Argile blanche. . . . . 5 —
Ocre jaune . . . . 2 —

On commence par éteindre la chaux avec de petites quantités d'eau, ensuite on la délaie dans une plus grande quantité pour en faire un lait de chaux ; d'un autre côté, on délaie l'argile en la laissant dans l'eau pendant quelque temps, et on l'unit ensuite le plus exactement possible avec le lait de chaux. On abandonne ce mélange à lui-même dans des baquets pendant un jour, en ayant soin de l'agiter de temps en temps. Après cela, on y ajoute l'ocre jaune pour le colorer, et on l'applique à l'aide de pinceaux ou de brosses sur les pierres calcaires ou les plâtres. Des murailles ainsi badigeonnées, exposées pendant deux ans à la pluie, n'ont éprouvé aucune altération, et l'on ne pouvait enlever aucune portion du badigeon par le frottement.

Peinture à la pomme de terre

L'invention de la peinture à la pomme de terre est relativement récente ; elle est due à M. Cadet-Devaux.

Voici les proportions qu'il a indiquées :

Pommes de terre cuites à l'eau et pelées.   1 kilogr.

Blanc d'Espagne, ou autres matières colorantes. . . . .   2 kilogr.
Eau, quantité suffisante pour liquéfier
comme la peinture ordinaire en détrempe, environ 8 litres   8   —

On écrase les pommes de terre encore chaudes,
on les délaie avec moitié environ d'eau ; on ajoute
le blanc détrempé séparément dans une quantité
d'eau égale ; on agite le mélange, on le passe au
travers d'un tamis pour en séparer les grumeaux,
et on l'emploie à la manière de la détrempe ordinaire. Cette peinture bien exécutée adhère assez
fortement sur les bois et les murs, pour ne pas
s'écailler ni tomber en poussière. Elle ne peut être
employée qu'à l'intérieur.

Les matières colorantes autres que le blanc
d'Espagne, lorsqu'elles entrent dans la composition
de la teinte pour une notable quantité, doivent
être broyées à l'eau, mais lorsqu'elles y sont en
petite quantité, on peut, pour les peintures communes, les faire simplement infuser.

Depuis, on a perfectionné cette peinture en employant la fécule de pomme de terre préparée de
telle sorte que la pomme de terre est débarrassée
des principes étrangers qu'elle contient ; la peinture que l'on obtient est alors plus solide et d'un
plus bel aspect que celle à la pomme de terre.

La fécule se réduit en colle en la précipitant
dans l'eau bouillante, dans la proportion d'un
quinzième du poids de l'eau. Pour éviter les grumeaux, il faut préalablement la délayer dans de
l'eau après cinq minutes de feu.

Il ne faut pas délayer la fécule dans l'eau froide,

ni la faire chauffer graduellement; la fécule s'attacherait au fond du vase, quelque rapidité qu'on emploierait à la remuer, et elle ne produirait pas une colle aussi consistante. Cette colle n'a aucune odeur et peut se conserver longtemps sans se corrompre; mais en vieillissant, elle se divise en grumeaux qui s'isolent et sont tenus en suspension par l'eau; elle est alors d'un emploi difficile et perd beaucoup de ses qualités.

Le mastic propre à reboucher les différents genres de peinture et de détrempe dont nous venons de faire la description, est un mastic de teinte morte (voyez *rebouchage*). On épaissit la teinte préparée comme nous venons de le dire, en y ajoutant du blanc d'Espagne; seulement il faut avoir la précaution de tenir le mastic au lait sur une palette, et non dans la main, parce que la chaleur le décompose et en fait échapper une partie en filets visqueux. Le mastic à la pomme de terre s'emploie chaud, afin d'en diminuer l'élasticité qui nuit beaucoup à cette opération.

Nettoiement au chlorure de sodium

Le procédé consiste à saturer de chlorure de sodium l'eau dans laquelle on fait éteindre la chaux, qui donne un blanc très solide, lequel ne s'écaille point et ne laisse aucune empreinte sur les mains ni sur les vêtements. L'essai qui en a été fait à Paris, sur le bois comme sur la muraille, a parfaitement réussi. Depuis, le docteur Quesneville a substitué le sulfate d'alumine au chlorure de sodium pour les parties exposées au grand air, et s'en est bien trouvé; le mélange des ocres, pour teindre diversement, n'enlève rien à la fixité de cette couleur qui est très économique.

Nettoiement des parements extérieurs des murs en pierres

On a pour habitude, lorsqu'on veut nettoyer les anciens monuments, de riper les murailles, ce qui produit une espèce de cri qui irrite le système nerveux d'un grand nombre de personnes, outre que cela enlève une petite couche de la pierre. MM. Chevalier et Julia de Fontenelle ont proposé d'abandonner cette pratique, et d'y suppléer par le lavage avec un liquide composé de :

Acide hydrochlorique. . .   1 partie. .
Eau . . . . 25 à 30   —

On commence par bien brosser les murs, ensuite on les mouille bien pour les nettoyer, au moyen d'une grosse éponge, après quoi on y substitue l'eau acidulée. D'autres ont proposé l'eau acidulée par l'acide sulfurique; mais, dans ce cas, il se forme une couche de plâtre qui rend la couleur de la pierre terne, tandis que l'acide hydrochlorique forme un muriate de chaux très soluble que la première pluie enlève. Enfin, il en est qui ont conseillé l'eau pure. Quoi qu'on en ait dit, nous considérons ce moyen comme insuffisant.

Détrempe solide

Cette couleur est préférable à celle à l'huile qui se dessèche et s'écaille durant les chaleurs de l'été, surtout quand elle est appliquée sur le bois.

9.

Doses nécessaires pour appliquer une double couche sur la même surface de 30 mètres :

Eau . . . .   65 litres.
Sulfate de cuivre . . . .   25 décagr.
Résine de pin   20   —
Farine de seigle . . . .   1 kilogr.
Huile de chènevis . . . .   2 décil.

On ajoute pour obtenir diverses colorations :

Colcotar en poudre fine . . . . . .   1 kilogr.
Rouges et verts de Silésie . . . . .   65 décagr.
Verts ou verts-de-gris   45   —

On met l'eau et le sulfate de cuivre dans une bassine en cuivre, on fait bouillir doucement; alors on ajoute toute la résine en poudre fine et l'on agite jusqu'à ce qu'elle vienne à la surface du liquide et soit ramollie, puis l'on introduit par portions la farine de seigle, en ayant soin d'entretenir l'ébullition. Lorsqu'on veut employer une détrempe teintée, on ajoute la matière colorante en même temps que la farine de seigle; on y verse ensuite l'huile et l'on remue jusqu'à ce qu'on n'aperçoive plus de gouttes d'huile à la surface; la couleur est alors achevée et doit être appliquée chaude, par un beau temps d'été; ce n'est qu'au bout de quelques jours que cet enduit est sec et inaltérable à la pluie.

Donner aux peintures à l'eau l'apparence des peintures à l'huile

Après avoir appliqué légèrement avec la brosse et avoir laissé sécher une première couche de colle

de poisson, dissoute dans l'eau, on donne avec
une large brosse de poils de chameau une seconde
couche composée de 30 grammes de baume de
Canada, et de 60 grammes d'essence de térébenthine.

Nettoiement à la vapeur

Un arrêté de l'autorité municipale de Paris
ayant ordonné que toutes les maisons de cette
grande cité seraient nettoyées en façade tous les
dix ans, on a cherché à accélérer et à perfectionner un travail aussi considérable, et une des plus
ingénieuses inventions qui aient surgi pour exécuter ces sortes de travaux, a été le nettoiement à
la vapeur, dont nous allons dire un mot, parce
qu'il est aussi du ressort du peintre en bâtiments.

On amène une petite locomobile de la force de
5 à 6 chevaux au pied de la maison qu'on veut
nettoyer, et sur laquelle on a déjà établi les échafaudages mobiles et volants, soit celui de M. Célard, soit celui de M. Leclaire, dont il est question
à la page 22.

Des ouvriers, armés de brosses dures en crin et
en chiendent, revêtus d'un vêtement imperméable
et coiffé d'un camail en caoutchouc qui descend
jusque sur les bras, montent sur ces échafaudages,
et sitôt qu'ils sont en place, ils remontent avec
une corde un tube d'un assez faible diamètre, en
caoutchouc, qui part de la chaudière de la loco-
mobile et peut atteindre jusqu'aux points les plus
élevés de la maison. Ce tube est armé à son extrémité d'une lance avec robinet, construite à peu
près comme celle des pompiers.

A un signal donné, l'ouvrier qui soigne la loco-mobile ouvre un robinet; la vapeur s'élance dans le tube, et celui qui tient la lance la projette successivement, sous une pression de plusieurs atmosphères, sur toutes les parties de la façade qu'il s'agit de nettoyer. En même temps, un autre ouvrier frotte et détache avec sa brosse les mal-propretés et la poussière que la vapeur a ramollies et que l'eau de condensation de cette vapeur entraîne et fait couler le long des parois.

Lorsqu'un étage est nettoyé, on descend l'écha-faudage et on procède au nettoyage du suivant, et ainsi de suite pour tous les étages.

Le nettoiement à la vapeur des façades des maisons offre plusieurs avantages :

D'abord l'opération marche avec une extrême célérité, et, en quarante-huit heures, on peut nettoyer la façade d'un très grand bâtiment.

En second lieu, la vapeur lancée avec force pénètre dans toutes les infractuosités de cette façade, fouille les moulures les plus profondes, les cavités les plus anguleuses, les trous que présente toujours la pierre et où se logent les araignées, la poussière, les particules flottantes des matières charbonneuses, etc.

La vapeur nettoie en même temps à l'extérieur, par la même opération, les persiennes, les jalou-sies, les fenêtres, les vitres, les tableaux et tout ce qui est en dehors.

Le nettoiement à la vapeur s'applique à tous les matériaux qui forment le revêtement des maisons, bois, plâtre et pierre, mais c'est surtout sur cette dernière qu'il réussit le mieux. Cette pierre, après l'opération, paraît jaunâtre, mais au bout de quelques jours, elle sèche et blanchit.

Actuellement, presque tous les bâtiments et édifices de la ville de Paris ne sont plus nettoyés qu'à la vapeur.

Nettoiement à l'eau

On a imité le mode de nettoiement ci-dessus, mais, au lieu de vapeur, on se sert d'eau pure, qu'une pompe assez puissante remonte jusqu'à la hauteur voulue, où on la projette avec force sur tous les points qu'on veut nettoyer, en même temps qu'on passe avec énergie les brosses sur ces points.

Ce mode est d'une exécution plus simple et peut-être plus économique, mais il est présumable qu'il est moins efficace en ce que l'eau froide n'a pas la même puissance ni la même énergie impulsive pour dissoudre, ouvrir, détacher les impuretés qui chargent les murs.

On conçoit, du reste, qu'une pompe foulante portative rentrera plus aisément dans les limites des moyens d'un entrepreneur de peinture, qu'une locomobile et le personnel nécessaire pour la faire fonctionner et la réparer.

11. — Peintures à l'huile et vernies

Des huiles. — On désigne sous le nom générique *d'huile*, tout liquide onctueux qui, lorsqu'on en laisse tomber une goutte sur le papier, le pénètre, lui donne une apparence demi-transparente, ou y produit ce qu'on appelle une tache graisseuse. Ces corps sont en très grand nombre et d'un usage extrèmement étendu dans les arts. C'est principalement dans ceux du peintre, du doreur et du vernisseur, dont nous traitons ici, qu'on ne peut se passer de leur secours. Celle dont on fait le plus d'emploi dans ces trois professions est incontestablement *l'huile de lin*. Cette huile, d'un blanc verdâtre et d'une odeur particulière, contenue dans les semences dù *linum usitatissimum*, est préférée pour son emploi dans la peinture, à raison de la propriété qu'elle a d'être disposée à sécher plus promptement, et de ce qu'elle est moins chère. On peut rendre l'huile de lin très blanche en la mettant dans une cuvette de plomb et la laissant pendant un été exposée au soleil ; on y jette en même temps de la céruse et un peu de talc calciné. En Hollande, on la blanchit dans un pot vernissé, auquel on ajoute un tiers de sable fin, un tiers d'eau et d'huile. On couvre le vase d'une calotte de verre et on l'expose au soleil, en remuant au moins une fois par jour, jusqu'à ce que cette huile soit devenue très blanche. Après deux jours de repos, on la soutire.

Les peintres se servent aussi d'*huile de noix* et d'*huile d'œillette*, la première pour broyer les couleurs communes qui donnent des tons foncés, parce qu'elle est grasse et nourrit bien les couleurs, mais elle est trop colorante pour les gris clairs et autres teintes fraîches et légères ; la seconde est d'un blanc jaunâtre, inodore et peu visqueuse, c'est pourquoi on l'emploie particulièrement au broyage des teintes pures et brillantes.

L'huile grasse est un siccatif qui se vend également chez tous les marchands de couleurs, mais que le peintre peut facilement faire lui-même, s'il veut être certain. de sa bonne qualité.

Emploi des couleurs à l'huile. — La peinture à l'huile ne diffère de la peinture en détrempe que par l'huile qu'on emploie au lieu d'eau pour broyer et détremper les couleurs. Par l'huile, ces couleurs se conservent plus longtemps, et comme elles sèchent moins promptement que la détrempe, les peintres ont plus de temps pour unir et pour finir, et ils peuvent aussi retoucher à plusieurs reprises ; d'un autre côté, les couleurs étant plus marquées et se mêlant mieux, donnent des teintes plus sensibles, des nuances plus vives, plus agréables, et des coloris plus doux et plus délicats. Ce mode de peindre serait sans doute le plus parfait, si les couleurs n'avaient pas l'inconvénient de se ternir avec le temps, défaut provenant de l'huile, qui donne constamment un peu de roux aux couleurs ; mais toujours est-il que la peinture à l'huile est préférable à la détrempe, en ce qu'elle est plus solide, qu'elle conserve bien et longtemps les sujets sur lesquels on l'emploie, soit qu'ils se trouvent exposés aux injures de l'air, ou qu'ils soient dans le cas d'être souvent frottés et maniés, comme portes d'escalier, chambranles, serrures, etc. La peinture à l'huile est encore préférable à la détrempe, même pour les boiseries d'appartement, parce que, dans cette dernière, il est indispensable, ainsi qu'on l'a vu ci-dessus, d'abreuver les bois par des encollages chauds qui les tourmentent et les exposent à éclater, au lieu que, dans la peinture à l'huile, toutes les opérations se faisant à froid, les liquides ne font que s'attacher au bois sans le pénétrer ni le faire travailler, ce qui le conserve beaucoup mieux.

Il y a deux sortes de peinture à l'huile, savoir : la peinture à *l'huile simple* et la peinture à *l'huile vernie* ou *polie*. La première n'exige aucun apprêt ni vernis; pour l'autre, au contraire, elle a besoin, pour sa perfection, d'être préparée par des *teintes dures*, et d'être vernielorsqu'elle est appliquée. On peut se servir de l'une ou de l'autre de ces deux manières pour toutes sortes de sujets; mais ordinairement on peint à l'huile simple les portes, les croisées, les chambranles, les murailles; et à l'huile vernie polie, les lambris d'appartement, les panneaux d'équipage, etc., ainsi que tout ce qui, en ce genre, exige d'être soigné.

Règles générales pour les peintures à l'huile. — 1. Pour des couleurs claires, telles que le blanc, le gris, etc., qu'on veut broyer et détremper à l'huile, c'est de l'huile d'œillette dont il faut faire emploi; si les couleurs sont plus sombres, telles que le marron, l'olive, le brun, il faut se servir d'huile de noix; et enfin, pour détremper, employer l'huile de lin pure.

2. Toutes les couleurs, broyées et détrempées à l'huile, doivent être couchées à froid. On n'applique bouillantes ces couleurs que lorsqu'on veut préparer une muraille ou un plâtre neuf ou humide à recevoir de suite de nouvelles couches.

3. Toute couleur détrempée à l'huile pure ou à l'huile coupée d'essence, ne doit jamais filer au bout de la brosse.

4. Il faut avoir soin de remuer de temps en temps la couleur avant d'en prendre avec la brosse, afin

qu'elle soit toujours également liquide, et par conséquent du même ton ; autrement, les matières se
précipitant au fond du pot, le dessus s'éclaircit, et
le fond devient épais. Lorsque, malgré la précaution qu'on a dû prendre de remuer, l'on reconnaît
que le fond ne conserve plus la même teinte que le
dessus, il faut, pour l'égaliser, l'éclaircir en y ver-
sant peu à peu de la même huile.

5. En général, tout sujet qu'il s'agit de peindre à
l'huile doit recevoir d'abord une ou deux couches
d'impression, c'est-à-dire un enduit de blanc de
céruse broyé et détrempé à l'huile, qu'on étend sur
le sujet qu'on veut peindre.

6. Lorsqu'on a à peindre des dehors, comme
portes, croisées, escaliers et autres ouvrages qu'on
n'a pas l'intention de vernir, il faut faire les impressions à l'huile de noix pure, en y mélangeant
de l'essence avec ménagement, par exemple : 6 à
8 décagrammes par kilogramme de couleur; trop
d'essence brunirait les couleurs et les ferait tomber
en poussière. Avec la dose que nous venons d'indiquer, on évite qu'il ne se forme des cloques à l'ouvrage. On préfère l'huile de noix, non seulement
parce qu'elle devient plus belle à l'air que l'huile
de lin, mais encore parce qu'en s'évaporant, elle
laisse les couleurs devenir blanches, comme si elles
étaient employées en détrempe : d'après cela, tous
les *dehors* doivent être à l'huile pure.

7. Si les sujets à peindre sont *intérieurs*, ou
lorsqu'on a l'intention de vernir la peinture, la
première couche doit être broyée et détrempée à
l'huile, et la dernière doit être détrempée à
l'essence, mais qui soit pure, parce qu'elle emporte

l'odeur de l'huile, et parce que le vernis qu'on applique sur une couche de couleur détrempée à l'huile coupée d'essence, ou à l'essence pure, en devient plus brillant, et enfin, parce que l'essence, étant mêlée avec l'huile, elle la fait pénétrer dans la couleur.

8. Lors donc qu'il s'agit de vernir, la première couche doit être détrempée à l'huile, et les deux dernières à *l'essence pure*.

Lorsqu'on ne veut pas vernir, la première couche doit être à l'huile pure, et les dernières à l'huile coupée d'essence.

9. Si l'on a à peindre sur du cuivre, du fer ou autres matières dures, dont le poli s'oppose à l'application de l'impression et de la peinture, en faisant glisser la couleur par-dessus, il convient de mettre un peu d'essence dans les premières couches d'impression. Cette essence fait pénétrer l'huile.

10. S'il se rencontre des nœuds dans le bois, ce qui a lieu souvent avec le sapin, et que l'impression ou la couleur ne prenne pas aisément sur ces parties, il est bon, si l'on peint à l'huile simple, de préparer de l'huile à part, en y mettant beaucoup de litharge, de broyer un peu de cette huile ainsi préparée, avec l'impression ou la couleur, et de la réserver pour les parties nouées. Si l'on peint à l'huile vernie polie, il faut y mettre plus de *teinte dure*. Cette teinte masque le bois et durcit les parties résineuses qui en exsudent; cette exsudation se prévient d'ailleurs à l'aide d'essence; une seule couche bien appliquée suffit ordinairement,

elle donne du corps au bois, et les autres couches prennent aisément par-dessus.

11. Quelques couleurs, telles que les jaunes de stil-de-grain, les noirs de charbon, et surtout les noirs d'os, d'ivoire, lorsqu'elles sont broyées avec des huiles, ne sèchent que très difficilement. Pour remédier à cet inconvénient, ou même pour jouir plus promptement des peintures, on a recours à l'emploi des *siccatifs*, ou substances qu'on mêle dans les couleurs broyées et détrempées à l'huile, pour les faire sécher.

Ainsi, il est bien entendu que les bases constitutives de la peinture à l'huile sont d'abord : l'*huile*, la *céruse*, qui en est le constituant de rigueur, l'*ocre rouge*, l'*ocre jaune*, le *noir* dit de *charbon*, ainsi que l'*essence* et les divers ingrédients qui constituent la matière colorante.

Il est reconnu que la solidité de la peinture à l'huile est en raison directe de la quantité relative d'huile employée : ainsi les peintures de une à trois couches, appliquées sur des objets neufs ou anciens et qu'on se dispense de vernir, exigent beaucoup d'huile, tant à l'intérieur qu'au dehors, pour que, lorsqu'on a donné la dernière couche, elles soient douées du même brillant, qui doit être tel que, si l'on passait au vernis une peinture ainsi faite, il ne devrait pas exister la moindre différence entre elle et celle qui n'aurait pas été vernie. Le cas contraire donnerait une preuve évidente que de l'essence y a été mêlée en des proportions supérieures à ce qu'il en fallait.

Cela doit s'appliquer surtout aux travaux de la

campagne, où l'expérience démontre que l'air altère et détruit même l'huile très vite.

Nous ne devons pas oublier de faire connaître qu'il est des endroits où l'huile doit être employée avec ménagement, surtout pour les *tons clairs*, comme cela a lieu dans la peinture des chambres à coucher, des salons, etc. On n'ignore point que le mat, recherché par le bon goût, ne s'obtient souvent qu'au moyen des proportions supérieures d'essence qu'on y consacre; mais on doit observer aussi que cette couleur ainsi obtenue n'a pas le même degré de solidité que les autres. Il est un fait digne de remarque, c'est qu'elles sont également altérées par l'eau seconde que l'on emploie à leur nettoyage, quelque soin qu'on apporte au lessivage. Il n'en est pas de même des peintures bien nourries à l'huile, qui n'en éprouvent aucune action sensible. *Règle générale :* les peintures destinées à être vernies doivent être composées avec beaucoup d'essence; sans cette précaution, il arriverait que le vernis serait exposé à se gercer vite. Nous ne devons pas oublier de faire observer que lorsqu'on se propose de peindre à trois couches en *gris de perle, gris de lin, lilas, vert d'eau, granit rose*, etc., on doit donner la première couche couleur de *pierre foncée*, et passer les deux autres dans les tons convenus, tant sur les panneaux que sur les champs, notamment si les peintures sont de deux tons.

Mais si l'on se propose de peindre également à trois couches, savoir : en *bleu clair*, en *blanc mat*, couleur *chamois*, en *rose clair, ton beurre frais, ton paille*, en *bois de citron*, d'*érable*, de *marronnier d'Inde*, de *platane*, etc., en *marbre blanc*, on doit passer la première couche en blanc, les deux autres doivent l'être dans tous les tons convenus.

Peinture à l'huile pour ouvrages intérieurs

Murs. — Si l'on a l'intention de peindre sur des murs qui ne soient pas exposés à l'air extérieur, ou sur du plâtre neuf, il convient : 1° de donner une couche ou deux d'huile de lin bouillante, de manière à en saturer le mur où le plâtre, et qu'ils n'en puissent plus boire. Ils sont alors en état de recevoir l'impression. On donne une couche de blanc de céruse broyé à l'huile de noix, et détrempé avec trois quarts d'huile de noix et un quart d'essence. On donne ensuite deux autres couches de blanc de céruse broyé à l'huile de noix, et détrempé à l'huile coupée d'essence, si l'on ne veut pas vernir, et à l'essence pure si on a l'intention de vernir; c'est ainsi qu'on peint ordinairement les murailles en blanc. Si l'on adopte une autre couleur, il faut la broyer et la détremper dans la même quantité d'huile et d'essence.

Portes, croisées, volets extérieurs. — On donne une couche de blanc de céruse broyé à l'huile de noix, et pour que cette couche couvre mieux le bois, on détrempe le blanc un peu épais avec de la même huile, dans laquelle on met du siccatif, ensuite on rebouche en mastic à l'huile.

On donne une seconde couche d'un pareil blanc de céruse broyé à l'huile de noix et détrempé avec un huitième d'essence. Si l'on désire avoir un petit gris, il faut ajouter à ce blanc un peu de

bleu de Prusse et de noir de charbon qu'on aura
broyés à l'huile de noix. Si par-dessus ces deux
couches on veut en ajouter une troisième, il sera
convenable de la détremper de même à l'huile de
noix et un quart d'essence, en observant que les
deux dernières couches soient détrempées moins
claires que les premières, c'est-à-dire qu'il y ait
moins d'huile; la couleur en est plus belle et
moins sujette à bouillonner et à se gercer par
l'ardeur du soleil. Si l'on emploie la peinture à
l'huile sur des bois durs, tels que le chêne, le
noyer, etc., il conviendra d'appliquer la première
couche détrempée à l'essence, en augmentant la
quantité d'essence pour chaque couche; enfin la
dernière sera à l'essence pure si l'on doit vernir.

Lambris d'appartement. — Lorsqu'on se propose
de peindre un lambris d'appartement pour le conserver longtemps et le garantir de l'humidité, on
y peut parvenir en donnant sur le derrière du lambris deux ou trois couches de gros rouge broyé et
détrempé à l'huile de lin ; on pose ce lambris
lorsqu'il est sec.

Pour le peindre à l'huile, on donne d'abord une
couche de blanc de céruse broyé à l'huile de noix
et détrempé à la même huile coupée d'essence, on
donne ensuite deux autres couches de la couleur
qu'on aura adoptée pour le lambris, couleur qu'il
faudra broyer à l'huile et détremper à l'essence
pure.

Si l'on désire que les moulures et sculptures du
lambris ainsi peint soient réchampies, c'est-à-dire
qu'elles tranchent d'une autre couleur, on broie à
l'huile de noix la couleur dont on fait choix pour

réchampir, et après l'avoir détrempée à l'essence
pure, on en donne deux couches. Deux ou trois
jours après, les couleurs étant bien sèches, on
donne une ou deux couches de vernis blanc, qui
non seulement n'a pas d'odeur, mais qui même
emporte celle des couleurs à l'huile.

Observation générale. — Il est une chose bien
essentielle à observer, c'est de donner toujours à
l'huile la première couche, car il arriverait, si elle
était donnée à la colle, comme le font beaucoup de
peintres, pour que le sujet étant bien imprégné
de cette couche à la colle n'absorbe plus d'huile
dans les couches subséquentes, que les résultats
pouvant être les mêmes en apparence, les peintures
n'auraient pas la même solidité que si elle était
donnée à l'huile. Lorsqu'on veut s'assurer de
quelle manière cette première couche a été donnée,
on la mouille et on la frotte : si elle résiste à ce
frottement, quoique un peu fort, ce sera une
preuve incontestable qu'elle est à l'huile, alors on
ne doit conserver aucune crainte pour les deux
autres couches. Cependant, on peut imprégner d'un
encollage un peu nourri les panneaux et moulures
en bois de sapin pour remplir les pores de ce bois,
afin qu'ils s'imprègnent moins d'huile ; mais alors
ces parties encollées doivent être poncées avec
soin, de manière à faire disparaître la colle sur
toute la surface qui ne doit en garder que ce qui
ne peut être atteint par la pierre ponce.

Quand on se propose de peindre à trois couches
et d'obtenir la *couleur de bois* ou bien *de deux tons*,
ou bois d'*acajou*, de *chêne*, d'*orme*, de *noyer*, de
palissandre, etc., la première couche doit être en

gris ardoise foncé, et les deux autres d'après les nuances convenues.

Si l'on veut, au contraire, obtenir une peinture à trois couches, en *couleur de pierre, granit rouge, jaune antique, marbre jaune antique, brocatelle, brèche d'Alep,* etc., on doit donner la première couche en *gris perlé,* les deux autres doivent l'être d'après le ton convenu.

Quand on a pour but de ne peindre qu'à deux couches sur des objets reconnus vieux, on agit comme pour les peintures à trois couches. Voici comment en parle M. Leclaire : « L'ancien fond étant généralement différent des peintures nouvelles qu'on veut faire, il équivaut alors aux divers tons que nous avons proposé de donner pour les peintures à trois couches ; pour le derrière des volets, les intérieurs des portes d'armoires, etc., une couche généralement suffit ; elle pourra servir de point de comparaison avec les peintures à deux couches ».

Quand une peinture doit se réduire à une seule couche, il faut, autant que possible, se rapprocher du ton primitif.

Manière de préparer les peintures à vernir

Dans son traité de l'art de faire des vernis, M. Tripier-Deveaux donne les instructions suivantes sur la manière de préparer les peintures à vernir :

1° Sur les plâtres ou les bois bien secs, les enduits doivent être mêlés d'une forte dose de litharge et de blanc de céruse, et, pour plus de sécurité, doivent avoir été appliqués longtemps avant les couches de teintes. Cette première couche étant destinée à prendre pied plutôt qu'à donner le ton et la couleur qu'on recherche, il n'y a pas d'inconvénient à lui donner un peu plus de liquidité qu'aux suivantes, et même, si on l'applique sur un plâtre neuf ou un bois qui n'est pas bien sec, on aura toujours raison de l'employer bouillante, elle pénétrera mieux, fera mieux corps avec le fond.

2° Les couches de teintes broyées à l'huile, ou mieux encore avec moitié huile et moitié essence de térébenthine, doivent être détrempées avec de l'essence pure. Ainsi préparées, la première sera vite en état de recevoir la seconde, et celle-ci le décor ou le vernis. L'addition d'une petite dose d'huile siccative, incolore, pour ne pas salir vos couleurs, les ferait sécher et durcir plus promptement encore.

3° Sur le fond bien sec, le décor, si vous en voulez appliquer un, doit être préparé, non pas avec l'huile grasse du commerce qui forme toujours peau, c'est-à-dire qui trompe, en faisant paraître sèche à l'extérieur une couche encore liquide à l'intérieur, comme il est facile de s'en convaincre en creusant avec l'ongle ou avec un canif la pellicule qui ne manque jamais de se produire, mais avec une huile siccative qui ne présente aucun des inconvénients qu'on reproche à l'huile grasse ordinaire.

4° Un bon vernis, sur un fond ainsi préparé et bien sec, ne saurait occasionner aucun accident ; en effet, le fond est également sec et dur partout, il ne contient nulle part, dans son épaisseur, des

Peintre en bâtiments. 10

parties molles ou liquides ; il n'y aura donc pas de dilatation, et par conséquent pas de soulèvement en une place plutôt que dans une autre surface, il est donc parfaitement à l'abri des dangers que nous avons signalés et expliqués ci-dessus.

5° Mais il faut appliquer un vernis excellent, car, avec un vernis de basse qualité, c'est-à-dire promptement effacé, usé, blanchi, le fond resterait bientôt exposé à nu aux frottements, aux coups qu'il pourrait recevoir, ne saurait y résister, et ne tarderait pas à tomber en poussière. En conséquence, nous indiquerons par la suite les épreuves qu'il convient de faire subir aux vernis pour s'assurer d'avance de leur qualité.

Quantité d'huile nécessaire pour peindre une superficie donnée

Il n'est guère possible d'indiquer d'une manière précise la quantité des doses nécessaires pour peindre à l'huile; la variation à cet égard dépend de tant de causes, que nous ne pouvons offrir ici que comme des aperçus les données suivantes :

1. Les ocres et les terres consomment en général plus de liquide, pour être broyées et détrempées, que le blanc de céruse, c'est-à-dire environ un dixième de liquide de plus.

2. L'état des substances à broyer fait nécessairement varier les doses de liquide, car ces substances en exigent plus ou moins, suivant qu'elles sont plus ou moins sèches ; mais pour les détremper lorsqu'elles sont broyées, c'est toujours à peu près la même quantité.

3. La première couche d'impression ou de couleur peut seule éprouver une différence bien sensible pour les doses. C'est la préparation du sujet pour le disposer à recevoir la couleur qui en exige plus ou moins. Dès que ce sujet, soit porte, croisée ou murs enduits en plâtre, est apprêté par une première impression, il ne consommera pas plus de matière; les couches d'impression rendent à cet égard tous les sujets égaux.

4. Pour peindre un sujet à l'huile, il faut d'abord imprimer. Si le sujet avait été d'avance abreuvé d'huile bouillante, il devrait consommer moins d'impression; de même quand les couches sont données, il absorbera moins de couleur, car il est facile de comprendre que plus il est imprégné de liquide dans les premières couches, moins il en faudra dans les couches subséquentes.

5. Pour la première couche d'impression de *quatre mètres carrés*, on peut admettre 400 à 425 grammes de blanc de céruse, environ 60 grammes de liquide pour le broyer, et 125 grammes pour le détremper, en tout à peu près 600 grammes de blanc de céruse en détrempe, Il faudra un peu moins des unes que des autres de ces substances, si l'on met une seconde couche d'impression.

6. Il faut pour trois couches d'impression sur une superficie de *quatre mètres carrés*, 1 kilog. 1/2 de couleur, mais la consommation pour chacune de ces trois couches ne sera pas égale. La première en absorbera à peu près 550 grammes ou un peu plus de 1/2 kilog.; la seconde 500 ou 1/2 kilog.; la troisième 450 ou un peu moins de 1/2 kilog., parce que, à chaque couche, il faut compter sur une di-

minution de 45 à 50 grammes, et ainsi tout rentre dans la dose donnée.

7. On peut composer ce 1 kilog. 1/2 de couleur avec 1 kilogramme, ou bien avec 1 kilog. 1/4 de couleurs broyées qu'on détrempera dans 6 ou 8 décilitres d'huile ou d'huile coupée d'essence pure.

8. Si l'on se décide à peindre le sujet sans y mettre de couche d'impression, il est évident qu'il faut plus de couleur pour chaque couche, puisque le sujet n'est pas disposé à les recevoir.

Application économique de l'huile de poisson à la peinture

Plusieurs peintres en bâtiment font usage de l'huile de poisson; mais comme ils tirent un profit considérable de leurs procédés pour la purifier, ils cachent leur secret, et même s'accommodant à la fantaisie ou à l'esprit routinier de ceux pour qui ils travaillent, ils leur disent qu'ils emploient de l'huile de lin.

Ainsi, on connaît très peu la purification et l'emploi de cette huile dans la peinture; ce sera donc rendre service aux propriétaires de leur donner l'instruction qui leur manque sur ce point, et que nous extrayons d'un recueil anglais.

D'ailleurs, lorsque la peinture à l'huile de poisson est faite avec de bonnes matières et avec soin, elle n'a pas seulement l'avantage d'être la moins coûteuse, elle a encore celui d'être plus durable, de ne pas se gercer, de ne pas souffler, et d'être supérieure à toute autre par la beauté et le brillant (1).

1.000 litres	d'huile de poisson.	900 fr.	»
145 —	de vinaigre, à 0 fr. 55 le litre. .	80	»
54 —	d'huile de lin, à 1 fr. 25.	67	50
9 —	d'essence de térébenthine, à 2 f. 22.	20	»
6 kilog.	de litharge, à 1 fr. 04 le kilogr. .	6	25
6 —	de couperose blanche, à 1 fr. 25.	7	50

1.081 fr. 25

1.000 litres	d'huile de poisson.
54 —	de lin.
9 —	de vinaigre.
9 —	de térébenthine.

1.072 —	au prix de 1 fr. 56.	1.672 fr. 30
	Dépense.	1.081 25

591 fr. 05

Préparation de l'huile de poisson. — On met dans une barrique de 230 litres :

1° 144 litres de bon vinaigre ordinaire ;

2° 6 kilogr. de litharge ;

3° 6 kilogr. de couperose blanche en poudre.

On bondonne la barrique, on la roule et on secoue fortement deux fois par jour.

Le premier jour, on verse cette dissolution dans un tonneau (1,000 litres) d'huile de poisson, celle qui vient des mers du Sud est préférable, parce qu'elle a une plus belle couleur et n'a que peu ou

---

(1) Nous n'admettons ces assertions que sous toutes réserves, et nous pensons qu'il faut faire des essais pratiques pour les apprécier.

Les prix indiqués dans cet article sont nécessairement variables avec le temps et les pays.

10.

point d'odeur : on remue le tonneau en tous sens
pour opérer une complète mixtion, et après avoir
laissé reposer un jour, on soutire l'huile claire,
c'est-à-dire environ les sept huitièmes.

On y ajoute de suite :

54 litres d'huile de lin ;

9 — d'essence de térébenthine.

Après deux ou trois jours de repos, cette huile
purifiée peut être employée avec le blanc de céruse
et avec toutes les fines couleurs.

La seule différence qu'on trouvera avec la peinture faite avec cette huile et celle faite avec l'huile
végétale, sera une supériorité marquée dans la
première.

Si l'huile ne doit servir qu'à une grossière peinture, les deux derniers ingrédients pourront être
versés en même temps que la dissolution métallique et le vinaigre, et on pourra s'en servir sur-
le-champ.

La couperose est employée pour accélérer la
dissolution de la litharge et pour donner de la
force aux couleurs.

A la lie, c'est-à-dire au dernier huitième resté
dans le tonneau après le soutirage, on ajoute une
quantité égale d'eau de chaux fraîche. Ce mélange
est très convenable aux peintures grossières destinées seulement à conserver le fer, le bois et les
murs exposés en plein air. Nous nommerons cette
seconde préparation l'*huile incorporée*.

Toutes les couleurs broyées dans cette huile
doivent être ensuite délayées avec l'huile de lin et
l'essence de térébenthine.

Préparation et dépense
de différentes couleurs impénétrables à l'eau, etc.

Composition du vert pâle :

27 litres d'eau nouvelle de chaux.	0 fr.	60
40 — d'huile *incorporée*.	7	50
11 kilog. d'ocre jaune en poudre.	2	50
50 — de poussière de chemin tamisée. .	1	25
50 — de blanc d'Espagne.	2	70
4.5 — de bleu noir.	3	10
9 — de bleu commun.	12	50

30 fr. 15

Poids de cette composition : 170 kilogr.

Prix : 0 fr. 17 le kilogr.

Avant d'en faire usage, on ajoute à chaque poids de 2 kilogr., 100 à 110 grammes d'huile incorporée, et autant d'huile de lin.

Ce mélange donne une peinture durable, belle et à très bas prix, puisqu'elle ne coûte tout compris que 0 fr. 50 à 0 fr. 55 le kilogramme.

Le goudron provenant du charbon de terre qu'en emploie pour le même objet coûte 1 fr. 25 le kilogramme.

Préparation de cette peinture. — Une heure après que le blanc d'Espagne en poudre a été jeté dans l'eau de chaux, et une demi-heure après avoir remué le mélange pour la première fois, on y met : 1° la poussière de chemin ; 2° le bleu noir et 3° l'ocre.

Quand toutes les matières sont bien broyées, on verse sur une plate-forme de bois, où on les mêle de nouveau à la manière dont les maçons font le mortier, ensuite on y ajoute le bleu broyé dans l'huile incorporée. Enfin, on opère alors le mélange de l'huile incorporée et de l'huile de lin avec la masse et la couleur est mise en baril ou peut être employée sur-le-champ.

Composition de la couleur blanc de plomb :

22 litres d'eau de chaux..............	0 fr.	60
10 — d'huile incorporée...........	6	25
50 kilog. de blanc d'Espagne...........	2	70
2.25 — de bleu noir...............	1	75
13 — de plomb broyé dans l'huile purifiée.	17	50
25 — de poussière de chemin.........	0	60
	29 fr.	40

On y ajoute 9 litres d'huile incorporée et autant d'huile de lin.

Poids : 120 kilogr.; prix : 0 fr. 25 le kilogr.

Préparation de la couleur. — On mêle d'abord :
1° L'eau de chaux et le blanc d'Espagne;
2° La poussière de chemin;
3° Le bleu noir;
4° Le plomb broyé dans 10 litres d'huile de poisson purifiée;
5° L'huile de lin et l'huile incorporée.

Composition d'un vert brillant :

28 litres d'eau de chaux........	0 fr.	65
18 — d'huile de poisson purifiée. .	15	»
34 — d'huile incorporée......	18	75
34 — d'huile de lin.........	42	50
58 kilog. d'ocre jaune en poudre...	23	40
75 — de poussière de chemin...	2	05
50 — de bleu commun.......	70	»
9 — de bleu noir,........	3	10
	175 fr.	45

Poids : 270 kilogr.; prix : 0 fr. 65 le kilogr.

Cependant, cette couleur ne le cède en rien au vert composé suivant l'ancien usage, qui coûte 3 fr. 50 le kilogr.

Lorsqu'on laisse de la peinture dans le pot on la recouvre d'eau, et on plonge aussi dans l'eau les pinceaux après les avoir nettoyés avec le couteau.

Si on supprime le bleu, le vert devient plus brillant; on le rend plus clair en ajoutant 5 kilogr. de blanc de céruse. Il est sensible qu'on changera les nuances de la couleur en changeant les proportions de l'ocre et du bleu.

On broie le bleu dans l'huile incorporée avant de le mêler à la masse.

Composition de la couleur de la pierre :

20 litres	d'eau de chaux.	0 fr.	40
9 —	d'huile de poisson purifiée. .	7	50
15 —	d'huile incorporée.	8	75
15 —	d'huile de lin.	18	75
15 kilog.	de blanc d'Espagne.	2	70
15 —	de blanc de céruse.	17	50
15 —	de poussière de chemin. . .	0	60
		56 fr.	20

Poids : 102 kilogr.; prix, moins de 0 fr. 55 le kilogr.

Composition de la couleur oreille d'ours :

40 litres	d'eau de chaux.	0 fr.	80
20 —	d'huile de poisson purifiée. .	15	»
20 —	d'huile incorporée.	10	»
20 —	d'huile de lin.	22	25
50 kilog.	de blanc d'Espagne.	25	»
100 —	de poussière de chemin . . .	2	50
		75 fr.	55

Poids : 225 kilogr.; prix, un peu moins de 0 fr. 34 le kilogr.

On fait une bonne *couleur chocolat* par une addition proportionnelle de bleu ou de noir de fumée.

On éclaircit cette couleur en y ajoutant du blanc de céruse broyé dans l'huile.

Le *jaune* se fait avec une égale quantité d'ocre jaune en poudre et de brun d'Espagne.

Application de l'huile de madia sativa à la peinture, en remplacement des huiles de noix ou d'œillette.

M. G. Mancel, de Caen, a fait quelques essais pour employer l'huile de *madia sativa* dans la peinture en bâtiment.

Ce savant a indiqué, dans une notice détaillée, les procédés qu'il a employés pour arriver à un résultat satisfaisant. Il a choisi deux espèces de couleurs : 1° la céruse, que l'on fait entrer dans un grand nombre de couleurs composées, et qui s'emploie seule et sans siccatif; 2° le noir d'ivoire, dont on ne fait jamais usage sans le mélanger avec l'huile grasse ou la litharge, afin qu'il sèche plus aisément. L'huile de madia obtenue à froid paraît, lorsqu'on la met sous la molette, avoir les avantages de celle d'œillette dont se servent les peintres de tableaux, concurremment avec l'huile de noix. Elle est douce et malléable, et a beaucoup moins de corps que celle de lin. M. Mancel voulant faire lui-même la comparaison, a peint avec la céruse deux planchettes, l'une à l'huile de lin, l'autre au madia. Il a essayé aussi du noir d'ivoire en employant un siccatif, qu'il a mélangé à égale quantité avec les huiles de madia et de lin. Les résultats ont, à quelque chose près, été semblables. La première a séché presque aussi promptement que la seconde.

M. Mancel en conclut que le madia peut être employé avec avantage dans la peinture, même de préférence au lin obtenu à chaud, qui, en vieillissant, donne une teinte jaunâtre aux couleurs claires. Au reste, il serait bon, peut-être, dans certaines circonstances, de hâter son action par quelque siccatif.

Mode de préparation des couleurs à l'huile par M. Hugolin

Ce mode, qu'on peut pratiquer pour la céruse, le blanc ou le gris de zinc, le minium, le noir de fumée et le jaune de chrome, couleurs qui se combinent intimement avec les huiles siccatives, se pratique ainsi :

On fait avec ces matières et de l'eau une pâte qu'on travaille avec soin, puis qu'on étend fortement avec ce liquide et jette sur un tamis de soie sur lequel restent les parties grossières et toutes les matières étrangères. La bouillie tamisée est abandonnée au repos jusqu'à ce que la couleur se soit déposée. On décante l'eau qui surnage, puis on verse sur cette couleur la quantité d'huile nécessaire pour lui donner de la consistance, plutôt moins qu'en excès, et on agite pendant quelques minutes. La couleur et l'huile se combinent et se précipitent au fond du vase; l'eau qui les surmonte

est décantée et la pâte colorée est pétrie pour ex-
traire les dernières traces d'eau.

Immédiatement avant de se servir de cette pâte
on y ajoute la quantité nécessaire d'huile et de siccatif, et alors elle constitue une couleur à l'huile
d'un homogène et d'une finesse qui ne laissent rien
à désirer.

On fera remarquer que le noir de fumée, pour
pouvoir former une pâte avec l'eau, a besoin d'être
préalablement mouillé avec une petite quantité
d'eau à laquelle on a ajouté environ 10 pour 100
d'alcool mauvais goût. On agite dans un vase ce
noir et le liquide alcoolique avec une truelle, jusqu'à ce que le mélange paraisse légèrement humide.
Sous cette forme il se laisse délayer complètement
dans l'eau et passe aisément à travers le tamis de
soie, qui le débarrasse de ses impuretés. On laisse
déposer, on décante l'eau surnageante et on mélange avec la quantité voulue d'huile de la même
manière que pour les oxydes métalliques colorés.
La couleur se contracte et exprime l'eau qu'elle retenait encore.

On peut, à l'aide de ce moyen et avec un simple
cuveau en bois et un tamis, préparer très rapidement les couleurs d'enduit dont on a besoin, et un
ouvrier en quelques heures peut livrer 100 kilog.
de couleur.

12. — Du vernissage

Essais des vernis

Voici comment les peintres en équipages qui,
comme on sait, font usage des matières de première
qualité, appliquent les vernis :

Sur une plaque en tôle ou en bois bien sec, étendez le plus également possible une couche de bon vernis noir qui ne casse pas. Lorsque le vernis sera bien sec, divisez votre plaque en autant de bandes numérotées que vous avez de vernis à essayer, étendez chacun d'eux à la place que vous lui avez réservée. Laissez votre plaque dans l'atelier, à l'abri de la poussière, jusqu'à ce que tous vos échantillons soient bien secs ; alors, attachez votre plaque à l'air extérieur contre un mur, en pleine exposition du midi. Il vous faudra bien peu de temps pour savoir à quoi vous en tenir sur chacun d'eux ; car vous en trouverez qui ne résisteront pas quinze jours à cette épreuve, la plus terrible et la plus concluante à laquelle on puisse soumettre le vernis pour connaître sa qualité, sa résistance à l'air.

La même épreuve sur un fond blanc, jaune, bleu d'outremer, rouge, vous fera découvrir bientôt aussi les vernis qui changent le moins la teinte des couleurs : en d'autres termes qui restent les plus blancs, les plus transparents à l'air. Cinq ou six semaines suffisent pour cela.

Emploi du vernis

Le vernis s'applique sur toutes sortes de sujets, ou nus, ou peints, ou dorés, etc. Dans tous les cas, cette application exige des précautions si délicates et une attention tellement suivie, qu'on ne peut trop recommander de s'astreindre rigoureusement aux règles générales qui suivent, pour se guider plus sûrement dans ce travail minutieux.

L'application des vernis a pour objet de conserver les sujets, en les garantissant des intempéries
de l'air et de tout ce qui peut les attaquer ou les
détériorer, et il leur donne de l'éclat ; car son brillant et son poli offrent à l'œil et au toucher des surfaces vives, transparentes, douces et unies.

Lorsqu'on veut vernir un sujet, on applique simplement, sans préparation, une ou quelquefois
même plusieurs couches du vernis dont on a fait
choix ; ou si l'on craint qu'il ne s'imbibe dans le
sujet, on le prépare par un encollage à froid.

C'est le sujet et son exposition qui déterminent
quelle sorte de vernis on doit employer. S'il doit
rester dans l'intérieur, on choisit ordinairement un
vernis à l'alcool ; si c'est pour le dehors, comme
celui-ci ne résisterait pas aux injures du temps, on
préfère un vernis gras.

1. On ne doit opérer que dans un lieu extrêmement net, et, autant que possible, à l'abri de toute
poussière.

Le vernis doit être renfermé et conservé dans des
vases frais, et en évitant de le mettre dans tout
vase humide ; il faut au contraire choisir un pot
de terre vernissé, n'ayant aucune humidité et n'y
étant pas exposé, encore ne faut-il prendre dans ce
vase que la quantité de vernis nécessaire pour
l'opération dont on a à s'occuper, en ayant soin de
tenir bien bouché le vase qui contient le reste.

2. Pour prendre le vernis avec la brosse, on ne
fait que l'effleurer, et, en retirant la main, on tourne
deux ou trois fois la brosse pour couper le filet que
le vernis traîne après lui.

3. On emploie le vernis à froid en ayant soin

d'avoir les mains sèches et propres, pour ne rien souiller. Si cependant l'on en faisait usage en hiver dans de fortes gelées, il faudrait tenir le lieu où l'on opère assez chaud pour éviter que le froid ne saisisse le vernis et ne le fasse sécher par plaques. Si c'est pendant l'été, il faut exposer le sujet vernissé au soleil ; si la chaleur en était trop forte, et qu'il y eût à craindre que le sujet, par exemple du bois, n'en fût tourmenté, ce qui pourrait faire éclater le vernis, il suffira alors d'exposer le sujet à l'air chaud en le garantissant de la poussière, ce qui peut se faire en l'enfermant d'un vitrage. En hiver, on peut placer le sujet vernissé dans une chambre fermée, où l'on aura mis des fourneaux de charbon allumé, en ayant soin que la chaleur ne soit pas trop active.

4. Une chaleur modérée convient au vernis à l'alcool : à cette chaleur, il s'étend et se polit de lui-même. On voit les ondes et les côtes se dissiper, et les glaces de la brosse disparaître. Le froid est contraire à cette espèce de vernis ; s'il en est saisi, il blanchit, forme des grumeaux qui lui font perdre son état lisse et poli. La trop grande chaleur ne lui est pas moins contraire, car elle le fait bouillir. On le voit devenir inégal sur la surface de l'ouvrage.

Le vernis gras demande une chaleur plus forte, et subit aisément celle d'un four très échauffé. Comme on ne peut pas mettre dans des fours certains ouvrages trop grands, tels qu'une voiture ou une partie considérable de boiserie, alors on présente à l'ouvrage un réchaud de doreur que l'on promène pour chauffer le vernis. En été, on expose ces ouvrages à la plus grande ardeur du soleil.

5. Il faut vernir à grands traits, promptement et rapidement par l'aller et le retour, et pas davantage. On doit éviter de repasser, ce qui pourrait faire *rouler* le vernis. Il faut également éviter d'épaissir les couches, afin qu'elles ne forment pas des côtes, et ne jamais croiser les coups de pinceau pour ne pas contrarier les couches.

6. Il faut étendre le vernis le plus également et le plus uniment qu'il est possible ; la couche ne doit avoir au plus que l'épaisseur d'une feuille de papier. Si elle est trop épaisse, elle se ride en séchant ; quand même elle ne se riderait pas, le vernis a plus de peine à sécher. Si la couche de vernis est trop mince, il est sujet à être facilement enlevé.

7. Il ne faut jamais appliquer une seconde couche que la première ne soit absolument sèche, ce qui se reconnaît lorsqu'en passant légèrement le dos de la main, il n'y fait aucune impression, ou que l'ongle ne peut l'attaquer.

Si le vernis étant appliqué devient terne, inégal, si l'on n'en espère pas un bon effet, le moyen le plus facile et le plus prompt est de l'enlever et de tout recommencer ; on court quelquefois le risque de le gâter davantage en s'obstinant à vouloir le raccommoder.

8. Quelque polie que soit la base sur laquelle on applique le vernis, si bien unies que soient les couches, il s'y trouve quelquefois de petites inégalités que l'on n'effacerait pas en y mettant de nouvelles couches, c'est pourquoi on polit les vernis. Le poli enlève jusqu'aux petites éminences qu'oc-

casionne la poussière qui s'y porte, quelque soin
qu'on prenne pour l'éviter ; aussi, lorsqu'on désire
faire de très beaux ouvrages, a-t-on l'attention de
polir à chaque couche.

9. On applique les vernis avec des pinceaux de
poils de blaireau faits en forme de patte d'oie, et
qui s'appellent *blaireaux à vernis*, ou des pinceaux
de soie très fine. Ils servent l'un et l'autre pour les
fortes parties d'ouvrages : lorsqu'elles sont petites,
on ne se sert que de petits pinceaux enchâssés
dans des plumes.

10. Si le vernis est trop épais et ne s'étend pas
bien, il faut l'éclaircir : s'il est à l'alcool, en y mettant un peu d'alcool rectifié ; et s'il est à l'huile, en
y introduisant de l'essence.

11. On ne doit sécher ses pinceaux ou blaireaux
qu'après les avoir essuyés avec un linge propre et
fin, pour s'en servir une autre fois. S'il s'y était
séché du vernis, il faudrait les tremper pendant
quelque temps dans l'alcool avant de les essuyer,
s'ils ont servi à des vernis à l'alcool, et dans l'essence si les vernis auxquels ils ont servi étaient à
l'huile.

12. Lorsqu'on veut vernir, il faut évaluer de 6 à
7 centilitres de vernis pour 1 mètre carré, mais il
en faut un peu moins si l'on emploie du vernis
gras.

13. *Pour les lambris d'appartement.* — Il faut faire
attention d'abord à ce que les peintures soient bien
sèches, que l'endroit où l'on veut vernir soit bien
chaud, que le blaireau soit propre. et, enfin, qu'il
n'y ait ni graisse ni humidité sur le lambris à
vernir.

Si les lambris sont peints en détrempe, il faut, avant de les vernir, y mettre, d'après le mode qui a été ci-devant décrit, un encollage à la colle de parchemin ; si l'on néglige cette opération préalable, le vernis s'imbibera dans les peintures.

Si le lambris est peint à l'huile, la seule précaution à prendre est qu'il soit propre et sec.

Si, pour habiter plus promptement les lieux, on a fait emploi du vernis sans odeur, dont nous avons donné la composition dans le *Manuel du Fabricant de Vernis*, de l'*Encyclopédie-Roret*, ce vernis, qui a la propriété de se conserver très longtemps dans sa fraîcheur et sa vivacité, n'a besoin que d'être tous les ans, dans l'automne, soigneusement lavé avec une éponge et de l'eau tiède ; ce lavage enlève les ordures et les crasses qui ont pu s'y déposer, et il redevient aussi beau et aussi brillant que quand il vient d'être appliqué ; mais il ne faut pas négliger de le laver tous les ans, autrement la crasse et les exhalaisons s'y incrustent tellement par la durée, qu'on ne peut plus le nettoyer ; il faut employer le mordant pour enlever les ordures et le vernis. Il est à observer que le vernis sans odeur dont il s'agit doit être de bonne qualité ; car s'il était mal fait, il ne pourrait pas supporter ce lavage à l'eau, qui l'enlèverait et ternirait les couleurs.

Il faut aussi prendre garde de laisser des appartements peints et vernis, ouverts dans les temps de brouillards, dont l'effet serait d'altérer et de détruire le vernis ; il faut avoir soin de fermer les appartements lorsqu'il fait du brouillard, et même d'y entretenir du feu.

Il faut environ un demi-litre de vernis pour en appliquer deux couches sur une superficie de 3 à 4 mètres carrés de lambris.

14. Les *boiseries* en bois de chêne ou de Hollande choisis, sur lesquels sont sculptés d'élégants dessins, comme on en voit aujourd'hui dans de riches appartements, sur les panneaux ou sur des corps de bibliothèque, ne se peignent point dans la crainte de gâter la beauté du dessin et la précision de la sculpture ; on donne à l'encollage qu'on y met avant le vernis, une teinte pareille à celle du bois, et ensuite on y applique une ou plusieurs couches de vernis.

Pour cette opération, après avoir pulvérisé et fait infuser dans l'eau, suivant le ton de la couleur qu'on cherche, de l'ocre de rû, ou de l'ocre jaune, de la terre d'ombre et du blanc de céruse, on ne met dans ce mélange, dans une dose quelconque de colle de parchemin, que ce qui est nécessaire pour lui donner une teinte, et on remue bien le tout ensemble ; et après avoir passé à travers un tamis, on en donne deux couches bien étendues à froid ; quand elles sont sèches, on y applique deux autres couches de vernis blanc fin à l'alcool, qui a été ci-devant décrit : c'est de l'habileté du peintre qu'il dépend, s'il aperçoit quelque défaut dans la menuiserie, de le réparer en le masquant, dans l'encollage, par de petites couleurs, en y mettant son vernis.

S'il s'agit de décorer un lieu public, comme, par exemple, un chœur de cathédrale, au lieu d'un vernis à l'alcool, il faut employer de préférence un beau vernis blanc au copal.

Observations générales

Si, en vernissant, on s'aperçoit que le vernis
devient terne ou inégal, il ne faut pas chercher à
y remédier, il faut se hâter de l'enlever pendant
qu'il en est encore temps, en se servant d'esprit-
de-vin, si le vernis est à l'esprit-de-vin, et d'essence, si c'est du vernis gras. Dans le cas où ces
deux liquides ne pourraient agir, par suite de la
dessiccation du vernis, il faudrait employer l'eau
seconde, mais avec précaution : car alors on risque
de gâter les peintures qui sont sous le vernis.
Après s'être rendu compte de ce qui faisait manquer le vernis et y avoir remédié, on recommence
le vernissage, en essayant dans un endroit caché
ou peu apparent.

Ainsi, lorsque le vernis, en séchant, est devenu
terne, farineux ou gercé, le plus court est de le
détruire et de recommencer même les couches de
peinture, si elles sont endommagées, car on tente-
rait inutilement de leur rendre leur mérite.

Trois espèces de vernis peuvent être indifféremment employées à l'intérieur, mais le vernis gras
peut seul être employé à l'extérieur.

On vernit rarement les imitations de marbres
blancs, parce que le vernis éteint en jaunissant la
légère teinte bleuâtre qui caractérise ce marbre :
on peut diminuer cet inconvénient en glaçant très
légèrement et en mêlant un peu de blanc de céruse
dans le vernis à l'esprit-de-vin, qui doit être, dans
cette circonstance, choisi le plus clair et le plus
blanc.

L'application du vernis sur les bois nus se fait

en vernis à l'esprit-de-vin, lorsqu'ils sont disposés
à rester dans des intérieurs, tels que des bibliothèques, casiers, etc.

Le vernis gras préserve les métaux de l'oxydation et ne change rien à leur aspect métallique; il
résiste bien à l'attouchement des mains. Il faut le
chauffer pour le durcir promptement.

On peut aussi les vernir en les faisant chauffer
et en frottant de la corne de cerf qui fond et
s'étend sur eux, lorsqu'ils ont acquis un degré de
chaleur suffisant pour cet objet.

On peut aussi les renfermer dans un four de
vernisseur ou tout autre endroit clos, et y introduire une fumée épaisse de corne de cerf, ou
d'huile siccative, ou bien même du café.

Les peintures qu'on destine à être vernies ne
doivent pas être mélangées de siccatifs; il faut les
détremper à l'essence pure, et les laisser sécher
toutes seules.

Les moyens d'employer la peinture à l'huile
sont les mêmes que pour la peinture à la colle, à
l'exception cependant que les couches doivent être
données le plus mince possible, car la peinture à
l'huile, étendue par couches épaisses, sèche difficilement, adhère mal et se gerce.

Quant à la manière de l'étendre, elle diffère
quelque peu; la peinture à l'huile ne séchant pas
aussi promptement que celle à la colle, peut se
manier tant que la couleur ne paraît pas suffisamment ou également étendue : on se sert pour cet
usage de la queue de morue. Après avoir peint à
la grosse brosse, comme la peinture à la colle, on
lisse en repassant la queue de morue, comme si on

11.

peignait de nouveau. Lorsque la peinture est étendue trop épaisse par place, on l'égalise en passant
la queue de morue dans le sens contraire à celui
qu'on doit donner à la couche, et on lisse dans le
sens opposé.

Pour les petites parties et pour les moulures, on
se sert de brosses de 27 millimètres et d'autres
petites brosses, comme dans la peinture à la colle.

On suit aussi le même ordre pour la direction à
donner aux coups de brosse.

Lorsqu'on peint à l'huile, il faut éviter de laisser
tomber des gouttes de peinture sur les parquets,
lorsqu'ils ne doivent pas être raclés à neuf ; l'huile
pénètre dans le bois et y forme tache. Pour les
éviter, on trempe l'extrémité des soies de la brosse
dans la couleur, et on l'enlève en la renversant, de
manière à tenir le manche par en bas.

Lorsqu'on a des petites parties à peindre, on
peut charger la brosse à quartier de cette façon, et
en la prenant avec les soies des petites brosses, on
enlève la couleur qu'elle contient ; de cette manière, on évite de se déranger aussi souvent pour
puiser dans le camion.

Il ne faut jamais appliquer une couche avant
que la précédente soit parfaitement sèche ; sans
ce soin la peinture faïencerait.

Ainsi que nous l'avons dit, les brosses qui sont
destinées à peindre à l'huile, se conservent à l'eau ;
il faudra, avant de les plonger dans la couleur, en
séparer l'eau en les secouant, car elle formerait
des cloques.

Nous ne saurions trop le répéter, la chaleur est
favorable pour étendre les vernis ; en hiver, dans

le temps des gelées, il faut chauffer les pièces où
on travaille; les vernis à l'esprit-de-vin doivent
être couchés par une couche douce et modérée; ils
s'étendent mieux, les ondes et les côtes de la brosse
disparaissent et se polissent; couchés par un temps
froid et humide, ces vernis blanchissent, se *roulent*,
et la surface du sujet est inégale et raboteuse. La
grande chaleur leur est également contraire, elle
fait bouillonner et peloter les vernis.

Les vernis gras supportent une plus forte chaleur, ils peuvent même supporter la plus grande
ardeur du soleil; cependant, lorsqu'on vernit, par
les grandes chaleurs, d'anciennes peintures placées
à l'extérieur, il est prudent de choisir le temps
pendant lequel l'objet est exposé à l'ombre, car,
en vernissant au soleil, on courrait risque de voir
des cloques se former par un retrait trop prompt.

Si, par une prompte évaporation, le vernis épaississait dans le camion ou s'étendait difficilement,
il faudrait l'éclaircir en ajoutant de l'esprit-de-vin,
et de l'essence si le vernis est gras et à l'essence.

Nous ne saurions trop le répéter : Vernissez à
grands traits, promptement et avec hardiesse : il
faut éviter de repasser plusieurs fois à la même
place, et surtout de croiser les coups de brosse
lorsqu'on vernit à l'esprit-de-vin ; mais on peut
repasser plusieurs fois lorsqu'on vernit au vernis
gras, et plus il est *manié*, plus il est brillant.

Les couches de vernis doivent être étendues le
plus unies et le plus également possible : trop
épaisses, elles sèchent difficilement et se rident ;
trop minces, elles n'ont pas de solidité.

N'appliquez pas une seconde couche de vernis

avant que la première ne soit parfaitement sèche,
ce qu'on reconnaît lorsqu'en passant légèrement la
main dessus, elle ne poisse plus, ou bien encore
lorsque le frottement de l'ongle ne l'attaque pas.

Lorsqu'on vernit des peintures à l'huile, il faut
que les peintures soient parfaitement sèches ; huit
ou dix jours sont nécessaires après l'application de
la dernière couche pour l'évaporation de l'essence
des dernières couches. Sans cela, les peintures
porteraient odeur fort longtemps, le vernis sécherait mal et poisserait pendant quelques mois,
notamment s'il était à l'huile. Le vernis devient
plus brillant sur les peintures parfaitement sèches
que sur celles dont la dessiccation n'est pas
complète, parce qu'alors le vernis *s'emboit* dans la
peinture et reste terne.

Il faut surtout, en vernissant, ne point faire
d'*oubliettes*, c'est-à-dire ne laisser aucune partie
sans vernis, car elles apparaissent, au premier
lavage, comme autant de taches jaunes qui res-
sortent d'autant plus que les parties vernies ont
conservé leur fraîcheur ; pour la première couche,
lorsqu'on emploiera les couleurs en poudre, il en
faudra un peu plus lorsqu'elles seront broyées à
l'essence ou à l'huile ; chaque nouvelle couche devra
être éclairée de façon à n'employer pour la seconde
que la moité de la couleur contenue dans la première : pour la troisième, la moitié de celle contenue dans la seconde, etc. Les couleurs en poudre
devront être ajoutées au vernis avec précaution,
peu à peu, en agitant fortement pour éviter les
grumeaux. Il faudra remuer longtemps lorsque les
teintes seront composées de plusieurs couleurs,

afin de bien les mélanger pour les rendre uniformes.

De la peinture au vernis

La peinture au vernis est celle où le vernis est
employé comme corps collant pour fixer les couleurs. Tous les vernis peuvent servir à cet usage,
mais avec un mérite différent : les vernis gras
l'emportent sur tous par la solidité et la beauté
qu'ils procurent à la peinture, mais ils ont moins
de siccité et conservent leur odeur plus longtemps
que les autres.

Les vernis à l'esprit-de-vin sont plus siccatifs,
produisent des peintures presque aussi belles que
celles au vernis gras, mais moins solides.

La peinture au vernis à l'essence est inférieure
aux précédentes, tant sous le rapport de l'apparence
que sous celui de la solidité, mais elle est moins
dispendieuse.

La peinture au *vernis gras* peut s'exécuter comme
celle à l'huile vernie polie, en détrempant le massicot broyé à l'essence, dans un vernis gras siccatif
pour former les couches de teinte dure, et en
composant les couches de teintes de couleurs
broyées à l'essence dans du vernis gras. Cette
méthode n'offre rien d'avantageux sur celle de la
peinture à l'huile vernie polie ; les procédés, les
soins sont les mêmes ; il n'y a pas d'économie
notable de temps, par conséquent elle ne peut être
considérée que comme une manière différente de
faire cette belle peinture.

La peinture *ordinaire* au vernis gras peut s'exécuter de deux manières différentes : par la pre-

mière, les couleurs doivent être broyées à l'huile
ou à l'essence et détrempées au vernis, c'est de
cette façon que sont peints les panneaux d'équipages ordinaires ; elle ne sèche pas beaucoup plus
vite que la peinture ordinaire à l'huile, mais elle
est assez belle ; exécutée par une main habile, elle
peut prendre rang après la peinture vernie polie.

Il ne faut broyer les couleurs à l'essence qu'au
moment de les employer. Lorsqu'elles sèchent trop
promptement pendant le broyage, on humecte la
pierre de temps à autre avec un peu d'essence et
même de l'huile lorsque les couleurs sont trop
siccatives.

On peut, lorsqu'on désire augmenter la siccité
du vernis, surtout pour les premières couches,
ajouter un peu d'essence dans le vernis ; mais il
faut se garder d'en mettre dans la dernière couche,
parce qu'elle en diminue le brillant.

La consistance des teintes devra être la même
que pour la peinture ordinaire : 55 décagrammes
de couleur par litre de vernis sont suffisants.

Les peintures au vernis doivent être couchées
sur des fonds préparés convenablement à l'huile
ou à la colle. Une impression et le rebouchage sont
indispensables pour un fond à l'huile ; celui à la
colle doit être préparé par un ou deux encollages,
selon la porosité du sujet, et rebouché. Ces fonds
pourront être teintés dans la nuance de la couleur
au vernis ou en blanc pur : les fonds teintés peuvent
économiser une couche de peinture ; mais les fonds
blancs la font valoir et lui donnent plus de fraîcheur ; dans tous les cas, ils devront être bien

poncés au papier de verre avant de recevoir la peinture au vernis.

Chaque couche de peinture au vernis devra, lorsqu'elle sera sèche, être poncée au papier de verre très fin, c'est de ces ponçages réitérés, autant que de l'observation des préceptes du vernissage, que dépend la beauté de ce genre de peinture.

La peinture au *vernis à l'esprit-de-vin* est moins belle et moins solide que celle au vernis gras, mais elle lui est bien supérieure pour les personnes impatientes et délicates, à qui les lenteurs qu'entraîne la peinture déplaisent autant que l'odeur nauséabonde et souvent insalubre qu'elle exhale si longtemps. En effet, elle possède les qualités siccatives et inodores au plus haut degré, car il est possible, par un temps favorable, de préparer en une seule journée les fonds et de donner trois couches de cette peinture qui, le lendemain, ne porte aucune odeur.

Cette peinture est assez difficile à exécuter, parce que les peintures sèchent si promptement qu'il faut une main bien exercée pour les étendre avec habileté et uniment. Quoique assez coûteuse, elle revient cependant moins cher que la peinture au vernis gras.

Pour cette peinture, on ne se sert que de couleurs en poudre impalpable ; plus les couleurs sont fines, plus la peinture gagne en beauté. Il faut d'abord les broyer très finement à l'eau, les faire dessécher en trochisques, les réduire en poudre en les broyant de nouveau à sec et les tamiser.

La préparation des couleurs et des teintes se fait

comme pour les peintures au vernis gras ; quant à son emploi, il faut suivre les préceptes particuliers au vernissage à l'esprit-de-vin, car elles sont susceptibles d'attirer l'humidité de l'eau, qui les pénètre facilement et les réduit en liqueur.

En mettant tremper dans un vase trois parties de potasse et une de cendres gravelées, et en faisant subir à ce mélange un tour de bouillon sur le feu, dans une marmite de fonte, on a une liqueur très forte et très mordante, que les peintres appellent ordinairement *eau seconde*, et qu'on pourrait appeler eau *alcaline* pour ne pas la confondre avec l'eau seconde dont on fait usage dans les arts, et qui consiste dans le mélange d'une partie d'acide nitrique du commerce (eau-forte) et de deux parties d'eau.

Lorsque les couleurs sont sales, il faut les *lessiver* dans l'eau alcaline faible, c'est-à-dire, par exemple, avec l'eau alcaline ci-dessus, à laquelle on ajoute les trois quarts d'eau ; dans cette proportion elle suffit pour décrasser. Il faut avoir soin qu'il n'y ait pas de couleur et étendre bien également pour éviter de faire des taches. Trois ou quatre minutes après que cette eau est appliquée, on lave à grande eau, avec de l'eau de rivière, pour enlever la crasse et l'eau alcaline, qui, si elle restait trop longtemps. corroderait les couleurs et les vernis : les couleurs paraissent alors fraîches, et quand le tout est sec, il faut donner une ou deux couches de vernis.

Peinture à l'huile vernie polie

La peinture à l'huile vernie polie, convenable-

ment exécutée, produit des effets de la plus grande
beauté : sa surface présente le poli d'une glace
ainsi que son reflet ; elle est, à bon droit, considérée comme le chef-d'œuvre de la peinture à l'huile,
comme la détrempe vernie l'est de celle à la colle ;
comme elle, elle ne diffère essentiellement des
autres peintures du même genre que par les soins
minutieux et l'habileté d'exécution qu'elle réclame.
Cette peinture, qui, jusqu'à présent, n'avait été en
usage que pour les panneaux des riches équipages
et quelques meubles désignés sous le nom de *laque*,
commence à recevoir une application plus générale ; cependant son prix élevé en limite l'emploi à
la décoration des appartements somptueux et des
riches établissements. A Paris, plusieurs devantures
de boutiques se font remarquer par cette peinture,
qui s'unit parfaitement avec la dorure.

Toutes les opérations que nous allons décrire
sont nécessaires pour produire une peinture à
l'huile vernie polie parfaite.

Après avoir préparé la surface à peindre en
suivant les règles que nous avons tracées pour la
peinture à l'huile, on l'*imprime*. Cette couche d'impression doit être composée de blanc de céruse,
quelle que soit la couleur qu'on doit y appliquer
plus tard ; on détrempe le blanc dans de l'huile de
lin coupée d'un cinquième de son poids d'essence,
à laquelle on ajoute un peu de litharge bien broyée
à l'huile et on l'appliquera en ayant toujours soin
de se guider sur les principes généraux de la peinture à l'huile.

Le *rebouchage* se fait avec un mastic de teinte
dure pour les grandes fentes, dans lesquelles le

mastic à l'huile ne tiendrait pas ; le surplus des défauts se rebouche en enduit, au mastic de blanc de céruse.

Après avoir rebouché, on couche de *teinte dure* : les couches de teinte dure se composent de massicot broyé à l'huile siccative (huile grasse) et détrempé à l'essence. On donne de six à douze couches de cette teinte, en ayant soin de les coucher bien égales d'épaisseur, d'une consistance et d'une composition toujours pareilles, ce qu'on obtient en détrempant la quantité nécessaire aux différentes couches, et en ajoutant à chaque nouvelle un peu d'essence pour remplacer celle perdue par l'évaporation.

Les sujets ainsi préparés, on les encolle : *l'encollage* se compose de quatre parties de blanc de Meudon écrasé et détrempé dans six parties de colle de peau pure ; elle doit être employée chaude, mais non bouillante ; 30 à 40 degrés sont suffisants pour faire ouvrir les pores du bois, une chaleur plus forte n'aurait aucun inconvénient sur les murs, mais nuirait aux boiseries qu'elle ferait disjoindre ou *travailler*. On ne donne ordinairement qu'une couche d'encollage, mais pour les ouvrages soignés, et surtout les plâtres poreux, il faut en donner deux. C'est sur ces encollages qu'on rebouche et qu'on ponce.

Lorsque l'on veut faire de belles peintures, on ne couche pas les teintes immédiatement après ces opérations, on donne encore une ou deux couches de *blanc d'apprêt*. Ces blancs ont le mérite de donner plus de fraîcheur aux couleurs, et les conservent plus longtemps. La première de ces couches peut

se donner avec l'encollage dont nous avons indiqué
plus haut les proportions, mais la seconde devra
être moins forte en colle que la première, c'est-à-
dire qu'on remplacera une demi-partie de colle par
une demi-partie d'eau. Cette couche devra être
aussi moins chaude, et généralement, soit pour les
apprêts, soit pour les couches de teinte, on devra
avoir le soin de diminuer, à chaque nouvelle
couche, la force de la colle et le degré de chaleur.
Ce soin est des plus importants, car, de l'oubli du
premier précepte, il résulterait que la peinture
n'aurait aucune solidité et tomberait par écailles.
L'oubli du second ferait détremper la couche précédente, ce qui altérerait la teinte, ou l'*onderait* et
produirait des épaisseurs et inégalités désagréables.

On ne devra jamais tarder beaucoup à donner
les couches de teinte lorsque les apprêts seront ter-
minés, parce que la colle se *mange*, c'est-à-dire
perd de sa qualité, le blanc n'étant plus retenu,
lorsqu'on vient coucher de teinte, se roule, *pelote*
sous la brosse, ce qui augmente la difficulté de
peindre, fait onder les couleurs et en diminue la
solidité. Le terme, en été, est de six jours ; en
hiver, de dix à quinze.

Couches de teinte. — Les couches de teinte se
composent de blanc de céruse et s'amalgament
comme nous l'avons dit précédemment, en prenant
le blanc de céruse broyé à l'eau comme base; elles
doivent être ressuyées, détrempées dans la colle de
parchemin chauffée au bain-marie et passée au travers d'un linge ou d'un tamis ; elles doivent être
couchées minces et également avec des brosses
douces.

Les couches de teinte étant données et parfaitement sèches, on procède à l'*encollage à froid*. Cet encollage est composé de colle faible faite des plus belles rognures de parchemin ; les marchands de couleurs lui donnent la consistance d'une gelée faible, et la désignent sous le nom d'*encollage*. Dans cet état, lorsqu'on veut l'employer, il faut y ajouter son poids d'eau et la battre avec la brosse jusqu'à ce qu'elle se soit liquéfiée, ou bien on la fait fondre avec l'eau et on l'agite pendant son refroidissement, afin de bien la diviser. On la passe au travers d'un tamis de crin et on en applique deux couches avec une brosse douce ayant déjà servi (une neuve rayerait), en la faisant glisser légèrement et en ayant soin de ne pas passer plusieurs fois à la même place afin de ne pas détremper les couches de teinte. Le plus grand soin doit être apporté à cet encollage pour ne négliger aucune partie, car le moindre oubli peut tout gâter ; le vernis s'emboit très facilement dans la peinture et produit des taches au moins vingt fois plus grandes. Ces encollages servent à garantir les couches de teinte qui ne peuvent être suffisamment collées pour recevoir le vernis. Un seul encollage peut suffire, mais il faut toujours en donner deux afin d'éviter les taches.

Lorsque ces encollages sont faits, on vernit au vernis à l'esprit-de-vin, au moins à deux couches, en ayant soin, pour les temps froids ou humides, de chauffer les pièces dans lesquelles on vernit. (*Voyez* ci-dessus les préceptes particuliers à l'application du vernis).

La peinture en détrempe vernie, exécutée comme

nous venons de le dire, est d'un prix élevé. On peut la faire avec moins de soins. On pourra, par exemple, ne donner que trois ou quatre couches de blanc d'apprêt, les donner finement et bien dégorger les moulures pour éviter la repousse.

On voit, par ce qui vient d'être expliqué, que la peinture à l'huile vernie polie est celle dont on fait usage lorsqu'il s'agit de polir la couleur et de lui donner plus d'éclat. Cette peinture est le chef-d'œuvre de la peinture à l'huile, comme la détrempe vernie polie l'est de la détrempe. Elle exige aussi plus de soin ; car, quant aux procédés, ils sont les mêmes que ceux de la peinture ordinaire à l'huile, la différence ne consiste donc que dans une plus longue main-d'œuvre pour les apprêts et ouvrages préparatoires et dans la manière de les finir, à cause des précautions à y apporter.

Encollage et vernissage des papiers de tenture. — Les papiers de tenture auxquels on veut donner l'apparence de peinture à l'huile, se vernissent : on les encolle à deux couches de la colle de parchemin préparée comme dessus. Dans bien des cas, une couche suffirait, mais on n'en donne jamais moins de deux, afin d'être certain qu'aucune partie n'est oubliée, car le papier qu'on veut encoller doit être imprimé en couleurs bien collées ; sans cela, la couleur se détremperait en encollant et barbouillerait tout : les verts, les bleus, les laques sont rarement bien collés, afin de leur donner plus de fraîcheur. Lorsqu'on a quelque crainte, il faut encoller légèrement et rapidement par l'aller et le retour, pas davantage.

Il faut aussi que le papier soit appliqué au mur

sur lequel il est collé, notamment sur les bords des recouvrements, autrement ils livrent passage au vernis, etc.

Les papiers marbrés collés par assises doivent être collés de façon que le vernis ne puisse pénétrer dans les recouvrements ; ce qu'on obtient en commençant par l'assise du bas.

Lorsqu'on veut vernir au vernis gras, on peut remplacer l'encollage de parchemin par l'amidon.

L'industrie des papiers peints, grâce aux progrès considérables qu'elle a faits depuis quelques années, livre aujourd'hui des produits tels que l'on a rarement à exécuter de semblables travaux sur des papiers collés en place.

Vernis au tampon pour l'ébénisterie, par M. Perdrix, de Lyon .

Pour la composition de ce vernis, l'auteur fait dissoudre de la gomme laque et du gluten dans l'alcool, dans les proportions suivantes :

Alcool.	1 lit. »
Gomme laque.	16 gr. 50
Gluten	62 gr. 50

En employant de la gomme laque très pure, il suffit de mettre dans l'alcool la quantité qui doit être absorbée.

Mais il n'en est pas de même du gluten, qui renferme toujours dans une certaine proportion des parties insolubles dans l'alcool. Ainsi, pour que la quantité de gluten ci-dessus déterminée (62 gr. 50) soit réellement absorbée, il est nécessaire de faire le mélange primitif dans la proportion de

125 grammes de gluten pour chaque litre d'alcool. Cette composition donne un vernis plus brillant et plus économique que celui qu'on emploie habituellement. En effet, tandis que, avec le vernis ordinaire, on ne peut, avec 1 litre, couvrir qu'une surface de 11 mètres carrés, avec le vernis nouveau on recouvre, en moins de temps, une surface double, et l'on parvient à donner au bois un aspect qui en rend les veines plus visibles.

Nouveaux procédés de vernissage

Le vernis de gélatine constitue une industrie qui a fait des progrès importants. Ainsi qu'on l'avait fait voir au Palais de l'Industrie, en 1855, ce produit prend toutes les formes, se colore de toutes les nuances, glace les papiers et les étoffes et se plie à toutes les exigences de l'article dit de Paris. C'est lui qui donne aux cartonnages ce poli glacé qui les rend si agréables à l'œil et qui fait paraître à leur avantage les objets qu'il recouvre.

Cependant, dit M. Gaugain, le vernis à la gélatine, qui possède tant de qualités, est malheureusement d'une application difficile; ensuite, il est perméable à l'humidité qui le ramollit, le gonfle, le tourmente sans que rien ne puisse le garantir des influences atmosphériques, et les doigts humides posés sur ce vernis y laissent des traces ineffaçables.

La gélatine a aussi d'autres inconvénients : elle se sépare de certains papiers, n'adhère pas à certaines couleurs, et ne s'applique qu'au moyen de l'amer de bœuf qui ne réussit pas toujours à

prévenir son adhérence à la glace. De là, perte de
temps et d'une grande quantité de papier. Ce n'est
qu'à l'aide de séchoirs constamment chauffés
qu'on peut combattre l'hygrométrie de la gélatine,
et les produits de cette industrie sont difficilement
transportables au delà des mers.

Mais voici, ajoute-t-il, un nouveau procédé
d'application des vernis qui offre tous les avantages de la gélatine sans en avoir les inconvénients. Il est dû à un habile chimiste, M. Chambard, essayeur à la Monnaie. Avec ce procédé,
point de déchet dans l'emploi, point de papier
manqué, séchage prompt et facile, éclat supérieur
et imperméabilité complète.

Le vernis de M. Chambard coûte un peu plus
cher, quant à présent, que le vernis de gélatine
pur; mais il est meilleur marché que la gélatine
vernie au tampon. Il est plus souple et plus onctueux; jamais il n'adhère aux glaces. Il ne se
détache point pendant les chaleurs; enfin, son
application se fait aussi parfaitement en tout temps
et en tous pays.

Le nouveau vernis a aussi d'autres mérites : il
se prête à l'impression et reçoit également bien
les épreuves de gravure en taille-douce ou en
manière noire, et celles des dessins lithogra-
phiques. Ces estampes sont par elles-mêmes inaltérables.

Ce vernis, rendu à volonté mat ou brillant, conserve indéfiniment les photographies dont il fait
ressortir les perfections. L'auteur croit pouvoir
l'appliquer de même à la conservation du pastel.

Il s'emploie aussi en feuilles à faire des clichés

photographiques aussi parfaits que ceux que l'on obtient sur glace, et qui, de plus, sont moins fragiles, point réfrigérants et peuvent être conservés en portefeuille et transportés en voyage.

En feuilles diversement colorées et appliquées sur verre, ce vernis donnera des imitations parfaites de vitraux. Comme il se laisse aisément gaufrer, il sera de même précieux pour former des fleurs artificielles.

Enfin, le vernissage imperméable de M. Chambard est également applicable aux papiers, aux cartons, aux étoffes, aux cuirs, aux bois, aux métaux, à la gutta-percha, au caoutchouc, à la gélatine elle-même, aux aquarelles et aux tableaux.

13. — Peinture des accessoires de bâtiments

Fers et fontes, tels que grilles, balcons et autres analogues

Si ces sortes d'objets exposés à l'action de l'air et des intempéries des saisons sont vieux et ont déjà été précédemment peints, il faut les lessiver à l'eau seconde et les gratter à vif, de manière à ce qu'il ne reste rien des préparations anciennes, ensuite on les couvre d'une couche de minium, quelquefois de deux, ce qui est fort rare ; et cette première impression étant sèche, on les peint à l'huile de la couleur qui a été choisie, telle que noir, vert bronze, bleu d'acier, brun Van Dyck imitant le bronze florentin ; ces couches sont préparées à l'huile ou au vernis gras.

Peintre en bâtiments.   12

Lorsque ces ferrures sont ainsi couvertes avec soin de couleurs préparées au vernis, elles ont presque le même poli et par conséquent le même brillant que si elles étaient vernies au feu ; celles à l'huile grasse présentent, au contraire, des aspérités grenues sur leur surface, et la poussière s'y attachant avec plus de facilité, les rend mates et ternes en peu de temps ; il faut alors les revernir, ce qui occasionne une double dépense que l'on aurait pu éviter en peignant d'abord au vernis.

Lorsqu'on veut faire de beaux ouvrages, nonobstant les couches ci-dessus, on imite les bronzes vert ou florentin, ce qui se nomme *bronze à l'effet*, en frottant de la poussière impalpable de cuivre jaune ou rouge sur les rampes et barreaux et par place, sur les parties saillantes notamment, afin de donner à ces objets l'aspect du bronze véritable.

Nouvelle peinture dite minium de fer

On s'est occupé, à plusieurs reprises, de remplacer le minium, qui sert à faire les apprêts sur métaux et même sur bois, par un produit, moins cher d'une part, et qui, de l'autre, n'offre pas les inconvénients de celui-ci, par suite des décompositions chimiques qui résultent de son application sur les métaux, et notamment sur le fer.

Déjà des essais faits par MM. Bouchard et Clavel sur le mastic avaient eu un plein succès, ces messieurs substituaient au minium de l'*ocre de Bourgogne*.

Depuis, ces industriels ont pris un brevet pour un produit qu'ils ont appelé *ferrugine alumineux*.

Enfin une nouvelle couleur, préservatrice de la rouille et applicable à la confection des mastics, a été mise en exploitation.

Ce nouveau produit accuse toutes les qualités du minium plombique sans en présenter les inconvénients. Il est d'une belle couleur brune, d'un prix invariable, se mélange bien à l'huile de lin, couvrant à volume égal une plus grande surface, et préservant surtout mieux de l'oxydation. Ce produit a été appelé *Minium de fer.*

L'analyse montre qu'il ne contient aucune trace d'acide, et c'est ordinairement sa présence qui est une des causes d'altération des couleurs.

Son emploi d'ailleurs est des plus simples. On le mélange avec de l'huile de lin, dans les proportions convenables, et on ajoute comme siccatif un peu de litharge, de préférence à l'essence de térébenthine, qui altère toujours les couleurs.

Mélangé avec 1/3 de céruse, il donne un excellent mastic, beaucoup plus économique que le mastic ordinaire.

Fers peints en noir. — On broie avec l'huile de lin, du noir de fumée d'Allemagne, que l'on détrempe avec trois quarts d'huile de lin et un quart d'huile grasse. On peut, pour donner du corps à cette couleur, couvrir d'abord le fer avec une couche de minium pur et ensuite appliquer successivement deux couches à la teinte noire.

On obtient une excellente peinture noire sur le fer en employant les résidus de la distillation des goudrons de houille. Ce procédé recommandé par le Dr Lunge donne trois sortes de vernis, adhérant très fortement au fer, séchant bien en deve-

nant doux, et prenant un beau poli et un grand
éclat.

On obtient trois qualités suivant qu'on emploie
des huiles lourdes, des huiles légères, et ces dernières mélangées avec de la poix, par fusion de
celle-ci dans une chaudière en fer ou en fonte.

Ferrures en couleur d'acier. — On produit le
plus ordinairement, parce que sa préparation est
moins coûteuse, la couleur d'acier avec un mélange
de blanc de céruse, de noir de charbon et de bleu
de Prusse qu'on broie à l'huile grasse et qu'on
emploie à l'essence. Pour avoir cette couleur plus
belle, on peut la préparer de la manière suivante :
on broie séparément à l'essence du blanc de céruse,
du bleu de Prusse, de la laque fine et du vert-de-
gris cristallisé ; le mélange, en plus ou moins, de
chacune de ces couleurs avec le blanc, donne le
ton de la couleur d'acier qu'on peut désirer. Ce
ton étant ainsi obtenu, on en prend gros comme
une noix que l'on détrempe dans un petit pot
avec un quart d'essence, trois quarts de vernis
blanc. Après avoir bien nettoyé les ferrures, on
les peint avec cette couleur, en laissant un intervalle de quatre ou cinq heures entre chaque
couche. Cette opération faite, on y met une couche
de vernis gras.

Ferrures en couleur bronze. — La couleur bronze
se produit en couchant une teinte plate de vert
américain, qu'on rehausse par du jaune d'or
préparé, ainsi que le vert américain, à l'essence et
au vernis gras blanc, comme nous l'avons indiqué
pour la couleur d'acier. On peut encore bronzer à
l'aide d'un mordant composé de deux parties de

bitume de Judée, deux parties d'huile grasse, une partie de vermillon; quand ce mordant est en pâte, on l'éclaircit avec de l'essence et on l'applique; pendant qu'il sèche, on le saupoudre de poudre de bronze avec une brosse ou un pinceau; enfin, quand le tout est bien sec, on frotte avec une brosse rude pour enlever une partie du bronze.

La peinture des ferrures doit, en général, être faite avec soin : il faut employer des petites brosses de grosseurs différentes, et ne pas trop les empâter; il faut surtout mettre les couches de peinture très minces aux endroits où frotte la coulisse de pène, et au droit de la course des verrous et des autres ferrures à frottement. On doit, en peignant la partie de la serrure où se trouve le pène, avoir soin de le tenir rentré, afin de ne pas y mettre de peinture. En peignant la face de la serrure on retire la clef dans le même but. Il faut encore avoir bien soin de ne pas faire d'épaisseurs aux découpures de l'entrée, parce qu'en mettant la clef dans la serrure, on ferait tomber la couleur dans l'intérieur, ce qui pourrait gêner le jeu de la serrure.

Les ferrures destinées à être *bronzées* au bronze en poudre se peignent au vert, à l'huile grasse; lorsque la peinture est encore assez fraîche pour poisser, on prend le bronze en poudre avec une brosse, et on en frotte toutes les arêtes et les parties saillantes; de cette manière, il se trouve fixé sur l'huile qui sert de mordant : on reçoit les parties de bronze qui s'échappent de la brosse, en présentant une feuille de papier au-dessous de la

ferrure. Lorsque la peinture est sèche et ne happe
pas le bronze, on le délaie dans une petite quantité
d'huile siccative ou de vernis coupé. On peut
encore fixer le bronze avec de la colle de pâte,
lorsque les ferrures doivent être vernies.

Quelquefois on peint les ferrures en·bleu ou en
rouge : on obtient de très beaux tons pour ces
ferrures, en les peignant d'abord en blanc pur, et
en leur donnant un glacis en bleu de Prusse ou
en couleur de bleu d'acier. Pour les rouges, on
glace avec de la laque carminée. Si l'on veut une
teinte plus foncée, on peut peindre le fond en
vermillon avant le glacis.

En résumé, toutes les ferrures doivent être
recouvertes d'une ou deux couches de peinture
à l'huile ou de vernis gras pour les empêcher de
rouiller.

Plaques de cheminée en mine de plomb. — Après
avoir nettoyé les plaques avec une forte brosse
ayant servi à peindre en détrempe, on enlève la
rouille et la poussière ; on pile alors, pour la
réduire en poudre fine, de la mine de plomb, on y
ajoute du vinaigre, et l'on en frotte les plaques
avec la brosse : 3 à 4 kilogrammes de mine de
plomb en poudre suffisent pour un litre de
vinaigre. Lorsque les plaques sont ainsi noircies
avec ce liquide, on trempe une autre brosse dans
d'autre mine de plomb en poudre sèche, et avec
cette poudre on frotte de nouveau les plaques
jusqu'à ce qu'elles soient devenues très brillantes.

L'usage de peindre en noir les plaques et les
côtés de cheminées est presque général, et sans
doute il a été adopté parce que cette couleur n'est

pas salie par le charbon et la suie ; mais ce noir, qui absorbe le calorique, empêche les plaques de le réfléchir dans l'appartement, et, sous ce rapport, une teinte grise peu salissante est préférable.

Contre-cœurs de cheminées. — Les contre-cœurs de cheminées, les planches de ventouses, et les parois intérieures se peignent ordinairement en noir, parce que les autres couleurs sont trop promptement salies par la fumée, ou bien encore en gris cendré ; cette couleur absorbe moins de chaleur que le noir, et est par conséquent plus favorable au dégagement du calorique.

Les contre-cœurs se peignent aussi à la mine de plomb ; cette manière est de beaucoup préférable aux précédentes : la mine de plomb, étant frottée, présente une surface brillante qui reflète les rayons caloriques et augmente la chaleur du foyer. Il faut, avant l'application de la mine de plomb, encoller les parties de plâtre ou de briques ; cette précaution est inutile pour le fer. On détrempe ensuite la mine de plomb en poudre dans du vinaigre ou de la bière, ou de l'encaustique liquide, ou dans une eau miellée, et on l'étend à la brosse à la manière de la peinture ordinaire. Lorsque cette couche est sèche, on la frotte avec une brosse bien sèche, à soies courtes, ou avec un tampon de laine, jusqu'à ce qu'elle soit brillante.

Clôtures en fil de fer. — M. Nuckenbroich emploie sur les enclos en fil de fer, pour les préserver de la rouille, un enduit qui a donné d'excellents résultats. Ces clôtures étant aujourd'hui très répandues, ce procédé est assez précieux à connaître.

Première couche. — Faire dissoudre sur un feu doux :

Vieux caoutchouc.	8 parties.
Essence de térébenthine. . . .	10 —
Huile de pavot	5 —

Ajouter à la dissolution :

Blanc de zinc.	96 parties.
·Résine de Danemark	5 —
Siccatif.	2 —
Huile de lavande	1/4

Bien remuer et étendre jusqu'au degré voulu avec de l'huile de pavot.

Seconde couche. — On la prépare de la même façon en remplaçant les 8 parties de vieux caoutchouc par 5 seulement, mais de caoutchouc neuf.

On peut additionner le blanc de zinc de toute autre matière donnant à la peinture un ton quelconque.

Peinture à l'épreuve du feu pour les poêles en fonte ou en terre, par MM. Meyer et Tebelen, de Stuttgard.

On enduit le poêle d'une couche de graphite mêlé d'un peu de terre de Sienne, on le brosse jusqu'à ce qu'il ait pris beaucoup de brillant, et l'on y étend aussitôt la couche de peinture, qui doit nécessairement être composée de couleurs capables de soutenir, sans altération, une haute température : par exemple, d'ocre brûlée, d'oxyde de fer rouge et violet, d'outremer de bonne qualité, de rouge ou de vert de chrome, de coquilles d'œufs calcinées, de blanc de zinc, etc., mais surtout de poudre de bronze de France. Pour employer cette dernière, on en remplit un dé à coudre, et on le mêle avec une demi-tasse de silicate alcalin, à l'état de verre soluble, que l'on étend de 2 parties d'eau distillée, en volume. On agite bien le mélange, dont l'expérience fait promptement reconnaître les proportions les plus convenables. On enduit ensuite de cette composition, qu'il faut agiter circulairement avec soin, le poêle chauffé à une température telle, que l'eau s'évapore instantanément avec un léger sifflement. On renouvelle plusieurs fois l'enduit, jusqu'à ce que la couleur paraisse assez intense, et l'on peut employer aussitôt le poêle pour l'usage ordinaire.

Nettoyage des chambranles de cheminées. — Les peintres sont souvent chargés du nettoyage des chambranles de cheminées de marbre ; ces nettoyages se font avec de l'eau seconde coupée pour enlever les taches grasses, les gouttes de couleur et les traces de fumée ; on les essuie fortement avec des linges secs, jusqu'à ce qu'ils aient repris leur brillant. Plus la dureté du marbre est grande, mieux il se nettoie. Il est très difficile d'enlever les taches sur le marbre blanc, qui est très poreux ; il faut, pour ce marbre, n'employer que de l'eau de potasse blanche.

Lorsque le marbre est altéré, on lui redonne du poli en le frottant avec de l'esprit-de-vin, ou, ce qui est mieux, avec de l'encaustique à l'essence. Pour le marbre blanc, l'encaustique devra être composé avec de la cire blanche. L'encaustique s'applique comme sur les meubles : on en prend sur du drap, on l'étend en frottant vigoureusement,

Il faut bien éviter de se servir d'acides, même
étendus d'eau; le poli du marbre est toujours
altéré par les mélanges acidulés.

Poêles en terre cuite. — On rencontre fréquemment des poêles en terre cuite qui ont été bronzés
soit à l'huile, soit en détrempe. Ces deux méthodes
sont vicieuses, en ce que la chaleur fait exhaler,
dans le premier cas, une odeur d'huile qui devient
insupportable, et que d'ailleurs ces bronzes rou-
gissent au contact d'une température élevée, et
que, dans le second, ils noircissent presque à l'ins-
tant. Pour parer à ces inconvénients, il conviendra
de procéder de la manière suivante : on broie de
la terre de Vérone dans de la bière brune ou du
vinaigre, puis on donne deux ou trois couches, et
la dernière couche étant encore humide, on rchausse
les parties saillantes en les frottant légèrement
avec de la poudre de bronze sèche, ainsi que la
mine de plomb pour les contre-cœurs, et par le
même procédé.

On peint également à la mine de plomb les
portes et les tuyaux des poêles et des fourneaux :
elle ne les préserve pas toujours de la rouille, mais
elle leur donne un ton uniforme et brillant qui
plaît à la vue.

Mains-courantes de rampes et de balcons en couleur d'acajou et autres

Teinte acajou foncé. — Il faut d'abord polir la
surface du bois, ensuite l'imbiber à plusieurs reprises d'acide nitrique faible. Cette opération préparatoire dispose le bois à recevoir la teinture.

Lorsqu'il est sec, on y étend une solution composée de 45 grammes de sang-dragon et de
15 grammes de carbonate de soude dans un litre
de bon esprit-de-vin : la dissolution doit être filtrée
et étendue légèrement, et à plusieurs fois, au
moyen d'une brosse douce, sur les parties imprégnées d'acide.

Le procédé se répète jusqu'à ce que le bois ait
atteint la nuance voulue.

Lorsqu'après un certain temps, la main-courante
aura perdu de son brillant, ce qui arrive rarement lorsque le premier travail a été conscien-
cieusement fait, il suffit, pour lui rendre son premier éclat, d'y appliquer une couche très légère
d'huile de lin exprimée à froid et de frotter avec
un linge doux ou une flanelle.

Teinture des bois en général

Pour l'acajou clair. — Il faut faire une infusion
de bois de Brésil, lorsque la main-courante ou
autre sujet est en noyer : si elle est en sycomore,
une décoction de rocou avec de la potasse.

Pour l'acajou clair, ou avec reflets dorés, faites
une infusion de bois de Brésil pour le sycomore et
l'érable ; infusion de bois de Brésil et de garance
pour le tilleul.

Acajou fauve. — Décoction de bois de campêche
sur les érables et les sycomores.

Acajou foncé. — Décoction de bois de Brésil et
de garance sur l'acacia et le peuplier ; solution de
gomme-gutte sur le châtaignier vieux, et solution
de safran sur le châtaignier récemment coupé et en
œuvre.

Bois de citronnier. — Gomme-gutte dissoute dans l'essence de térébenthine sur le sycomore et autres bois blancs.

Bois jaune. — Infusion de curcuma sur le hêtre, le tilleul blanc et le tremble.

Bois jaune satiné. — Infusion de curcuma sur l'érable.

Bois orangé. — Infusion de curcuma et d'hydrochlorate d'étain sur le tilleul.

Bois orangé satiné, foncé. — Solution de gomme-gutte ou infusion de safran sur le poirier.

Bois de courbaril, dit bois de corail. — Infusion de bois de Brésil ou de campêche appliquée sur l'érable, le sycomore, le charme, le platane, l'acacia, et altérée par l'acide sulfurique.

Bois de gaïac. — Décoction de garance sur le platane, solution de gomme-gutte ou de safran sur l'orme.

Bois bruns. — Décoction de campêche très forte sur le hêtre, sur l'érable et le tremble, ces bois étant amollis avant d'être teints.

Bois brun veiné. — Infusion de garance sur le platane et le sycomore, avec une couche d'acétate de plomb liquide.

Bois vert veiné. — Infusion de garance sur le platane, le hêtre et le sycomore, avec une couche d'acide sulfurique.

Bois de palissandre. — Décoction de bois de Brésil appliquée sur le sycomore imprégné d'alun, le bois teint est altéré ensuite avec une couche d'acétate de cuivre.

Bois d'ébène. — Décoction de camphre très forte sur le hêtre, le tilleul, le sycomore et l'érable ; le

bois teint altéré comme ci-dessus par une couche
d'acétate de cuivre.

Comme il vient d'être dit plus haut, il faut toujours, avant d'appliquer aucune de ces teintures
sur bois, les polir avec soin à la pierre ponce ou à
la prèle, et les bien faire sécher avant d'étendre la
couleur : on applique ces teintures bouillantes sur
le sujet, panneau ou autre, avec une brosse douce;
on en met quatre ou cinq couches successives, en
attendant toujours que la précédente soit entièrement sèche.

Si l'on pouvait tremper pendant un certain
temps l'objet dans la chaudière avec la substance
colorante, cela ne réussirait que mieux.

Lorsque le bois est coloré convenablement et
très sec, on le polit avec la prèle.

Les *dessus de bureaux, de pupitres, de casiers*, etc.,
se peignent en noir : on les noircit en les couvrant
de quelques couches d'encre qui pénètrent dans le
bois et le teignent, on y applique ensuite une
couche d'encaustique que l'on frotte pour lui donner
du brillant.

On peut employer également le noir d'Allemagne
à la colle et, en le frottant fortement avec un drap,
on obtient un assez beau brillant, surtout quand
on a choisi le noir gras et pesant. On peut augmenter la solidité et le brillant de cette couche, en la
couvrant d'une légère couche d'encaustique qu'il
faut frotter lorsqu'elle est sèche. Ces deux méthodes
sont économiques, mais présentent plusieurs inconvénients : l'encaustique, lorsqu'elle est chauffée,
comme cela arrive lorsqu'on pose quelque temps
les bras ou le corps sur le bureau, tache le papier

Peintre en bâtiments.   **13** et les vêtements ; pour éviter ces désagréments, il faut peindre avec du noir de fumée détrempé dans du vernis gras, et laisser parfaitement sécher avant d'en faire usage.

Quant aux autres menus objets, tels que plinthes, cimaises, retours de chambranles de cheminées, etc., on suivra les indications de la peinture locale du lieu : ainsi les plinthes et retours de chambranle seront peints de même marbre que le chambranle, les cimaises du ton des portes et croisées, et ainsi de suite.

Treillages, berceaux et autres objets

1° Il faut donner une couche d'impression de blanc de céruse broyé à l'huile de noix et détrempé dans la même huile, dans laquelle on mettra un peu de litharge ; 2° on donne deux couches de vert de treillage, ci-devant indiqué, broyé et détrempé à l'huile de noix. On fait un grand usage à la campagne de ce vert à l'huile pour peindre les portes, les contrevents, les treillages, les bancs des jardins, les grilles de fer et de bois, enfin tous les ouvrages en fer et en bois qui doivent être exposés aux injures de l'air.

Dessous des égouts en tuiles, peints en couleur ardoise. — Après avoir broyé séparément du blanc de céruse et du noir d'Allemagne, à l'huile de lin, on mélange ces deux couleurs ensemble, de manière à ce qu'elles produisent un gris ardoise, et on les détrempe à l'huile de lin. On donne ensuite une première couche fort claire pour abreuver les tuiles. Il conviendra de donner encore deux autres couches qu'on tiendra plus fermes ; car, pour la plus grande solidité, il en faut au moins trois.

Procédé pour blanchir les statues, vases et autres ornements de pierre, soit à l'intérieur, soit à l'extérieur. — Pour blanchir les vases ou figures, ou pour en rafraîchir le blanc, il faut d'abord bien nettoyer le sujet, donner une ou deux couches de blanc de céruse broyé à l'huile d'œillette pure et détrempé à la même huile ; on ponce avec soin toutes les parties que l'on peut atteindre et on donne ensuite une ou plusieurs couches du même blanc broyé et employé à la même huile, mais avec moins de blanc et comme glacis pour ne pas empâter les arêtes et les saillies, ni remplir les parties renfoncées, ce qui dénature le caractère du sujet.

14. — Raccords en général

Les raccordements sont la plus grande difficulté qu'ait à surmonter le peintre en bâtiments ; ils nécessitent une grande habitude de l'amalgame des couleurs et des modifications que le temps peut y apporter, car il ne suffit pas que le raccord soit parfait dans sa fraîcheur, il faut encore qu'il ne soit pas plus visible après un long espace de temps qu'au moment de son exécution.

On doit avoir la précaution, lorsqu'on peint un appartement ou un bâtiment, de conserver une petite quantité de chacune des teintes qu'on aura employées, afin de raccorder les parties des feuillures qui seraient touchées après coup par le rabot.

Lorsque, par économie, on ne repeint que les parties altérées ou celles neuves ajoutées aux anciennes, il faut laver et décrasser les parties vieilles de façon à en bien connaître le ton exact. On prépare alors ses teintes et on établit la comparaison avec les anciennes en peignant une petite place sur une des parties de la vieille peinture ; les teintes nouvelles sont toujours plus claires et ont plus d'éclat et de fraîcheur, quoi qu'on fasse pour ternir la teinte ; il faut, pour juger sûrement, attendre que la peinture soit devenue mate et ait acquis son véritable ton par la dessiccation. Lorsque le temps presse, on peut hardiment employer la teinte qui présente très peu plus de clarté et de fraîcheur.

Il faut, autant que possible, coucher par parties entières ; ainsi, il ne faudra pas coucher une moitié de champ ou une partie de panneau, il est plus convenable de les faire entièrement, et en suivant pour chaque nature de peinture, les principes qui leur sont particuliers.

Pour les détrempes, il faut avoir un morceau de terre d'ombre et de craie, afin de connaître promptement le degré calorifique de la teinte. Lorsqu'on croit être arrivé au degré cherché on en fait l'essai sur une petite partie et l'on ne constitue ses raccords que lorsqu'on est assuré de la ressemblance des deux couleurs.

Pour la peinture à l'huile, il faut détremper les couleurs à l'essence pure ; l'huile, en fonçant les couleurs avec le temps, ferait, à la longue, paraître les raccords plus foncés que le surplus, où l'huile, entièrement évaporée, n'aurait plus d'action.

Les peintures vernies se raccordent au vernis : il est nécessaire de donner une couche générale après les raccommodements ; sans cela ils paraîtraient plus brillants que le surplus.

Lorsqu'on ne raccorde qu'une partie du panneau, il faut avoir le soin, avec une brosse sèche, de fondre la teinte par un frottis autour du raccord, de cette façon on établit une dégradation de ton qui contribue à rendre le raccord moins sensible à la vue.

Les couches de vernis étant sèches, il faut les adoucir et les polir pour faire disparaître les inégalités et les traces de la brosse, de façon à en rendre la surface lisse et douce au toucher. L'adoucissage s'exécute en frottant circulairement et légèrement un tampon de drap. blanc trempé dans une eau mélangée de ponce aussi fine qu'il est possible de l'obtenir, en la passant au travers d'un tamis de soie serrée ; on lave avec une éponge fine et à grande eau ; lorsqu'on juge l'adoucissage parfait, on essuie avec des linges doux et secs.

Le polissage s'opère de la même façon, mais il faut imbiber le tampon d'huile d'olive et remplacer la ponce par du tripoli extrêmement fin ; on chosit de préférence celui de Bretagne ; on agit sur le vernis avec une grande légèreté. On essuie l'ouvrage à mesure avec des linges doux pour juger si le polissage est terminé, ce qu'on reconnaît lorsque le vernis a repris son éclat et qu'on n'y voit aucune raie.

Ces deux opérations sont très délicates et s'unissent bien avec les vernis dont nous recommandons l'usage ; mais si on voulait faire usage d'un vernis à l'esprit-de-vin ordinaire, il faudrait supprimer l'adoucissage et polir à l'huile et au tripoli, en commençant par une petite partie peu apparente avant d'entamer les grandes, afin de reconnaître si le vernis dont on a fait usage est susceptible de supporter cette opération ; on devra agir de même dans les cas où l'on ne connaîtrait pas la bonne qualité du vernis qu'on aura employé.

Lorsque l'ouvrage est sec, on le dégraisse en le frottant avec de l'amidon en poudre ou du blanc de Meudon, ensuite on le lustre, on le frotte avec la paume de la main ou avec une peau de mouton ou de chamois très douce, de manière à chauffer le vernis, qui acquiert par ce frottement le poli le plus parfait et l'éclat le plus grand.

Les nombreuses et minutieuses observations que nous venons de décrire demandent un temps considérable : cinq à six semaines en été sont nécessaires pour les exécuter ; en hiver, elles demandent un temps plus long encore : sept et huit semaines, par exemple ; les appartements ou ateliers où elles s'exécutent doivent être chauffés à une chaleur modérée de douze degrés au moins.

Raccords de vieilles peintures

Quand la peinture est noircie par le temps ou détériorée par des traitements ou d'autres causes, on tâche de la *raccorder*, c'est-à-dire de la remettre au ton de l'ancienne teinte. Il faut beaucoup d'attention et une certaine habitude pour que les nouvelles teintes se raccordent parfaitement avec les anciennes. La pratique et l'observation font d'abord reconnaître à l'ouvrier quelles sont les matières colorantes qui composaient les teintes primitives, et ensuite, avec quelques essais, il parvient assez facilement à les recomposer exactement semblables. Il a soin seulement de tenir sa teinte un peu plus claire et d'y mettre moins d'huile; on ne raccorderait pas en se servant de la même dose de matières et de liquides ; car il faut compter sur l'action que le temps et l'air exercent toujours sur les nouvelles peintures.

On n'a pas besoin de répéter ici que lorsqu'il s'agit de raccords, il faut nécessairement lessiver d'abord les anciennes peintures qu'on veut raccorder, afin d'obtenir autant que possible leur premier ton.

Comme les raccords, quelques précautions minutieuses que l'on prenne pour recomposer les anciennes teintes, sont toujours plus brillants et plus frais que le surplus qui est resté, on étend ordinairement un glacis, ou teinte légère et transparente sur toute la surface pour égaliser et aviver le ton général.

Raccords en réchampissages de dorures

Les apprêts des peintures de lambris dorés se font en même temps que les apprêts des dorures, mais les dernières couches ne se donnent qu'après l'achèvement de la dorure. Ces couches doivent être données avec beaucoup de précaution par un ouvrier adroit qui ne laisse pas tomber de gouttes de couleur sur la dorure, et réchampisse l'or nettement et le recoupe au besoin, à la règle, pour redresser les bavochages laissés souvent par le doreur, lorsque le mordant n'est pas nettement filé dessous.

Marouflage. — Lorsqu'on a l'intention de dorer des boiseries, afin d'éviter la disjonction des assemblages des panneaux, on doit avoir soin de les peindre par derrière d'une grosse couleur, dite *fond de pots*, parce qu'elle est produite par le résidu de tous les pots et camions de l'atelier, et on les maroufle avec des lanières de peau collées en travers du bois pour maintenir ensemble tous les morceaux de la menuiserie.

Si on n'a pas pris cette précaution, ou que les lambris, étant en place, on ne puisse faire cette opération de marouflage, on la remplace en donnant sur le parement vu une ou deux couches d'huile siccative, sur laquelle on applique avec la colle forte une toile fine ou une forte mousseline sur toutes les parties à peindre. On exécute de suite les différentes opérations de la peinture en détrempe, et on réchampit les panneaux à l'huile.

Restauration des vieilles peintures

Dans son Traité sur l'art de faire les vernis, M. Tripier-Devaux conseille ce qui suit pour restaurer les peintures détériorées :

« Le choix de l'huile à employer, dit-il, dans la restauration des peintures plus ou moins détériorées, n'est point indifférent. L'huile de lin naturelle pourrait sans doute convenir, s'il ne s'agissait point ici de peintures d'extérieur, c'est-à-dire de peintures qu'il faut mettre, en moins de temps possible, à l'abri de la poussière et de la pluie, et l'huile de lin ne sèche pas assez vite pour cela. Nous conseillons l'usage de l'huile siccative incolore, d'abord parce qu'elle n'a pas de couleur et qu'elle n'altérera pas la pureté des teintes de la peinture, et ensuite parce qu'elle est plus visqueuse, qu'elle prend plus vite corps, qu'elle réussira toujours mieux que l'huile de lin naturelle, pour pénétrer les molécules colorantes, et tout à la fois les recoller plus solidement sur le fond auquel elles n'adhèrent plus suffisamment.

« La seule précaution à garder, c'est que le mélange d'huile et d'essence ne puisse jamais former d'épaisseur à la surface de la peinture remise à neuf, auquel cas le vernis superposé pourrait se gercer ou faïencer. Comme nous l'avons montré dans une autre occasion, c'est pour éviter cet inconvénient que nous conseillons l'usage de l'éponge, au lieu de celui de la brosse, que nous employons l'expression *mouiller d'huile et d'essence la surface de la peinture*, au lieu de dire *donner une couche d'huile et d'essence sur la peinture*. Avec l'éponge, en effet, aucune épaisseur n'est possible, puisque l'éponge est simplement mouillée ; il n'en serait pas de même avec une brosse ».

15. — Mise en couleur des carreaux et des parquets

Si les carreaux sur lesquels il s'agit d'opérer sont neufs, il faut commencer par les nettoyer, les gratter et les laver. Lorsqu'ils sont secs, on leur donne une couche très chaude de gros rouge, infusé dans de l'eau bouillante où l'on aura fait fondre de la colle de Flandre ; cette première opération a pour objet d'abreuver le carreau.

13.

On étend ensuite une seconde couche à froid, de rouge de Prusse, broyé à l'huile de lin et détrempé à la même huile, dans laquelle on aura mis un peu de litharge. Le but de cette seconde opération est de fixer et coller de la couleur.

On fait fondre la colle de Flandre dans l'eau bouillante, et, après avoir retiré le vase du feu, on y jette du rouge de Prusse, qu'on y laisse infuser et qu'on incorpore bien, en le remuant avec la brosse ; puis on laisse reposer le tout, en ayant l'attention de ne pas troubler le dépôt ; on emploie cette couleur tiède. Cette troisième couche masque la couleur à l'huile et empêche qu'elle ne colle et ne poisse aux souliers. Cette dernière couche étant sèche, on frotte le carreau avec de la cire ; cette cire, à son tour, fixe et attache la détrempe.

Doses par couches. — Si les carreaux sont spongieux, la dose que nous allons donner suffira, en première couche, pour couvrir une superficie de 4 mètres ; si les carreaux sont bien cuits, les doses des couches ultérieures sont calculées pour couvrir aisément cette surface de 4 mètres carrés.

Première couche. — Faites fondre 150 grammes de colle de Flandre dans 1 litre 1/2 d'eau. Quand cette eau sera bouillante, retirez-la du feu et jetez-y 625 grammes de gros rouge, qu'il faudra remuer très exactement. Le rouge étant mêlé, on donne la couche très chaude.

Seconde couche. — Après avoir broyé 180 grammes de rouge de Prusse avec 60 grammes d'huile de lin, on détrempe 250 grammes d'huile de lin, dans laquelle on a mis 60 grammes de litharge et 30 grammes d'essence pure, et l'on donne la couche à froid.

Troisième et dernière couche. — On fait fondre 100 grammes de colle de Flandre dans un peu moins d'un litre d'eau, que l'on fait bouillir sur le feu. Cette colle étant fondue, on retire la liqueur de dessus le feu, et l'on y incorpore 250 grammes de rouge de Prusse en remuant beaucoup. On applique cette couche tiède.

Quand les carreaux sont vieux, comme ils ont déjà été imbibés, ils prennent moins de matière.

Si les carreaux sont très humides, il convient de broyer les 180 grammes de rouge de la seconde couche avec 60 grammes de litharge et autant d'huile de lin. On détrempe ensuite avec 60 grammes d'essence, et l'on donne la couche à froid.

On ajoute aussi dans la troisième couche, lorsque les carreaux sont humides, 30 grammes d'alun, en incorporant le rouge de Prusse.

Les couches de couleurs, pour les parquets et carreaux, se donnent avec des balais de crin un peu usés, en les promenant de gauche à droite et de droite à gauche; mais on prend de moyennes brosses pour atteindre au long des lambris et des plinthes.

Détrempe pour parquets. — On choisit, pour l'ordinaire, une couleur citron ou orange, pour mettre des parquets en couleur, et l'on donne en général la préférence à la couleur jaune orangé comme étant plus belle.

Le parquet étant balayé et nettoyé, on produit une teinture orangée ou citron, au moyen d'un mélange, en plus ou moins grande quantité, de *graine d'Avignon*, de *terra-merita* et de *safranum*. On peut ne faire emploi que des deux dernières substances, ou même seulement du safranum pur ; en un mot, on varie à volonté la teinte par différents mélanges.

Cette teinture étant obtenue, on la colle en la jetant dans de l'eau dans laquelle on a fait fondre de la colle de Flandre. Il convient d'y ajouter, si les parquets sont vieux, de l'ocre de rû, pour donner du corps à la teinture.

On étend avec un balai deux couches tièdes de cette teinture sur le parquet, en ayant soin de ne pas masquer les veines du bois ; les couches étant sèches, on frotte avec de la cire.

Il convient de faire observer que la première couche consomme plus de matières, parce qu'elle sert à abreuver les parquets, et que la seconde ne sert qu'à peindre.

Dose pour 30 mètres carrés de parquet en couleur orangée. — Cette dose doit se composer de 750 grammes de matière consistant en 250 grammes de graine d'Avignon, autant de terra-merita et autant de safranum ; il est des cas où l'on ne met que 125 grammes de terra-merita et la même quantité de safranum, avec 500 grammes de graine d'Avignon ; et même il arrive quelquefois que l'on ne met que du safranum ; mais, quelle que soit la combinaison de ces trois substances, qu'on les emploie seules ou mélangées, elles ne donnent toujours ensemble que 750 grammes de matière. On met cette quantité de matière dans environ dix litres d'eau, qu'on fait bouillir jusqu'à ce qu'ils soient réduits à huit. On y jette, pendant que cette eau bout ou après l'avoir retirée de dessus le feu, 250 grammes d'alun, en ayant soin que l'alun s'y dissolve, en le remuant bien à cet effet, et que le mélange ne monte pas en bouillant. On passe alors le tout à travers un linge ou dans un tamis de soie, et la teinture est faite. On y jette deux litres d'eau, dans lesquels on a fait fondre 500 grammes d'ocre de rû ; si c'est une couleur citron qu'on a adoptée, on substitue à l'ocre de rû même quantité d'ocre jaune ; le safranum donne une couleur orangée, la terra-merita et la graine d'Avignon produisent des couleurs plus tendres.

Lorsque le ton de la couleur d'un carreau ou d'un parquet ciré ne convient pas, et qu'on désire, ou en substituer une autre, ou l'enlever tout à fait, il faut, pour ôter la cire, frotter avec du sablon et de l'oseille préférablement à de l'eau : l'eau, en effet, détruit les couches de couleur, si on a l'intention d'en conserver ; et, de plus, en s'imbibant dans le parquet, elle le fait désassembler en le pénétrant d'humidité, au lieu que le frottement de l'oseille ne fait qu'effleurer et enlever la cire, ménage les couleurs et le parquet, de sorte qu'on peut y ajouter une autre teinte, si celle qui y a été appliquée déplaît ou a été mal donnée.

Lavage et dégraissage des parquets. — Les parquets et les meubles cirés que l'on veut repeindre à l'huile, doivent être lavés à l'eau bouillante et à la brosse dure, afin d'enlever la cire. Sans cette opération, la peinture serait très longue à sécher, et ne pouvant pénétrer suffisamment dans les pores du bois, n'aurait pas de solidité.

L'exécution du lavage et lessivage est des plus faciles : pour le lavage, on dissout du savon noir, en le pressant dans l'eau avec les mains, et on mouille avec l'aide de l'éponge.

Pour le lessivage, on se sert, pour mouiller à l'eau seconde coupée, d'une brosse à quartier neuve, afin de ne pas rayer les peintures ; pour mouiller à l'eau seconde pure, on choisit, au contraire, les brosses trop usées pour continuer de servir à peindre à l'huile.

Du reste, l'usage général est d'étendre sur le parquet de la sciure de bois mouillée médiocrement, et de la traîner à plusieurs reprises au balai sur la surface à dégraisser, et à moins de taches extraordinaires, ce moyen suffit, sans avoir recours à celui que nous venons d'indiquer, ce qui est plus simple, moins embarrassant et moins dispendieux, notamment pour la façon.

Encaustique. — Lorsque le parquet est en beau bois de chêne, et qu'on veut lui conserver sa couleur naturelle, il devient inutile de le mettre en couleur ; il suffit alors de lui donner une couche d'*encaustique* pour abreuver le bois et le disposer à prendre la cire d'une manière uniforme. Cet encaustique se prépare de la manière suivante :

Eau de rivière.	12 litres.
Cire jaune	12 kilogr.
Savon.	3 —
Sous-carbonate de potasse . . .	1 —

On fait chauffer l'eau jusqu'au point d'ébullition ; on y ajoute alors le savon coupé bien menu ; quand il est dissous, on y met la cire coupée en

morceaux, enfin la potasse ; on remue bien, et
on retire le vase du feu. Quand l'encaustique commence à se refroidir, on coule dans un vase vernissé, qu'on recouvre de son couvercle, et quand
le mélange est refroidi, on le remue et on l'étend
au balai ; dès que l'encaustique est sèche, c'est-à-
dire vingt-quatre heures au plus tard après qu'elle
a été appliquée, on peut frotter.

**Siccatif Raphanel pour mettre en couleur les par-
quets ou carreaux des appartements sans frottage, dit siccatif brillant.**

Une composition solide, et ne nécessitant pas de
frottage, est désirable pour mettre en couleur les
appartements et surtout les rez-de-chaussée que
l'on est souvent forcé de laver.

Le siccatif brillant remplit toutes les conditions
désirables, il est inodore, ne se frotte jamais et est
plus brillant que le frottage à la cire. Pour le nettoyer, il suffit de le laver légèrement avec une
éponge.

On peut même, avec quelques modifications,
l'appliquer sur les murs, boiseries, ferrures, etc.,
absolument comme les autres peintures, sur lesquelles il a l'avantage d'assainir, de sécher les
plâtres, de repousser le salpêtre, etc.

Préparation de la composition

Pour la mise en couleur des parquets et carreaux,
on prend :

Huile de lin que l'on fait bouillir
    pendant seize heures . . . . .   2 kilogr.

Gomme copal, que l'on fait fondre
et que l'on mélange avec l'huile
de lin . . . .   500 gram.

Après avoir opéré cette première combinaison,
on y ajoute les matières suivantes :

Galipot. . . . .   4 kilogr.
Sandaraque. . . . .   2 —
Gomme laque blonde . . . . . .   6 —
Mastic en larmes. . . . .   1 —
Gomme copal tendre . . . . . .   1 —

On mélange le tout et l'on fait cuire pendant
deux heures à grand feu ; avant que le mélange
soit tout à fait froid, on y ajoute 20 litres d'alcool
à 33 degrés ; on remue de manière à bien combiner
toutes les matières ; puis on remet sur le feu pour
obtenir une dissolution complète.

Quand toutes ces matières sont bien dissoutes,
on retire du feu ; on passe à chaud à travers un
tamis ; puis, suivant la couleur qu'on veut donner
à la composition, on y ajoute, soit à chaud, soit à
froid, à volonté, des poudres minérales ou végétales de toutes nuances, telles qu'ocre rouge,
jaune, etc.

Pour employer cette composition à la mise en
couleur des appartements, on commence par nettoyer le parquet ou le carreau ; quand il est bien
sec, on étend dessus, au pinceau, la composition,
après l'avoir bien remuée.

Au bout de deux heures, on étend une seconde
couche qui, lorsqu'elle est sèche, donne un beau
brillant au parquet ou carreau.

Pour la nettoyer, on emploie de l'eau avec une
éponge, et, pour lui rendre le brillant, enlevé par

la fatigue et le temps, on la frotte légèrement avec un chiffon imbibé d'huile de lin.

Préparation pour la peinture

Pour peindre les murs, etc., la composition se fait ainsi :

Huile de lin chauffée pendant
    seize heures. . . . . · 2 kilogr.
Gomme copal dissoute et mé-
    langée avec l'huile. . . . . 500 gram.

Puis on ajoute :

Galipot . . . . 4 kilogr.
Sandaraque . . . . 2 —
Gomme laque blonde . . . . . 1 —
Mastic en larmes . . . . . . 1 . —
Gomme laque tendre . . . . . 1 —
Gomme élémi . . . . 2 —

On mélange le tout, on fait cuire pendant deux heures et on y ajoute 20 litres d'alcool à 33 degrés; on remue pour bien combiner, et l'on fait dissoudre complètement, on passe à travers un tamis, puis on ajoute la poudre selon la couleur de la peinture que l'on veut faire.

Cette peinture doit s'appliquer, comme la première, à l'aide d'un pinceau, à une, deux ou plusieurs couches, et laissant entre chacune d'elles un intervalle de deux heures.

16. — Enduits hydrofuges

Diverses préparations bitumineuses, et notamment le mastic de Dilh, ont été considérées jus-

qu'ici comme les hydrofuges les plus puissants, et
essayées avec plus ou moins de succès ; le mastic
de Dilh et le bitume pur appliqués à chaud et à
deux ou trois couches ont souvent réussi. Thénard
et d'Arcet ont publié un travail intéressant sur
l'emploi des corps gras comme hydrofuges, dont
nous croyons devoir reproduire ici un extrait :

Une partie de cire fondue dans *trois* parties
d'huile de lin, cuite avec un dixième de litharge,
compose un enduit hydrofuge que l'on applique
de la manière suivante sur la pierre, avant d'y
exécuter une peinture soignée. Après avoir gratté
à vif et chauffé successivement et très fortement
à l'aide d'un grand réchaud de doreur, on couvre
avec de larges brosses l'enduit hydrofuge fondu et
maintenu à la température de 100 degrés centigrades. Dès que la première couche a été absorbée
par la pierre ou le plâtre, on en applique une
deuxième, toujours bien chaude, et l'on continue
cette application jusqu'à ce que la pierre refuse
d'en absorber. On donne par dessus cet enduit une
couche de céruse à l'huile ; et les peintures les plus
précieuses peuvent être exécutées sur le mur sans
aucun besoin de vernis ; car l'enduit hydrofuge
prévient l'*embu* par l'impossibilité où se trouve
l'huile d'être absorbée. La cire qui compose cet
hydrofuge le rendant d'un prix trop élevé pour
l'employer à d'autres usages qu'à des tableaux
peints sur murs, d'Arcet et Thénard y ont substitué
la résine, avec laquelle on peut former un enduit
hydrofuge beaucoup moins coûteux. Le voici : on
fait fondre à une douce chaleur 2 ou 3 parties de
résine dans une partie d'huile de lin cuite avec un

dixième de litharge, et lorsque ce mélange est à l'état de fonte tranquille on le coule; on le laisse refroidir, et on le conserve. Quand on veut en faire usage, on opère comme ci-dessus. C'est avec le premier de ces enduits qu'a été préparée la coupole de Sainte-Geneviève, avant de recevoir les peintures de Gros. Avec le second hydrofuge, ont été préparées deux grandes salles de la Faculté des Sciences de Paris, dont les murs étaient très salpêtrés. Leur surface était de 94 mètres carrés, et chaque mètre du mur a consommé 80 centilitres d'enduit. Le tout a très bien réussi.

Quand les murs sont trop vieux ou trop salpêtrés, il faut les repiquer et les revêtir de nouveau plâtre avant d'y appliquer l'hydrofuge, qui, sans cela, n'y pénétrerait qu'avec peine et pourrait se détacher au bout de quelque temps. Le plâtre revêtu de cet enduit n'y laisse plus pénétrer l'humidité; il acquiert une si grande dureté que l'ongle ne peut le rayer que difficilement.

30 kilogrammes d'enduit hydrofuge suffisent pour enduire une surface de plâtre de 50 mètres carrés; il en faut moins pour la pierre, le bois, la brique, etc. On voit avec quelle facilité le peintre en bâtiments pourra employer à un grand nombre d'usages cet hydrofuge, qui, après être resté treize ans exposé à toutes les variations atmosphériques, n'a, suivant d'Arcet et Thénard, éprouvé aucune altération.   •

Ciment hydrofuge pour préserver le bois

On prend de la chaux de bonne qualité, bien

cuite, que l'on éteint avec la quantité d'eau rigoureusement nécessaire ; on la passe ensuite à travers un tamis fin ; alors on y incorpore de l'huile
de poisson, et l'on remue ce mélange jusqu'à ce
qu'il ait acquis la consistance du mastic des vitriers.
On l'applique ensuite avec une truelle sur le bois ;
le lendemain il est devenu assez dur, quoique le
bois sur lequel on l'a appliqué soit resté immergé
dans l'eau. Ce mastic peut être avantageusement
employé pour boucher les cavités des portes et
fenêtres qu'on se propose de peindre.

Moyen d'éviter l'humidité des murs,
par M. Fabry

Le procédé de M. Fabry comprend à la fois la
composition des mastics, des enduits, et la manière
de les disposer.

Chacun des enduits se compose des matières
suivantes :

Le premier est une composition, par parties
égales, de chaux, sable, stuc, mâchefer, ciment et
plâtre mélangés d'eau.

Le second est une composition par parties égales
de goudron, soufre et résine.

Le premier enduit étant apparent à l'extérieur,
on le recouvre d'un enduit qui se compose de parties égales de chaux et de poudre de marbre, que
l'on mélange d'eau, et qui forme le stuc ancien de
Rome, dont la composition était restée inconnue et
qu'il a fait ainsi revivre. Ce stuc, qui résiste au feu
et à l'humidité, prend un ton brillant lorsqu'on le
recouvre d'une couche d'eau de savon, que l'on

étend sur sa surface aussitôt qu'il est placé et qu'on lisse avec la truelle ; puis, quand il est sec, on le frotte dans toute son étendue avec un mélange de cire et de savon, ce qui lui donne l'aspect brillant et les propriétés extérieures du marbre.

Le deuxième enduit, décrit précédemment, est composé de goudron, soufre et résine, et reçoit, quand il est mis en place, une couche d'huile qui a pour objet de le rendre plus élastique.

Cet enduit peut, à volonté, être remplacé par une chemise de tôle, de plomb ou de zinc, appliquée sur la surface du mur ; ces deux derniers métaux sont préférables, parce qu'ils ne sont pas accessibles au salpêtre et qu'ils ne prennent pas la rouille.

Tels sont les enduits qui forment la première partie du procédé. Nous allons maintenant exposer la partie la plus essentielle, qui consiste dans leur application.

La première opération à faire, quand on veut préserver un mur de toute humidité, consiste, d'après mon procédé, à piocher sur la surface de ce mur pour enlever tout le plâtre et laisser la pierre à nu. On recouvre cette surface du mastic de goudron pour le rendre élastique. On peut, comme il a été dit plus haut, remplacer le mastic par une chemise ou plaque en plomb, zinc ou tous autres métaux et matières propres au même objet. On place alors, à une petite distance de cette surface, une cloison légère en briques, carreaux, ou en composition de chaux, sable, mâchefer, ciment et plâtre, laquelle forme un espace vide, pour établir un courant d'air dans toute son étendue ; puis on pose à l'intérieur de cette cloison une dernière couche de stuc brillant, connu sous le nom d'ancien stuc de Rome, qui est également de la composition de M. Fabry.

On voit donc que le principe constitutif de cette invention consiste :

1° Dans l'interposition d'un espace vide, formant courant d'air, entre deux enduits, l'un à l'intérieur sur la surface du mur, l'autre à l'extérieur de la cloison ; 2° dans la composition des enduits.

2ᵉ procédé, par M. Silvestre

Le procédé imaginé par l'auteur pour préserver les murs de l'humidité consiste à les revêtir de briques que l'on rend imperméables en les enduisant d'une solution composée ainsi qu'il suit :

On fait dissoudre 280 grammes de savon dans 4 litres d'eau, et l'on passe ce mélange sur la surface des briques avec un pinceau large et plat, en ayant soin de ne pas produire de mousse ; on fait sécher pendant 24 heures, après lequel temps on prépare une solution de 190 grammes d'alun dans 16 litres d'eau et on l'applique sur les briques. Cette opération doit être faite par un temps sec et chaud.

3ᵉ procédé, par M. Pecholier

Première opération. — On mêle ensemble 10 kilogrammes d'huile de lin, pareille quantité de résine, 20 kilogrammes d'huile de résine et 20 kilogrammes de litharge.

Deuxième opération. — On prend 60 kilogrammes d'huile de résine et 20 kilogrammes de litharge.

Troisième opération. — On mêle les substances ci-dessus avec du sulfate de baryte en poudre extrêmement fine.

Par la première opération, l'auteur annonce pouvoir obtenir un effet identique de l'huile de lin, de l'huile de résine, en les soumettant simultanément à l'action de la litharge au bain-marie.

Par la deuxième opération, on dispose l'huile de résine en la faisant chauffer avec de la litharge également au bain-marie, à se combiner avec les matières soumises à la première opération.

Par la troisième opération, on obtient un mastic qui est l'effet du mélange des matières employées, dans les deux premières opérations, avec le sulfate de baryte.

Pour employer ce mastic avec avantage, il faut le délayer dans moitié de son poids d'huile de lin non lithargée.

Cet enduit, appliqué sur les murs, est sec au bout de vingt-quatre heures; on peut alors peindre par-dessus ou y coller du papier de tenture.

4e procédé, par M. Guéry

Composition de l'enduit

Pour obtenir 100 kilogrammes de produit on prend :

Goudron de gaz distillé.	93 kilogr.
Graisse de mouton.	1.500
Gomme laque	4
Résine	1.500

On commence par mettre ensemble dans une chaudière, marmite ou autre vase, la graisse de mouton, la gomme-laque et la résine; on les fait fondre doucement à une chaleur de 25 à 35 degrés. Lorsque la fonte est opérée, on introduit le goudron de gaz distillé; on le laisse fondre à feu doux : quand il est fondu, on retourne et mélange parfaitement les matières avec une spatule en bois ou en fer, en ayant bien soin de ne pas toucher le fond du vase, au premier bouillon, afin d'empêcher les matières de monter et de s'échapper, ce qui pourrait causer de graves accidents. On laisse bouillir le mélange en remuant toujours avec les précautions sus-indiquées, pendant une bonne demi-heure : alors la préparation est complète et prête à employer.

Emploi. — On retire la composition du feu; on y trempe, pendant qu'elle est chaude, une brosse avec laquelle on enduit les murs d'une ou plusieurs couches, dont le nombre varie selon le plus ou moins d'humidité des murs. On reconnaît que l'application est complète quand la totalité de la surface est entièrement recouverte de l'enduit, ce qui retire tout passage à l'humidité. La siccité a lieu très promptement, et l'on peut alors, si on le juge convenable, appliquer le papier. Le résultat est non seulement d'empêcher l'humidité de transpirer, mais encore de détruire les punaises ou insectes qui se trouvent dans les murs recouverts de l'enduit. Cette propriété dure pour ainsi dire indéfiniment, sans qu'on ait besoin de renouveler l'opération de temps à autre, pour en assurer l'effet.

Quand les murs sont par trop endommagés par

l'humidité, il faut enlever la première couche de plâtre moisi, appliquer l'enduit et le recouvrir d'une couche de plâtre égale à celle enlevée. Cette nouvelle couche de plâtre sèche parfaitement, l'humidité ne traversant jamais la couche d'enduit qu'elle recouvre. Le repiquage des murs trop endommagés est une nécessité générale et indispensable, quel que soit l'enduit employé.

Enduits conservateurs pour le bois, les fers et les murs, par M. Blesson

C'est un usage généralement répandu en Russie, surtout à Moscou, de peindre les toitures avec une couleur vive et agréable à l'œil (1). L'enduit dont on les recouvre sert à les conserver, ainsi qu'à les embellir. La plus précieuse et la plus chère des couleurs dont on se sert, est d'un vert-pomme très vif et très beau, imitant la chrysoprase et passant au vert bleuâtre : c'est le vert de Sibérie. On le trouve dans le commerce dans des sacs en cuir, où il paraît avoir été enfermé dans un état humide : il y acquiert une telle dureté, qu'on ne peut le briser qu'avec une hache. C'est un *vert-de-gris* plus pur que celui de Montpellier. Les autres substances employées sont : la *résine*, le *blanc de plomb*, le *vert-de-gris*, le *colcotar* et l'*huile de chènevis* ou de *lin*.

Voici, du reste, deux recettes pour cet objet.

_____

(1) Les toitures de ces contrées sont le plus souvent en tôle forte dans les grandes villes, et toujours en bois dans les petites.

Pour 30 mètres superficiels de teinture, prenez :

Vert de Sibérie. . . . . 300 décagr.
Blanc de plomb. 300   —
Huile de lin. 900   —

Ou bien :

Vert-de-gris. 150   —
Blanc de plomb. 450   —
Huile de lin. 750   —

Broyez le tout à la manière ordinaire.

Avec cette quantité on peut peindre jusqu'à 30 mètres carrés de toiture en tôle. Veut-on se procurer une couleur rouge tirant sur le brun foncé, on substitue au blanc de plomb et au vert 11 décagrammes de colcotar.

Peinture au ciment romain, par Guignery

Pour conserver des objets en métal, on n'a qu'à les couvrir d'une peinture faite avec du ciment romain broyé avec des essences; une fois qu'il est broyé, il se mêle bien avec les huiles, les esprits et les vernis.

Cet enduit évite la rouille et préserve de l'humidité les objets qui en sont couverts.

Moyens de préserver les appartements de l'humidité

M. Péan a indiqué pour préserver les appartements de l'humidité, l'emploi d'un placage composé de carrés de verres appliqués, au moyen d'une colle, sur une pièce de toile ou de calicot;

ce placage est placé sur le mur, les verres étant appliqués au mur; sur cette pièce de tissu on applique un mastic composé de :

Blanc de céruse broyé à l'huile,
Minium en poudre,
Litharge en poudre.

La colle qui unit les verres au calicot est composée de :

Céruse broyée à l'huile,
Huile grasse,
Essence de térébenthine,
Litharge.

Il faut faire en sorte qu'il n'existe aucun vide entre les morceaux de verre.

On peut, par un moyen analogue, empêcher l'humidité qui vient du sol de monter le long des murs, en l'arrêtant à une petite distance au-dessus du sol, au moyen d'une tranchée que l'on garnit de plusieurs couches de plâtre séparées par un placage.

Autre moyen, par le même

Il s'agit toujours du placage du verre sur bois ou sur métaux pour les préserver de l'humidité. On peindra le bois de deux couches de céruse détrempée à l'huile de lin ; on peindra les métaux de deux couches de minium détrempé à l'huile grasse coupée d'essence.

On étendra sur le bois ou sur les métaux préparés et après siccité complète de la peinture, une forte couche de l'enduit suivant :

Huile de lin	500 gram.
Blanc de Meudon	6 kilog.
Litharge en poudre. . . .	100 gram.
Céruse	2 kilog.

On en fait une pâte et on applique le verre sur
le corps qui en est enduit.

Enduit servant à prévenir et à réparer les effets de l'humidité sur la pierre, le plâtre, les métaux, etc., par M. de Ruolz.

On prépare, soit par les moyens que donne la
chimie, soit en s'aidant de produits naturels ou
déchets métallurgiques convenables, un mélange
qui se rapproche le plus possible de la composition chimique suivante, indiquée par l'expérience
comme la plus avantageuse.

Zinc métallique	14	parties.
Fer métallique.	1	—
Oxyde de zinc.	369	—
Oxyde de fer	273	—
Acide silicique.	70	—
Argile	3	—
Charbon	47	—
Carbonate de zinc. . . .	223	—
	1.000	

Les matières, une fois préparées, sont successivement pesées aux doses voulues, broyées en
poudre très fine sous des meules, intimement
mêlées, et enfin broyées à l'huile grasse, préférablement d'œillette non cuite et non lithargée.

Pour employer cet enduit, on l'applique comme
de la peinture à l'huile ordinaire, en la délayant

avec un mélange de deux parties d'huile grasse, non cuite et non lithargée, et d'une partie d'essence de térébenthine.

Sans entrer ici dans le détail des considérations théoriques qui, d'une part, ont amené M. de Ruolz à croire que l'adhérence de cet enduit se fonde, dans la plupart des cas, sur une combinaison chimique au point de contact, d'autre part, sans énumérer ici les nombreuses expériences qui l'ont conduit à adopter la composition ci-dessus, comme jouissant de la propriété de rester inaltérable et continue, nous dirons seulement que cet enduit, sur lequel on peut appliquer toute autre peinture, suffit, employé à deux couches, pour rendre sèche et ferme la surface des murs les plus humides, et les faire résister aux alternatives du soleil et de la pluie, de la gelée et du dégel, etc., sans qu'il lui arrive jamais, soit de se détacher de la surface inférieure, en formant des fissures et s'écaillant, soit de s'enlever sous forme pulvérulente.

Il réussit également sur la pierre, le plâtre, le bois, les métaux, etc. ; il est par conséquent applicable avec avantage aux constructions de tout genre.

La solidité et l'imperméabilité d'un enduit tiennent à deux propriétés principales :

1° Celle de former une couche restant constamment continue à elle-même, sans jamais s'écailler, se fendiller ou tomber en poussière.

Sous ce rapport, la préparation dont il s'agit ne laisse rien à désirer.

2° La propriété d'adhérer complètement et sur tous les points à la surface inférieure ; condition

14.

d'autant plus difficile à remplir que cette surface est plus polie et plus mouillée ; c'est à ce dernier point de vue surtout que s'appliquent les perfectionnements décrits ci-après.

L'effet préservatif dont nous venons de parler a pour cause dans toute peinture :

1° Les qualités des matières solides, qualités dont une des principales est d'absorber, sans dépasser l'état de liquidité nécessaire pour l'application et sans nuire à la dessiccation, la plus forte proportion de corps gras possible.

La préparation indiquée ci-dessus jouit au plus haut degré de cette propriété.

2° La nature des liquides.

La pratique, confirmant les prévisions théoriques, a démontré péremptoirement que la présence de la silice est un des éléments les plus puissants du succès de cette préparation. L'emploi, comme peinture hydrofuge, de l'acide silicique et des silicates, soit naturels, soit artificiels, seuls ou joints aux préparations précédemment indiquées, constitue un perfectionnement important pour l'assainissement des murs atteints par l'humidité.

Dans les mêmes conditions, on emploie encore avantageusement le proto-sulfure d'antimoine, qui contribue à favoriser l'adhérence dans les cas spéciaux de surfaces très polies, très humides, et que des causes quelconques empêchent de pouvoir faire sécher, même imparfaitement, avant d'appliquer l'enduit.

Quant aux liquides, l'expérience a fait adopter comme préférables les dosages suivants :

Huile de lin crue. . . . .   2 parties.
Huile d'œillette.   1   —

Pour le délayage :

Mélange ci-dessus. . . . .   7 parties.
Essence de térébenthine.   1   —

Les nombreuses applications qui ont été faites de
ces procédés, et l'étude attentive de leurs résultats
ont conduit M. de Ruolz à donner la préférence
aux dosages suivants :

Première couche extraordinaire

Oxyde de zinc . . . .   137 parties.
Peroxyde de fer..   77   —
Silice.   236   —
Alumine.   30   —
Charbon.   159   —
Fer métallique.   59   —
Zinc métallique.   2   —
Peroxyde de manganèse. . .   300   —
                              ————
                             1.000

Première couche ordinaire

Oxyde de zinc. . . . .   170 parties.
Zinc métallique.   2   —
Peroxyde de fer.   218   —
Fer métallique.   1   —
Silice   219   —
Alumine.   29   —
Charbon   111   —
Peroxyde de manganèse. . .   250   —
                              ————
                             1.000

Deuxième et troisième couches ordinaires

Oxyde de zinc. . . . . 216 parties.
Peroxyde de fer. 202   —
Silice 275   —
Alumine. 30   —
Charbon. 124   —
Fer métallique. 1   —
Zinc métallique. 2   —
Peroxyde de manganèse. . . 150   —
$$\overline{1.000}$$

Troisième couche noire

Oxyde de zinc. . . . . 132 parties.
Peroxyde de fer. 103   —
Zinc métallique. 2   —
Fer métallique. 49   —
Silice 305   —
Alumine. 26   —
Charbon. 233   —
Peroxyde de manganèse. . . 150   —
$$\overline{1.000}$$

Troisième couche claire

Oxyde de zinc. . . . . 287 parties.
Peroxyde de fer. 409   —
Silice 231   —
Alumine. 23   —
Peroxyde de manganèse. . . 30   —
Fer métallique. 19   —
Charbon 1   —
$$\overline{1.000}$$

Toutes ces matières se broient en se délayant

avec les proportions d'huile et d'essence indiquées précédemment.

Dans certains cas, il est indispensable d'employer l'enduit suivant, soit comme rebouchage de joints, trous, parties dégradées, etc., soit pour recouvrir en entier les surfaces à une épaisseur variable, qu'on peut porter de 1 millimètre à 1 centimètre et au delà.

Mastic

Carbonate de chaux.	450	parties.
Silice	87	—
Charbon	83	—
Fer métallique	47	—
Alumine	20	—
Zinc métallique	1	—
Oxyde de zinc	37	—
Peroxyde de fer	25	—
Peroxyde de manganèse . . .	250	—
	1.000	

Ces matières doivent être réduites en poudre fine, bien mêlées et bien battues, en consistance convenable, avec quantité suffisante d'un mélange de :

Huile de lin	3	parties.
Huile de chènevis	1	—

Mastic métallique, par M. Serbat

Ce mastic est préparé avec les oxydes de manganèse, de fer, de zinc, le sulfate de plomb et l'huile siccative. On procède de la manière suivante :

On prend parties égales de peroxyde de manganèse (manganèse de commerce), d'oxyde de fer, d'oxyde de zinc et de sulfate de plomb en poudre fine ; soit 100 parties de chaque substance. On délaie les 100 parties d'oxyde de zinc et les 100 parties de sulfate de plomb dans 36 parties d'huile de lin ou toute autre huile siccative, puis on broie.

Lorsque l'oxyde de zinc et le sulfate de plomb sont bien broyés, on épaissit cette pâte de sulfate de plomb, d'oxyde de zinc et d'huile en la pétrissant avec les mains ou par tout autre moyen, et en y ajoutant par petites portions, quantité suffisante des 200 parties d'oxyde de manganèse et de fer, jusqu'à ce que cette pâte ait acquis assez de consistance pour être battue.

On la place alors dans des mortiers en fonte, où elle est pilée au moyen de pilons en fer pendant douze heures environ, en y ajoutant, par petites portions et au fur et à mesure que la pâte se ramollit par l'action du battage, le reste des 200 parties des oxydes de manganèse et de fer.

On reconnaît que le mastic est fait et bon à être employé lorsqu'il a acquis assez de consistance et de liant pour être facilement roulé entre les doigts sans se rompre. Il faut qu'il ait l'aspect du mastic désigné dans le commerce sous le nom de mastic au minium.

Les proportions d'huile et d'oxydes indiquées sont celles qui conviennent le mieux ; cependant, il arrive quelquefois qu'il faut augmenter ou diminuer les proportions d'huile selon que le mastic est, ou trop dur ou trop mou lorsqu'il est achevé ; lorsqu'il est trop dur, on y ajoute une petite quantité d'huile; lorsqu'il est trop mou, on y ajoute de petites portions d'un mélange, par parties égales d'oxyde de manganèse, de fer, de zinc et de sulfate de plomb.

Le battage du mastic peut être exécuté dans toute espèce de vase; j'indique les mortiers en fonte et les pilons de fer parce que je les trouve plus convenables pour cette préparation. On prépare enfin ce mastic de la même manière que celui connu sous le nom de mastic au minium.

On pourrait ajouter à ce mastic des oxydes de plomb, d'antimoine ou de blanc de céruse; mais cette addition tendrait plutôt à en diminuer les propriétés qu'à les améliorer.

Ce mastic remplace avec économie et avantage le mastic fait avec le blanc de céruse et le minium et celui de fonte.

Ce mastic, délayé dans l'huile de lin, procure une excellente peinture pour le fer et le bois.

L'expérience a démontré que le mastic préparé par la réunion des oxydes de manganèse, de fer, de zinc et de sulfate de plomb, est de bien meilleure qualité que celui fait en supprimant une ou plusieurs des substances qui entrent dans la composition ci-dessus désignée. Cependant, on peut remplacer l'oxyde de fer et le sulfate de plomb par l'oxyde de zinc et avoir encore un mastic de bonne qualité; mais il faudra toujours suivre, pour la préparation, la manière ci-dessus indiquée.

A ces substances, on peut ajouter les matières terreuses séchées, calcinées ou vitrifiées, les cendres de plomb, les laitiers provenant du travail du fer et le verre.

Ces diverses substances doivent être réduites en poudre fine, puis mélangées avec le manganèse en toute proportion, soit seules, soit réunies ; mais, pour obtenir un mastic de bonne qualité, qui, sous l'influence de la chaleur, acquière une grande dureté, il faut que le manganèse entre dans le mélange pour 50 pour 100 au moins. Plus la proportion de manganèse est grande, plus le mastic peut acquérir de la dureté lorsqu'il est exposé à la chaleur. On peut même l'employer seul à cet usage ; mais, dans ce cas, il faut tenir le mastic à une consistance assez molle par une plus grande addition d'huile siccative. Sans cette précaution, il sécherait trop vite, il deviendrait friable et serait d'un emploi difficile.

Que l'on prépare ce mastic avec du manganèse seul ou en le mêlant avec une ou plusieurs des substances que j'ai indiquées, il faut suivre le mode de préparation que j'ai désigné. La moitié environ de la poudre qui doit servir à préparer le mastic est broyée avec l'huile siccative, puis on épaissit la pâte qui en provient avec la poudre restante, soit en la pétrissant avec les mains, soit au moyen d'un mécanisme quelconque. Lorsqu'elle a acquis assez de consistance pour être pilée, on la soumet à l'action des pilons pendant douze heures, en y ajoutant de temps en temps de la poudre jusqu'à ce qu'elle ait acquis la consistance voulue, molle, si le manganèse est seul ou s'il y en a plus que de poudre employée. L'application de ce mastic détruit aussi très bien les punaises et autres insectes, logés dans les vieux enduits.

Enduit imperméable, de M. Dondeine

Cet enduit consiste dans une combinaison d'oxydes métalliques, de corps gras et résineux, lesquels, réunis et mêlés ensemble, forment une pâte gluante et tenace qui résiste à toutes les intempéries des saisons à l'extérieur, à toute cause d'humidité à l'intérieur, et qui finit par acquérir la dureté du métal.

Il est formé dans les proportions suivantes, savoir :

Huile de lin	15 kilogr.
Galipot, colophane ou autre substance résineuse.	15 —
Goudron	5 —
Blanc de zinc ou blanc de plomb	12 —
Minium	10 —
Résidus de couleurs.	4 —
Ciment.	6 —
Oxyde de fer	8 —
Gutta-percha, gomme ou colle forte.	2 —
Chaux hydratée.	6 —
Suif	15 —
Litharge	2 —

Le tout mélangé ensemble est cuit modérément jusqu'à réduction d'un dixième, de manière à ce que cela compose une pâte liquide.

Voici la manière de l'employer à chaud.

Il suffit de la chauffer jusqu'à ce qu'elle devienne liquide et de l'appliquer de suite au pinceau.

Pour l'employer à froid, on l'étend avec de l'huile cuite, avec de la litharge ou de l'essence

Peintre en bâtiments. 15

de térébenthine, sans la rendre trop liquide, et on l'applique au pinceau à froid et un peu épais.

Quant aux diverses couleurs à donner à cet enduit, on choisit celles que l'on veut, comme, par exemple, l'oxyde d'urane, appelé Pechblende en Allemagne, d'où il vient. Il produit un vert foncé.

Il ne faut pas employer de couleurs argileuses : elles épaississent et rendent la pâte défectueuse.

L'inventeur est parvenu à donner à sa composition essentiellement hydrofuge, non seulement une perfection vainement recherchée jusqu'à ce jour, mais encore un avantage qui consiste à la produire sous différentes couleurs.

Cette composition s'applique à chaud. et à froid dans plusieurs circonstances :

1° Contre l'humidité des murs.

A l'extérieur, appliqué sur les murs qui sont battus des vents et de la pluie, de la neige et de la grêle, elle empêche à tout jamais l'infiltration des eaux qui glissent ou séjournent sur ces murs, selon leur disposition ; elle conserve la qualité de la pierre, et maintient les plâtres qui ne se détériorent plus.

A l'intérieur, appliquée sur les murs que l'humidité a traversés, et qui ne peuvent maintenir aucun papier de décor ; sur les murs qui joignent les égouts ; sur ceux qui touchent à des écuries ou autres endroits produisant de l'humidité; cet enduit garantit et conserve parfaitement les peintures à l'huile ou à la colle que l'on peut faire par dessus, et permet l'apposition de papiers de décor, qui se conservent comme dans l'endroit le plus sec et le plus aéré.

Il n'est pas indifférent de dire qu'une couche de cet enduit fait disparaître les punaises et autres insectes dont tant de logements sont infectés, et qui sont si difficiles à détruire par les moyens ordinaires.

2° Conservation des toits couverts en ardoises ou autrement.

Les couvertures en ardoises enduites de cette composition n'ont plus besoin de réparations ; les ardoises se collent l'une à l'autre et se soutiennent en vertu de leur propre cohésion : il n'y vient plus de mousse, et le vent, la pluie et la neige ne peuvent plus pénétrer le toit, qui présente bientôt une surface métallique hermétiquement close, sur laquelle la neige ne séjourne même pas, car elle glisse dessus.

Les ardoises anciennes ébranlées par le vent, usées par le temps, et qui tendent à se détacher, deviennent tout aussi bonnes que les neuves, du moment où elles ont reçu l'enduit. Le marteau seul peut les disjoindre en les brisant.

Cette composition s'applique également sur tous les autres genres de toitures et produit les mêmes effets.

3° Conservation des bois et du fer.

Cette composition, essentiellement imperméable, préserve le fer de l'oxydation ; elle préserve également de toute détérioration les bois et les planches ; elle est souveraine sous les parquets des pièces, des rez-de-chaussée pour empêcher l'humidité de pénétrer.

L'expérience a prononcé que les arbres blessés ou ayant perdu une partie de leur écorce, se rétablissent et reprennent toute leur vigueur par le moyen d'une légère couche de cet enduit.

Cet enduit s'applique aussi sur le carton. Il suffit d'une couche de cet enduit pour qu'il devienne dur et imperméable. Le carton ainsi enduit est particulièrement bon et économique pour les toitures légères. Cet enduit est utile pour garantir les meubles, les lits, les tableaux, les glaces, les papiers de décor de l'humidité des murs.

Lorsqu'il est poncé, il peut recevoir les peintures les plus fines, et ces peintures ne se détériorent pas.

Cette composition peut s'employer comme bitume et comme mastic. Il faut pour cela la laisser cuire et évaporer, jusqu'à ce qu'on obtienne la consistance voulue, et alors on l'emploie à chaud.

Pour la pose de dames sur un sol humide, elle remplace avec beaucoup d'avantage le plâtre, qui résiste faiblement à l'humidité.

Enfin, la composition, ou plutôt l'enduit dont il s'agit peut recevoir une infinité d'applications qu'il serait trop long d'énumérer ici.

Mastic et enduit de gutta-percha, par M. Danne

Ce mastic est composé de gutta-percha mêlée dans de certaines proportions avec de la résine, de la litharge et une matière dure inaltérable pulvérisée, telle que du verre, du sable, de l'émeri, de la pierre ponce, etc. Il remplace très avantageusement tous les mastics et enduits employés jusqu'ici. Il n'a pas, comme ces derniers, l'inconvénient de se gercer ou de se ramollir par les variations ordinaires de la température, ni de se détériorer par le contact de l'eau ; il n'est pas attaquable par les acides ; sa base de gutta-percha qui le rend imperméable et lui donne une certaine élasticité, le garantit contre tous ces accidents. Etant d'une innocuité parfaite, d'une grande adhérence, d'une ténacité suffisante et d'une très longue durée, il peut être employé partout comme mastic et comme enduit sur les métaux, le bois, la pierre, le verre, etc. Qu'il serve à mastiquer les vitres, les fentes de parquets d'appartements, à arrêter les fuites de tonneaux contenant des liquides quelconques, à cacheter les bouteilles, à boucher les voies d'eau des embarcations même immergées, à enduire les murs humides et les tuyaux de gaz, à remplacer le brai sur les coutures de navire, etc., ce mastic remplit toujours avec un avantage réel les conditions requises que souvent les autres mastics ne remplissent qu'imparfaitement.

Mastic pour sécher les plâtres, par M. Voiron

Cette composition est formée d'asphalte broyée à l'huile, détrempée à l'huile grasse et à l'huile de lin bouillante, mélangée d'un quart de céruse broyée à l'huile de lin, d'un dixième de litharge et autant de minium.

On fait de ce mélange une pâte assez liquide pour être employée avec la brosse du peintre. On enduit de cette matière les murs, pierres ou plâtres humides et salpêtrés,

Enduit ou peinture à l'hydrate de chaux,
par M. Claudot

M. Claudot, après de longues et patientes recherches,. a trouvé un moyen simple de recouvrir
les murs d'un enduit qui prend sous un temps
assez court toute la dureté et l'imperméabilité du
marbre.

Ce procédé repose sur un examen attentif des
effets de l'acide carbonique sur l'hydrate de chaux.
Pour exécuter ces peintures-marbres, l'auteur emploie la chaux seule, bien divisée par un procédé
quelconque, posée à l'état de lait, par couches successives. On obtient ainsi une couche compacte
qui acquiert en quelques jours par son contact
avec l'air une dureté telle que l'ongle ne peut l'entamer et au bout de quelques mois la dureté et
l'imperméabilité du marbre.

Le travail, pour la confection des enduits ou
peintures unies, est instantané pour ainsi dire, car
le brillant et le poli s'obtiennent de suite, mais
ne sont définitifs qu'au bout de quelques mois.

Cet enduit est propre à une foule d'usages, sera
supérieur à tous les enduits à la peinture, la rece-
vra parfaitement et est surtout très économique.

17. — Peintures de décors

Nous aurons peu de chose à dire sur la peinture
de décors, car il ne s'agit plus ici de travaux manuels, de procédés d'exécution, ni de manutention,
plus ou moins utiles. Les artistes ont chacun leur
manière de faire; plusieurs manipulent eux-mêmes

leurs couleurs et les emploient par des moyens qui leur sont particuliers ; aussi les appelle-t-on au besoin en raison de leurs spécialités et de leur talent, en choisissant, lorsque l'on a à décorer des édifices importants ou des habitations somptueuses, ceux qui ont une réputation acquise et un mérite reconnu et déjà éprouvé.

La peinture de décors a pour but l'imitation de divers objets qui doivent concourir à l'embellissement des bâtiments. Aucune limite n'est posée à cette peinture, tout est de son domaine ; l'imitation des bois, des marbres, des bronzes, celle des ouvrages d'architecture, la peinture des lettres, la peinture d'attributs, celle des ornements coloriés, des fruits, des fleurs et des oiseaux, ainsi que celle des figures, sont comme autant d'anneaux qui lient cette peinture au genre le plus élevé.

La diversité de ces décors exécutés par plusieurs classes d'artistes différents, nécessitent des connaissances plus ou moins étendues chez ceux qui les exercent.

Les peintures d'attributs, d'ornements coloriés, tels qu'arabesques, fruits, fleurs, animaux et figures, exigent la connaissance approfondie du dessin, du coloris et de la théorie des ombres à des degrés différents, mais d'un ordre déjà trop élevé pour pouvoir être décrits dans un ouvrage comme le nôtre.

La peinture d'attributs représente les attributs ou symboles qui désignent ou caractérisent les diverses professions : tels que le cep de vigne et le thyrse des marchands de vins.

Le peintre d'ornements compose et peint les

différents ornements dont on décore les salons, boudoirs, salles de spectacle et de concerts, cafés, boutiques, etc.

Enfin, comme nous l'avons déjà dit, chacun a sa spécialité qu'il exerce à l'appel de l'architecte ou de l'entrepreneur.

Peinture et dorure sur ciments, par MM. Vilcoq et Denuelle, à Paris

Le ciment doit avoir été gâché depuis quinze jours et placé dans un lieu sec, et d'un mois à six semaines dans un lieu privé d'air.

Pour s'assurer si le ciment est bon à peindre, il faut verser sur la surface de l'acide muriatique ; le ciment durcira s'il a une dessiccation convenable, et mollira s'il n'est pas assez sec. Cette épreuve faite, on ponce le ciment avec de l'acide sulfurique et du minium à plusieurs fois différentes, jusqu'à ce qu'il se forme à la surface une espèce de pâte brune. Il faut laisser sécher, enlever la couche de minium et d'acide au moyen du papier de verre, en évitant de trop frotter : faire une encaustique dont il faut frotter la surface, comme on ferait à un meuble pour le cirer, avec la composition ci-après :

Faire dissoudre de la cire, y mêler un peu de minium, verser environ 10 centigrammes d'alcali volatil sur 50 grammes de cire ; frotter.

Ainsi préparé, le ciment peut recevoir toutes les couleurs au vernis gras et même la dorure.

Le même procédé peut s'appliquer à la sculpture ; seulement il faut baigner les surfaces et les laisser ainsi quarante minutes avec l'acide sulfurique, essuyer et laver ; laisser sécher ; recommencer avec l'acide sulfurique et le minium ; laisser ainsi sécher jusqu'à ce que le minium tombe de lui-même ; brosser ; broyer du soufre en poudre avec du vernis gras et le délayer jusqu'à consistance de peinture ordinaire. On peut colorer cette préparation avec des couleurs minérales.

Les blancs sur cet apprêt peuvent s'employer à l'essence.

De l'emploi du ciment

On peut employer le ciment avec des sables de la plaine, pour remplacer les sables de rivière, en y mêlant également de la sciure de pierre de Saint-Leu, de grès, meulière, etc.

La coloration des ciments avant leur emploi s'obtient en broyant à l'eau chaude des couleurs minérales et en y mêlant quelquefois un peu d'alun. L'eau chaude n'est indiquée ici que comme moyen d'activer davantage la prise du ciment.

Procédé de peinture encaustique à la cire, par M. Dussauge

Ce procédé particulier de peinture en décor est surtout propre à donner des peintures sans mirage, très puissantes de ton et très solides. Il a été employé de toute antiquité et M. Dussauge en a fait une très heureuse application dans la décoration de l'église de Saint-Vincent de Paul.

Voici, exposée d'une façon sommaire, la suite des opérations à exécuter.

On visite bien la surface à peindre, notamment

les joints pour faire tomber les éclats qui tiennent mal, puis on brosse au grès et on époussète avec soin.

On étend à la brosse une solution étendue de sublimé corrosif, qui détruit toutes les végétations que pourraient présenter la pierre et les enduits. Environ 2 gr. 65 de perchlorure pour 10 litres d'eau.

On chauffe au réchaud, en évitant de calciner la pierre et de façon à chasser toute humidité. Puis on imbibe le mur de gluten, sur le mur chaud. Ce gluten est composé de :

Cire.	1	partie.
Essence de térébenthine. . . .	1	—
Huile de lin	1	—
Térébenthine de Venise.	1	—
Vernis à l'ambre étendu. . . .	1	—
Poix blanche	1/2	—
Litharge	1/8	—
Savon métallique.	1/8	—

et se prépare en faisant fondre toutes les substances ensemble, sauf le savon. Ce savon qui s'obtient en traitant le savon ordinaire en dissolution concentrée par une autre dissolution saturée de protoxyde de fer, se dissout à part dans trois fois son poids d'huile de lin et de térébenthine ajouté au premier bain.

On enduit ainsi la surface jusqu'à ce qu'elle prenne une apparence qui n'est ni mate ni brillante. Puis le mur étant encore chaud, on applique la première couche de couleur.

Cette couleur est composée de blanc de céruse

avec un dixième de son poids de minium, mélangé
avec un gluten à couleur, composé comme suit :

Cire	1 partie.
Essence de térébenthine.	2 —
Térébenthine de Venise	1 —
Ambre très étendu	2 —
Huile volatile de résine distillée. .	1 —
Résine élémi	1/2 —

On laisse sécher huit ou dix jours, puis on
bouche les cavités avec le mastic suivant :

Céruse calcinée.	20 grammes.
Terre d'ombre.	15 —
Talc.	20 —
Mêlé à l'huile de lin	500 —

Ce liquide bien éclairci est mélangé à :

Blanc de céruse.	3 parties.
Blanc d'Espagne.	1 —

On laisse de nouveau sécher pour que la surface
soit également dure. On étend alors à la truelle de
la couleur à laquelle on ajoute de la céruse bien
pulvérisée.

Après une quinzaine de jours de séchage, on
broie du blanc avec du gluten à couleur, et on
donne une couche générale au pinceau, et ainsi
plusieurs couches. Le fond est terminé et disposé
pour le travail.

Ce dernier gluten se prépare de la façon suivante :

Cire	1 partie.
Essence d'Amérique.	3 1/2
Vernis copal à l'essence.	1/6
Blanc de baleine	1/4
Naphte.	1/4

Lorsque les murs sont vieux, humides et salpêtrés, il faut, après le premier enduit et avant la
première couche de couleur, appliquer une couche
épaisse de 4 ou 5 millimètres de la composition
suivante :

Gutta-percha	4	parties.
Résine. . . :	2	—
Cire.	1/2	
Gomme laque en écaille	1	
Térébenthine.	4	

qu'on pose sur le mur encore chaud. La surface
se dresse au grattoir lorsqu'elle est refroidie.

**Nouveau procédé de peinture décorative en tous
genres sur pierre, marbre, stuc, plâtre, et en
général sur toutes les matières poreuses.**

Ce procédé est destiné à remplacer dans les
peintures sur la pierre, le marbre, le stuc, le
plâtre, le bois ou le carton préparé, et en général
sur toutes matières poreuses, l'emploi de l'huile et
de la colle qui, ne faisant point corps avec la matière
sur laquelle elles sont appliquées, finissent toujours
par se dégrader.

Il consiste dans l'application de liquides acides,
alcalins, aqueux, alcooliques, éthérés, etc., tenant
en dissolution ou en suspension des matières colorantes simples ou composées, qui peuvent être
mélangées à des substances faisant fonction de mordant, qui pénètrent assez profondément les corps
poreux, pour que leur surface puisse être poncée et
polie sans altérer la peinture, ou recevoir une
couche de vernis.

Les encres noire (tannate de fer), rouge (bois de Brésil), rose (cochenille), bleue (sulfate d'indigo), etc., ont été employées dans les essais sur une pierre poncée et adoucie, et polie ensuite par les procédés connus. Cette peinture est restée dans un état d'indélébilité complet et peut résister à toutes les causes de destruction.

Il est donc de toute importance, pour réussir dans ce mode de peinture, que les couleurs employées soient accompagnées d'un agent assez actif, qui, sans nuire à leur liquidité ou à leur ténuité, pénètre dans les pores des objets que l'on veut peindre, de manière à ce que, quand les mêmes couches d'encollage et de vernis par lesquelles on peut remplacer le poli, viendraient à se détériorer ou à être complètement enlevées, la peinture reste toujours la même.

Peinture des marbres par absorption

Tous les marbres que l'on rencontre dans la nature ne présentent pas. cet éclat et ces couleurs brillantes qu'on recherche dans ce produit pour la décoration des monuments et de nos demeures. On a donc cherché à relever cet éclat et ces couleurs sur des marbres peu riches, et pour cela on a imaginé une foule de procédés que nous ne pouvons reproduire dans notre manuel, et nous nous bornerons à indiquer ici les suivants qui paraissent avoir donné en Italie, où ils ont été inventés, de bons résultats dans la pratique.

1. Une solution de nitrate d'argent pénètre le marbre assez profondément et lui communique une couleur rouge foncé,

2. La solution de nitrate d'or le pénètre moins et lui donne une couleur violet pourpre assez belle.

3. La solution du vert-de-gris pénètre le marbre de 2 millimètres, en manifestant à sa surface une couleur vert clair.

4. Les solutions de sang-dragon, de gomme-gutte le pénètrent aussi ; l'une lui donne une belle couleur rouge, et l'autre une couleur jaune. Pour que ces préparations aient bien lieu, il faut d'abord, le marbre étant bien poli avec une pierre ponce, dissoudre ces gommes-résines à chaud dans l'alcool, et peindre sur le marbre avec un pinceau trempé dans ces dissolutions.

Toutes les teintures obtenues des bois, tels que ceux de Brésil, de Campêche, etc., faites avec de l'alcool, pénètrent profondément le marbre.

5. La teinture de cochenille ainsi préparée, et à laquelle on ajoute un peu d'alun, donne au marbre une couleur écarlate très belle qui le pénètre de 4 à 5 millimètres. Ce marbre ressemble beaucoup alors à celui d'Afrique.

6. L'orpiment artificiel en solution dans l'ammoniaque, lui donne, en peu d'instants, une couleur jaune qui s'avive d'autant qu'elle est plus exposée à l'air.

7. A toutes les substances employées à cet usage, nous devons ajouter la cire blanche, mêlée à des matières colorantes et fondues ensemble.

8. Si l'on fait bouillir du vert-de-gris dans la cire et qu'on applique ce mélange sur le marbre, que l'on enlève ensuite la surface dès qu'elle est refroidie, on trouve que le dessin a pénétré de

10 millimètres, et qu'il est d'une belle couleur *émeraude*.

Pour l'exécution de ce travail, nous devons entrer dans quelques détails. Quand on voudra se servir de plusieurs couleurs l'une après l'autre, sans qu'elles se confondent et sans altérer la netteté ni la pureté du dessin, on doit agir de la manière suivante : on doit employer les teintures avec l'esprit-de-vin et l'essence de térébenthine sur le marbre, tandis qu'il est chaud, surtout pour les sujets délicats ; mais le sang-dragon et la gomme-gutte peuvent s'appliquer sur le marbre froid ; il faut pour cela les dissoudre dans l'alcool, et employer la solution de gomme-gutte la première. Celle-ci, qui est assez claire, se trouble au bout de quelque temps, et donne un précipité jaune dont on se sert pour obtenir une couleur plus vive. Les points tracés sont ensuite chauffés en passant sur le marbre, à une distance de 14 millimètres, une plaque de fer chauffée au rouge, ou bien un poêlon rempli de charbon allumé. On laisse refroidir, et l'on repasse de la même manière sur les parties où la couleur n'aurait pas pénétré. Quand la coloration jaune est terminée, on y passe la solution de sang-dragon de la même manière que celle de la gomme-gutte, et tandis que le marbre est chaud : on peut y ajouter de la même manière les autres teintures végétales, qui n'ont pas besoin d'une grande chaleur pour pénétrer le marbre ; enfin, le dessin est terminé par les couleurs alliées à la cire. Celles-ci doivent être appliquées avec la plus grande précaution, parce que la moindre chaleur au-dessus du point nécessaire l'étend plus qu'on ne le veut, ce qui la rend moins propre aux travaux délicats. Ces couleurs ne doivent être appliquées que sur les endroits où l'on veut qu'elles soient fixées : pour cela, on doit jeter dessus de l'eau fraîche de temps en temps et pendant l'opération. Ces couleurs n'altèrent nullement celles du marbre, qu'on doit avoir soin de polir avant de le soumettre à ces opérations ; elles sont d'autant plus belles qu'on emploie moins de couleurs différentes, deux ou trois par exemple.

Procédé d'imitation des marbres, par M. Evrot

Pour imiter le marbre blanc, on fait un stuc avec les matières suivantes :

Huile, blanc de Troyes, blanc de plomb, vernis, essence de térébenthine.

On applique ce stuc au couteau, on retouche à la brosse, on ponce et l'on termine par des glacis.

Pour imiter les marbres de couleur, on emploie des laques ou du bleu.

18. — Métrage des travaux de peinture

Du mesurage en général. — Le mode de mesurer les travaux de peinture se divise en trois parties distinctes, savoir :

1° les objets qui se mesurent en superficie, tels que les murs, lambris, portes et croisées, boiseries, plafonds et corniches, parquets et carreaux, et tous autres qui peuvent se mesurer sur deux di▾

mensions, longueur et largeur ; cette dernière
dimension jusqu'à 16 centimètres et plus ;

2° ceux qui se mesurent linéairement, tels que
plinthes en menuiserie, moulures réchampies d'un
autre ton que les panneaux des boiseries ou autres,
filets, champs, jusqu'à 15 centimètres de largeur,
barreaux de rampes et de grilles et autres équivalents ;

Et 3° enfin ceux qui s'évaluent à la pièce, tels
que pièces de ferrures, rosaces, ornements déta-
chés et autres objets isolés analogues.

La peinture de bâtiments s'exécute sur des objets neufs, tels que plâtres, pierres et boiseries
qui n'en ont jamais reçu, ou sur ces mêmes objets
vieux, c'est-à-dire qui ont déjà été peints. Ces derniers nécessitent toujours des travaux préparatoires avant de recevoir les nouvelles peintures ; et
ces travaux indispensables sont en raison :

1° de l'état des anciennes peintures ;

2° en raison également du nouveau décor qu'ils
doivent recevoir, c'est-à-dire que les grattages,
lessivages, rebouchages, ponçages et autres apprêts
sont plus ou moins soignés, plus ou moins parfaits, selon le luxe qu'on veut apporter dans les
peintures.

L'entrepreneur doit donc s'attacher à charger
des compagnons soigneux d'un travail qui peut
entraîner à de graves inconvénients, lorsqu'il n'est
pas exécuté avec tout le soin qu'il exige, et notamment sur des objets destinés à recevoir de belles
peintures.

Toutes les natures d'ouvrage doivent être désignées sous leurs noms respectifs, et cette distinction doit être conservée dans le timbre (1).

On indique au mémoire le nom des couleurs, si la peinture est d'un seul ou plusieurs tons, si elle est unie ou si elle imite le bois, la pierre, le marbre, le bronze, le coutil, etc., si elle est à l'huile ou à la colle ; on désigne le nombre de couches, de teintes ou de fonds pour les marbres, bois, etc. ; si elles sont vernies, et dans ce cas, le nombre de couches et la qualité du vernis.

A l'*extrait* ou *résumé*, on réunit les tons de valeurs équivalentes; ainsi les bruns et les tons de bois et verts communs, les gris-ardoise, gris-blanc, couleur de pierre, etc., sont confondus.

Les tons clairs, rosés, laqueux, vineux, lilas clair, gris perle, gris de lin, chamois, nankin, paille, etc., etc., sont compris dans une seule et même classe.

Les tons foncés, vert d'eau, lilas, laqueux, jonquille, vert de composition ou jaune de chrome, les bleus de pâte, etc., sont également confondus.

Les autres couleurs, telles que vert fixe, vermillon, bleu pur, etc., forment des articles séparés.

Toutes les natures de bois, racine d'orme, de frêne, d'if, le citronnier, l'acajou, le sapin, l'érable, etc., etc., sont confondues, mais on doit distinguer ceux faits à l'huile de ceux faits au procédé dit *anglais*.

Les marbres sont aussi confondus, quelle que

---

(1) On nomme *timbre* l'explication, dans la marge des mémoires des entrepreneurs, de la nature du travail métré.

soit leur nature ; cependant, si des murs sont dis-
tribués par panneaux avec encadrement ou médaillons de marbres différents, on doit en faire
mention, pour y appliquer un prix en rapport avec
les difficultés du travail.

Pour les coupes de pierre, on distingue ceux
avec filets simples de ceux gravés, et dans ces derniers, on doit expliquer si les joints verticaux sont
aussi à trois filets.

Pour les coutils, on fait connaître la disposition
des rayures.

Pour les granits chiquetés, on fait connaître le
nombre de teintes employées, et pour ceux imitant
les granits des Vosges et de Normandie, on les confond dans les marbres.

Tous les ouvrages préparatoires, tels que époussetage, égrainage, lessivage, brûlage, grattage,
ponçage, rebouchage, sont comptés séparément
des peintures.

Les *grattages* sur murs et plafonds se confondent,
mais on doit les distinguer de ceux faits sur boiseries ornées de moulures, tels que lambris,
portes, etc., et ces derniers de ceux faits sur corniches ou moulures seules.

Quant au *lessivage*, il y en a de deux sortes : celui
fait à l'eau seconde coupée, pour nettoyer d'anciennes peintures et les faire revivre ; et celui fait
à l'eau seconde pure pour enlever le vernis ou pour
dégraisser d'anciennes peintures, afin de pouvoir
peindre de nouveau.

Les *brûlages* sont également de deux sortes, faits
au fourneau ou à l'essence, leur prix comprend

le grattage nécessaire pour faire tomber les peintures brûlées.

Pour les *ponçages*, on indique s'ils sont faits au papier de verre, ou à l'eau et à la pierre ponce ; on distingue ceux sur murs, de ceux sur boiseries ornées de moulures, corniches, etc.

Les *grattages* et *nettoyages* de carreaux, des planchers bas, des appartements, se mesurent aussi en superficie ; on distingue ceux ordinaires faits sur des carreaux anciennement peints ou qui ont déjà été nettoyés, de ceux neufs dont il a fallu gratter les plâtres, et ceux frottés au grès pour abattre les balèvres ; on distingue encore de ceux précédents, les carreaux en liais et marbre noir, en désignant si le lavage est simple, si les carreaux de liais ont été passé au grès, et les carreaux de marbre frottés à l'huile pour leur rendre le brillant.

Les faux frais de peinture consistent dans le loyer d'un magasin, dans la patente et droit proportionnel ; dans l'achat, l'entretien et le renouvellement des outils, tels que brosses de toutes sortes, seaux, baquets, échelles, pierres et mécaniques à broyer, camions en tôle, marmites en fonte, grattoirs, fers à réparer, limes, marteaux, ciseaux, éponges brunes et blondes, et dans le combustible nécessaire pour chauffer la colle, etc. Ces faux frais sont d'un cinquième de la main-d'œuvre.

Travaux qui se mesurent en superficie. — Les mesures se prennent géométriquement, déduction faite de tous les *vides* et *pénétrations*, ainsi que de l'emplacement des *carreaux* dont la surface est moindre de 10 centimètres.

Les carreaux au-dessus de 32 centimètres en

carré sont déduits en diminuant 5 centimètres sur la largeur et 5 centimètres sur la hauteur, pour compenser les épaisseurs des petits bois et réchampissages.

Lorsqu'on n'a pas déduit les carreaux d'une *porte vitrée*, par la raison précitée, on ne doit pas en compter l'épaisseur, mais l'huisserie doit être comptée séparément.

Aux *croisées* dont on a déduit les carreaux, on compte les épaisseurs des dormants et bâtis, en les pourtournant, et la largeur est une réduite entre la gueule de loup (creux fouillé dans le battant du milieu) et le développement des feuillures du dormant.

On ajoute à la hauteur des croisées, 8 centimètres de plus que la hauteur prise entre le plafond du tableau et l'appui pour le développement du jet d'eau et de la pièce d'appui.

Les *persiennes* peintes sur toutes faces se comptent à trois faces pour les deux, lorsque les battants ont 4 centimètres d'épaisseur.

Les *lambris* se mesurent sans développer les moulures, mais on ajoute à la surface obtenue par ce moyen, 1/10, 1/15 ou 1/20 pour leur plus grand développement et pour la plus-value du temps qu'elles exigent. Si ces lambris sont à grands cadres, c'est au métreur, pour la demande de l'entrepreneur, et au vérificateur, lors du règlement, à apprécier dans quelle proportion cette plus-value doit être établie. Le premier la fait valoir plus qu'il peut dans l'intérêt de l'entrepreneur, son client; et le second la réduit à sa proportion la plus équi-

table, afin que le propriétaire ne paye que ce qu'il
doit réellement.

Lorsque dans une corniche il y a un ou plusieurs
membres sculptés, on ajoute, pour chacun de ceux
de 5 à 8 centimètres de développement, 5 centimètres pour le plus grand emploi de marchandises
et de main-d'œuvre ; pour les membres de 8 à
13 centimètres et d'un refouillement profond, on
accorde 11 centimètres de plus.

En général, on développe tous les membres des
moulures de corniches, chambranles et autres,
lorsqu'elles sont en nombre et d'une saillie qui
exige ce développement pour en composer une largeur qui se multiplie par le pourtour.

Si les sculptures ne sont pas réchampies d'un
autre ton, on les comprend dans la surface obtenue
par ces deux termes, sauf à ajouter, comme il est
dit ci-dessus, une plus-value en raison de la multiplicité de ces ornements ; s'ils sont réchampis,
on les compte à part linéairement et on apprécie ce
réchampissage, en ayant égard à la difficulté et
aux soins que le peintre y a apportés.

Les *balcons*, les *rampes*, les *garde-fous à claire-
voie* et autres ouvrages qui peuvent leur être assi-
milés, se mesurent en superficie et lorsqu'il y a
des ornements, enroulements, etc., on les évalue à
face pour face, ou à face 1/2 pour les deux, etc.,
selon l'écartement des barreaux, la quantité d'ornements ou la difficulté du travail.

Ouvrages qui se mesurent linéairement. — Ces travaux sont : les *barreaux*, les *plinthes* et *stylobates*,
les *pilastres*, *colonnes*, *baguettes* de glaces, *moulures*, etc., lorsqu'ils sont seuls et d'une autre cou-

leur que les autres objets dont ils dépendent, et enfin qu'ils n'ont pas plus de 27 centimètres de largeur ; tous ces ouvrages comprennent dans leur prix les travaux préparatoires, on doit donc, en les désignant, faire connaître leur nature, afin de n'en point faire d'articles spéciaux, comme nous l'avons indiqué aux parties superficielles.

Les autres ouvrages qui se mesurent en linéaire sont : les *filets de tables saillantes* ou *renfoncées, filets étrusques* ou à plat ; *filets d'épaisseur* ombrés ou éclairés, ceux de *refend* ou d'*assises* (ces derniers sont compris dans la façon de la coupe de pierre faite par le peintre de décors), les *panneaux* et *moulures feints*, en indiquant le nombre de filets et de moulures à l'effet dont ils se composent, avec les clairs et les repiqués ; et on applique à ces travaux un prix par mètre linéaire, en raison de la complication et de la perfection de ces panneaux.

Les *treillages* de jardin, dont les mailles ne dépassent pas 8 centimètres carrés, se comptent comme pleins et à deux faces, à cause de l'épaisseur des brins, du temps et de la couleur employés pour le tamponnage des jonctions.

De 9 à 12 centimètres, les deux faces pour une face et demie ;

De 13 à 15 centimètres, une face un quart pour les deux ;

De 16 à 18 centimètres, les deux faces pour une ;

De 19 à 22 centimètres, les deux faces pour trois quarts de la superficie ;

Et enfin de 23 à 25 centimètres, les deux faces pour une demi-face seulement.

Si ces treillages ne sont peints qu'à une seule

face, on réduit les diverses évaluations ci-dessus à
moitié et l'on ajoute un sixième en sus pour les
épaisseurs, comme il est dit plus haut. Ainsi, par
exemple, un treillage de 16 centimètres est compté
pour 5/12, etc.

Les *grillages en fil de fer* sont comptés comme
pleins lorsque leurs mailles ne dépassent pas
37 millimètres ; de 35 à 55 millimètres, on les
compte à trois quarts par face, et au-dessus pour
moitié.

Travaux estimés à la pièce. — Ces travaux sont :
les *contre-cœurs de cheminées*, les *retours de jambages*, les *chambranles*, les *poêles*, les *ferrures*, parmi
lesquelles on confond les espagnolettes, pour trois
ferrures par mètre de longueur, poignée et support comptés à part chacun pour une pièce.

Les *lettres* et *chiffres* se comptent à la pièce pour
celles ordinaires, en indiquant si elles sont simples, ombrées, repiquées et éclairées. On confond
ordinairement dans le même prix les lettres de 3 à
12 centimètres, celles de 16 centim., celles de 17 à
22 centim., celles de 23 à 30, et enfin celles de 31
à 35 ; au-dessus de ces dimensions, elles augmentent de prix par 3 centimètres.

Celles en or se comptent par 22 millimètres de
hauteur ; mais le prix augmentant selon la largeur
du plein, on doit indiquer, en outre des hauteurs,
les largeurs des pleins.

Pour les lettres *monstres* ou de caprice, on traite
de gré à gré.

On compte encore à la pièce les *portes* et les *croisées feintes*, les *attributs*, tels que trophées, cou-
ronnes, ceps de vigne, tableaux d'enseigne, etc. ;

on doit en donner la description, les dimensions principales, et faire connaître le degré de perfection du travail, car ici ce sont des travaux artistiques qui ne peuvent être appréciés et portés à leur valeur réelle que par un artiste même.

Tous les objets de cette nature doivent comprendre, dans le prix demandé, tous les apprêts, couches de fond, et en général tous les ouvrages préparatoires qu'il a fallu faire pour les établir.

Les prescriptions que nous venons d'indiquer ont trait aux ouvrages ordinaires couramment exécutés, les autres travaux se règlent d'après des conventions débattues.

19. — Prix des ouvrages de peinture

(Voir ces prix dans les Tableaux des pages suivantes.)

PRIX DE DÉBOURSÉS
DANS LES TRAVAUX DU BATIMENT
PEINTURE

Heures Matériaux	Unités	Déboursés
HEURE DE JOUR (été comme hiver), compris outillage :		
de peintre en bâtiments (prix moyen)	l'heure	0 fr. 75
de peintre en décors —	—	0 95
de garçon gardien de rue —	—	0 40
MATÉRIAUX, compris transport à pied d'œuvre :		
Blanc pur, zinc n° 1, en poudre n° 1.	le kilogr.	0 70
— — broyé n° 1.	—	0 80
— de neige en poudre.	—	1 15
— — broyé à l'huile.	—	1 30
— de céruse en poudre plomb pur	—	0 63
— — surfine, broyée à l'huile, plomb pur.	—	0 67
— de Bougival, Meudon, etc.	1040 pains	7 50
Bleu de Prusse, 1ʳᵉ qualité, broyé à l'huile.	le kilogr.	6 50
— d'outremer, broyé à l'huile.	—	3 50
Brun Van-Dyck, 1ʳᵉ qualité, broyé à l'huile.	—	2 »
Bronze en poudre, vert, jaune, blanc, cramoisi	le paquet	1 »
Calicot blanc ou écru, de 0.84 à 1ᵐ de largeur	le mètre	0 40
Colle de pâte	le kilogr.	0 10
Colle de peau double.	—	0 25

Cire jaune à frotter, en briques.	le kilogr.	3 fr. 75
— blanche vierge.	—	5 50
Couleur détrempée huile, prix moyen	—	1 »
Eau de cuivre.	le litre	0 80
— seconde.	—	0 30
Encaustique à l'eau	—	0 50
— à l'essence, à la cire jaune.	le kilogr.	2 30
Esprit de sel pour nettoyer.	—	0 35
Essence de térébenthine.	—	0 98
Goudron de Norvège.	—	0 50
Huile de lin épurée.	—	1 15
— blanche ou d'œillette	—	1 38
— grasse.	—	2 »
— cuite (siccatif)	—	1 25
Jaune de chrome n° 1, gros pains	—	4 50
— — pains moyens	—	3 50
— — broyé à l'huile.	—	6 50
Laque en grains pour bâtiment	—	5 »
— broyée à l'huile	—	7 »
— fine, en grains.	—	16 »
— fine, broyée à l'huile.	—	20 »
Litharge.	—	0 70
Mastic ordinaire, huile 1ʳᵉ qualité.	—	0 20
Mine de plomb.	—	0 50
Minium de plomb, 1ʳᵉ qualité, pur en poudre.	—	0 60
— — pur préparé.	—	0 90

Matériaux	Unités	Déboursés
Noir de fumée, ordinaire.	le kilogr.	2 fr. 40
— fin.	—	3 80
Noir de charbon en poudre.	—	0 30
— broyé à l'huile.	—	0 70
Noir d'ivoire, en poudre	—	4 »
— broyé à l'huile	—	5 80
Ocre de Rue, en poudre	—	0 50
— broyée à l'huile	—	1 30
Ocre jaune et rouge lavée, en poudre.	—	0 . 20
— broyée	—	0 60
— n° 1, en poudre	—	0 40
— broyée	—	0 60
Papier de verre.	les 100 feuilles	4 »
— métallique, doublé d'étain, le rouleau de 8ᵐ × 0.50. . .	—	4 »
Peinture vernissée.	le kilogr.	2.50 à 3.50
Pierre ponce en pierre ou en poudre.	—	0 50
Produits hydrofuges :		
Ciment porcelaine antinitreux, de Candelot,		
n° 1, ton porcelaine. . . . . / .	—	1 80
n° 2, ton pierre.	—	1 55
Enduit caoutchouc Gaudin.	—	1 80
Enduit hydrofuge Caron.	—	2 »
Enduit T B, contre l'humidité, à base métallique.	—	1 10

Enduit hydrofuge Moller.	le kilogr.	1 fr. 80
— E H, hydrofuge incolore.	le litre	3 · »
Siccatif brillant, à l'esprit-de-vin.	le kilogr.	1 80
— liquide, dit du soleil.	le litre	3 50
Terre d'Ombre et de Sienne, surfine, broyée pour décors . . .	le kilogr.	2 40
— brûlée, en poudre impalpable . .	—	1 75
Vermillon, de France, en poudre F F	—	11 »
— d'Allemagne, en poudre, Autriche D T.	—	12 »
Vernis ordinaire, 1ʳᵉ qualité :		
copal n° 1, pour intérieurs.	le litre	2 50
gras n° 1, pour décors, intérieurs	—	3 »
— — extérieurs	—	3 50
Vernis supérieur, marques françaises et anglaises n° 3, à polir.	—	3 50
— dit surfin, n° 2	—	5 40
— dit surfin, n° 1, 1ʳᵉ qualité, pour travaux		
soignés, pour extérieurs et par ordre écrit	—	7 20
Vert métis, en poudre, extra-fin.	le kilogr.	3 »
— broyé à l'huile	—	3 80
Vert milori, 1ʳᵉ qualité, en grains.	—	5 »
— broyè à l'huile.	—	6 »
Vert anglais, en poudre.	—	1 10
— broyé à l'huile	—	2 »
Vitriol.	le litre	0 30
Zumatic.	le paquet	1 »

DORURE

Heures	Matériaux	Unités	Déboursés	
HEURE DE JOUR:				
de doreur, été comme hiver (outillage compris)		l'heure	1 fr.	»
MATÉRIAUX, compris transport à pied d'œuvre :				
Absinthe en herbe		le kilogr.	0	60
Bol d'Arménie		—	10	»
Blanc de Bougival		les 1040 pains	8	»
Blanc de céruse, en pierre		le kilogr.	0	56
Colle double, à doreur		—	0	22
— de parchemin		—	0	30
— de peau de lapin		—	0	16
Couleur détrempée à l'huile		—	1	05
Esprit-de-vin à 36°		—	3	»
Essence		—	1	25
Huile grasse		—	1	65
Mastic à l'huile, 1re qualité		—	0	20
Mixtion détrempée		—	2	50
Argent, 40 livrets de 25 feuilles chacun		les 1000 feuilles	20	»
Or jaune, 40 livrets de 25 feuilles d'or chacun, de 0.085 × 0.085, au titre de 925, pesant 12 grammes		—	62	»
Or citron, 40 livrets en feuilles semblables aux précédents, mais au titre de 888, pesant 12 grammes		—	62	»
Or vert, livrets en feuilles semblables, mais au titre de 735, pesant 12 grammes		les 1000 feuilles	50 fr.	»
Papier de verre		les 100 feuilles	3	75
Pierre ponce, en pierre ou en poudre		le kilogr.	0	50
Platine, 40 livrets de 25 feuilles, de 0.085 × 0.085		les 1000 feuilles	80	»
Teinte dure		le kilogr.	1	10
Vernis gomme laque, pour doreur		—	3	50
— Sœhnée . . . . •		le litre	12	»
Vermillon de France, broyé à l'huile		le kilogr.	11	»

VITRERIE

Heures	Matériaux	Unités	Déboursés	
HEURE DE JOUR, de vitrier, été et hiver (outillage compris) . . .		l'heure	0 fr.	80
MATÉRIAUX :				
Blanc de Bougival		les 1040 pains	7	50
Huile de lin, épurée		le kilogr.	1	15
Mastic à l'huile, 1re qualité		—	0	28
Pointes (4,720 pointes environ)		—	1	55
Verre demi-blanc, dans les 12 mesures courantes du commerce :				

0.69 × 0.66	0.81 × 0.57	0.96 × 0.48	1.14 × 0.39
0.72 × 0.63	0.87 × 0.54	1.02 × 0.45	1.20 × 0.36
0.75 × 0.60	0.90 × 0.51	1,08 × 0.42	1.26 × 0.33

Matériaux	Unités	Déboursés	
Prix du verre simple, la caisse de 2ᵉ choix du commerce. . .		70 fr.	»
— — de 3ᵉ choix — . . .		51	»
— — de 4ᵉ choix — . . .		46	»
Chaque caisse contient en verre simple, 60 feuilles.			
— en verre demi-double, 40 —			
— en verre double, 30 —			
La feuille est comptée pour une surface moyenne de 0ᵐ²45.			
Le mètre superficiel revient à :			

Verre	Poids du mèt. carré	2ᵉ choix	3ᵉ choix	4ᵉ choix
Simple.	4ᵏ »	2ᶠ59	1ᶠ89	1ᶠ70
Demi-double	6 250	3 88	2 83	2 56
Double.	8 »	5 18	3 78	3 41

Matériaux	Unités	Déboursés	
Verre cannelé, simple, dans les 12 mesures courantes du commerce.	la feuille	2	»
Verre dépoli, dans les 12 mesures courantes du commerce :			
simple.	—	1	40
demi-double	—	1	82
double.	—	2	25

MIROITERIE

Heures Matériaux	Unités	Déboursés
HEURE de miroitier (été et hiver), premier ouvrier.	l'heure	0 fr. 80
second ouvrier ou aide. . . .	—	0 70
MATÉRIAUX :		
Verres blancs (dits glaces cathédrales),		
— unis ou sablés,		
— à reliefs (rayés ou losangés),		
Epaisseur de 4 à 6 millimètres, ayant jusqu'à 3^m de longueur ou 0^{m}99 de largeur et ne dépassant pas 2 mètres carrés. .	le mètre superf.	4 40
Verres blancs à grands losanges, dits verres à vitraux, dans les mêmes dimensions que ci-dessus.	—	5 40
Glaces brutes ordinaires, pour toitures, pour des volumes de moins de 10 mètres superficiels, de 6 à 8 millim. d'épaisseur.	—	7 »
de 10 à 13 millim. —	—	8 10
Les dimensions sont facturées de 3 en 3 centimètres.		
Glaces non étamées, mais polies aux deux faces.		
Le prix de ces glaces est basé sur le tarif des glaces des manufactures françaises au 1er janvier 1884.		

Matériaux	Unités	Déboursés
Dalles brutes, unies ou quadrillées, coulées ou moulées, ayant moins de 35 millimètres d'épaisseur, unies	le kilogr.	0 fr. 54
quadrillées	—	0 63
Le poids par mètre carré et par centimètre d'épaisseur est d'environ 25 kilogrammes. Les dimensions sont comptées de centimètre en centimètre.		
Pavés en verre, pièces moulées, ou dalles brutes, de 35 millimètres d'épaisseur et au-dessus	—	0 81
Les frais de moule sont à la charge de l'acheteur.		

VITRAUX

Heures — Matériaux	Unités	Déboursés
HEURE de coupeur.	l'heure	0 fr. 90
de monteur.	—	0 80
MATÉRIAUX :		
Verre blanc simple, 2ᵉ choix	le mètre superf.	2 59
Verre coulé, dit anglais : blanc.	—	4 »
teinté.	—	5 50
de couleur.	—	6 »
Verre granulé, coulé ou à l'acide : blanc.	le mètre superf.	7 fr. 50
teinté	—	8 »
couleurs	—	9 »
rouge foncé.	—	12 50
rouge clair.	—	13 50

	Unités	Déboursés		
		Verre simple	Verre demi-double	Verre double
Verres de couleur plaqués :				
Blanc émaillé demi-transparent. . . .	le mètre superf.	4 fr. 60	5 fr. 75	6 fr. 90
Blanc émaillé	—	15 »	17 »	20 »
Bleu sur blanc, teinte unie ou dégradée.	—	9 »	13 50	17 »
Jaune à l'argent.	—	12 »	14 »	16 »
Rouge sur blanc.	—	6 »	9 »	11 75
Rouge sur jaune.	—	10 »	15 »	19 »
Rose à l'or.	—	» »	35 »	» »
Vert sur blanc.	—	12 50	18 »	24 »
Violet sur blanc.	—	9 »	13 »	17 »
Verres colorés dans la masse :				
Bleu cobalt clair.	—	5 »	7 50	10 »
— foncé et mixte	—	5 50	8 »	11 »
Bleu ordinaire, mixte et foncé. . . .	—	6 50	9 50	12 »
— riche, tous les tons . .	—	7 »	10 »	13 50

Matériaux	Unités	Déboursés		
		Verre simple	Verre demi-double	Verre double
Verres colorés dans la masse :				
Bleuâtre.	le mètre superf.	2 fr.50	3 fr.75	5 fr. »
Bois brun clair	—	5 »	7 50	10 »
Grisâtre.	—	2 50	3 75	5 »
Jaunâtre	—	2 50	3 75	5 »
Jaune ordinaire	—	5 »	7 50	10 »
— xiiie siècle.	—	5 25	8 »	10 50
Noir opaque.	—	2 25	3 75	5 »
Verdâtre.	—	2 50	3 75	5 »
Vert clair	—	5 25	8 »	10 50
Vert olive.	—	6 »	9 »	11 50
Vert russe et émeraude.	—	8 »	12 »	15 50
Violet ordinaire	—	5 »	7 50	10 »
— xiiie siècle.	—	5 25	8 »	10 50
— riche.	—	6 »	9 »	11 50
Verres cannelés et losangés : même prix que ci-dessus, avec une plus-value de 2 fr. 50 par mètre carré.				

Matériaux	Unités	Déboursés
Cives et Cabochons (toutes dimensions) :		
Toutes nuances, non bordées	le cent	15 fr. »
Opales.	—	25 »
Rouges	—	40 »
Taillées carrés, losanges, ronds, de 0.03 :		
Blancs ou de couleurs.	—	15 »
Roses à l'or.	—	25 50
Etain : suivant le cours.		
Plomb : simple plat, de 0.004 de largeur	le mètre linéaire	0 15
— de 0.005 —	—	0 12
— de 0.006 —	—	0 23
— rond avec filet, 1/3 en plus des prix ci-dessus.		

TENTURE

Heures	Matériaux	Unités	Déboursés
HEURE DE JOUR de colleur, été et hiver, compris outillage. . . .		l'heure	0 fr. 75
MATÉRIAUX :			
Bandes en tôle, de 0.027 de largeur.		le mètre linéaire	0 22
— en zinc n° 12, de 0.027 de large, le rouleau de 100^m, 11 fr.		—	0 11
— en zinc n° 10, à T, de 0.05 de développement		—	0 17

Matériaux	Unités	Déboursés	
Calicot blanc, de 0.84 à 1ᵐ de large.	le mètre linéaire	0	40
— écru, de 0.95 de large.	—	0	40
Colle de pâte	le kilogr.	0	10
Molleton, largeur 1ᵐ40.	le mètre linéaire	1	30
Papier gris, azuré, rose, pâte bien collée et sans bouton, pesant 21ᵏ la balle de 100 rouleaux, ayant chacun 8ᵐ × 0.50.	100 rouleaux	15	»
— bulle ou blanc, pesant 23 kilogr. la balle.	—	19	»
— goudron Cardon.	le mètre superf.	0	15
— bleu pour armoires ou rayons, la rame de 20 mains, donnant une surface de quatre mètres par main. . .	la rame	4	»
— métallique doublé d'étain, le rouleau de 8 feuilles de 100 × 0.50, pesant 1 kilogr.	le rouleau	4	»
Pointes, le paquet de 5 kilogr., 4 fr. 75	le kilogr.	0	95
— par moins de 5 kilogr.	—	1	40
Pointes galvanisées à zinc.	—	1	70
Semences par paquet de 5 kilogr., 4 fr. 50.	—	0	90
— par moins de 5 kilogr.	—	1	20
— galvanisées, par paquet, 6 fr. 75	—	1	35
— par moins de 5 kilogr.	—	1	80
Toile, dite de Paris, de 1.10 de largeur, la pièce de 64 mètres, 30 fils par décimètre carré, 8 fr. 75	le mètre linéaire	0	14
Toile forte, pour charnières de paravents, de 0.80 de largeur. .	—	0	80

PRIX DE RÈGLEMENT

DANS LES TRAVAUX DU BATIMENT

PEINTURE

Observation générale. — Les prix de règlement ci-après sont composés :

1° Des déboursés pour la main-d'œuvre et fournitures;

2° Des faux frais évalués sur la main-d'œuvre seulement et fixés à 20 0/0.

3° Des bénéfices appliqués aux prix de main-d'œuvre et des fournitures et aux faux frais fixés à 10 0/0.

Heures	Prix de règlement
HEURE DE JOUR :	
De peintre en bâtiment, été et hiver, compris outillage	1 fr. »
De peintre en décors, bois et marbres	1 25
De garçon gardien de rue.	0 55
Les heures de nuit seront payées le double des heures de jour.	
Les heures supplémentaires, même prix que celles de jour.	
Les matériaux pour fourniture seulement seront comptés aux prix de déboursés augmentés du bénéfice de 10 0/0.	

Désignation des travaux

MANIÈRE DE MESURER LES TRAVAUX

s travaux comptés au mètre superficiel seront mesurés comme suit :
Suivant les mesures réelles et avec déduction de tous les vides dans leurs dimensions réelles.

En ajoutant les épaisseurs et les développements des dormants, des feuillures, noix, gueules-de-loup, jets d'eau, moulures, etc.

Il ne sera fait aucune déduction pour les verres ayant moins de 0.66 à l'équerre.
es verres ayant plus de 0.66 seront déduits suivant leurs dimensions, diminuées de 0.05 sur les deux sens.
es petits bois encadrant les verres seront développés et comptés pour l'excédent réel de la surface.

Les persiennes seront comptées sans développements ni épaisseurs, compris toutes ferrures, sauf celles réchampies dans les ravalements en pierre qui seront comptées à part.
n comptera ainsi :
Persienne à deux vantaux, 3 faces pour 2.
— à quatre vantaux, 4 faces pour 2.
— à six vantaux et au-dessus, 5 faces pour 2.
Les treillages seront comptés, y compris deux faces de poteaux, dont les deux autres faces seront comptées pour leur surface réelle, de la façon suivante :
Treillages à maille : de 0.05 et au-dessous, 3 faces pour 2.
de 0.051 à 0.08, 2 faces 1/2 pour 2.
de 0.081 à 0.11, 2 faces pour 2.

de 0.111 à 0.15, 1 face 1/2 pour 2.
de 0.151 à 0.20, 1 face pour 2.
Les grillages avec châssis d'encadrement seront mesurés :
Ceux à mailles de 0.019 et au-dessous, 3 faces pour 2.
de 0.020 à 0.024, 2 faces 1/2 pour 2.
de 0.025 à 0.029, 2 faces pour 2.
de 0.030 à 0.040, 1 face 1/2 pour 2.
de 0.041 à 0.050, 1 face pour 2.
es ornements seront comptés à trois fois la surface réelle, la mesure prise sans aucun développement.
ous les travaux préparatoires, les couches de peinture et de vernis comprendront l'époussetage préalable.

TRAVAUX PRÉPARATOIRES (au mètre superficiel)	Prix de règlement
poussetage sur plafonds, murs et boiseries	0 fr. 04
grenage de plâtres neufs, compris époussetage.	0 06
Au grattoir affilé pour unir d'anciens fonds à l'huile	0 20
rattage à vif :	
De papiers ordinaires.	0 20
De papiers à dessins veloutés ou gaufrés	0 42
De papiers veloutés, cuir repoussé	0 53
Grattage et brûlage de vieilles peintures cloquées et faïencées, ou vieilles détrempes vernies avec lessivage nécessaire :	
sur parties unies	1 95
sur parties moulurées compris dégorgement des dites	3 20

Désignation des travaux	Prix de règlement

Grattage et brûlage de vieilles peintures, etc. (suite) :
Brûlage au réchaud à gaz, le gaz fourni par le propriétaire :

sur parties unies	1 fr. 71
sur parties moulurées	2 70
D'ancien dépoli avec lessivages nécessaires	0 50
De vieilles peintures salpêtrées	0 20

Lavage à l'eau :

De peintures à l'huile vernies ou non	0 10
De détrempe, sur plafonds ou murs	0 12
— sur parties moulurées	0 15

Rebouchage :

Au mastic à la colle	0 12
— à l'huile, teinté ou non, à plusieurs couches	0 23
— — à une couche	0 13
— céruse ou zinc, à plusieurs couches	0 30
— —. à une couche (entretien)	0 16
— au vernis et à la céruse, pour peintures polies	1 05

Enduit au mastic :
Ordinaire à l'huile, à une couche, non compris ponçage,

sur mur ou plafond	0 60
sur parties moulurées, les moulures non comprises	0 84

Soigné, à deux couches, au blanc de céruse mélangé de blanc de Meudon, compris rebouchages, ponçages et dégorgement de moulures :

sur plafonds, murs ou boiseries unies	1 fr. 12
sur parties moulurées, les moulures rebouchées, mais non enduites	1 70
— avec les moulures enduites	2 30
Enduit au vernis, sur bois, marbre et décors	2 20

Lessivage :

A l'eau seconde, compris époussetage	0 14
A la potasse pure, sur d'anciens fonds pour enlever le vernis ou l'encaustique	0 23

Ponçage :

A sec, pour travaux ordinaires, au papier de verre	0 12
sur plâtre cru, sur corniche, pour travaux soignés	0 15
A l'eau, à la pierre ponce :	
sur parties unies	2 05
— moulurées	4 10

Echafauds :

Pose et dépose, échafauds volants jusqu'à 10 mètres	12 50
au-dessus de 10 mètres (le mètre linéaire)	1 25
Location par jour de 1 à 5 mètres	2 »
au-dessus de 5 mètres (le mètre linéaire)	0 40

OUVRAGES A LA CHAUX (au mètre superficiel)

Badigeon à la chaux et à l'alun, compris époussetage et égrenage :

deux couches	0 30
sur ravalement extérieur à la corde à nœuds	0 35
pour grattage à vif de l'ancien badigeon	0 40
sur moellons vieux	0 32

Désignation des travaux	Prix de règlement
OUVRAGES A LA COLLE	
Encollage à la colle de peau, une couche.	0 fr. 14
Blanc ou *détrempe*, sur plafonds, boiseries et murs :	
Ordinaire, une couche sur une couche d'encollage.	0 15
Blanc de zinc pour travaux soignés, par chaque couche	0 20
OUVRAGES A L'HUILE	
Huile bouillante :	
En première couche, le mètre superficiel.	0 39
En deuxième couche, —	0 30
Huile :	
Pour impression, une couche	0 35
Pour travaux ordinaires, chaque couche sur ancien fond.	0 38
Pour travaux soignés, chaque couche sur impression ou ancien fond, compris rebouchage et ponçage avant chaque couche	0 50
Plus-values pour emploi de couleurs fines, chaque couche.	0 05 à 0 20
Pour peintures au vernis, par couche.	0 08
Pour chaque réchampissage.	0 10
Teinte dure pour travaux polis, chaque couche.	0 40
Peinture sur fer ou fonte :	
Au minium, oxyde de fer ou goudron, chaque couche.	0 35
Noir au vernis, chaque couche.	0 47

Vernis :	
Ordinaire, copal n° 1 ou gras n° 1,	
pour intérieurs, chaque couche.	0 fr. 44
Ordinaire gras n° 1 et vernis supérieur,	
pour extérieurs et intérieurs, chaque couche.	0 49
Vernis supérieur n° 2, pour travaux soignés, chaque couche.	0 62
— dit surfin, chaque couche.	0 70
PARQUETS ET CARREAUX MIS EN COULEUR	
Siccatif brillant, à l'esprit-de-vin, une couche	0 45
— en deuxième couche	0 40
A la colle, une couche.	0 14
Chaque couche en plus	0 10
A l'huile, une couche.	0 32
Chaque couche en plus	0 29
Parquet :	
Balayé et frotté.	0 12
Lavé à l'eau.	0 08
Gratté et lavé	0 13
Gratté et lavé et passé partiellement à la paille de fer	0 18
Passé à fond à la paille de fer, compris grattage et lavage	0 40
Mis à l'encaustique, à la cire et à l'eau, teinté ou non et frotté.	0 20
A la cire et à l'essence et frotté	0 40
Marche, encaustiquée à la cire et à l'eau et frottée (la pièce).	0 18
— encaustiquée à la cire et à l'essence et frottée.	0 30

Désignation des travaux	Prix de règlement

Carreaux :

Lavés à l'eau	0 fr. 08
Grattés et lavés . . . . :	0 12
Lavés et passés au grès avec carreaux noirs passés à la cire ou à l'huile.	0 65
Lessivés à l'eau seconde et passés à l'huile ou à la cire	0 65
Lessivés à l'esprit de sel et passés au grès	0 50

OUVRAGES DE DÉCORS

Filage

Coupe de pierre sans frottis, compris tracé et fourniture de couleurs (au mètre superficiel) :

A un filet d'un seul ton.	0 45
A un filet, deux tons mélangés	0 50
A trois filets gravés pour les refends horizontaux, avec filet d'un seul ton pour les refends verticaux.	0 80
A trois filets pour les refends horizontaux et verticaux	0 95
Plus-value pour coupe de pierre avec frottis d'appareil	0 17

Briques sur fond à l'huile, compris tracé et fourniture de couleurs :

Avec filets d'appareil sans frottis (le mètre superficiel).	1 75
Plus-value pour frottis ordinaire.	0 25

Filet et *galon* (au mètre linéaire) :

Tracé préparatoire au crayon pour figurer panneaux au moyen de fausses moulures, lambris ou sur papier marbre, à l'essence	0 05

Filet sec, à l'huile pour joints d'assises	0 fr. 10
Filet étrusque de toutes couleurs à une couche, jusqu'à 0.01 de large. . . .	0 11
— — jusqu'à 0.08 de large. . . .	0 19
pour chaque centimètre en plus.	0 01

Filet repiqué et adouci :

Pour tables saillantes ou renfoncées et filets d'épaisseur.	0 18
Avec épaisseurs ou ombres de 0.03 à 0 05 de largeur	0 24

Corde (au mètre linéaire) :

Feintes modelées à un ton.	2 »
Feintes sur baguettes. . . . . :	2 75

Barreaux en fer, jusques et y compris 0.14 de développement :

Lessivé, compris grattage.	0 02
En minium, compris égrenage, une couche.	0 05
Enduit soigné, poncé	0 25
A l'huile, pour chaque couche.	0 05
Vernis, une couche.	0 06
Bronzé à l'effet pour façon, compris fourniture de couleur	0 17
Bronzé en plein à la poudre sur une couche de mixtion	0 25

Plus-value pour emploi de couleurs fines pures, sans mélange de blanc, 1/10 des prix ci-dessus.

Moulures en blanc d'argent, chaque couche. 0   11

En laque ou vermillon, chaque couche. 0   14

Plinthes et *bandeaux* à deux rives de 0.15 de large au plus :

Lessivé seulement	0 02
Enduit soigné et poncé	0 20

Désignation des travaux	Prix de règlement
linthes et *bandeaux* à deux rives, etc. (suite) :	0 fr. 09
Huile, une couche avec rebouchage.	0 06
— chaque couche en plus	0 07
Vernis, une couche.	0 22
Façon décor	0 02
Raccordé en décor avec frottis et par touches.	0 07
Encaustiqué et lustré.	
OUVRAGES A LA PIÈCE	
Anglaise. De toutes couleurs ou plaques de propreté, au vernis	0 21
Contre-cœur de cheminée, à la colle, compris nettoyage.	0 34
— à la mine de plomb.	0 40
Chambranle de cheminée :	
Nettoyé, à la capucine, compris foyer	0 32
— à modillons, consoles ou pilastres.	0 48
Encaustiqué, à la cire, à l'essence et frotté, à la capucine	0 35
— à modillons, etc	0 40
Persienne, à deux ou quatre vantaux :	
Déposée et reposée, ou peinte sur place jusqu'à 2.50 de hauteur (la paire).	0 60
Au-dessus de 2.50 de hauteur	0 85
Pièces de ferrure :	
Réchampies à l'huile ou au vernis, chaque couche	0 05
En décor ou en bronze, y compris la plus-value de réchampissage	0 12
Nettoyée à l'alcali (ferrure dorée au four), la pièce	0 10

LETTRES PEINTES

Lettres peintes à une couche de toutes couleurs :

Romaines, capitales, à plat :

jusqu'à 0.30 de hauteur, le mètre linéaire	0 fr. 80
de 0.31 à 0.50 —	1 »
de 0.51 à 1.00 —	1 25
au-dessus de 1.01 —	1 50

Jaunes ou blanches, à deux couches, moitié en plus.
Spaltées ou ombrées, moitié en plus des prix ci-dessus pour chaque opération.
Repiquées, un tiers en plus.
Sur étoffe (sauf celles sur calicot), plâtre cru ou crépi, un quart en plus.
Égyptiennes monstres, un quart en plus.

De toutes couleurs et de toutes formes, imitation relief et gravure	3 »
De toutes couleurs, relevées d'épaisseur, en or	5 »

Lettres dorées unies :

jusqu'à 0.15 de hauteur, le mètre linéaire	6 »
de 0.16 à 0.35 —	7 »
de 0.36 à 0.65 —	11 »
de 0.66 à 1.00 —	15 »

Lettres dorées platinées, 1/5 en plus des lettres dorées unies.

TENTURE

Heures	Désignation des travaux	Prix de règlement
HEURE DE JOUR : de colleur, compris outillage (été comme hiver)		1 fr. »
MATÉRIAUX :		
Papier fourni, collé sur mur :		
— gris bis, le rouleau		0 56
— bulle, blanc azuré ou rose, le rouleau.		0 61
— goudron, le mètre carré		0 43
— bleu, le rouleau.		0 62
Plus-value pour collage en plafond, le rouleau		0 06
— pour collage du papier bleu dans les armoires		0 20
Papier métallique doublé d'étain :		
Fourni et collé à la colle de pâte (le mètre carré).		2 »
Fourni et collé à la céruse, y compris l'impression à l'huile et l'encollage avant la tenture		3 70
Plus-value pour plafond.		0 33
Toile (le mètre superficiel) :		
neuve, fournie, tendue, cousue, compris marouflage et remplis, mais sans bordage		0 43
vieille, détendue et retendue, marouflée, sans bordage.		0 26
Plus-value pour plafond.		0 04
Bandes, pour fourniture et pose :		
En papier gris, posées à l'eau pour bordage de toile et de porte sous tenture.		0 05
En double papier gris, posées à l'eau sur huisseries et bois apparents . .		0 fr.06
Plus-value pour pose en plafond.		0 015
De toile forte de 0.10 de largeur, fournie et collée à la colle de pâte . . .		0 18
En tôle de 0.027 de largeur, fournie et posée avec vis.		0 46
En zinc n° 12, de 0.027 de largeur, fournie et clouée.		0 32
dépose, redressage et clouage à neuf.		0 20
Collage (au rouleau de 8ᵐ de longueur d'impression effective) :		
De papier, de 0.47 de largeur d'impression :		
naturel, sans impression.		0 46
ordinaire, imprimé, sans fond ou sur fond mat ou satiné dont le prix d'achat est inférieur à 1 fr. 50		0 53
le même, mais dont le prix d'achat est supérieur à 1 fr. 50.		0 59
imprimé sur fond ou verni ou doré		0 59
imprimé sur fond mat et verni ou doré.		
imprimé en velouté sur fond mat ou satiné		
fond uni mat, satiné clair ou bronzé		0 66
carton à relief, velouté, collé à joints vifs, compris sous-joints. . .		1 32
cuir repoussé à joints vifs et sous-joints		1 58
Collage par panneaux, d'un seul morceau de papier mat, satiné, velouté ou cheviotte, le mètre carré		0 66
Par lé de papier dont le dessin n'occupe que partiellement la hauteur du lé. Ce papier donnant 2, 3 ou 4 lés au rouleau, le lé sera payé 3/4, 1/2 ou 3/8 du collage d'un rouleau de même nature.		
Collage de cuir japonais :		
de 0.57 de largeur, le mètre carré.		0 50
de 0.90 —		0 70

Désignation des travaux	Prix de règlement
ose de toile peinte ou imprimée, clouée et tendue, le mètre carré	0 fr. 46
Plus-value en plafond.	0 13
De molleton, le mètre carré	0 24

DORURE

BSERVATION GÉNÉRALE. — Pour la dorure, les faux frais sont fixés à 15 0/0;
les bénéfices à 10 0/0.

Heures	Désignation des travaux	Prix de règlement
EURE DE JOUR : de doreur		1 fr. 25

MODE DE MESURAGE DE LA DORURE

ous les travaux sur parties unies ou moulurées seront mesurés suivant
leur surface réelle en œuvre développée, sans plus-value pour la difficulté
pour atteindre les fonds.

our les moulures sculptées, la surface s'obtiendra en pourtournant toutes
les sinuosités de la sculpture dans le sens de la longueur, la largeur étant
seulement prise en considérant seulement la forme du profil. Si la partie
sculptée présente une surface assez grande pour y appliquer la feuille
d'or entière, elle sera comptée comme une partie unie.

Dorure à l'eau (au mètre superficiel) :	
Or jaune, au titre de 925, pesant 12 grammes les mille feuilles de 0.085 × 0.085.	
Dorure mate : sur parties unies sur apprêts.	71 fr. 77
— sur parties sculptées avec apprêts.	84 54
Dorure brunie sur parties unies.	88 98
— sur parties sculptées.	119 53
Dorure à l'huile :	
Or jaune, au titre de 925, pesant 12 grammes les mille feuilles de 0.085 × 0.085,	
sur parties unies	29 32
sur parties sculptées.	40 10
Dorure au cuivre :	
sur parties unies avec apprêts composés d'un époussetage, une couche de mixtion et dorure au cuivre.	12 64
sur parties sculptées avec même apprêt.	17 94

VITRERIE

BSERVATION GÉNÉRALE. — Pour la vitrerie, les faux frais sont fixés à 15 0/0;
les bénéfices à 10 0/0.

Heures	Prix de règlement
HEURE DE JOUR : de vitrier	1 fr. 01

Désignation des travaux	Prix de règlement

OUVRAGES AU MÈTRE SUPERFICIEL ET LINÉAIRE

Dépolissage de verres simples, demi doubles et doubles, compris risques de casse, dans les mesures du commerce .... **1 fr. 50**

— de verres hors mesures, unis, striés, etc., avec risques **2 45**

— à l'acide, toutes dimensions .... **4 »**

Liens de plomb fournis et posés, la pièce **0 04**

Nettoyage de carreaux. Chaque face de moins de 1.10 à l'équerre, la pièce. **0 02**

— de 1.10 à 1.60 à l'équerre **0 04**

— au delà de 1,60 à l'équerre (le mètre superficiel)... **0 10**

Nettoyage de glace étamée ou non (le mètre superficiel) **0 15**

Pose de verre à façon, compris fourniture des accessoires; et dans les travaux d'entretien, la dépose des anciens mastics et l'enlèvement de tous résidus du travail.

Châssis verticaux en bois, croisées, portes, etc. (au mètre superficiel) :
Verre simple, demi-double, double, cannelé, dépoli, dans les mesures du commerce :

par surface de plus de 4 mètres : neuf **1 10**

— entretien **2 10**

par surface de moins de 4 mètres : neuf............ **1 70**

— entretien............ **2 70**

Blanc, mousseline, à relief, losangé, strié, hors mesures :

par surface de plus de 4 mètres : neuf .... **1 fr. 35**

— entretien **2 55**

par surface de moins de 4 mètres : neuf **2 05**

— entretien **3 25**

Châssis inclinés en bois ou fer, combles, marquises, etc. :
Verre simple, demi-double, double, cannelé, dépoli, dans les mesures du commerce :

par surface de plus de 4 mètres : neuf............. **1 65**

— entretien............ **3 15**

par surface de moins de 4 mètres : neuf............. **2 25**

— entretien............ **3 75**

Blanc, mousseline, à relief, losangé, strié, hors mesures :

par surface de plus de 4 mètres : neuf **1 95**

— entretien **3 75**

par surface de moins de 4 mètres : neuf............. **2 70**

— entretien............ **4 50**

Dépose de verre (compris démasticage) :
Ordinaire, à relief, cannelé, etc., le mètre carré .... **1 »**

Démasticage et remasticage, les verres anciens restant en place :

sur châssis verticaux, le mètre linéaire. **0 10**

— inclinés, — **0 25**

Désignation des travaux	Prix de règlement

Verre demi-blanc, dans les mesures du commerce, pour fourniture et pose, compris toutes fournitures accessoires, par surface de plus de 4 mètres dans le même chantier :

	2e choix		3e choix		4e choix	
	Travaux neufs	Entretien	Travaux neufs	Entretien	Travaux neufs	Entretien
Châssis verticaux, croisées, portes en bois :						
verre simple	4 fr.20	5 fr.22	3 fr.36	4 fr.37	3 fr.13	4 fr.14
verre demi-double	5 76	6 78	4 50	5 51	4 17	5 18
verre double	7 34	8 35	5 64	6 66	5 20	6 21
Châssis inclinés, combles, lanternes, marquises bois et fer ou tout fer. Posé à bain de mastic et recoupé en dessous :						
verre simple	4 76	6 28	3 92	5 44	3 69	5 21
verre demi-double	6 33	7 84	5 06	6 57	4 73	6 25
verre double	7 90	9 42	6 20	7 72	5 76	7 27

Verre demi-blanc pour fourniture seulement :
Dans les mesures du commerce, prix moyen : simple. 0 fr.43
demi-double 0 64
double. 0 86

OBSERVATION. — Le verre demi-blanc, 3e choix, sera employé toutes les fois qu'aucun ordre n'a été donné pour le choix du verre.

Les verres de choix seront employés sur ordre écrit de l'architecte.
Verre dépoli ou cannelé, pour fourniture seulement.
Le prix sera celui de déboursé augmenté de 10 0/0 pour déchet de casse et 10 0/0 de bénéfice.
Recouvrement de verre pour châssis de comble, marquises, etc.
Garnis au mastic à la céruse et trou de buée réservé, le mètre linéaire. . 0 fr.45
Bande de plomb ou d'étain collée à la céruse :
à cheval sur le joint vif ou non, chaque face, le mètre linéaire . . . 0 25
sur le petit bois et recouvrant les mastics, par petits bois, le mètre linéaire. 0 35

MIROITERIE

OBSERVATION GÉNÉRALE. — Pour la miroiterie, les faux frais sont fixés à 15 0/0; les bénéfices à 10 0/0.

Heures	Désignation des travaux	Prix de règlement
HEURE DE JOUR :	du miroitier seul (1er ouvrier)	1 fr.01
	(2e ouvrier ou aide)	0 89

OUVRAGES DIVERS

Dalles brutes en glace, unies ou quadrillées, coulées ou moulées, pesant 25 kilogrammes par mètre carré et par centimètre d'épaisseur :
Fourniture seulement : unies, le kilogr. 0 60
quadrillées, le kilogr. 0 70

Dalles brutes en glance (suite) :

Pose à bain de mastic, ou de ciment, compris contre-masticage à l'échelle ou à l'échafaud et impression des feuillures au minium :

	Epaisseur en millimètres				
	14 à 19	20 à 24	25 à 29	30 à 34	35 et au-dessus
Jusqu'à 1 mètre de surface, le mètre carré.	7 fr. »	7 fr. 50	8 fr. »	9 fr. »	à la pièce

Pose des pavés-dalle de 0.12 à 0.16, prix moyen, la pièce . . . .   0 fr. 75

Lorsque la surface des pavés posés dépassera 1 mètre superficiel dans le même endroit, la pièce 0 60

Verres cathédrales, unis ou sablés à relief, rayés ou losangés, épaisseur de 4 à 6 millimètres.

Fourniture : En volumes ayant jusqu'à 3 mètres de longueur et 0.99 de largeur, ne dépassant pas 2 mètres superficiels, le mètre carré. 4 85

A grands losanges dans les mesures ci-dessus,   — 5 95

Pose comme pour la vitrerie.

Glaces brutes pour toitures, pour fourniture, pour les dimensions de moins de 10 mètres superficiels :

    épaisseur de 6 à 8 millimètres, le mètre carré. . . . .   7 fr. 80
        — de 10 à 13   —   — 8 90

Pose. Elle se traite de gré à gré suivant les difficultés d'accès et la hauteur des combles.

Glaces neuves non étamées, mais polies aux deux faces, compris coupes droites, dans les mesures du tarif des manufactures françaises de Saint-Gobain, Recquignies, Jeumont, Aniche et Maubeuge :

Fournies sans défauts, prix du tarif au 1er janvier 1884. Il sera fait les rabais suivants sur les prix du tarif :

    Miroiterie, 1er choix, 5 0/0.
        —   2e choix, 15 0/0.
    Glaces de vitrage, 25 0/0.

Ces prix seront augmentés de 10 0/0 pour bénéfice.

Etamage des glaces neuves ou vieilles :

    Au mercure et à l'étain, 32 fr. 0/0 de la valeur des glaces.

    A l'argent, une couche, une couche de vernis rouge et une couche de vernis marron, 16 fr. 0/0 du prix des glaces.

Désignation des travaux	Prix de règlement
Baguettes, compris coupes d'onglets ou autres et pose :	
En sapin, 1/4 de rond, le mètre linéaire.	0 fr.30
En chêne, 1/4 de rond, —	0 45
Masticage en remplacement des baguettes, le mètre linéaire.	0 15
Contre-masticage — —	0 10
Plaques de propreté :	
Pose de plaques de propreté, compris fourniture et pose de vis avec rosaces, os, façon ivoire, buffle, cristal, etc., la pièce.	0 30
Dépose et repose des plaques de propreté pour les nettoyer aux deux faces, la pièce	0 15
Dépose pour suppression et rangement.	0 08
Percement (à la pièce) :	
pour entrée de clef.	0 75
pour passage de bouton.	0 60
Entaille ou encoche (à la pièce) :	
ordinaire	0 55
d'équerre pour gâche de 0.08 à 0.09 × 0.04.	1 25

Plaques de propreté en glace, compris biseau et deux trous de vis, pour fourniture seulement, compris risques, à la pièce :

Hauteur en centimètres	Largeur en centimètres							
	5	6	7	8	9	10	11	12
15	0 fr.50	0 fr.55	0 fr.65	0 fr.70	0 fr.75	0 fr.90	1 fr. »	1 fr.05
18	0 60	0 65	0 70	0 75	0 80	0 95	1 05	1 15
21	0 65	0 75	0 80	0 85	0 90	1 »	1 10	1 25
24	0 70	0 85	0 90	1 »	1 05	1 10	1 20	1 30
27	0 85	0 90	0 95	1 05	1 15	1 25	1 35	1 40
30	0 90	1 05	1 10	1 25	1 35	1 40	1 50	1 60
33	1 »	1 10	1 20	1 35	1 40	1 55	1 70	1 75
36	1 05	1 20	1 30	1 50	1 55	1 65	1 75	2 »
39	1 10	1 25	1 40	1 55	1 65	1 80	1 90	2 10
42	1 20	1 35	1 50	1 70	1 80	1 95	2 10	2 25
45	1 30	1 40	1 60	1 80	1 95	2 »	2 25	2 45

Coupes droites ou biaises (au mètre linéaire) :	Pour glaces d'une superficie de					
	0 à 1m	1.01 à 2m	2.01 à 3m	3.01 à 4m	4.01 à 5m	5.01 à 6.60
Glaces non fournies ou vieilles en blanc, compris risques	1 fr.50	2 fr.20	2 fr.50	3 fr.75	5 fr. »	6 fr.25
Glaces étamées, compris risques. .	1 90	2 75	3 15	4 70	6 25	7 80

VITRAUX

OBSERVATION GÉNÉRALE. — Pour les vitraux, les faux frais sont fixés à 25 0/0; les bénéfices à 10 0/0.

Heures Désignation des travaux	Prix de règlement
HEURE DE JOUR :	
de coupeur	1 fr. 19
de monteur	1 10
OUVRAGES AU MÈTRE SUPERFICIEL	
Vitraux en verre blanc demi-double :	
Panneaux composés de parallélogrammes rectangles :	
ayant au mètre superficiel 50 pièces	11 50
— 100 —	14 50
— 150 —	17 75
Panneaux composés de losanges :	
ayant au mètre superficiel 100 pièces	14 25
— 150 —	18 80
— 200 —	21 50
Panneaux composés d'hexagones allongés. modèle dit fuseau :	
ayant au mètre superficiel 100 pièces	18 fr. »
— 200 —	21 50
— 300 —	25 »
Panneaux composés d'octogones et de carrés :	
ayant au mètre superficiel 100 pièces	18 75
— 200 —	23 »
— 300 —	27 50
Panneaux écailles arrondies :	
ayant au mètre superficiel 100 pièces	21 »
— 200 —	25 »
— 300 —	29 50
Panneaux composés d'hexagones et de trapèzes, dit à ruban :	
ayant au mètre superficiel 100 pièces	25 50
— 200 —	31 50
— 300 —	33 75
OUVRAGES AU MÈTRE LINÉAIRE ET A LA PIÈCE	
Bordure, en verre blanc, demi-double, 2ᵉ choix (au mètre linéaire) :	
un filet de 1 à 3 centimètres	0 75
un double filet	1 25
un triple filet de 3 à 4 centimètres	1 90
Plus-value pour emploi de verres de couleur au lieu de verre blanc demi-double basée sur la différence de prix de déboursés entre le verre blanc demi-double et le verre de couleur employé, augmenté de 5 0/0 pour déchet et 10 0/0 pour bénéfice.	

Désignation des travaux	Prix de règlement	
Cives et cabochons, toutes nuances non bordées, la cive compris accessoires.	0 fr. 75	
Pose des vitraux avec attaches soudées sur tringles ou vergettes, le mètre superficiel.	3	30
TRAVAUX EN RÉPARATION		
Dépose de vitraux, le mètre superficiel	1	15
Masticage sur deux faces et nettoyage, le mètre superficiel	1	15
Remontage à neuf, sans fourniture de verre, moitié des prix des vitraux neufs.		
Attaches en plomb ou en fil de fer galvanisé, soudées, l'une.	0	09
Soudure sur ancien panneau	0	03
Repiquage sur place des pièces de verre blanc.	0	50
— de verre de couleur.	0	60

20. — Peintures diverses

La manière de peindre à la cire, au savon, au lait, etc., ne diffère de celle qui vient d'être décrite qu'en ce que toutes les couleurs ayant été broyées à l'eau pure, on les détrempe ensuite avec de la cire fondue, de l'eau de savon, du lait, etc.

Peinture au lait. — Outre la peinture au lait, qui consiste uniquement dans du blanc d'Espagne détrempé dans du lait écrémé ou caillé, ou quelquefois dans du blanc d'Espagne apprêté en pâte avec de la colle de Flandre très légère, et détrempé ensuite dans le lait, on trouve, dans le *Dictionnaire de Chimie* de Cadet-Gassicourt, la description d'un procédé pour la peinture au lait détrempé et la peinture au lait résineuse, tel qu'il fut proposé à la Société académique des Sciences de Paris par M. Cadet-Devaux, membre de cette Société. En voici les principales préparations :

Peinture au lait détrempé. — On prend, de lait écrémé, quinze à dix-huit décilitres, et l'on a soin de bien passer ce lait avant de l'employer.

De chaux récemment éteinte, 18 à 20 décagr.;

Huile d'œillette, ou de lin, ou de noix, 12 à 13 décagrammes;

Blanc d'Espagne, 240 à 250 décagrammes.

Pour éteindre la chaux, on la plonge dans l'eau, et après l'en avoir retirée, on la laisse exposée à l'air; elle s'y effleurit et se réduit en poudre.

On met la chaux dans un vase de grès; on verse dessus une portion de lait suffisante pour en faire une bouillie claire, on ajoute peu à peu l'huile, en ayant soin de remuer avec une spatule en bois ; on verse le surplus du lait, puis on délaye le blanc d'Espagne.

L'huile, en tombant dans le mélange de lait et de chaux, disparaît ; elle est dissoute totalement par la chaux, avec laquelle elle forme un savon calcaire.

On émie le blanc d'Espagne, on le répand doucement à la surface du liquide ; il s'imbibe et tombe au fond du vase, alors on le remue avec un bâton ; on colore cette peinture comme celle en détrempe, avec du charbon broyé à l'eau, des ocres jaunes, etc.

Il faut avoir soin, quand on emploie cette peinture sur des bois blancs, de ne pas oublier de les préparer par une lessive à l'eau seconde ou à l'ammoniaque, etc., etc., car, sans cette précaution, la chaux faisant sortir la matière résineuse, la peinture serait tachée de filets jaunâtres.

Peinture au lait résineuse. — Pour peindre les dehors, M. Cadet-Devaux ajoute de plus aux proportions de la peinture au lait détrempé :

Chaux éteinte, 6 décagrammes ;

Huile, 6 décagrammes ;

Poix blanche de Bourgogne, 6 décagrammes.

On fait fondre, à une douce chaleur, la poix dans l'huile qu'on ajoute à la bouillie claire de lait et de chaux. Dans les temps froids, on fait tiédir cette bouillie pour ne pas occasionner le brusque refroidissement de la poix, et pour en faciliter l'union dans le lait de chaux. La peinture au lait permet l'habitation aussitôt qu'elle est sèche, et ne produit pas, comme l'huile, des odeurs et des émanations dangereuses. On peut l'appliquer sur d'anciennes peintures, sans être obligé de lessiver le bois.

Le lait qu'on écrème en été est souvent caillé, ce qui, suivant M. Cadet-Devaux, est indifférent pour la peinture au lait, son contact avec la chaux lui rendant promptement sa fluidité. Il ne faudrait pas cependant qu'il fût aigre : alors, non seulement il formerait des sels avec les oxydes qui constituent les couleurs, mais il formerait, avec la chaux, un acétate calcaire qui est très déliquescent.

Peinture à l'huile de résine

On a cherché à appliquer l'huile de résine brute à la peinture, à la fabrication des siccatifs, à la préparation des vernis. Voici un procédé pour lequel MM. Jouassain et Preux se sont fait breveter en 1856 :

On prend l'huile de résine ne possédant aucune propriété siccative et on lui fait subir les opérations suivantes : 1° traitement de l'huile brute par l'acide sulfurique ; 2° un lavage à l'eau bouillante ou un courant de vapeur qui enlève l'excès d'acide sulfurique dès que celui-ci a cessé d'agir ; 3° une macération sur la chaux vive pulvérisée pendant deux heures ; 4° une distillation sur la chaux du n° 3. Cette quatrième opération donne une huile limpide d'un jaune d'huile d'olive pure, transparente et déjà siccative ; 5° lavage à l'eau chaude pour enlever une matière soluble qui trouble la transparence ; 6° mise en contact avec 7 à 8 0/0 de carbonate de plomb et ébullition pendant deux heures en agitant.

Ainsi traitée, l'huile a une consistance visqueuse
et une forte propriété siccative ; on la laisse refroidir pendant dix à douze heures, afin qu'elle dépose
le carbonate de plomb ; on décante, on expose à la
lumière où elle devient claire en conservant sa vis-
cosité. Cette huile ainsi préparée est propre aux
travaux de peinture et à la préparation des vernis
gras.

MM. Jouassain et Preux traitent aussi l'huile
brute par 3 à 4 pour 100 d'acide sulfurique qui
brûle les matières étrangères, puis décomposent
les acides qui se forment par une base alcaline ou
autre, lavent à l'eau chaude et prennent 100 parties d'huile lavée, y ajoutent 7 à 8 pour 100 de
litharge, font bouillir quatre heures, laissent refroidir, décantent et exposent à la lumière dans
des vases en verre jusqu'à blancheur parfaite.
L'huile alors est suffisamment siccative pour son
emploi en peinture.

Enfin ils traitent aussi l'huile de résine en ajoutant à 100 parties, 10 à 12 de bioxyde de manganèse, faisant bouillir trois heures, refroidissant,
décantant et traitant comme précédemment.

Les auteurs blanchissent l'huile de résine en
l'agitant avec un centième d'hypochlorite de potasse, de soude ou de chaux. plus 1/10 d'eau, et
ils obtiennent des siccatifs brillants et séchant
promptement en dissolvant dans cette huile, par
l'intermédiaire de l'essence de térébenthine, des
résines et des cires qu'ils colorent par diverses
substances.

Quant aux vernis gras, ils font bouillir dans leur
huile siccative des copals ou autres résines, et

quand le tout est refroidi à 70° C. ils y ajoutent de l'essence qui fournit un vernis gras de bonne qualité, qui sèche rapidement et très brillant.

Nouvel excipient pour les couleurs et la peinture, par M. G. Haseltine

Le nouvel excipient pour les couleurs et la peinture se fabrique avec les résidus de la purification du pétrole et autres huiles bitumineuses.

A cet effet, on commence par mélanger une quantité quelconque de ces résidus, tels qu'on les obtient des usines où on rectifie le pétrole ou les huiles de houille, avec environ 40 p. 100 d'eau, et on agite avec soin ce mélange pendant environ deux heures. Cette opération a pour objet de débarrasser, autant qu'il est possible, les résidus de l'acide dont on entraîne ainsi la plus grande partie. On l'abandonne alors pendant deux heures au repos, puis on soutire la partie aqueuse qui renferme l'acide et les impuretés.

En cet état, on transporte la portion oléagineuse dans un autre vaisseau et on y ajoute de 20 à 25 p. 100 de soude ou de potasse caustique ou autre alcali dont la lessive doit marquer 25° Baumé, et on brasse vivement la masse pendant une heure. Au bout de ce temps, l'action de l'alcali a entièrement neutralisé l'acide que les lavages n'avaient pu enlever.

La masse est alors abandonnée au repos pendant environ douze heures, au bout desquelles on décante l'huile qui surnage et on l'embarille. Sous cet état, elle possède le corps convenable et les qualités siccatives requises pour la substituer dans

tous les cas à l'huile de lin, la broyer et la mélanger avec les couleurs et la peinture. Elle couvre
bien et produit, quand elle est sèche, un enduit
brillant qui ressemble à du vernis.

Peinture au sérum du sang

M. Carbonnell, chimiste de Barcelone, a inventé
un procédé intéressant, au moyen duquel on peut
obtenir une couleur de pierre très solide, qui se
dessèche très promptement sans laisser aucune
mauvaise odeur et qui résiste aux intempéries de
l'air.

Ce procédé consiste à délayer une portion de
chaux pulvérisée dans du sérum de sang, jusqu'à
ce qu'il se forme un liquide un peu épais, propre
pour peindre, et on l'applique avec un pinceau.
La couleur qu'acquiert ce composé est plus ou
moins blanchâtre, selon la pureté du sérum et la
blancheur de la chaux ; celle-ci peut être employée
éteinte avec un peu d'eau, pourvu que ce fluide
n'ait été ajouté qu'avec ménagement, et seulement
en quantité suffisante pour diminuer l'adhésion
des parties intégrantes de la chaux ; la chaux, une
fois délitée, doit être passée à travers un tamis qui
ne soit pas trop clair ; et, dans le cas où l'on serait
obligé de la garder plusieurs jours avant de s'en
servir, il faudrait l'enfermer dans une caisse ou
dans des pots qu'on boucherait exactement ; on
empêcherait ainsi l'acide carbonique de s'unir avec
la chaux, et elle conserverait toutes ses propriétés.

Quant au sérum, on peut se le procurer chez les
bouchers. Il suffit, suivant M. Carbonnell, de leur

recommander de recevoir dans des vases propres
le sang des animaux qu'ils viennent d'égorger, et
de placer les vases dans des endroits frais. Au
bout de trois ou quatre jours, le sérum s'est séparé
du caillot ; et, par une décantation faite avec précaution, on peut l'obtenir très pur et presque incolore. S'il contenait quelques corps étrangers, on
s'en débarrasserait aisément en le passant au travers d'un linge ou d'un tamis serré.

« Dans la composition dont il s'agit, il convient,
ajoute M. Carbonnell, d'observer deux choses : la
première, que le sérum étant une liqueur très cor-
ruptible, il convient de l'employer le même jour
qu'il a été extrait, ou tout au plus le jour suivant ;
dans ces deux cas, il est nécessaire de le tenir dans
un endroit frais, surtout pendant l'été. Il est facile,
au surplus, de juger l'état où il se trouve ; car,
lorsqu'il commence à s'altérer, on en est averti par
l'odeur désagréable qu'il répand et par une fluidité
différente de celle qu'il a ordinairement lorsqu'il
est encore frais. Cette remarque est aussi applicable
à la couleur préparée, et fait connaître la nécessité
de laver tous les jours les vases et les instruments
qui ont servi à contenir, à préparer et à appliquer
la peinture.

« La seconde observation est relative à la consistance épaisse qu'acquiert promptement le mélange de sérum et de chaux, à mesure que les deux
substances agissent l'une sur l'autre. Cette consistance, qui d'abord est peu considérable, augmente
quelquefois si brusquement, qu'il ne serait plus
possible de faire usage du pinceau, si on ne par-
venait pas à la diminuer en ajoutant une quantité

de sérum suffisante pour donner au mélange une
liquidité convenable; il est, en conséquence, nécessaire d'avoir à côté du vase où l'on a mis la
peinture, un autre vase contenant du sérum frais,
afin de pouvoir en ajouter, au besoin, la quantité
qu'on croira indispensable. D'après cette observation, il est utile de ne jamais préparer beaucoup
de peinture à la fois, et de faire en sorte de l'appliquer peu de temps après qu'elle a été préparée ».

M. Carbonnell, après s'être assuré d'abord des
bons effets de cette peinture, en s'en servant pour
préparer les appartements que devait occuper la
reine d'Espagne dans la ville qu'il habitait alors,
en fit aussitôt des essais en très grand nombre, qui
tous eurent le succès le plus satisfaisant. C'est
avec cette peinture qu'on a peint toutes les portes
et fenêtres extérieures et intérieures du palais royal
à Madrid, des parties d'édifices publics, de jardins et de maisons de particuliers ; et partout où
cette peinture a été employée, elle a produit les
effets qu'on en attendait; de sorte que, d'après des
expériences aussi positives, il ne paraît plus possible de révoquer en doute l'utilité du procédé du
docteur Carbonnell pour la peinture au sérum du
sang.

Peinture lucidonique

La peinture connue sous ce nom n'est autre que
des couleurs impalpables détrempées dans un vernis
faible à l'esprit-de-vin, composé de six parties de
térébenthine, deux parties de résine en larmes et
de mastic dissous avec les précautions nécessaires.
Cette peinture s'emploie plus facilement que celle

faite au vernis ordinaire ; elle est aussi brillante et aussi solide.

Pour être plus certain de l'amalgame des couleurs, on peut les mettre tremper vingt-quatre heures avant leur emploi. Il faut aussi en détremper, autant que possible, une quantité suffisante pour chaque couche, en calculant 1 kilogramme pour 4 mètres superficiels à couvrir.

Comme ces couleurs s'évaporent promptement, il faut avoir le soin de les renfermer dans des bouteilles hermétiquement fermées. Au moment d'en verser pour l'emploi, il faudra avoir le soin d'agiter fortement la bouteille, pour mélanger les couleurs qui pourraient être déposées, et n'en prendre que ce qu'on pourra employer en deux heures.

Si les couleurs venaient à épaissir, on pourrait leur rendre leur fluidité en ajoutant un peu d'esprit-de-vin rectifié.

On n'emploie maintenant ce procédé lucidonique que pour mettre en couleur le carreau des logements que l'on veut habiter quelques heures après son application.

La peinture au *vernis à l'essence* n'offre pas assez d'avantage sur la peinture à l'huile pour la remplacer ; elle sèche assez promptement, mais elle porte presque autant d'odeur et n'est pas aussi solide que la peinture à l'huile. On emploie les couleurs broyées à l'huile. Ce genre de peinture n'est guère appliqué qu'aux grillages en vert-de-gris.

Peinture d'une exécution prompte et facile, par M. Kingston

Sur le corps qu'on veut peindre, on met une

Peintre en bâtiments. 19

couche de couleur broyée à l'huile ou au vernis, ou toute autre substance glutineuse, en lui donnant la couleur qu'on veut. Avant qu'elle soit sèche, on jette dessus légèrement, par le moyen d'un tamis, une poudre fine de marbre, de pierre, ou toute autre poudre fine d'une qualité semblable, pourvu qu'elle produise le même résultat, celui d'imiter la surface d'une plaque bien unie, mais non polie et même un peu grenue. Cette première opération peut se faire d'une manière différente, c'est-à-dire en mélangeant la poudre de pierre ou de marbre avec l'huile ou le vernis ; on étend cette couche ainsi mélangée, et l'on obtient le même résultat que dans la première opération ; seulement on fera bien de passer la pierre ponce légèrement sur la surface préparée au moyen du second procédé.

Le grain léger de cette superficie sert à retenir les différentes couleurs qu'on emploie ensuite en poudre, en les appliquant sèches et les étendant sur la superficie préparée dans la disposition qu'on désire, soit comme fond général, fond de ciel, ou masse de différentes couleurs, au moyen d'une éponge fine et sèche, d'un morceau de peau de chamois, ou enfin de toute autre étoffe ou objet convenable pour l'application de la couleur en poudre sur la première couche. On fait observer que le fond obtenu par le mélange de l'huile et de la poudre de pierre ou de marbre, fond grenu ou pierreux, sans poli, étant différent de tout autre fond en usage dans les arts, forme un trait distinctif de l'invention et devient indispensable à sa perfection. Par le moyen qu'on vient d'indiquer, les couleurs sont transparentes. On continue l'opé-

ration du frottement jusqu'à ce que l'effet de masse
qu'on désire obtenir en couleur ou en clair-obscur,
soit obtenu ou mieux rendu.

Il ne reste plus qu'à terminer le dessin ; à cet
effet, il y a deux moyens principaux à employer :

Le premier consiste à graver d'abord, avec un
canif ou une pointe quelconque, les parties où l'on
désire obtenir des hauts traits de jour ; ensuite on
dessine, avec du crayon de couleur, les différents
détails du tableau.

Le second moyen consiste à employer des couleurs en poudre délayées à l'eau, avec lesquelles
on peint sur les fonds de masse obtenus par l'opération du frottis.

La mie de pain ou une estompe en liège peuvent
aussi être employées avec un grand secours pour
les différentes variétés qu'on veut obtenir dans la
confection et le résultat du travail, la nature des
couleurs qu'on emploie le permettant ; on peut
aussi se servir simultanément du moyen de la
gravure à la pointe, des couleurs à l'eau et des
crayons.

Mais, dans tous les cas, il est nécessaire de fixer
d'abord la première couche au moyen d'un vernis
léger, préparé avec de l'esprit-de-vin, ou de la
gomme : on emploie, à cet effet, deux petites
brosses semblables à des brosses à dent un peu
larges, et les mouillant avec ce vernis, on les
frotte l'une contre l'autre; le vernis est alors jeté
sur la peinture en manière de pluie légère, rosée ou
brouillard, et se trouve étendu également.

Il est bon de jeter, au moyen de ces brosses, de
l'esprit-de-vin seulement sur les peintures qu'on

fera par ces différents procédés, lorsqu'on les emploiera les uns avec les autres, et au fur et à mesure du changement d'opération, afin de fixer chacune de ces différentes couches et les empêcher de se mêler ensemble.

On couvre le tableau, ainsi achevé, d'un vernis à l'huile, ou autre, toujours au moyen des brosses. Quand la première couche de vernis est sèche, on peut en appliquer une seconde et même une troisième.

Ces procédés sont applicables à toutes sortes de peintures en usage.

Nouvelles peintures à l'huile, par M. Bessemer

M. Bessemer prépare une peinture de ce genre en faisant fondre sur un feu clair, 4 kilogrammes de gomme copal auxquels on ajoute à peu près 9 litres d'huile de lin siccative; on fait bouillir pendant deux heures, on écume, et, après que le mélange est refroidi jusqu'à la température de 65 degrés centigrades, on y verse, par petites portions, 100 litres d'essence de térébenthine chauffés au même degré, en remuant continuellement pour qu'elle s'incorpore d'une manière parfaite; enfin on y ajoute 4 litres de chaux éteinte, et on laisse reposer pendant trois jours. Lorsque la chaux est précipitée, on décante le liquide et on y mêle de la poudre de bronze, qu'on trouve dans le commerce, dans la proportion de quatre parties de cette poudre pour cinq parties en poids du liquide.

Cette peinture s'emploie comme les couleurs à l'huile, et sert principalement à décorer les objets

en laque, auxquels elle donne un ton doré très
agréable; elle peut remplacer, suivant l'auteur, la
dorure sur bois et sur métaux.

Peintures appelées caupalicks, à l'usage des bâtiments et des voitures, ayant la propriété de produire le lustre le plus naturel sans vernis, par MM. Hébert et Hussiez.

Cette invention consiste dans la composition
d'une peinture ayant la propriété de produire le
lustre le plus naturel, de ne donner aucune odeur
pendant comme après son emploi, de sécher aussitôt qu'elle est appliquée, sans qu'il soit besoin de
vernis, d'être applicable aux bâtiments, aux voitures, ainsi qu'à la composition des marbres, et
enfin de n'être sujette à aucune humidité, étant
même à l'épreuve de l'eau-forte.

Cette peinture est liquide et revient moins cher
que celles qu'on a employées jusqu'à présent, parce
que les travaux dans lesquels on la fait entrer
s'exécutent avec beaucoup plus de célérité. Par
exemple, pour avoir une voiture bien peinte, il
fallait six semaines; avec la nouvelle peinture,
deux jours sont suffisants.

Composition pour 15 kilogr. de peinture

Gomme copal	3	litres.
Gomme laque	4	—
Térébenthine de Venise	2	—
Huile de lin	4	—
Essence	4	—
Esprit-de-vin	13	—

Les matières premières s'emploient en pierre ou en poudre.

Les proportions ci-dessus varient depuis un quart jusqu'au dixième, selon la qualité des substances employées.

Manière de faire cette composition. — On prend d'abord les cinq premières substances ci-dessus indiquées, qui toutes, à l'exception de la première, servent à faire dissoudre la gomme copal ; on les fait bouillir dans une chaudière, au bain-marie ; cette première opération réduit la composition en pierre ; on retire cette pierre, on la réduit en poudre, que l'on met dans la chaudière, qui, pour les proportions indiquées, doit contenir 30 litres ; on fait bouillir cette poudre avec les 13 litres d'esprit-de-vin.

Le mélange des matières premières ou couleurs en pierre se fait, soit lors de l'ébullition, soit à froid, au moment de l'employer.

Cette peinture s'applique au pinceau sur les ouvrages grossiers ; mais, pour la voiture et les beaux ouvrages de bâtiment, on l'applique avec une flanelle, dont on fait une espèce de tampon dont on se sert pour appliquer la peinture.

Ce dernier moyen paraît plus propre à ces peintures, parce que les couches se trouvent poncées, peintes et vernies à la fois.

Imitation du poli pour les ouvrages en bois

La Société de Hambourg des Arts et Métiers a publié la recette dont se servent les Américains pour donner à leurs travaux en bois un enduit de laque qui les fait ressembler à du bois poli.

Prenez :

Vernis copal bien fluide. . . . .   1 kil.
Huile de lin siccative . . . . .   15 gr. 62

Chauffez en agitant jusqu'à complète combinaison.

On enduit le bois à travailler d'une solution de gélatine, on sèche puis doucit. Pour les bois clairs on ajoute à la gélatine de la craie finement pulvérisée, colorée avec un peu d'ocre rouge foncé. Enfin on enduit les objets du mélange ci-dessus, et quand ils sont secs, on les frotte avec de la cire dissoute dans l'éther.

On peut enduire directement de laque, laisser sécher, polir et vernir comme le font les ébénistes.

Peinture au collocirium, à l'huile siccative et sans essence, par M. Erard

M. Erard, de Paris, a cherché à préparer un nouveau liquide propre à être introduit dans la peinture en bâtiment, auquel il a donné le nom de collocirium, qui sert à remplacer l'essence de térébenthine et permet de faire, dans l'intérieur des appartements, des peintures sans odeur, et qui sèchent assez promptement pour qu'on puisse en appliquer trois couches dans la même journée. Voici la composition du collocirium :

Colophane.	40	gram.
Gomme	40	—
Savon.	6	—
Cire blanche.	28	—
Siccatif anglais	10	—
Sel de tartre.	50	—
Eau.	1000	—

Le siccatif se compose de :

Siccatif zumatique . . . . . . 250 gram.
Huile blanche. . . . . 250 —
Sel de tartre. . . . . 500 —

Ce siccatif se broie comme la couleur, et voici la manière de s'en servir. Mélange remplaçant l'huile :

Deux tiers d'huile.
Un tiers de collocirium.

Mélange remplaçant l'huile coupée :

Deux tiers de collocirium.
Un tiers d'huile.

Le liquide remplaçant l'essence pour les peintures mates, est produit par du collocirium pur.

On imite les marbres et les bois à l'huile en se servant du mélange de 2/3 de collocirium et de 1/3 d'huile. Le vernissage se fait avec du collocirium mélangé à un peu de siccatif.

Si le glacis pour le bois de chêne était sec quand on veut faire la maille, on peut passer une couche de collocirium qui permet de travailler. Pour toutes les premières couches sur vieilles peintures, plâtre ou bois neuf, ce genre de peinture a absolument besoin de siccatif en pâte. Il faut au moins 5 pour 100 de siccatif. Pour les 2ᵉ et 3ᵉ couches, on prend du siccatif en poudre ou autre.

Voici encore une composition de collocirium proposée par M. Erard :

Savon . . . . 10 gram.
Acide stéarique. . . . . 20 —
Stéarine. . . . . 20 —
Colophane . . . . 50 —

Borax . . . . 50 gram.
Huile blanche . . . . 100 —
Sel de tartre . . . . 10 —
Eau . . . . 750 —

Ce liquide se prépare sur le feu.

M. Hembert compose aussi un liquide qu'il appelle huile siccative inodore, qui est à base de cire, et sert à détremper toutes les couleurs employées dans le bâtiment. On prépare cette huile avec :

Huile de lin . . . . 1 kil.
Eau de potasse à 15 degrés . . . 2 kil.
Minium . . . . 25 gram.
Couperose blanche pulvérisée . . 25 —
Résine . . . . 20 —
Cire jaune . . . . 50 —
Chaux . . . . 50 —
Essence de thym rouge . . . . . 30 —

On doit à M. Dorange, de Joigny, un mode de préparation et de composition des couleurs qui a principalement pour objet de supprimer l'odeur de l'essence, d'obtenir un séchage plus prompt, des tons mats, doux et harmonieux. Pour cela, il mélange, triture et broie ensemble :

Blanc de zinc . . . . 50 parties.
Huile de lin . . . . 20 —
Colle de Flandre . . . . 10 —
Vinaigre . . . . 10 —
Siccatif . . . . 8 —
Huile grasse . . . . 2 —

A ce mélange, il ajoute 40 grammes de potasse d'Amérique pour un litre d'eau ordinaire, et pour obtenir un brillant supérieur, il ajoute à sa peinture, par kilogramme, 20 grammes de la composition suivante :

Colle de Flandre.	20 gram.
Eau ordinaire.	1.000 —
Résine	150 —
Caoutchouc	100 —
Huile de lin.	4.500 —

On fait bouillir pendant trois heures, en triturant pour que le mélange soit bien intime.

Composition applicable comme peinture, par M. Daubigny

Cette composition se fait de la manière suivante :

Blanc de plomb calciné.	50 décigr.
Chaux de marbre.	25 —
Verre pulvérisé.	50 —
Minium	25 —
Colcotar ou oxyde de fer.	25 —
Litharge.	25 —

Le tout pulvérisé et broyé à l'essence grasse et détrempé à l'huile de lin, s'emploie comme les couleurs ordinaires à une ou deux couches, sur pierre, bois et fer, et sur les plâtres fraîchement faits, comme sur les plus humides et les plus salpêtrés.

De longues et fréquentes épreuves ont toujours donné, suivant l'inventeur, le résultat le plus satisfaisant pour la durée et la solidité.

Liquide remplaçant l'huile de lin dans la peinture, par Besançon

Tous les corps gras qui s'unissent aux oxydes

métalliques peuvent servir à former cette composition.

Si l'on fait usage de la graisse de suint et des autres corps gras extraits des eaux qui ont servi au lavage des laines, ou qui renferment des composés sulfureux, on doit traiter ces matières par un mélange de quatre à cinq parties d'acide azotique et autant de parties d'acide sulfurique ; on étend ces acides d'eau et l'on fait bouillir à l'aide d'un courant de vapeur ; on laisse reposer, on soutire l'eau acide, on la remplace par une quantité d'eau égale à celle des corps gras ; on fait bouillir de nouveau, et, quand le lavage est bien opéré, on laisse déposer, puis on soutire le corps gras qui, alors, est propre à être employé.

On unit les corps gras avec une quantité de chaux qui varie de 5 à 12 0/0, suivant la nature de ces corps gras, et suivant que l'on veut rendre la composition plus ou moins siccative. Pour 100 parties de corps gras, on fait éteindre séparément 5 à 12 0/0 de chaux dans une quantité suffisante d'eau ; on mélange le tout dans une chaudière à double fond ; on chauffe pendant le temps nécessaire à la combinaison ; on retire le plus d'eau possible, puis, à 6 parties de ce savon calcaire, supposé sec, on ajoute 9 à 10 parties d'essence ou d'un hydro-carbure liquide, et 7 parties d'une résine dont l'espèce et la qualité dépendent du prix et de la composition. On chauffe le mélange des trois matières ci-dessus, et, quand tout est bien fondu, on laisse reposer et on tire au clair. Pour éviter la perte de l'essence par l'évaporation, on ferme la chaudière avec un couvercle plongeant par les bords dans une rigole pleine d'eau qui entoure la chaudière, et on adapte à cette chaudière un serpentin ordinaire dans lequel se condensent les vapeurs.

Cette composition est surtout d'un emploi très avantageux pour délayer les couleurs, en remplacement des huiles naturelles siccatives, ou rendues telles, par les acides métalliques.

On prépare aussi plusieurs savons métalliques en unissant directement leurs hydrates, celui de cuivre, par exemple, avec des acides gras ; jusqu'à présent, ces savons n'avaient été obtenus que par double décomposition ; on unit ce savon de cuivre, ou tout autre, avec l'essence et la résine.

Couleurs à l'huile d'olive et au caoutchouc, par Gay

Les anciens peignaient généralement à la cire ; les modernes peignent aux huiles siccatives de lin et de pavot ; mais la cire, d'après le peu qui nous est parvenu des procédés anciens, était d'un emploi difficile et compromettant, qui la fit abandonner : elle exigeait le concours du feu. De nos jours, on a bien tenté de remettre son usage en vigueur et de rendre son application plus facile en la déposant à froid ; mais le peu de cohésion qu'on obtient alors rend son aspect terne, froid et désagréable, défauts de premier ordre que l'on ne peut éviter qu'en retombant dans les anciens, aggravés encore : car la fusion de la cire dénature les couleurs.

Quant aux huiles siccatives, d'un emploi séduisant et facile au premier moment, mais dont on ne tarde pas à reconnaître l'inconvénient, et qui produisent un effet satisfaisant, mais éphémère comme leur existence et leur durée, elles ont fait abandonner peu à peu les autres procédés de peinture et introduit par là dans l'art moderne le germe funeste d'un mal qui nous frappe déjà dans les œuvres de nos grands maîtres, et dont nos descendants apprécieront mieux que nous la désolante gravité.

En effet, leur effrayante altérabilité, dont toutes les œuvres modernes portent le cachet, se communique à la peinture qui, par elles, obscurcit infailliblement et arrive peu à peu jusqu'au noir, où tout se confond, se gerce, se craquelle, perd toute cohésion et se détache, tandis que son harmonie se trouve infailliblement détruite par l'inégal obscurcissement des différentes huiles dont elle nécessite l'emploi, et par la réaction, sur les couleurs, de ces huiles mêmes qui les dénaturent et les altèrent.

L'hétérogénéité d'un vernis final obligatoire concourt à augmenter tous ces défauts, et la nécessité de le renouveler tous les ans vient encore hâter la destruction et la fin de la peinture.

Pour tous ces motifs, les réparations en deviennent très difficiles, sinon impossibles. D'ailleurs, la présence des embus, et cet obscurcissement rapide que nous avons signalé, rendent laborieux l'accord du travail récent avec l'ancien, celui du jour avec celui de la veille.

La peinture ne supporte ni les émanations sulfureuses, ni les émanations acides ou ammoniacales, etc.

Pour la palette, les couleurs se couvrent incessamment de pellicules insolubles qui, après un jour ou deux, en rendent l'usage impossible ; de là, des pertes souvent considérables et un travail ennuyeux, capable de détourner de l'art l'amateur peu assidu.

Sur le tableau, ces mêmes pellicules se formant rapidement, rendent la dessiccation réelle fort lente, et, dans l'épaisseur de la peinture, les couleurs restent fluides pendant au moins trois ans et s'altèrent par des réactions réciproques et par l'effet de l'huile.

Ces vices de la peinture à l'huile et bien d'autres qu'il serait inutile d'énumérer ici, alors que tous les reconnaissent et les déplorent, découragent nos artistes et leur font redouter de confier à un si fragile matériel les œuvres dont ils attendent gloire et réputation.

On le voit, il restait dans les procédés matériels de l'art une profonde lacune à combler : rendre la peinture facile, séduisante et commode dans son emploi ; puissante, variée et agréable dans ses effets ; immuable et indestructible par le temps. Tel est le problème que M. Gay s'est proposé et qu'il croit avoir heureusement résolu.

La découverte consiste en une application de caoutchouc.

Elle est basée sur l'introduction de ce corps dans la composition des couleurs destinées à la peinture artistique ou autre et aux enduits préparatoires, ou des liquides qui devront être mélangés à celles-ci ; le caoutchouc s'y trouvant en définitive sous la forme de dissolution.

Cette introduction se fait ordinairement de la manière suivante :

Les couleurs sont broyées, soit avec des huiles d'olives, d'amande, de cire, soit avec celles d'aspic, de térébenthine, de pétrole, etc., et, en général, avec des essences complètement volatiles .et des huiles fines et, autant que possible, peu altérables.

Au moment de l'emploi, les pâtes qui en résultent sont délayées dans un siccatif qui est une dissolution de caoutchouc.

Composition et préparation du siccatif. — La composition du siccatif varie dans une infinité de cas : tantôt le caoutchouc y est employé pur, tantôt simultanément avec des quantités variables de différentes résines, comme le copal dur et tendre, le dammar, la térébenthine, le mastic, l'élémi, la cire, la gutta-percha, la résine commune, la colophane ; ou de différentes huiles, comme celles de térébenthine, d'aspic, de cire, de pétrole, d'olives, d'amandes, de schiste, etc., suivant les exigences particulières de l'artiste, la dessiccation lente ou prompte qu'il exige et l'économie qu'il peut vouloir obtenir. Le copal donne au siccatif plus de brillant et de raideur ; le mastic et l'élémi plus de liant ; la colophane, pour la peinture commune, offre plus d'économie.

L'essence de térébenthine active la dessiccation, l'huile d'aspic la ralentit, l'huile de cire la ralentit davantage.

Ces différentes substances sont préalablement dissoutes, et leurs dissolutions chauffées et mélangées simplement lors de la préparation du siccatif, le tout de manière à en obtenir la composition désirée. Le plus ordinairement, on prend :

Siccatif n° 1 :

Caoutchouc . . . .   3 parties en poids.
Essence d'aspic rectifiée . . .   3 à 4   —

Siccatif n° 2 :

Caoutchouc . . . .   3 parties en poids.
Mastic.   1   —
Copal dur   0,2   —
Essence d'aspic rectifiée . . . 4 à 6   —

Et l'on ajoute plus ou moins d'essence, de manière à obtenir la consistance d'une huile peu fluide. Tel est le procédé ordinaire de peinture employé d'après la nouvelle méthode; mais un usage différent des mêmes matériaux conduit, la plupart du temps, au même résultat.

C'est ainsi que, pour la peinture monumentale, les matières colorantes sont broyées de suite (assez fluides pour pouvoir s'employer sans autre addition), avec un liquide qui n'est autre chose que le siccatif lui-même, soit seul, soit accompagné des mêmes proportions d'huile d'olive, d'amande ou de cire qui entrent dans la préparation des couleurs faites d'après le procédé précédent.

On peut également introduire le caoutchouc dans la couleur et en varier la proportion dans le siccatif, etc., etc.; mais ces modifications ne peuvent nullement être confondues avec le fond de la découverte qui repose sur l'admirable facilité que le caoutchouc bien dissous et liquéfié donne à la peinture, sur son introduction, par quelque voie que ce soit, dans les couleurs destinées à la peinture et aux enduits préparatoires.

Quant à la dissolution du caoutchouc, elle est assez indifféremment employée dans les huiles de houille, de goudron et de térébenthine, d'aspic, convenablement rectifiées : peu importe, d'ailleurs, de quelle manière cette dissolution soit effectuée, pourvu que le caoutchouc y soit, non pas gonflé, mais fort bien dissous et liquéfié. On peut très bien faire usage pour cet objet des dissolutions du commerce.

Emploi du siccatif. — Le siccatif s'ajoute généralement en parties égales à la couleur, dont il hâte ou détermine la dessiccation. Le siccatif au caoutchouc n° 1 donne, avec les couleurs broyées aux huiles de cire, de pétrole, de térébenthine et d'aspic, l'aspect mat de la fresque, ou, à volonté, celui de l'aquarelle et de la gouache; le n° 2, avec les mêmes couleurs et avec celles broyées dans les huiles d'olive, d'amande, de lin et de pavot, produit le brillant le plus agréable.

Dans les différentes peintures artistiques en usage aujourd'hui, l'une ou l'autre remplace, à la fois, les huiles traitées par la litharge et celles de lin ou d'œillette en même temps que le vernis final. Appliqué sur les deux revers d'une toile, il constitue un excellent vernis hydrofuge élastique et peu coloré.

Dans la peinture à l'huile ordinaire, il conserve l'harmonie que l'usage des délayants dissemblables détruit infailliblement.

Ce mode de peinture se prête à une foule de

combinaisons, donnant lieu à des effets différents que l'on étudiera par des expériences préalables.

Siccatif pour les couleurs à l'huile et les vernis, par M. F. Juenemann

On fait chauffer à une douce chaleur, dans un vase en cuivre, 100 parties d'eau, 12 parties de gomme-laque et 4 parties de borax, toujours en agitant, et jusqu'à ce que le tout forme un fluide bien homogène; on couvre le vase, et quand la matière est refroidie, on en remplit des bouteilles qu'on bouche avec soin et conserve pour l'usage. Suivant qu'on a employé de la gomme-laque blanchie ou brune, la liqueur est blanche ou colorée en brun et constitue déjà par elle-même un très bon vernis, qui donne aux objets sur lesquels on l'applique un éclat brillant et durable, et les garantit fort bien de l'humidité et de l'action de l'atmosphère.

Si maintenant on veut rendre une couleur à l'huile bien siccative, on prend du vernis blanc si on travaille en couleurs claires, et du vernis coloré si on travaille en couleurs foncées, et de la couleur à l'huile broyée épais, de chaque partie égale ; on y ajoute en même temps un peu d'essence de térébenthine, et on agite jusqu'à ce que le tout forme un liquide homogène. Il faut bien se garder de préparer plus de couleur qu'on ne peut en employer au moment, parce qu'elle ne tarde pas à se prendre en masse.

Tous les objets enduits avec une couleur à l'huile ainsi préparée sont, suivant la saison et l'état de l'atmosphère, parfaitement secs en 15 à 30 minutes.

L'odeur de l'huile de lin et de l'essence de térébenthine est assez désagréable et même nuisible à la santé ; d'un autre côté, le temps que les peintures, dans les lieux habités, mettent à sécher, est une source d'incommodités. Cette odeur désagréable et le temps prolongé pour la dessiccation disparaissent quand on broie et travaille avec le vernis en question, des couleurs qui n'ont pas encore elles-mêmes été broyées avec l'huile de lin.

Les enduits de cette espèce sont bien secs en quelques minutes ; ils sont brillants, résistent aux influences atmosphériques aussi bien que les couleurs à l'huile et sont sans odeur.

Le vernis broyé avec des ocres fournit une bonne couleur pour les carreaux et les parquets des appartements.

Pour en relever l'éclat, il faut, après qu'on a obtenu la nuance désirée sur l'objet, l'enduire encore d'une couche de ce vernis.

Les vernis eux-mêmes, qui, par la lenteur de leur dessiccation sont exposés à se charger de poussière, peuvent, en les mélangeant avec cette préparation, devenir bien siccatifs. Dans tous les cas, il est bien préférable de n'en mélanger à la fois qu'une petite quantité et d'appliquer de suite, et surtout de remuer et bien agiter constamment le mélange, parce que beaucoup de vernis ne se mélangent que très difficilement avec elle et s'en séparent très promptement.

Peinture polie, de M. Leclaire, à Paris

Cette peinture, employée pour le bâtiment et les voitures, exige plusieurs opérations.

Il faut étendre 7 ou 8 couches d'apprêt, former ce même apprêt, étendre 3 ou 4 couches de peinture au ton voulu et plusieurs couches de vernis, enfin polir, dégraisser et lustrer ce vernis. Mais on ne peut pas obtenir des tons blancs ou même clairs à cause de l'emploi des vernis qui ne sont pas assez incolores. Si on emploie le blanc de plomb, sans vernis, il sera facilement altéré ; si on passe un vernis, le clair devient plus foncé.

On se sert de préférence du blanc de zinc. On en passe plusieurs couches en employant un siccatif ; on ponce à la pierre ponce comme on le fait pour les teintes dures, mais sans aucune des précautions et sans le frottage qu'exige l'emploi des vernis.

Peinture suédoise pour les vieux bois, la pierre, etc.

Cette peinture économique qu'on applique aux vieux bois ouvrés exposés à l'air, et qui leur donne une longue durée, est connue depuis longtemps dans le nord de l'Europe, où une expérience séculaire a constaté son utilité. Pour la préparer, on prend 40 litres d'eau de rivière, 0 kil. 500 de couperose verte, 0 kil. 750 de résine, ces deux substances réduites en poudre fine, 2 kilogrammes de farine de seigle passée par un tamis fin, 8 kilogrammes de colcotar, 1 litre d'huile de lin et 0 kil. 750 de sel marin,

On fait bouillir l'eau dans une grande chaudière et on l'y entretient en ébullition. D'abord on y mêle la couperose et la résine, et on agite avec une spatule en bois jusqu'à ce que ces substances ne se déposent plus et paraissent également et entièrement dissoutes et distribuées dans la liqueur ; alors on tamise la farine de seigle, on ajoute peu à peu le colcotar, et on agite continuellement jusqu'à ce qu'on ait obtenu une masse homogène, puis on ajoute l'huile et le sel. Après le refroidissement, la couleur doit avoir la consistance à peu près du beurre ou de la graisse à voitures, et elle s'applique toujours à chaud. En renouvelant cette peinture tous les quatre à cinq ans, on n'a plus rien à redouter relativement à la conservation de la surface extérieure des bois. Du reste, la couleur adhère également sur la pierre, le mortier, la terre grasse, etc.

Peinture à l'oxychlorure de zinc, par M. Sorel

Dans la séance du 1ᵉʳ mars 1858, M. Sorel a présenté à l'Académie des Sciences une note sur un nouveau procédé pour la peinture à l'oxychlorure de zinc. Déjà, en 1855, M. Sorel avait présenté divers produits obtenus au moyen de l'oxychlorure de zinc, notamment des ciments et mastics aussi durs que le marbre et tout à fait insolubles dans l'eau, et une peinture également insoluble destinée à remplacer très économiquement les peintures à l'huile et autres. Cette peinture avait l'inconvénient d'être d'un emploi difficile, et d'exiger, comme les peintures siliceuses, l'application d'un liquide sur

la dernière couche pour la fixer et la rendre insoluble ; il voulait éviter l'emploi de ce liquide en
rendant sa peinture plus siccative ; il se trouvait
en face d'un inconvénient non moins grand ; sa
peinture s'épaississait très promptement dans le
vase, et l'on n'avait pas le temps de l'employer.
Aujourd'hui il est parvenu, en ajoutant certaines
substances à son liquide, à surmonter ces difficultés et à rendre facile l'application de la nouvelle
peinture.

Le liquide qui, dans cette peinture, remplace
l'huile, l'essence de térébenthine et les autres liquides ou excipients employés dans les peintures ordinaires, est une solution aqueuse de chlorure de
zinc, dans laquelle M. Sorel dissout un tartrate
alcalin. Ces sels possèdent au plus haut degré la
propriété de retarder l'épaississement de la nouvelle peinture avant son emploi. Il ajoute au
liquide, pour donner du liant et de la ténacité à la
peinture, de la gélatine ou de la fécule qu'il fait
passer à l'état d'empois en chauffant le liquide. Il
ne faut pas chauffer assez pour transformer la fécule en dextrine ou en glucose.

Pour former la nouvelle peinture, quelle qu'en
soit la couleur, M. Sorel emploie le liquide ci-dessus et une poudre qui doit être de l'oxyde de zinc
au moins en grande partie. Pour les peintures de
couleur, il emploie la même poudre, plus des matières colorantes. On peut employer les substances
colorées dont on fait usage pour les peintures ordinaires.

La nouvelle peinture possède les propriétés suivantes : 1° il n'est pas nécessaire de la broyer ; il

suffit de délayer la poudre avec le liquide, et cette peinture s'emploie comme les peintures ordinaires ; 2° elle est plus belle et aussi solide que les peintures à l'huile ; elle couvre davantage et ne noircit pas par les émanations sulfureuses, comme les peintures à la céruse ou autres à base de plomb ; 3° elle n'a absolument aucune odeur et elle sèche très promptement. On peut donner une couche toutes les deux heures en hiver et une couche par heure en été, ce qui permet de peindre un appartement dans un seul jour et de l'habiter le jour même sans que l'on soit affecté de l'odeur de la peinture ; 4° elle résiste à l'humidité et à l'eau, même bouillante, et peut être savonnée comme les peintures à l'huile ; 5° à cause du chlorure de zinc qu'elle contient, cette peinture est éminemment antiseptique et parfaitement propre à préserver les bois de la pourriture ; 6° elle possède au plus haut degré la propriété de diminuer la combustibilité du bois, des tissus et du papier, et de rendre ces matières ininflammables ; 7° elle ne présente aucun danger pour ceux qui la préparent ni pour ceux qui l'emploient.

Procédé de peinture employé au port militaire de Brest, par M. H. Rey

Un procédé de peinture ayant une très grande analogie avec celui décrit dans une note adressée par M. Sorel à l'Académie des Sciences et publiée dans le compte rendu des séances de ce corps savant, a été mis en essai dans l'arsenal de Brest, où il s'en fait un emploi constant.

C'est après avoir essayé sans succès les procédés

que publiait cet inventeur en 1855, qu'on a tenté
d'obtenir une peinture en délayant directement le
blanc de zinc avec une dissolution de chlorure du
même métal, et en ajoutant au mélange des substances propres à en retarder l'épaississement. Après
beaucoup de tâtonnements et d'essais, on est parvenu à rendre cette peinture d'un emploi tout à
fait pratique ; ce résultat a permis d'en appliquer
des milliers de kilogrammes.

Le chlorure de zinc n'est pas le seul sel qui
jouisse de la propriété de former un mastic et une
peinture par son mélange avec le blanc de zinc.
M. Sorel a déjà indiqué les protochlorures de fer,
de manganèse, de nickel et de cobalt comme susceptibles de produire des mastics. Après avoir vérifié l'exactitude de ces faits, le port de Brest a
poussé plus loin ses expériences et a constaté que
le sulfate et l'azotate de zinc, le sulfate, l'azotate
et le chlorure de fer, le sulfate et l'azotate de manganèse, mélangés avec le blanc de zinc, pouvaient
tous produire des mastics et des peintures. Il est
donc présumable que tous les sels solubles de zinc,
de fer et de manganèse peuvent être employés au
même usage.

M. Sorel avait de plus indiqué le borax et le sel
ammoniac comme retardant l'épaississement ;
mais, pour la peinture, le borax est la seule de ces
deux substances qui, à Brest, ait donné de bons
résultats. Après en avoir essayé plusieurs autres,
on a reconnu que les carbonates de soude et de
potasse réussissaient parfaitement avec le chlorure
de zinc.

La peinture dont il s'agit se fabrique actuellement tantôt avec le chlorure, tantôt avec le sulfate de zinc. Voici quels sont les procédés suivis :

On commence toujours par préparer d'avance une dissolution convenablement dosée, soit de sulfate, soit de chlorure de zinc, additionnée d'une substance retardatrice. C'est au moment même d'appliquer la peinture qu'on délaie le blanc de zinc dans ce liquide.

Si c'est le chlorure de zinc que l'on veut employer pour base, on prépare ce sel en faisant dissoudre des débris de zinc dans de l'acide chlorhydrique. A cet effet, on verse deux *touques* (environ 90 kilogrammes) d'acide chlorhydrique du commerce dans une grande jarre de terre, puis on place le zinc dans un vase percé de petits trous et plongé aux trois quarts dans l'acide.

Le port de Brest a trouvé avantage, au point de vue de l'économie, à employer, au lieu de zinc pur, les crasses et résidus des creusets employés à la fusion de ce métal appliqué à la galvanisation des objets en fer. Ces matières, à peu près sans valeur, contiennent, il est vrai, du fer, mais en quantité assez petite pour ne pas modifier sensiblement la couleur de la peinture.

Lorsqu'il ne se dégage plus d'hydrogène, c'est-à-dire après quarante-huit heures environ, le liquide est versé dans une grande bassine de cuivre où il est porté à l'ébullition pendant à peu près deux heures. Cette opération a été reconnue indispensable, car sa suppression a toujours compromis le résultat ; son effet est sans doute de chasser l'excès d'acide chlorhydrique. La solution de chlorure de zinc ainsi obtenue est filtrée dans de grands sacs

Peintre en bâtiments. 20

de toile forte et serrée ; elle doit marquer, après son refroidissement, 58° à l'aréomètre de Baumé.

D'un autre côté, on a fait dissoudre 2 kilogrammes de carbonate de soude ordinaire du commerce dans 100 litres d'eau.

On mélange alors les deux dissolutions dans la proportion de 2 litres de la première pour 5 de la seconde. C'est avec ce liquide ainsi préparé qu'on délaye le blanc de zinc pour obtenir une peinture qui prend au bout de deux à quatre heures, selon l'état hygrométrique de l'air. Le carbonate de soude est choisi de préférence comme substance retardatrice, parce qu'il est d'un prix moins élevé.

Lorsque le sulfate de zinc est employé à la place du chlorure, on utilise en général les résidus considérables provenant des piles de Bunsen qui servent à produire la lumière électrique, dont on fait un fréquent usage au port de Brest pour éclairer soit les travaux de nuit, soit ceux qui s'exécutent dans les cales obscures des navires ; on sature avec des débris de zinc l'excès d'acide sulfurique, et la dissolution marque alors 40° à l'aréomètre de Baumé. Le liquide décanté n'a nullement besoin d'être filtré ; il est également inutile de le porter jusqu'à l'ébullition. Avec cette solution, c'est le borax qui réussit le mieux comme substance retardatrice : on l'emploie dans la proportion de six grammes de borax par litre de la solution du sulfate à 40 degrés pour former la dissolution dans laquelle doit être délayé l'oxyde de zinc.

Quelle que soit la composition du liquide, on prépare la peinture de la manière suivante : on apporte, près du lieu où doit se faire son applica-

tion, du blanc de zinc en poudre impalpable, tel
qu'il est livré par le commerce, et du liquide préparé ; on transporte généralement ce liquide dans
de petits barils de bois. Au fur et à mesure des
besoins, l'ouvrier verse du liquide dans un vase et
y ajoute le blanc de zinc peu à peu, en agitant
avec un morceau de bois au point d'amener le
mélange à la consistance de la peinture à l'huile
ordinaire ; il est alors prêt à être appliqué. On doit
avoir soin de ne préparer à la fois que la quantité
de peinture qui peut être employée en une heure
environ.

Une analyse de la peinture au chlorure a montré
que les proportions indiquées par la pratique
comme les meilleures, représentaient exactement
un équivalent de chlorure pour un équivalent
d'oxyde de zinc.

Le prix de revient de cette peinture est fort peu
élevé, surtout en employant, comme on le fait à
Brest, du chlorure ou du sulfate de zinc préparé
avec les résidus du zingage ou des piles de Bunsen.
Le chlorure de zinc pourrait sans doute être livré
à bas prix s'il était fabriqué en grand. En utilisant
les masses d'acide chlorhydrique qui se perdent
dans l'industrie, on parviendrait probablement à
le produire en faisant réagir directement cet acide
sur des minerais de zinc traités convenablement.
Même en dissolvant dans les acides du zinc en
saumon, la peinture revient tout au plus à 0 fr. 50
le kilogramme, tandis que la peinture à l'huile
coûte à Brest plus de 0 fr. 80.

La peinture obtenue par ces procédés est toujours
mate et extrêmement blanche lorsque le blanc de

zinc est de bonne qualité. Elle couvre autant que la peinture à l'huile, durcit beaucoup avec le temps, et devient très difficile à enlever.

Jusqu'ici, la couleur blanche est la seule qui ait parfaitement réussi. On a, il est vrai, obtenu diverses teintes en mélangeant intimement au blanc de zinc des poudres colorées; mais ces teintes, appliquées en grand, n'étaient jamais tout à fait uniformes.

Les sels de fer et de manganèse donnent aussi, avec le blanc de zinc, des peintures plus ou moins colorées, mais les couleurs obtenues, même dans des essais faits en petit et avec soin, n'étaient pas non plus de teintes bien uniformes.

Cette peinture n'a jamais été appliquée que sur le bois, les métaux et la tôle; dans ces divers cas, elle acquiert une solidité parfaite; on peut la laver et la brosser sans l'altérer. Mais il faut éviter de l'appliquer sous la pluie ou par la gelée, car alors elle devient farineuse ou s'écaille facilement.

En résumé, en parlant des indications fournies par M. Sorel dans sa note publiée en 1855, mais en employant des procédés entièrement différents de ceux qu'il indiquait à cette époque, le port de Brest est parvenu à produire et employer pratiquement une peinture économique, sans odeur et très siccative. Elle ne paraît pas destinée à remplacer la peinture à l'huile dans toutes les circonstances, mais elle peut lui être substituée avec avantage dans un grand nombre de cas.

Nouvelle peinture au sulfure de zinc

Les dangers inhérents à la fabrication et l'em-

ploi des couleurs à base de plomb, ont conduit beaucoup de chercheurs à trouver une nouvelle substance pour remplacer la céruse.

En voici encore une due à M. Thomas Griffiths,
de Liverpool. Il s'agit du sulfure ou oxysulfure de
zinc, préparé en précipitant un sel de zinc par un
sulfure, lavant et séchant le précipité, puis le calcinant au rouge et le refroidissant brusquement
dans l'eau. Le produit ainsi obtenu est d'une couleur blanche très mince et de la plus grande beauté.

L'inventeur lui attribue des qualités couvrantes
supérieures à celles du blanc de plomb.

Peinture sur toile, de M. J.-A. Hussenot

M. Hussenot, de Metz, est inventeur d'une nouvelle peinture qu'on peut préparer dans l'atelier et
transporter ensuite, en la fixant par des matières
collantes et imperméables, telles que goudron,
bitumes, mastics, vernis, etc., etc., sur le bois, le
plâtre, le mortier, la pierre, etc. Cette peinture
peut être faite à l'huile, à l'essence, au vernis ou
à la cire. Elle a la solidité de celle faite sur place
et ne craint pas davantage le soleil, la pluie, la
gelée et l'humidité.

Quoique ce genre de peinture convienne surtout
à la réparation ou à la décoration des plafonds ou
des coupoles, la peinture en bâtiments peut se
l'approprier avec utilité dans certaines circonstances. Voici le détail du procédé :

Tendre une toile, un papier ou un tissu quelconque sur un châssis de telle dimension qu'on le
veut, préparer cette toile avec un encollage en pâte

20.

mélangée de colle forte ou de toute autre substance collante ; laisser sécher cet encollage ; appliquer ensuite une, deux, trois ou quatre couches à
l'huile, au vernis, à la cire, au bitume ou au goudron, à volonté ; chaque couche doit être sèche
avant l'application de la suivante.

Peindre ensuite, comme sur une préparation ordinaire, le sujet qu'on désire, quel qu'il soit, et
laisser sécher.

Lorsqu'on est arrivé au moment fixé pour poser
la peinture sur la place qui lui est destinée, on
couvre cette peinture d'un tissu quelconque ou de
papier, en le fixant avec une colle quelconque ;
après avoir laissé sécher cette colle, on mouille le
derrière de la toile ou du papier fixé sur le châssis,
pour détremper le premier encollage, qui permet
alors de détacher la couleur, qui forme une pellicule unie, flexible, qui se roule très facilement sur
un cylindre.

Au fur et à mesure qu'on roule cette pellicule,
on la débarrasse, avec une éponge, des quelques
parties du premier encollage qui peuvent rester.

La peinture se transporte ainsi jusqu'à sa destination.

Le sujet, quel qu'il soit, qui doit la recevoir, a
reçu une première couche d'impression à l'huile, à
la cire, au vernis ou au bitume ; cette couche étant
sèche, on en donne une seconde plus épaisse et
très siccative, sur laquelle on applique immédiatement la pellicule roulée et peinte d'un sujet quelconque.

Cette seconde couche non sèche fait corps avec
la pellicule, comme une couche avec une autre.

Pour fixer cette pellicule, une légère pression avec un large tampon suffit.

Pour découvrir la peinture du tissu qui la recouvrait, on humecte légèrement ce tissu ou ce papier.

S'il reste quelques soufflures, en piquant la place avec une aiguille et frappant avec le tampon, on les fait disparaître ; ceci n'a lieu que pour la peinture à l'huile.

La pellicule de vernis s'obtient par les mêmes procédés et sert à vernir les objets sur lesquels on ne peut passer un pinceau ou une brosse sans altérer le sujet, tels que pastels, dessins, étoffes et autres objets qui se trouvent dans ce cas.

La feuille de vernis s'emploie également pour recevoir une peinture qui doit avoir pour fond l'objet sur lequel on l'applique.

Peinture sur feuilles d'étain et sur toile

La lenteur qu'on est obligé d'apporter dans les intérieurs des bâtiments, les embarras causés par la présence des ouvriers et l'odeur désagréable des peintures fraîches sont de grands inconvénients, résultant du mode de peinture et de décoration. Une invention, pour laquelle M. Jean-Marie Lasché, de Paris, s'est fait breveter, en 1866, remédie en grande partie à ces inconvénients. Cette invention a principalement pour objet de dispenser d'exécuter les peintures dans la maison ou la pièce à décorer, mais de les préparer dans un atelier de manière à pouvoir être appliquées facilement aux murs ou autres surfaces sans donner lieu à des odeurs désagréables.

L'invention consiste à produire la peinture sur une feuille d'étain. M. Lasché prend une mince feuille d'étain possédant un grand degré de flexibilité et l'étend sur une glace, en ayant soin d'humecter celle-ci, afin d'étendre plus facilement la feuille et pour augmenter l'adhérence. La feuille ainsi étendue constitue une surface très lisse sur laquelle l'inventeur peint à l'huile comme sur les murs ou les lambris. On laisse sécher, ensuite on vernit.

Cette peinture portative, lorsqu'elle est enlevée de la glace avec la doublure d'étain, est prête à être appliquée.

Cette nouvelle couverture ou tenture est roulée sur un cylindre en bois comme les papiers peints, mais elle diffère de ceux-ci en ce que la peinture est sur étain et à l'huile ; la doublure d'étain constitue une surface imperméable et, à cause de sa grande flexibilité, peut être adaptée sur toute espèce de moulures ou irrégularités. Avant d'appliquer cette tenture d'étain, on étend, sur le mur ou la surface à décorer, une couche imperméable.

Les dorures peuvent aussi s'exécuter par ce procédé ; l'or étant appliqué sur la feuille d'étain par le procédé ordinaire, on sèche celle-ci et on la découpe ; après avoir étendu une couche adhésive et imperméable sur les ornements ou surfaces que l'on veut décorer, les bandes d'étain doré y sont appliquées.

L'avantage de cette dorure sur la dorure ordinaire, c'est qu'elle ne s'oxyde pas, tandis que la dorure ordinaire devient bientôt sale et terne. On voit que cette invention constitue un nouveau procédé de peinture décorative qui dispense de tout travail à l'endroit de l'application, excepté un simple placement.

Déjà, en 1856, M. Poisson, de Paris, avait eu l'idée d'appliquer sur une toile forte une couche de colle de Flandre un peu liquide, de laisser sécher cette couche sur laquelle il appliquait une peinture à l'huile suivant les formules de l'art. Quand cette peinture était sèche, il collait dessus une mousseline fine avec de la colle de pâte très liquide, et aussitôt que le tout était sec, il retournait la toile forte, l'imprégnait d'eau qui dissolvait la couche de gélatine et détachait la peinture qui restait adhérente à la mousseline, lorsqu'on enlevait celle-ci. Ces mousselines, chargées de peinture et enroulées sur des cylindres, pouvaient être alors appliquées comme des papiers de tenture ou de fantaisie sur les murs ou divers objets, et en mouillant la mousseline, celle-ci se détachait et laissait la peinture couchée sur le mur ou l'objet prête à recevoir un vernis.

Peintures sans odeur, par M. Leclaire

M. Leclaire s'est proposé de faire des peintures sans odeur et aussi solides que les peintures à l'huile. Voici deux procédés qu'on peut employer :

On fait fondre du savon dans de l'eau chaude ; on prend des couleurs en poudre impalpable, et on les détrempe dans de l'eau de savon.

On augmentera la solidité de cette peinture si, à l'eau de savon, on ajoute un peu d'huile cuite.

Dans ce cas, l'huile manganésée est préférable à l'huile lithargée.

Si, au bout de quelques jours, l'huile tendait à se séparer de la couleur, il suffirait, pour rétablir la liaison, d'ajouter un peu d'eau de savon concentrée.

Le deuxième moyen consiste à faire fondre dans de l'essence de térébenthine une certaine quantité de cire de carnauba, connue dans le commerce sous le nom de *cire-pierre*, de manière à en faire un liquide où l'on détrempe les couleurs.

Ces couleurs peuvent être broyées à l'huile ou à l'essence, mais on peut s'en dispenser si elles sont en poudre impalpable. Si on chauffe un peu de liquide, la liaison se fait bien mieux.

Si les couleurs n'ont pas été broyées à l'huile, il faut ajouter un peu d'huile dans les teintes, afin de maintenir la limpidité de la couleur.

Les peintures faites par ces deux procédés supportent le vernis et le poli comme les peintures ordinaires.

La cire de carnauba, dont on fait usage pour les couleurs, a été déjà employée par M. Barruel pour préparer une matière propre à la mise en couleur et à l'encaustique des appartements.

Entrons maintenant dans des détails sur quelques perfectionnements qui consistent à préparer les couleurs dont on fait usage dans la peinture, de manière à ce que le peintre n'ait que de l'huile à ajouter, au moment de les employer, pour recouvrir les objets qu'il veut peindre.

Cette préparation peut se faire à froid comme à chaud.

Toutes les couleurs connues jusqu'à ce jour peuvent être préparées comme nous allons l'indiquer.

La même préparation peut s'appliquer à toutes les matières propres à la peinture minérale ou végétale.

Voici la préparation des couleurs pour la peinture sans odeur :

La description que nous allons donner pour le blanc de zinc s'applique à toutes les autres couleurs qui, dans la peinture, composent la gamme des tons.

Si on veut opérer à chaud, on prend de 15 à 25 kilogrammes de savon, plus ou moins ; on le fait fondre dans 20 à 30 litres d'eau de pluie ou de rivière.

Le savon étant bien dissous, on met dans cette dissolution 100 kilogrammes de blanc de zinc en poudre impalpable ; on fait bouillir quelques instants, et on laisse refroidir.

Lorsque le produit est froid, si on veut s'en servir immédiatement, on le délaye avec de l'huile de lin, de noix, d'œillette, ou toute autre, bonne pour la peinture.

On met plus ou moins d'huile, en raison de la couche plus ou moins épaisse qu'on veut donner sur l'objet à peindre ; la quantité d'huile à mettre est de 50 à 70 kilogrammes environ pour 100 kilogrammes de blanc de zinc préparé.

Voici une préparation à froid :

On prend les mêmes quantités d'eau et de savon indiquées ci-dessus ; le savon fondu, on le laisse se refroidir.

On ajoute à cette dissolution 100 kilogrammes de blanc de zinc ; on mêle parfaitement ces matières, et pour les triturer ensemble, on les passe sous une meule, dans des cylindres en granit ou même sous la molette, sur une pierre ou marbre à broyer les couleurs.

Cette opération faite, lorsqu'on veut peindre, on ajoute de l'huile suivant le besoin, et on peint, comme il a été indiqué plus haut.

Le mode ci-dessus décrit pour préparer le blanc de zinc s'applique à toutes les couleurs possibles, soit à base de zinc, soit à base de plomb, de fer, de cuivre, de manganèse, ou de cobalt, etc., ainsi qu'à toutes les couleurs végétales.

Voici une autre manière d'opérer pour faire de la peinture à l'huile sans odeur :

On fait fondre du savon dans de l'eau, dans les proportions déjà indiquées ci-dessus ; on prend une couleur quelconque broyée à l'huile que l'on mêle avec la dissolution de savon, et on peint avec ce mélange.

Si ce dernier est trop épais, on y met de l'huile propre à la peinture, pour l'amener au degré dont on a besoin.

Si, en employant ce produit ainsi préparé, il tendait à se diviser, on préparerait une dissolution de savon, de zéro à un degré environ à l'alcali-mètre, dont on ajouterait un peu dans la peinture pour rétablir la liaison des matières entre elles ; on agirait de même pour les préparations précédentes, si le même effet se produisait.

Pour préparer ces couleurs, tous les savons peuvent servir, mais on doit préférer ceux qu'on fabrique pour la peinture, attendu qu'ils sont plus siccatifs. Ils sont faits avec des huiles d'œillette, de lin ou de noix.

Ces mêmes huiles, pour faire ces savons, peuvent être manganésées; dans ce cas, les savons seraient plus siccatifs encore.

Dans un but économique, on pourrait aussi y ajouter des résineux; mais la peinture en serait moins solide.

On peut donner, si l'on veut, à ces peintures toutes sortes d'odeurs agréables, de citron, de rose, etc.

Pour faire sécher promptement cette peinture, on peut employer tous les siccatifs connus, mais on préférera les suivants :

On prend l'huile manganésée et on la solidifie par divers procédés qu'on va indiquer.

Voici un premier procédé :

A 1 kilogramme d'huile manganésée, on mêle un demi-kilogramme, plus ou moins, d'acétate de zinc ou de chlorure du même métal, l'un ou l'autre, ou tous les deux.

On fait bouillir ce mélange jusqu'à évaporation de l'acide acétique ou du chlore, et l'huile est solidifiée.

On ajoute ce siccatif aux couleurs, soit en le faisant fondre dans l'huile, ou en le broyant avec. .

On pourrait ajouter à ces mêmes acétates ou à ces chlorures du blanc de zinc, pour amoindrir la coloration de ce siccatif.

L'acétate et le chlorure de plomb solidifient parfaitement l'huile, mais l'altération que ce siccatif subirait aux émanations sulfureuses me ferait donner la préférence à ceux que je compose.

Voici le deuxième procédé à employer pour solidifier l'huile manganésée ou non :

Peintre en bâtiments.   21

On prend deux parties de chaux, deux parties
de blanc de zinc; on y met la quantité d'eau nécessaire pour les délayer ensemble; on y ajoute deux
parties d'huile manganésée; on fait bouillir jusqu'à
complète évaporation, et on laisse refroidir.

Ce siccatif peut être mêlé en poudre aux couleurs, ou broyé avec elles.

Voici le troisième procédé de préparation pour
solidifier l'huile manganésée :

On prend 1 kilogramme de blanc de zinc, on le
délaie dans de l'eau ou dans l'essence de térébenthine, pour le mettre à l'état de pâte très ferme;
on y met 200 grammes d'huile manganésée, plus
ou moins; on fait bouillir jusqu'à entière évaporation, et on laisse sécher.

On broie ce siccatif avec les couleurs, ou on le
pulvérise pour l'employer.

Si on ajoute à ces siccatifs des résineux de copal,
de Bourgogne, etc., ou encore de la térébenthine
de Suisse, de Bordeaux, ils seront plus pulvérulents.

On peut même, pour faire ces siccatifs, prendre
de l'huile manganésée et de la térébenthine aussi
manganésée, ou ajouter d'autres corps à l'huile
manganésée pour la solidifier, ou même enfin se
passer de plusieurs de ceux indiqués ci-dessus.

Quant aux proportions des diverses matières ci-
dessus, elles peuvent varier à volonté pour les
deuxième et troisième siccatifs.

On peut les laisser sécher à l'air libre, après les
avoir mêlés, au lieu de les laisser évaporer par le
feu.

Ainsi l'objet du procédé est l'exécution de la
peinture à l'huile sans odeur, et la préparation des

matières qu'on y emploie, en vue de les livrer toutes préparées à la consommation ; la préparation des savons, fabriqués par les procédés connus, avec les huiles pures de lin, d'œillette et de noix, qu'elles soient manganésées au non, et la fabrication des divers siccatifs que je viens de décrire, qui me sont indispensables pour la préparation et l'exécution de la peinture sans odeur.

Dans les diverses préparations que nous venons d'indiquer, on peut ajouter de la gélatine ou de la gomme arabique.

On peut même faire de la peinture à l'huile sans odeur avec un mélange d'huile et de gomme, ou encore avec un mélange de colle ou gélatine et d'huile ; mais ces préparations ne donnent pas les résultats qu'on obtient par les autres préparations.

Nous décrirons maintenant un procédé qui a pour objet de broyer les substances qu'on emploie en peinture avec de la térébenthine et de l'essence de ce nom.

A cet effet, on prend 100 kilogrammes de térébenthine de Bordeaux et 25 kilogrammes d'essence de térébenthine ; on mêle ces deux substances ensemble, à froid ou à chaud. On peut employer toute autre térébenthine.

On peut varier les proportions de l'essence et de la térébenthine, soit en moins, soit en plus ; on peut remplacer la térébenthine par de l'arcanson, du galipot, du copal tendre ou pur, ou par une résine quelconque.

Dans ce cas, on change les proportions de l'essence.

On fait fondre dans 100 kilogrammes d'essence

50 kilogrammes de l'une ou l'autre de ces résines. On peut varier les proportions de l'essence et des résines ; on peut même mêler plusieurs résines ensemble dans l'essence, et former cette proportion de 30 kilogrammes ou même en mettre plus ou moins.

Ces liquides servent à broyer les couleurs ; pour le blanc de zinc, il faut 25 kilogrammes de ce liquide pour 100 kilogrammes de blanc.

Quant aux noir, jaune, rouge, etc., les proportions du liquide sont les mêmes que celles qu'on emploie pour préparer les couleurs plus ou moins épaisses.

Ces couleurs, préparées comme on vient de le dire, sont délayées avec les divers liquides dont on va donner la composition :

On prend 100 kilogrammes d'essence ; on fait dissoudre à froid ou à chaud 10 kilogrammes de cire-pierre, cire végétale ou de carnauba dans 10 kilogrammes d'huile manganésée, ou dans de l'huile ayant été oxygénée par un moyen quelconque ; on ajoute cette dissolution dans l'essence, et le liquide est fait

Ce liquide sert à délayer les couleurs quand on veut s'en servir pour peindre.

On peut varier les proportions de la térébenthine et de l'huile manganésée pour faire ce liquide ; on peut même supprimer l'huile manganésée et mettre à la place de l'huile ordinaire. Dans ce cas, on y ajouterait un siccatif quelconque.

On peut supprimer la carnauba et la remplacer par de la cire d'abeille. Dans ce cas, on en met

5 kilogrammes au lieu de 10 ; on en peut mettre plus ou moins.

On peut, si on le veut, employer la cire ou la carnauba pour broyer les couleurs, au lieu de l'employer pour faire le liquide.

On peut remplacer la cire, la carnauba et l'huile par de la colophane ou par les diverses résines indiquées plus haut.

On prépare encore un autre liquide composé comme suit :

On prend 100 litres d'esprit-de-vin, et on fait dissoudre 15 kilogrammes de sandaraque ; après dissolution, on laisse refroidir, on tire au clair et l'on délaye les couleurs, comme on l'a indiqué ci-dessus.

On peut remplacer la sandaraque par du galipot, de l'arcanson, de la colophane ou par toute autre résine soluble dans l'esprit-de-vin.

Ce liquide sert, comme le précédent, à détremper les couleurs.

On peut se servir du liquide suivant pour employer les couleurs en poudre ou broyées à l'essence :

On fait fondre, d'une part, 5 kilogrammes de térébenthine de Bordeaux, et, d'autre part, 1 kilogramme de carnauba : on mêle ces deux matières ensemble.

On y ajoute 2 kilogrammes d'essence ; on fait chauffer 5 kilogrammes d'esprit-de-vin n'ayant pas moins de 36 degrés ; on le mêle avec la préparation ; on fait bouillir quelques instants et le liquide est fait.

On peut remplacer la carnauba par de la gomme copal dure, demi-dure ou même tendre.

On peut remplacer la térébenthine de Bordeaux par du galipot, de l'arcanson, de la poix de Bourgogne, de la gomme élémi, ou par tout autre corps résineux analogue.

On peut varier les préparations de chacune des matières qui composent ce liquide, et même supprimer l'essence.

Ce liquide peut être employé comme vernis.

On a indiqué plus haut plusieurs manières pour faire de la peinture sans odeur, et voici divers perfectionnements à l'invention primitive.

On prend 100 kilogrammes de blanc de zinc ou de toute autre substance propre à la peinture; on le broie avec 15, 20 ou 25 kilogrammes d'huile propre à la peinture, par les procédés connus.

On prend ensuite 10 kilogrammes de savon, que l'on fait dissoudre à chaud dans 20, 25 ou 30 litres d'eau de fontaine ou de pluie; on laisse refroidir et on mêle cette dissolution de savon avec le blanc ou toute autre matière colorante broyée à l'huile, comme le jaune, le rouge, le noir, etc.

On augmente ou on diminue, si l'on veut, la quantité de savon et celle de l'huile.

Pour donner plus de solidité à la peinture sans odeur, on ajoute. en préparant ces substances, 3 pour 100 du poids de la matière solide de cire d'abeille ou de cire végétale; on peut, si l'on veut, augmenter ou diminuer ces proportions.

Voici la fabrication du liquide pour faire de la peinture sans odeur :

On prend 100 kilogrammes d'huile manganésée ou non; on y ajoute 2 kilogrammes de chaux éteinte ou en poudre.

On fait bouillir le tout jusqu'à combinaison de la chaux avec l'huile; on prend le produit que l'on obtient de cette évaporation, on le mêle avec 600 de son poids d'une eau alcaline pesant moins d'un degré à l'alcalimètre.

On agite fortement et le liquide est fait.

On peut mettre plus ou moins de chaux et plus ou moins d'eau, et l'eau alcaline peut avoir plus d'un degré à l'alcalimètre, comme aussi elle peut en avoir moins.

On prépare encore un autre liquide qui peut servir à remplacer celui qui est décrit ci-dessus.

A cet effet on prend 100 kilogrammes de cire d'abeille ou de cire-pierre, on y ajoute autant de chaux et d'eau alcaline que dans la proportion indiquée pour préparer le liquide à l'huile; on augmente ou on diminue, si cela convient, la quantité d'eau, de cire ou de chaux.

On peut ne pas même chauler les huiles ni les cirer pour les mêler à l'eau, mais alors on est obligé d'employer une lessive caustique d'un degré assez fort pour qu'elle agisse sur les huiles de manière à les faire mêler avec l'eau.

Pour faire le liquide, on peut ou non mêler ensemble des huiles et des cires chaulées, on peut même prendre de la cire chaulée sans que l'huile le soit, ou de l'huile chaulée sans chauler la cire.

Les huiles et les cires oxygénées à l'aide des oxydes de manganèse ou de plomb se mêlent plus facilement avec une eau faiblement alcaline que les huiles et les cires qui n'ont point été oxygénées.

Pour la préparation des liquides, on prend de préférence de l'eau de pluie ou de rivière; on peut

aussi prendre simplement des résines, des térében-
thines de Venise, en les faisant bouillir avec une
lessive caustique ou non caustique, soit à un degré
à l'alcalimètre, soit à plusieurs degrés.

On peut encore faire la peinture sans odeur en
prenant des couleurs quelconques broyées à l'huile,
et en les délayant avec une lessive caustique ayant
de 8 à 10 degrés, plus ou moins, mais assez alcaline pour que l'huile puisse être mêlée avec de
l'eau.

Au lieu de préparer les huiles et les cires avec
de la chaux, pour les amener à se mêler facilement
à une eau faiblement alcaline, on peut encore les
préparer avec du chlorure de calcium ou tout autre
pouvant produire les mêmes effets.

On peut, si cela convient, chauler les huiles et
les cires dont on fait usage pour préparer le blanc
et les couleurs, et dans les mêmes proportions que
celles déterminées pour chauffer les huiles et les
cires ; on peut augmenter ou diminner les proportions de la chaux.

Pour faire le liquide ou pour préparer les couleurs, on peut prendre de l'albumine ou du fiel de
bœuf.

Ces matières servent d'intermédiaire pour mêler
l'huile avec l'eau.

Quand on veut faire usage de la peinture sans
odeur, on prend les couleurs broyées comme il est
indiqué plus haut ; on peut les prendre en poudre ;
on compose les teintes exactement comme si on
voulait peindre à l'huile ; on délaie ces teintes avec
de l'huile de lin, ou toute autre huile bonne pour
la peinture.

La proportion de l'huile à mettre est en raison de l'objet sur lequel on peint et du lieu où est l'objet.

Par exemple, pour peindre à l'extérieur, il faut beaucoup d'huile ; à l'intérieur, il en faut moins, excepté pour les teintes foncées ; dans ce cas, il n'y a pas d'inconvénient de forcer l'huile.

L'état de liquidité dépend des objets plus ou moins poreux sur lesquels on doit peindre.

Ainsi, pour des plâtres, il faut que la couleur soit moins épaisse que pour la peinture sur bois ou des métaux, ou sur d'anciennes peintures.

Dans tous les cas, il faut que les couleurs préparées puissent s'étendre facilement avec un pinceau dit *brosse*.

Si la couleur tendait à se séparer de l'huile, il faudrait y mettre un peu de liquide; alors la liaison des corps se rétablirait.

Pour peindre à l'intérieur, notamment en tons clairs, il faut mettre, pour délayer la couleur, environ autant de ce liquide qu'on met d'essence, excepté pour les tons foncés, comme nous l'avons dit plus haut, pour lesquels il faut forcer à l'huile.

Pour faire sécher la peinture sans odeur, on peut se servir des siccatifs à base de plomb, mais on préférera ceux à base de manganèse.

Au lieu d'huile, on peut employer des graisses et de l'acide oléique, mais alors, il faut ajouter beaucoup de siccatif.

Voici enfin un autre liquide employé pour délayer les couleurs :

On prend 100 kilogrammes d'huile que l'on bat avec vingt jaunes d'œufs; on prend 20 kilogram-

mes de colle de peau, de poisson ou autres, étendus de 50 parties d'eau ; on mêle ces diverses matières ensemble, et on a un liquide qui sert à
délayer des couleurs quelconques pour faire de la
peinture sans odeur.

Si on prend des couleurs à l'huile, on est obligé
d'augmenter la quantité de colle et la quantité de
jaunes d'œufs, pour que la proportion soit environ
la même que précédemment.

Ces proportions, du reste, peuvent varier en
plus ou en moins.

On peut remplacer le jaune d'œufs par de la
chaux ; dans ce cas, on prend 100 parties de chaux
vive éteinte dans autant d'eau qu'elle peut en absorber ; 100 parties d'huile, 15 de colle dissoute
dans l'eau, comme dessus ; 100 parties de blanc
de zinc ou de plâtre noyé ou non, ou encore du
blanc d'Espagne, du blanc de Meudon, ou toute
autre matière blanche ; on mêle le tout ensemble
pour en faire une pâte.

On met dans cette pâte des matières colorantes
pour donner la teinte que l'on veut obtenir ; on délaye le tout avec de l'eau et l'on peint ensuite.

Toute autre matière que le blanc de zinc pouvant servir dans ce mélange, la céruse ou le sulfate de plomb peuvent, au besoin, l'y remplacer.

Au lieu de jaune d'œufs, on peut mettre de l'amer
de bœuf, une décoction de saponaire ou toute
autre matière tendant à faire mélanger l'huile avec
l'eau.

On peut supprimer l'une ou l'autre des matières
qui contribuent à faire mêler l'eau à l'huile.

On peut même ajouter des alcalis caustiques ou

non, et, dans ce cas, on peut retirer la chaux, si on le trouve nécessaire.

Voici les applications qu'il est possible de faire de l'invention à d'autres industries.

On en indiquera trois :

1° A l'industrie du papier peint ;

2° A l'industrie du stucateur ;

3° A celle du maçon et du plâtrier.

Pour l'application à l'industrie du papier peint, la préparation des couleurs et des liquides est la même que pour la peinture.

Pour l'application de l'industrie du stucateur, du maçon et du plâtrier, on procède comme il suit :

On prend 100 kilogrammes d'huile, l'on y mêle vingt jaunes d'œufs que l'on bat avec l'huile ; on ajoute 15 à 20 kilogrammes de colle de peau, de poisson ou toute autre, dissoute dans 50 litres d'eau environ ; on mêle cette deuxième préparation à la première pour en former un liquide.

On prend ensuite 100 kilogrammes de plâtre à mouler ; on y ajoute 50 kilogrammes de blanc de zinc ; on mêle parfaitement ces deux substances ; on en prend ensuite une certaine quantité, 10 kilogrammes, par exemple ; on les délaye avec le liquide ci-dessus, absolument comme on le fait pour gâcher du plâtre, et on en forme une pâte molle.

A l'aide de cette pâte, on fait des enduits de un centimètre d'épaisseur, plus ou moins, et on les dresse par les moyens connus.

Sur ces enduits, on fait des veines imitant parfaitement les marbres et les stucs, tant sous le rapport de la solidité que sous ceux du poli et de la beauté.

A cet effet, on varie les quantités de blanc et on les remplace par des matières colorantes produisant le ton qu'on veut obtenir.

Quant à l'application à l'industrie du maçon, que l'on fasse les enduits au plâtre ou qu'on les fasse à la chaux, on procède exactement comme on le fait pour l'industrie du stucateur.

Au lieu d'employer des jaunes d'œufs, de la gélatine et de la chaux, pour mêler l'huile à l'eau, on peut employer des alcalins, comme on le fait dans la peinture sans odeur.

Procédé de peinture sans essence, par M. Dorange

Tout le monde sait combien l'emploi de l'essence de térébenthine dans la peinture offre d'inconvénients dans la pratique, par l'odeur pénétrante qu'elle dégage, et dont on a tant essayé de se débarrasser.

Certaines personnes, et M. le docteur Marchal, de Calvi, entre autres, affirment que les accidents produits par le fait du séjour dans un lieu fraîchement peint proviennent uniquement des émanations dues à l'essence, et que l'emploi du blanc de plomb ou du blanc de zinc n'a à ce point de vue que peu d'importance.

Pénétré de ces idées, M. Dorange a cherché un procédé de peinture d'où l'essence de térébenthine fût complètement exclue.

La réussite d'ailleurs a couronné ses recherches, et les travaux ainsi exécutés ne le cèdent en rien à ceux faits par les anciens procédés.

Voici quelle est la composition et le mode de préparation de cette peinture.

Pour 1 kilogramme de peinture on prend :

Blanc de zinc.	494 gram.
Colle de Flandre.	15 —
Eau.	319 —
Huile de lin.	128 —
Huile grasse (lithargée).	7 —
Potasse.	12 —
Siccatif zumatique de Barruel. . .	17 —
Vinaigre.	8 —

On peut dissoudre à chaud la colle de Flandre dans l'eau ; quand la dissolution est opérée, on ajoute l'huile de lin et l'huile grasse, et on fait bouillir le tout pendant cinq minutes en agitant constamment avec une spatule de bois ; on retire du feu, on laisse refroidir à moitié, et on ajoute alors la potasse, le vinaigre et le siccatif en remuant constamment pour favoriser le mélange.

La préparation liquide terminée, on y incorpore enfin le blanc de zinc en faisant usage soit de la molette, soit d'un autre procédé mécanique. Et c'est la peinture ainsi obtenue qu'on emploie directement sans essence de térébenthine. Son application donne un ton mat ; mais, si on ajoute de l'huile de lin en plus grande quantité, la peinture n'est plus que demi mat.

Lorsqu'on veut une peinture brillante, on a recours à la formule suivante, qui est aussi celle que l'on emploie pour recouvrir les murs humides :

Blanc de zinc.	270 gram.
Colle de Flandre.	3 —
Caoutchouc	13 —
Eau.	125 —

Huile de lin.	560 gram.
Huile grasse.	5 —
Litharge.	5 —
Résine arcanson	19 —

On fait dissoudre le caoutchouc divisé dans une partie de l'huile de lin, à l'aide d'une ébullition prolongée ; on ajoute ensuite à cette solution le reste de l'huile de lin, l'huile grasse lithargée, puis la colle de Flandre dissoute dans de l'eau. Quand le mélange est fait, on le soumet à une ébullition de trois heures, et c'est alors qu'on y verse la résine pulvérisée et qu'on n'a plus qu'à broyer le blanc de zinc qui doit être incorporé.

Perfectionnements apportés dans la préparation des couleurs à l'huile, par Cuningham

Cette invention consiste dans l'application et l'emploi de lait de chaux dans la préparation des couleurs à l'huile ou à peindre avec un oléate de chaux ou un savon de chaux.

L'addition de cette substance a pour effet d'épaissir l'huile employée, et de former un meilleur véhicule pour les diverses couleurs ; elle produit en même temps une économie dans les divers ingrédients employés communément pour préparer les couleurs.

Au lieu donc de faire usage d'huile seule en la manière ordinaire, pour servir de véhicule aux diverses couleurs, on commence par saturer avec de la chaux une certaine quantité d'eau douce ou de pluie.

Quand la solution est limpide, c'est-à-dire quand la portion de chaux dont l'eau ne s'est pas emparée a formé un précipité au fond du vase, et que l'eau reste claire, elle sera bonne à employer.

Couleurs pour les arts industriels. — Pour préparer les couleurs pour les arts utiles ou pour la peinture en bâtiments, on mêle le lait de chaux avec l'huile en parties à peu près égales, en les plaçant dans un vase approprié, et en les agitant ou les battant jusqu'à ce qu'ils soient amalgamés ensemble.

Dans cet état, le mélange de l'huile et du lait de chaux ressemblera à la crème sous le rapport de la consistance, mais la surpassera en blancheur.

On prend 2 parties de cette composition, et on y ajoute 4 parties environ de blanc de plomb broyé, et on les mélange et les prépare en la manière ordinaire.

Si la couleur préparée avec cette dose de composition est trop épaisse, on peut l'étendre ou la rendre plus liquide, en y ajoutant une petite quantité d'huile, quand on n'emploie pas d'essence de térébenthine, ce qui a lieu pour les couleurs employées pour des peintures extérieures ou en plein air ; mais quand on fait usage d'essence de térébenthine, comme pour des peintures d'intérieur, la couleur peut être étendue ou rendue plus liquide par l'addition de térébenthine, sans ajouter d'huile.

Pour donner la dernière couche à la peinture, il faut mêler 4 ou 5 parties de la composition d'huile et de lait de chaux avec 8 parties environ d'essence de térébenthine, et y ajouter autant de blanc de plomb que l'ouvrier estimera nécessaire pour donner à la couleur qui doit former la dernière couche, le degré de consistance convenable.

On fera remarquer que, par ce procédé, la dernière couche sera mise avec plus de facilité, et qu'entre autre elle sera plus lisse, plus égale et plus durable que lorsqu'on ne fait usage que d'essence de térébenthine.

Si l'ouvrier veut donner une couche plus épaisse, il n'a qu'à ajouter du blanc de plomb.

Pour peindre des murs, il faut donner une couche d'huile avant de mettre la peinture.

On fera observer que, dans tous les cas où l'on fait usage de térébenthine et que des siccatifs sont employés, l'usage de cette composition de lait de chaux et d'huile en diminue la quantité nécessaire, et que, si l'on emploie du sel de plomb comme siccatif, il peut être dissous dans le lait de chaux avant d'être mélangé avec l'huile.

Quand le sel de plomb est fondu dans un lait de chaux bien limpide, il améliore de beaucoup les couleurs.

Il convient de faire remarquer que, à l'égard des terres absorbantes, telles que les ocres, les ombres, et toutes les autres couleurs qui ne se broient pas bien avec la composition, il faut en broyer d'abord 1/3 avec du lait de chaux, 1/3 avec de l'huile de lin ordinaire, et 1/3 avec de l'huile de lin bouillie ou de l'huile siccative à la consistance du blanc de plomb tel qu'on le prépare ordinairement, et ensuite mêler le tout avec la composition.

Manière de préparer le lait de chaux. — On verse environ 90 litres d'eau douce dans un tonneau ; on y projette 1,000 à 1,500 grammes de chaux vive ; on agite le tout pendant quelque temps ; on le laisse reposer pendant vingt-quatre heures, ou jusqu'à ce que l'eau soit parfaitement pure ; alors on peut la soutirer pour en faire usage.

Il faut remuer tous les cinq ou six jours l'eau et la chaux du tonneau, afin que l'eau soit toujours saturée de chaux.

Manière de mélanger le lait de chaux avec l'huile. — On verse les quantités voulues de ces deux liquides dans un vase ouvert, tel qu'un baquet ou un seau, et on les amalgame en les fouettant avec une verge ou bien on les met dans une bouteille ou vase qu'on ne remplit pas plus des trois quarts ; on le bouche et on secoue le liquide jusqu'à ce que la réunion soit complètement opérée.

On fera, en outre, observer qu'il faut toujours agiter la bouteille ou le vase contenant le mélange avant d'en faire usage.

Couleurs pour les beaux-arts ou la peinture artistique. — Pour préparer, d'après ce procédé, les couleurs qui doivent garnir la palette de l'artiste, il faut qu'elles soient broyées à l'huile ou au lait de chaux dans les proportions relatives, qui peuvent varier en raison de la nature et de la qualité des substances dont les diverses couleurs sont composées ; mais il est avantageux d'incorporer autant de lait de chaux que possible, pour donner du glacé et de la transparence à la peinture.

Quand on emploie du sel de plomb comme siccatif, il faut le dissoudre dans le lait de chaux, ce qu'on considère comme un perfectionnement.

Pour préparer une composition qui serve à étendre ou rendre plus liquides les couleurs dont est chargée la palette, on mêle du lait de chaux et de l'huile ensemble, et on y ajoute ensuite un peu

de vernis-mastic avec quelques gouttes d'essence
de térébenthine ; on incorpore bien tous ces ingrédients les uns avec les autres, et, s'il est nécessaire, on peut ajouter une petite quantité de sel de
plomb.

Plus on peut faire entrer de lait de chaux dans
le mélange, plus la couleur aura de corps.

Ce procédé peut être avantageusement employé
pour exécuter des travaux de décor qui devront
être livrés à bref délai.

Peinture portant avec elle son vernis, par Mme Tinagéro

Cette peinture vernie est applicable aux constructions et aussi aux arts et à l'industrie en général. Elle est surtout remarquable pour les décors
de théâtre, qui n'ont été peints qu'à la colle pendant longtemps.

Le liquide qui entre dans cette composition consiste principalement dans l'huile de toute espèce
propre à la peinture, le surplus est de l'alcool.

On prend les substances ci-après désignées, qu'on
mélange intimement et qu'on fait fondre ensuite
dans l'alcool et dans l'huile.

Huile	1 kilog.
Alcool	1/2 —
Mastic en larmes	125 gram.
Sandaraque en poudre	125 —
Gomme copal en poudre	125 —
Gomme laque ordinaire	125 —
Térébenthine de Venise.	62 1/2

Sur ces quantités, il faut procéder de la manière
suivante :

On broie les couleurs de toutes nuances à l'eau, puis à la bière, et enfin à l'esprit-de-vin ; ensuite on fait bien sécher le tout au four, puis au soleil.

Cela fait, on mélange aux couleurs ainsi préparées le liquide formé par la recette ci-devant.

Le résultat assuré par la composition qui précède est une prompte dessiccation des couleurs après leur emploi, c'est-à-dire dans un laps de temps qui n'excède pas trois heures.

Deux couches de cette peinture sont suffisantes pour couvrir, et elle a l'avantage de porter avec elle son vernis.

Pour la rendre mate, il suffit de supprimer la térébenthine de Venise.

La même composition, en en supprimant les couleurs, donne un vernis siccatif et très beau, qui, pouvant s'appliquer avec l'aide seule du pinceau, est propre à toutes les industries.

Peinture brillante à l'huile, résistant à toutes les intempéries de l'air, par M. Martiny

On commence par faire une dissolution de caoutchouc à l'huile de pétrole. 1 kilogramme de caoutchouc et 10 litres d'huile sont mis dans un appareil en cuivre fermé hermétiquement, et qu'on a soin d'ouvrir de temps en temps pendant la fusion qui se fait au bain-marie, à feu doux. On secoue souvent, jusqu'à ce que la matière soit bien liquide.

Quand la liquéfaction est complète, on laisse filtrer la dissolution à travers de la toile fine, et les liquides, ainsi retirés, sont mis dans des barils que l'on secoue tous les jours trois ou quatre fois, pendant une semaine, afin que les matières se lient parfaitement.

Cette composition, ainsi obtenue, est applicable à toute espèce de peinture à l'huile. Elle a la propriété de rendre les couleurs imperméables, brillantes ; de conserver pendant nombre d'années leur fraîcheur et leur brillant, et de les empêcher de s'écailler : elle est applicable sur toute surface susceptible de recevoir la peinture.

Voici la manière de l'employer :

Pour 1 kilogramme de couleur liquide malléable au pinceau, on introduit 12 grammes de dissolution, ce qui suffit pour obtenir toutes les qualités ci-dessus mentionnées.

Peinture à la glu marine

On a essayé de conserver les bois par un procédé fort simple, qui consiste à les revêtir avec une couche de glu marine qu'on applique sous forme de peinture.

La glu marine est une composition préparée avec de l'essence lourde de goudron de houille, une demi-partie pour cent de caoutchouc, et trente à quarante parties de gomme-laque.

Cette peinture est très solide, mais comme toutes les peintures elle ne conserve le bois qu'à la superficie, et l'intérieur peut toujours être exposé à la pourriture.

Il faut du reste, dans cette application, bien faire attention que la glu marine soit bien composée comme on l'a indiqué ci-dessus, car si, à la gomme-

laque, on substitue une résine, cette composition
perd la plupart de ses propriétés, et ne résiste plus
aux effets de la température, de la pluie et de l'humidité.

Sur l'emploi du blanc de zinc

La substitution du blanc de zinc au blanc de céruse dont il n'a aucune des propriétés vénéneuses
a donné lieu à de longues recherches. Ce serait en
effet un résultat d'un avantage incontestable.

M. Hofmann qui a étudié la question a établi que
le blanc de zinc couvre moins bien que le blanc
de céruse, toutefois il permet, à quantité égale, de
peindre une plus grande surface. Quant à la sta-
bilité comme teinte, il est incontestable qu'il ne
noircit pas par les émanations sulfureuses. Seulement son insolubilité presque absolue dans l'huile
de lin, oblige à y ajouter un agent oxydant tel que
le peroxyde de manganèse. Nous avons déjà indiqué le siccatif de manganèse qu'emploie M. Leclaire. Toutefois il est assez reconnu que cette
peinture ne résiste qu'un temps donné aux actions
destructives de l'atmosphère. Elle devient friable
et s'écaille par le frottement ou la chaleur. Elle ne
protège pas aussi bien les métaux ou le bois de
l'humidité, que celle au blanc de céruse.

Le blanc de zinc exige comme on sait une plus
grande quantité d'huile que la céruse ; pour obvier
à cet inconvénient, M. Delaunay a proposé de
mélanger ce blanc avec une quantité d'eau suffisante pour en faire une pâte épaisse qu'on mélange
avec une proportion d'huile qui varie de 11 à 13
pour 100 suivant qu'on veut obtenir une peinture

plus ou moins ferme ; ce mélange est placé dans
un agitateur qui, par son mouvement, détermine
la séparation de l'eau, laquelle est remplacée par
l'huile, de façon que la pâte ne retient plus que
quelques traces d'eau. On chasse entièrement cette
eau en faisant passer d'abord la matière entre des
cylindres chauffés à la vapeur, ensuite dans une
machine à broyer ordinaire pour lui donner de
l'homogénéité. M. Delaunay assure que, par ce
moyen, on obtient une peinture d'une force peu
inférieure à celle de la céruse, et possédant comme
elle la propriété couvrante. Cette peinture est aussi
plus siccative que celle préparée par les moyens
ordinaires.

M. Gontier croit qu'on peut donner au blanc de
zinc des propriétés plus couvrantes et égales à
celles du blanc de céruse, avec deux couches seulement, au lieu de trois ou quatre qu'on donne ordinairement, en traitant les huiles de lin et d'œillette par l'acide sulfurique en proportion de 1/2
pour 100 de l'huile, avec addition de 8 pour 100
de résine et 5 pour 100 de peroxyde de manganèse
par voie de dissolution et d'ébullition.

Peinture à la galénite

M. David a proposé sous le nom de *galénite* un
nouveau composé à base de plomb en remplacement de la céruse dans la première couche de peinture à l'huile des bâtiments, et du minium dans la
peinture sur métaux.

Il s'obtient par une calcination prolongée de la
galène à température modérée, qui donne un sul-

fate de plomb bibasique. Ce produit jouit de la propriété d'être très siccatif, de couvrir mieux que les autres peintures, d'offrir une adhérence supérieure à celle de la céruse, et enfin de produire une économie considérable, tant sur la matière colorante que sur la quantité d'huile employée.

Peinture sur zinc, par M. Heilbronn

Les peintres rencontrent souvent des surfaces de zinc qu'ils doivent peindre, le zinc étant souvent employé pour recouvrir des murs ou des lambris sur lesquels on redoute les effets de l'humidité, qui détruit rapidement les peintures. M. Heilbronn a imaginé un procédé de peinture sur zinc, que nous croyons devoir reproduire ici.

Ces sortes de peinture, de décor et même de dorure, au dire de l'auteur, ont le mérite d'être adhérentes au métal, tandis que, chacun le sait, les peintures ou les dorures exécutées sur le zinc par les procédés ordinaires ne présentent généralement aucune solidité et ne tardent pas à se détériorer même assez rapidement.

La méthode de M. Heilbronn (Alexandre), de Londres, fait l'objet d'un brevet d'invention de quinze ans, à la date du 3 juillet 1852. Elle consiste, dit l'auteur, dans des moyens de revêtir et orner le zinc ou les corps ayant un revêtement ou surface de zinc par « *l'application sur la surface, d'acides combinés avec d'autres substances ayant une action chimique sur le zinc, soit seuls, soit mêlés ensemble, soit mêlés avec mordant ou autres matières* ». Ce revêtement ou composé chimique ainsi

produit par le zinc peut servir par lui-même pour
protéger ou orner la surface, ou bien il peut former la base ou le fond sur lequel on peut peindre
à la manière ordinaire avec des huiles ou des
vernis.

Les agents chimiques qu'emploie surtout M. Heilbronn, sont l'acide chlorhydrique du commerce
étendu d'eau et d'une pesanteur spécifique de 144,
soit pur, soit en mélange avec diverses substances,
telles que le chromate de plomb, le vert de Saxe,
la céruse, la fleur de soufre, le beurre d'antimoine.

Ces divers agents peuvent, en outre, recevoir
l'addition de diverses couleurs, telles que le carmin, la cochenille, le bleu de Prusse, le vert de
vessie, etc.

L'auteur indique quatre procédés différents pour
l'application de ces peintures.

Le premier est le procédé par *aspersion*. L'acide
pur ou mêlé avec la couleur est lancé contre les
surfaces de zinc comme l'est la couleur pour l'ob-
tention du *granit* en peinture.

Dans le procédé dit de *chiquetage*, la surface du
zinc est frappée avec une éponge ou de l'étoupe
humectée avec les préparations. On obtient ainsi
l'apparence d'un marbre pommelé.

Dans le procédé de *revêtement par couches*, l'apprêt est étendu au pinceau ou avec un rouleau.

Enfin, dans le procédé de *marbrure*, les liquides
sont appliqués sur la surface du zinc, qu'on recouvre aussitôt d'un papier mince non collé. Ainsi
que le fait judicieusement observer M. Heilbronn,
il arrive, dans ce dernier cas, que, lorsque le gaz

se développe, il produit des ampoules en sous-
tendant le papier, et, de cette façon, le réactif se
répartit d'une manière accidentée, suivant que le
papier reste ou ne reste pas adhérent à la surface.

Quel que soit le mode employé, il convient, alors
que la préparation est appliquée, de laisser la pièce
de zinc abandonnée à elle-même dans la position
où elle était lors de l'opération.

. Le revêtement d'une feuille de zinc étant opéré,
comme l'indique l'auteur, la feuille est aspergée
d'acide chlorhydrique affaibli, puis abandonnée à
elle-même; elle prend alors un aspect terne, comme
terreux, et se trouve ainsi dans les conditions voulues pour recevoir la peinture ou le vernis.

L'examen de pièces livrées à la consommation
depuis un certain temps et le témoignage des marchands qui adoptent exclusivement les peintures
de M. Heilbronn, sont des garants de la solidité de
ce mode de peinture. L'épreuve directe, qu'il est
très facile de faire, ne laisse aucun doute à cet
égard. Il suffit de soumettre à la fatigue, en la
ployant et la déployant plusieurs fois, une feuille
de zinc convenablement préparée par M. Heilbronn,
et comparativement une autre feuille peinte par le
procédé ordinaire du vernisseur. La peinture de
M. Heilbronn reste unie au zinc, tandis que l'autre
s'écaille et s'en détache dès les premiers efforts.

Théoriquement, on se rend parfaitement compte
de l'opération de M. Heilbronn ; d'une part, l'action de l'acide chlorhydrique sur le métal rend la
surface rugueuse, et, d'autre part, elle donne naissance à la formation de chlorure de zinc qui, sous
l'influence de l'oxygène atmosphérique, se trans-

Peintre en bâtiments.   22

forme en oxydochlorure insoluble adhérent au
métal. Cet oxydochlorure forme ainsi une couche
intermédiaire sur laquelle la peinture s'attache
parfaitement.

C'est ainsi que la cire à cacheter, qui n'adhère
pas au verre, peut facilement y être appliquée, à la
condition que le verre soit d'abord recouvert d'une
feuille de papier collé à la colle de pâte. Le papier
adhère au verre et la cire adhère au papier. L'oxydochlorure, dans le procédé Heilbronn, remplit
l'office de papier.

Si l'acide chlorhydrique ou l'un des mordants
cités ci-dessus a été mêlé à une matière colorée,
l'oxydochlorure qui se forme enferme cette couleur et la rend adhérente. L'application d'un vernis
lui donne du brillant et de la solidité.

Ce procédé de M. Heilbronn a reçu aujourd'hui
la sanction de la pratique; il est intéressant au
point de vue théorique, et peut être appelé à se
généraliser de plus en plus.

Autre procédé de peinture, par M. Bœttger

Une des difficultés qu'offre la peinture sur zinc,
c'est d'obtenir une adhérence complète et de préserver les peintures des actions atmosphériques.

M. Boettger recommande un procédé qui donne
de bons résultats. Il consiste à appliquer préalablement au pinceau un mordant qui le revêt d'une
couche de chlorure basique et d'une espèce d'enduit
de laiton. Cette couche retient très bien la peinture
à l'huile après dessiccation.

On fait dissoudre :

Chlorure de cuivre. . . . . . . ´ 1 partie.
Azotate de cuivre . . . . 1 —
Sel ammoniac. . . . . 1 —
Eau. . . . . 64 —

On ajoute :

Acide chlorhydrique ordinaire . 1 —

On étend ce mordant à l'aide d'un large pinceau sur le zinc qui devient alors d'un noir foncé, et, dès qu'il est sec, environ douze heures après, le métal est recouvert d'une couche boueuse grise, à laquelle la peinture adhère fortement.

Application du schiste à la peinture et à la fabrication du cirage, par M. Mareschal

Jusqu'à présent, on a employé le charbon de bois pulvérisé et préparé convenablement pour produire le noir destiné aux grosses peintures et principalement à la peinture du bâtiment. Or, le noir est d'un prix élevé, surtout en raison du charbon de bois qui lui sert de base, et c'est là un inconvénient auquel M. Mareschal remédie par l'emploi du schiste avec lequel il fabrique un noir dit *noir minéral*.

Pour obtenir ce noir, il faut broyer le schiste soit à l'eau, soit à sec, le bluter jusqu'au degré de poudre impalpable, le laver, et enfin le sécher à l'air ou à la vapeur. Dans cet état, il peut être livré au commerce, soit en poudre plus ou moins fine, correspondant à divers numéros, soit broyé à l'huile, pour la peinture en bâtiments.

Pour la fabrication du cirage, les manipulations

sont les mêmes, en remplaçant le noir animal par le noir de schiste, qui est loin de coûter autant.

M. Mareschal emploie, de préférence, le schiste dont l'huile a été extraite, tout en indiquant cependant qu'on peut également l'employer à l'état natif.

En calcinant le schiste dont l'huile a été extraite, et en opérant le broyage et le blutage, il obtient, suivant le degré de calcination, des poudres de différentes nuances, qu'il assure pouvoir être également utilisées dans la peinture, pour obtenir une série de teintes assez variées.

Peintures aux gommes et résines, par M. Grenier

Cette invention consiste à remplacer, dans les couleurs employées dans la peinture des bâtiments, l'huile par une menstrue formée par la combinaison de la gomme laque avec un alcali. Toutes les résines, telles que la colophane, la sandaraque, la résine mastic, peuvent être employées de la même manière. Ainsi, après avoir dissous du carbonate de soude ou toute autre substance alcaline dans l'eau, on y ajoute peu à peu de la résine ; en laissant le tout sur le feu et remuant constamment, on obtient ainsi un liquide que l'on peut parfaitement mélanger avec les couleurs et employer ensuite comme on emploie la couleur ordinaire. Seulement, lorsqu'on doit peindre sur des surfaces grasses ou enduites de mastic à l'huile, il est bon d'ajouter à la couleur un cinquième de son volume d'huile de lin ou de toute autre huile siccative : cette addition ne retarde pas le séchage, et donne plus de solidité et d'imperméabilité.

Peinture sur verre

Il n'entre point dans le but de ce manuel de décrire toutes les peintures que l'on peut exécuter sur verre : l'une rentre dans le domaine du peintre d'histoire, tels sont les vitraux que l'on remarque principalement dans les églises ; l'autre rentre dans la peinture en décors, proprement dite.

Imitation des verres dépolis. — Ce genre de peinture peut s'exécuter soit en détrempe, soit à l'huile. Dans ce cas, on ne doit point faire usage de brosse ni de pinceau, ce qui laisserait des raies, mais se servir d'un tampon en linge fin que l'on frappe doucement sur la couche de couleur étendue légèrement avec une brosse : cette opération doit se faire très délicatement et avec soin, afin de ne point laisser des parties plus chargées en couleurs. Le plus ordinairement, on se sert de couleur blanche ; dans certaines occasions on peut employer du vert tendre, du bleu et de l'orange.

Verres colorés pour illuminations. — On doit, pour ce genre de peinture, n'employer que des couleurs transparentes, puisque ces verres sont destinés à laisser passer la lumière. On emploiera donc, pour former les rouges, de la laque carminée ; pour les jaunes, de la gomme-gutte ou de la laque jaune ; pour les bleus, du bleu de Prusse ; pour les verts, du vert cristallisé ; toutes ces couleurs sont broyées à l'essence et détrempées avec un vernis gras. On peint les verres extérieurement en se servant d'un pinceau de blaireau.

Inscriptions sur verre. — Les inscriptions sur verre peuvent s'exécuter de deux manières, inté-

22,

rieurement et extérieurement. Dans le premier cas, on doit exécuter les lettres à l'envers, ce qui présente plus de difficulté, tandis que dans le deuxième on doit les faire dans le sens naturel. Les lettres sont à jour ou reposent sur un fond de couleur. Après avoir nettoyé le verre avec du blanc d'Espagne, on trace intérieurement deux lignes parallèles, dont l'écartement est déterminé par la dimension des lettres. L'intervalle compris entre ces deux lignes est peint à l'huile de la couleur du fond et les lettres sont peintes sur l'autre surface. On peut encore tracer les lettres à l'intérieur, et lorsqu'elles sont sèches, on passe le fond par dessus. On peut varier les effets, soit en encadrant cette bande d'un filet d'une autre couleur, soit en formant des écussons entourés d'un filet.

Peinture sur glace des Chinois. — On imite cette peinture en peignant des sujets variés sur des feuilles d'étain bien étendues et avec des couleurs à l'eau, dont on facilite le coulage sur l'étain en introduisant un peu de fiel de bœuf purifié dans la couleur. Il est essentiel que les teintes soient plates et que les couleurs soient tirées de matières végétales. Dès que le dessin est achevé et sec, on le pose sur une glace bien propre ; on retourne cette glace de manière à présenter la surface couverte en dessus, puis on fait mettre au tain par le procédé ordinaire. La peinture est fixée par l'adhésion de la feuille d'étain amalgamée avec le mercure sur la glace, et par cette fixation, le sujet qui existait sur l'étain est lui-même fixé sur la glace par la combinaison des deux métaux. Ce procédé rentre dans la catégorie des peintures sur feuille d'étain, dont nous avons déjà parlé ; il faut seulement n'y employer que des couleurs à l'eau.

Peinture sous verre à reflets métalliques, par M. Perrot

Pour peindre les lettres sous verre pour enseignes ou ornements, on enduit la face du verre d'une légère couche de blanc à l'eau simple ou gommée, ou de toute autre couleur qu'on puisse enlever avec de l'eau. On pose sur cette couche les modèles des lettres que l'on veut reproduire ; on suit les contours des modèles avec une pointe, ce qui détache bien les lettres. Cela fait, on retourne la feuille de verre, et sur la face opposée à celle qui a reçu la couche de blanc, on peint à une ou plusieurs nuances les fonds laissés libres par la couche de blanc : alors, on verra paraître bien distinctement les vides représentant les lettres ; on les peint en couleurs qui tranchent sur le fond, et on laisse sécher.

Pour obtenir un reflet métallique, il suffit d'appliquer du côté peint de la feuille de verre, une feuille de fer-blanc ; on réunit ces feuilles en enduisant les bords du verre d'un mastic convenable ; on pose la feuille de fer-blanc, on presse, et la réunion a lieu. On lute ensuite complètement les contours avec le même mastic.

Du reste, pour tout ce qui concerne la peinture sur verre, nous renvoyons le lecteur au *Manuel de la Peinture sur verre*, qui fait partie de l'Encyclopédie-Roret.

Peintures au tannate de gélatine et aux dissolutions siliceuses

J.-N. Fuchs, professeur de minéralogie à Munich, a fait connaître, que la silice dissoute dans un alcali pouvait très bien servir à former des enduits et des peintures indestructibles. Depuis, on s'est servi, sous le nom de verre soluble, de ces matières, tant à cet usage qu'à rendre les tissus incombustibles ; nous donnerons d'abord la préparation des verres solubles de potasse et de soude telle que Fuchs la fait connaître.

Verre soluble de potasse. — On prend pour préparer le verre soluble de potasse :

Quartz pulvérisé ou sable quartzeux pur	15	parties
Potasse purifiée	10	—
Charbon de bois en poudre. . . .	1	—

Ou bien pour un dosage en grand :

Quartz	45	kilogr.
Potasse.	30	—
Charbon en poudre	5	—

Ces ingrédients sont mélangés intimement et mis en fusion pendant cinq à huit heures par un feu énergique dans un creuset de verrerie en terre réfractaire, c'est-à-dire jusqu'à ce que tout soit arrivé à un état homogène et calme de fusion, opération pour laquelle il faut une chaleur moindre que pour fondre le verre ordinaire. La masse fondue est puisée avec des cuillers en fer et on introduit dans le pot une nouvelle charge.

Le verre ainsi obtenu est pulvérisé et introduit peu à peu avec environ 5 parties d'eau bouillante dans une chaudière en fonte en agitant continuellement et ajoutant fréquemment de l'eau chaude pour remplacer celle qui s'évapore, tant qu'on entretient l'ébullition, c'est-à-dire trois ou quatre heures, jusqu'à ce que tout, à l'exception d'un dépôt bourbeux, soit dissous et qu'il se forme à la surface une pellicule visqueuse et filante. Cette pellicule apprend que la solution approche de l'état de concentration, mais elle disparaît quand on l'immerge. On prolonge encore l'ébullition pendant quelque temps pour amener la solution à l'état de concentration exigé, état sous lequel elle a un poids spécifique de 1,24 à 1,25; avec cette force elle est encore assez fluide et applicable directement dans des cas assez nombreux, mais pour certaines applications il faut l'étendre avec une quantité plus ou moins grande d'eau. On peut aussi l'amener par la coction à la consistance de sirop un peu épais, mais il n'y a d'avantage que dans quelques cas rares.

Comme il arrive souvent que le verre renferme du sulfure de potassium, il faut, quand on fait cuire et pour le détruire, ajouter un peu d'oxyde de cuivre ou de battitures ou tournures de ce métal, afin de rendre libre une petite portion de la potasse, ce qui non seulement n'a aucun inconvénient dans la plupart des applications techniques, mais est même avantageux dans plusieurs de celles-ci. Si toutefois on désire avoir un verre soluble parfaitement saturé de silice, il faut faire bouillir avec de la silice récemment précipitée ou en gelée jusqu'à ce qu'il ne se dissolve plus rien de celle-ci.

Au lieu d'oxyde de cuivre, on peut se servir de litharge pour détruire le sulfure de potassium, opération à laquelle il faut alors procéder avec précaution, parce qu'un excès d'oxyde de plomb pourrait faire coaguler le verre.

Lorsque la solution est refroidie, on l'abandonne au repos dans une chaudière bien couverte pour qu'elle s'éclaircisse, on la sépare du dépôt, et on l'introduit dans des bouteilles en verre bien fermées ou des bassins pour s'en servir au besoin.

Verre soluble de soude. — Le verre soluble de soude se prépare de la même manière que celui de potasse, mais comme la soude a une capacité de saturation plus élevée que celle de la potasse, on comprend que relativement à une même quantité de quartz, il faut employer une quantité moindre de carbonate de soude, et qu'en grand on peut adopter la formule suivante :

Quartz	45	kilogr.
Carbonate de soude anhydre . . .	23	—
Charbon de bois en poudre. . . .	3	—

le mélange est un peu plus sombre que celui de la potasse.

On peut encore, suivant M. Buchner, le préparer d'une manière plus économique, au moyen du sel de Glauber, en prenant :

Quartz.	100	parties
Sel de Glauber anhydre.	60	—
Charbon	15 à 20	—

e produit, complètement saturé de silice, donne avec l'eau une solution un peu plus opaline que celle de potasse, au même degré de concentration. Ce verre n'est pas précipité aussi complètement par l'alcool que le verre de potasse, mais seulement transformé en une masse mucilagineuse. Quand il n'est pas complètement saturé de silice et qu'il est un peu étendu, il ne fournit pas de précipité, du moins dans les premiers moments, ce qui permet de le reconnaître et de le distinguer du verre de potasse.

Verre soluble double. — On peut aussi mélanger le verre de potasse et celui de soude en toute proportion, mais on ne doit considérer comme verre soluble double normal, que celui qui renferme des équivalents égaux de soude et de potasse, et qu'on peut obtenir en fondant ensemble du quartz, du carbonate de potasse et du carbonate de soude dans les proportions suivantes :

Quartz.. . . . . 100 parties.
Carbonate de potasse purifié.. . 28 —
Carbonate de soude neutre ou
    anhydre. . . . . 22 —
Charbon de bois en poudre. . . 6 —

cette composition est beaucoup plus simple que les précédentes.

En grand, on peut très bien préparer ces diverses compositions dans un four à reverbère.

Occupons-nous maintenant des applications du verre soluble à la peinture industrielle, mais auparavant faisons connaître, pour l'intelligence de cette application, la peinture en détrempe au tannate de gélatine imaginée par M. Kuhlmann, en empruntant ce qui va suivre à un mémoire qu'il a présenté à ce sujet à l'Académie des Sciences.

Peinture au tannate de gélatine. — « Mes couleurs, dit M. Kuhlmann, sont appliquées par les procédés ordinaires, c'est-à-dire au moyen d'une dissolution gélatineuse ; elles peuvent être poncées, et, après que ces travaux sont achevés, les peintures sont fixées au moyen d'une décoction de noix de galle ou de toute autre dissolution tannante. La gélatine est ainsi rendue insoluble, et les couleurs appliquées ne sont plus enlevées par le lavage.

« Une condition essentielle de la réussite de ce mode de fixation est de ne pas employer tout d'abord des solutions tannantes concentrées ; il convient d'appliquer plusieurs couches de ces dissolutions de plus en plus denses. Si l'on fait usage de noix de galle, la décoction appliquée en premier lieu ne doit contenir les principes solubles que de 6 à 8 parties de noix de galle pour 100 parties ; des dissolutions concentrées auraient une action trop énergique sur les peintures, et donneraient des inégalités de nuances.

« Après la fixation des peintures par les dissolutions faibles, on peut appliquer sans inconvénient des dissolutions plus concentrées ; et en terminant le travail avec une décoction de noix de galle obtenue avec une partie en poids de cette matière tannante sur 5 parties d'eau, on donne aux peintures à la colle un vernis comparable aux vernis à l'essence, qui d'ailleurs peuvent s'appliquer sans inconvénient sur les couleurs ainsi fixées ».

Peinture à l'amidon. — « La question de l'écono-

mic ayant été mon point de mire principal, j'ai
voulu substituer, dans la peinture en détrempe, à la
gélatine dont l'usage est immémorial, la colle d'a-
midon ou de fécule (1) ; le prix de la fécule est de
plus de moitié moins élevé que celui de la colle
forte, et cette dernière absorbe, pour constituer un
liquide convenable pour la peinture, à peine la
moitié de la quantité d'eau qui entre dans un empois de fécule.également consistant (2). Il s'agit
donc, dans ce cas, d'une économie de 75 pour 100
à réaliser dans le prix de la matière agglutinante ».

Fixation par la chaux ou la baryte. — « En pro-
cédant d'après les bases posées pour la fixation des
impressions, j'ai obtenu dans la peinture en détrempe à l'amidon les résultats les plus satisfaisants.
La colle d'amidon ou de fécule employée tiède se lie
admirablement bien avec les couleurs de toute
nature, et leur application se fait avec la plus
grande facilité ; seulement la dissolution amylacée
se prête un peu moins bien que la dissolution gélatineuse aux peintures à traits fins, mais elle suffit
aux exigences de la généralité des décors d'appartements. Après l'application de deux et au plus de

---

(1) L'albumine, le caséum et toutes les autres matières
organiques coagulables par la chaux ou la baryte, peuvent également être substituées à la gélatine, mais il
n'en est pas dont l'emploi présente plus d'économie que
l'amidon. L'emploi du lait déjà tenté n'est pas entré dans
la pratique habituelle de la peinture.

(2) Pour former des colles appropriées à la peinture,
la gélatine n'admet guère qu'une addition de dix fois
son poids d'eau ; tandis que la fécule demande à être
délayée dans 20 à 24 parties de ce liquide.

Peintre en bâtiments. 23

trois couches de ces couleurs, leur fixation est assurée par un badigeonnage avec un lait de chaux très clair ou avec de l'eau de baryte.

« De même que pour l'impression sur papier après dessiccation, l'excès de chaux ou de baryte non combiné se détache avec une brosse, et la partie de ces bases fixée par l'amidon est si intimement combinée, qu'elle ne ternit pas les couleurs appliquées ».

Peinture siliceuse. — « En signalant la possibilité de remplacer l'huile, les essences et la colle par des dissolutions siliceuses, j'ai dû mentionner certains inconvénients que l'on rencontre dans ce nouveau genre de peinture. Au premier rang, se trouve la nécessité de laisser les couleurs siliceuses se raffermir graduellement pour éviter l'écaillement, puis viennent les mouvements que subit le bois par une dessiccation plus complète, enfin, l'existence, dans certains bois, de la résine qui repousse les couleurs.

« Le premier de ces inconvénients, lorsque la peinture doit être appliquée sur pierre, existe d'autant moins que la pierre est plus poreuse. D'ailleurs, dans les applications directes de couleurs siliceuses, sur pierre ou plâtrage, il ne faut pas trop prodiguer les silicates, pour éviter le déplacement ultérieur des couleurs sous forme d'écailles ; il convient que toujours le fond reste absorbant et ne soit pas complètement saturé de la pâte siliceuse. Des dissolutions à 18 ou 20 degrés de l'aréomètre de Baumé appliquées à plusieurs couches donnent généralement de bons résultats. Ces degrés demandent à être plus élevés dans la peinture sur verre, la plus difficile de toutes, et pour laquelle il est surtout important de ne laisser se raffermir les couleurs que très lentement, en évitant l'air chaud et sec, afin que la contraction des molécules siliceuses puisse s'effectuer graduellement sous l'influence de l'acide carbonique de l'air. En usant de cette précaution, ce genre de peinture réussit très bien, et il est appelé à rendre de grands services à la décoration des vitraux d'église et de certaines parties de nos édifices en général ».

Peinture en détrempe fixée par les silicates. — « Conduit par les faits précédemment signalés dans ce travail à étudier les conditions de la fixation des couleurs en détrempe, j'ai dû expérimenter aussi l'action des silicates. Les premiers résultats de l'application des dissolutions siliceuses sur les couleurs à la colle ou à l'amidon ont été décourageants comme pour le tanin ; chaque coup de pinceau formait une tache. En persévérant dans ces essais, je pus bientôt me convaincre qu'en appliquant ces dissolutions à un degré de concentration qui ne dépasse pas 5 à 6 degrés de l'aréomètre de Baumé, on conserve aux couleurs leur uniformité d'intensité, et que deux applications successives de ces dissolutions fixent ces couleurs d'une manière très stable et permettent leur lavage à l'eau ».

Procédé mixte de vernissage. — « J'ajouterai qu'un procédé de peinture où l'intervention des silicates solubles m'a paru très efficace, consiste à ajouter à de l'empois d'amidon à peu près son volume de dissolution siliceuse à 35 ou 40 degrés, et à employer le mélange pour délayer les couleurs à appliquer. Le silicate de soude rend l'empois d'amidon ou de fécule plus liquide, et permet ainsi une application plus uniforme des couleurs.

« Le même mélange de liquide amylacé et siliceux peut être d'un grand secours pour recouvrir toutes les peintures en détrempe d'un vernis très solide et très éclatant, vernis qui peut être utilisé dans une infinité d'autres circonstances.

« La fixation et le vernissage siliceux des couleurs dans la peinture en détrempe ouvrent un vaste champ à la décoration de nos monuments et de nos habitations. Des travaux importants exécutés à Lille sous nos yeux ont déjà fixé l'attention d'un grand nombre d'artistes de haute distinction. »

Bases blanches et couleurs. — « Pour mes peintures siliceuses, continue M. Kuhlmann, il est nécessaire d'exclure l'emploi de toutes les couleurs altérées par la réaction alcaline des silicates; il est nécessaire aussi d'exclure les couleurs minérales trop facilement décomposées par ces sels. Ainsi la céruse, le chromate de plomb, le vert de Scheele, le vert de Schweinfurt, le bleu de Prusse et une infinité d'autres couleurs, notamment les laques, ne peuvent faire partie de la palette siliceuse, palette qui, d'ailleurs, est assez complète pour permettre les peintures les plus variées. La base blanche qui couvre le mieux dans ce genre de peinture est le blanc de zinc.

« Lorsqu'il s'agit de peintures en détrempe fixées au moyen d'une dissolution de silicate alcalin, ou de peintures mixtes au moyen d'un mélange d'empois de fécule et de dissolution siliceuse, ou même lorsque la peinture est faite au moyen de l'amidon fixé par la chaux ou la baryte, il convient encore

d'écarter les couleurs altérables par les alcalis ;
mais il n'en est plus de même de l'application de
ma méthode de fixation par le tannate de gélatine,
qui admet l'emploi des couleurs de toute nature :
il n'y a d'exceptions à faire que pour certains sels
métalliques, solubles ou hydratés.

« J'appelle toute l'attention des architectes et
des peintres sur la remarquable réaction de la
chaux et de la baryte sur l'empois d'amidon. Cette
réaction permet de rendre susceptibles de lavage,
même à chaud, les peintures extrêmement économiques, où la craie, le kaolin, l'albâtre gypseux,
les ocres, etc., sont appliquées après avoir été
broyées avec un empois légèrement chauffé et
contenant environ 1/20 de son poids de fécule. La
fixité de ces couleurs est encore remarquable
lorsqu'elles sont détrempées au moyen d'un mélange d'empois d'amidon et de dissolution de silicate de soude, sans qu'il soit nécessaire de faire
intervenir la chaux ou la baryte. »

Plâtre. — « J'ai appliqué avec beaucoup de
succès le plâtre cuit à la peinture ; ce plâtre, surtout lorsqu'il provient de gypse cristallisé, donne
des couleurs fort belles, soit que son application
ait lieu au moyen d'une dissolution de gélatine, ce
qui constitue un véritable stuc, soit qu'elle ait lieu
au moyen de l'empois d'amidon fixé par la chaux
ou la baryte. Dans l'un comme dans l'autre cas,
la peinture ou le vernissage siliceux peuvent avoir
lieu par-dessus cette base blanche sans qu'il se
produise de l'écaillement, comme cela est à
craindre lorsque l'on recouvre les ornements ordinaires de plâtre moulé d'un enduit siliceux. »

Sulfate artificiel de baryte. — « De toutes mes applications à la peinture en détrempe, celle qui me paraît la plus importante, c'est la substitution du sulfate artificiel de baryte à la céruse, au blanc de zinc et autres bases blanches. J'ai considéré l'application du blanc de baryte comme susceptible de se généraliser assez promptement pour organiser sa fabrication sur une vaste échelle dans mes usines, où elle se trouve installée à côté de la fabrication des silicates solubles, qui ont déjà pris une place importante dans les usages industriels. J'ai voulu hâter ainsi la vulgarisation des procédés nouveaux.

« Le sulfate artificiel de baryte, résultat d'une précipitation chimique, est obtenu et livré au commerce à l'état sec et en pains, mais plus généralement à l'état d'une pâte consistante qui, pour les peintures, ne nécessite aucun travail de broyage (1). Son application dans la peinture a lieu, comme celle de toutes les autres bases blanches, en couches successives, au moyen de la colle forte et de l'amidon, ou enfin au moyen d'un mélange d'amidon ou de dissolution siliceuse. Presque transparent, lorsqu'il est appliqué à l'huile, ce sulfate couvre parfaitement et tout aussi bien que la céruse et l'oxyde de zinc dans la peinture à la colle et à l'amidon, et présente sur le blanc de plomb et le blanc de zinc l'énorme avantage d'un prix réduit des deux tiers environ. Il n'est pas altérable par les émanations d'hydrogène

---

(1) Le prix de ce sulfate en pâte ferme est de 22 francs environ les 100 kilogrammes.

sulfuré, et donne des peintures d'une blancheur et
d'une douceur au toucher que les plus fines céruses ne sauraient atteindre (1).

« Déjà dans l'industrie, ce produit a été l'objet
de quelques applications sous le nom de *blanc fixe ;*
il sert à faire des fonds blancs et satinés dans la
fabrication des papiers de tenture, et à préparer
des cartes glacées.

« En ouvrant au sulfate artificiel de baryte une
voie nouvelle de débouchés presque illimités par
son application à la peinture en détrempe et à la
peinture siliceuse, je crois avoir réalisé un véritable progrès dans la décoration et la conservation
de nos monuments et de nos habitations.

« Le blanc de baryte permettra de faire, avec
une extrême économie et à volonté, des peintures
blanches, mates ou lustrées, suivant la méthode

---

(1) Il m'a réussi de faire des moulures très dures en
plâtre en gâchant ce corps avec une dissolution de gélatine, et en imprégnant ensuite les objets moulés d'une
décoction de noix de galle, ou en gâchant le plâtre avec
de l'empois de fécule, et en immergeant ces mêmes
objets dans du lait de chaux ou de baryte.

Comme moyen de fixation, les dissolutions siliceuses
peuvent être, dans l'un comme dans l'autre cas, employées avec succès.

J'ai aussi basé un procédé de durcissement du plâtre
moulé sur son immersion dans de l'eau de baryte ou
plusieurs imbibitions superficielles avec cette dissolution. Dans ces cas la baryte forme, par la décomposition du sulfate de chaux, une couche de sulfate artificiel,
et la chaux devenue libre par ce déplacement de l'acide
sulfurique, attire ensuite peu à peu l'acide carbonique
de l'air, ce qui donne au plâtre moulé sans altération
des formes, une enveloppe très consistante et susceptible de lavage.

adoptée pour l'application et la fixation : peintures qui rivaliseront avec les plus belles peintures au blanc d'argent et au vernis. Aucune peinture ancienne n'est comparable aux plafonds exécutés avec le blanc de baryte appliqué à la gélatine, ou mieux appliqué avec la fécule ou un mélange d'empois de fécule et de dissolution siliceuse.

« J'ajouterai une dernière considération qui n'est pas sans importance : c'est que, par la substitution du sulfate de baryte artificiel à la céruse et au blanc de zinc, comme aussi par la substitution, dans une infinité de circonstances, des peintures en détrempe aux peintures à l'huile et aux essences, indépendamment de l'économie considérable réalisée, j'ai placé l'art de la peinture et les industries manufacturières qui s'appliquent à la fabrication des bases blanches, dans des conditions hygiéniques des plus satisfaisantes. Non seulement j'évite les dangers qui résultent de la fabrication et de l'emploi de la céruse et même du blanc de zinc, mais encore je supprime l'inconvénient non moins grave de l'odeur des essences.

« J'ai voulu pouvoir me prononcer avec assurance sur l'innocuité de la manipulation du blanc de baryte, et à cet effet, je me suis livré à une série d'expériences. Tandis que quelques centigrammes de céruse, de blanc de zinc et même de carbonate naturel de baryte, peuvent produire sur la santé des altérations plus ou moins profondes, selon la force des animaux, j'ai pu, pendant dix jours consécutifs, nourrir des poules avec de la pâte de farine de seigle à laquelle on ajoutait un quart de son poids de sulfate artificiel de baryte, sans que ces poules se soient trouvées incommodées par ce régime. Un petit chien du poids de 2 kilogrammes 1/2 a reçu deux jours de suite, dans ses aliments et en un seul repas, 22 grammes de sulfate artificiel de baryte sec, sans qu'il ait manifesté le moindre malaise.

« La plupart des applications dont j'ai successivement entretenu les lecteurs ne sont plus à l'état de simple expérimentation, comme le témoignent les nombreux spécimens que j'ai présentés à l'Académie des sciences. M. Denuelle s'est assuré du succès des peintures siliceuses dans la décoration de nos monuments religieux ; pour le décor de nos appartements, elles ont été appliquées sur divers points par MM. Wicar et Brébar, peintres à Lille (1) ; pour la peinture des vitraux, une expérience déjà longue est acquise à M. Gaudelet. Il en sera de ces peintures et de celles qui font l'objet de ce travail comme du durcissement des pierres calcaires, aujourd'hui appliqué sur une grande échelle dans les travaux militaires par les ordres de notre confrère, l'illustre maréchal Vaillant, et dans les travaux de raccordement du Louvre aux Tuileries, par M. Lefuel, architecte de l'empereur ; l'usage s'en répandra lentement peut-être, mais sûrement et sans mécompte, parce que toutes ces

----

(1) M. Lefuel, après avoir pris l'opinion de MM. Leclaire, Vaucher, Boquet, Grénier, Doisy, sur la mise en pratique des procédés nouveaux dans une conférence à laquelle j'ai assisté, a chargé M. Leclaire d'en faire l'application dans une partie des nouveaux bâtiments du Louvre. Ces essais ne pouvaient être confiés à des mains plus habiles.

23.

applications sont venues se placer au grand jour, sous le patronage de la science qui applaudit au progrès, et lui vient en aide, alors même qu'il ne revêt que la forme d'un simple perfectionnement industriel.

« J'ajouterai en terminant que les encouragements les plus sympathiques m'ont été donnés pour la poursuite de ces recherches, par les hommes les plus compétents, MM. le comte de Newierkerke, Henri Lemaire, Viollet-Le-Duc, Flandrin, Mottez; par un grand appréciateur dont les peintures à fresque font la principale richesse du nouveau musée de Berlin, le célèbre Guillaume Kaulbach, qui veut bien m'honorer de son amitié; enfin par un vénérable géologue dont la science déplore la perte récente, le professeur Fuchs, de Munich, qui, il y a bientôt un demi-siècle, avait déjà pressenti et même signalé, sans être compris, les services que les silicates solubles pouvaient rendre aux beaux-arts, et dont je me plais à proclamer ici la grande perspicacité » (1).

----

(1) En 1855 j'ai fait des essais en vue d'appliquer à la coloration artificielle des pierres poreuses les diverses réactions chimiques qui donnent naissance à des couleurs stables, en imprégnant successivement les pierres de dissolutions de matières réagissantes, et en choisissant de préférence les réactions qui ne laissent dans les pierres aucune substance saline susceptible de les altérer à la longue. J'étais préoccupé des avantages que l'on pourrait tirer de ces opérations pour mettre en harmonie de couleur, sans application d'un badigeon formant épaisseur, les pierres diverses qui entrent dans une même construction ou des bâtiments anciens avec des constructions nouvelles.
Dans d'autres circonstances, j'ai procédé à la teinture

Peinture au verre soluble, par M. H. Creuzburg

Il est nécessaire de rappeler d'abord que le verre soluble ne doit se travailler qu'en combinaison avec des matières colorantes, terreuses et métalliques, et non pas seul, quand on veut obtenir des enduits très durables, mais la plupart de ces corps se prennent en masse avec le verre soluble et passent plus ou moins promptement à l'état de silicates. Ce verre peut à peine recevoir des applications sous cette forme.

C'est ce défaut auquel j'ai cherché à remédier en broyant les matières colorantes non plus avec le verre soluble, mais avec un mélange à parties égales d'eau et de lait écrémé. Broyées à l'eau seule, les couleurs se détacheraient au contact et n'auraient aucune adhérence. Le verre soluble marquant 33° étendu de deux parties d'eau de

---

des pierres calcaires en les soumettant à chaud à l'action de dissolution de sulfates métalliques à oxydes colorés, et cela en vue de les faire servir d'ornements, de même que je les avais durcies par le contact à froid du phosphate acide de chaux.

Depuis, voulant utiliser des réactions analogues dans la peinture, j'ai dû avant tout me préoccuper de la résistance des couleurs au lavage sans l'intervention de l'huile, mes réactions ne pouvant être réalisées que dans la peinture et dans l'impression. Ainsi se justifie l'application des silicates alcalins, de la gélatine fixée par la chaux ou la baryte, enfin, dans quelques circonstances, l'intervention du savon décomposé par les mêmes bases ou par d'autres corps.

Tout en cherchant, au point de vue de l'économie, à remplacer l'huile et les corps gras ou résineux de la peinture, je pense que des peintures mixtes peuvent

pluie chaude, et la couleur broyée comme il a été
dit, sont appliqués ainsi qu'il suit : d'abord le
verre soluble, puis la couleur, une autre couche
de verre soluble, une autre de couleur, et ainsi de
suite, de manière que les couches de couleur soient
toujours entre deux couches de verre, en terminant par plusieurs couches de verre. Chaque
couche est suffisamment sèche au bout d'une demi-
heure pour en appliquer une seconde, et on peut
ainsi de demi-heure en demi-heure en donner une
nouvelle On comprend que, par cette méthode, on
parvient en un jour à appliquer beaucoup de
couches ou à couvrir de grandes surfaces, et indépendamment de cela, il faut prendre en considération cette circonstance que la dernière couche
de verre est sèche au bout d'une demi-heure, sans
rester poisseuse, chose si désagréable dans la pein-

---

quelquefois être adoptées avec avantage. Tel est le système de la peinture au lait que proposait Cadet de Vaux
au commencement de ce siècle. Des résultats plus économiques peuvent être obtenus par l'action seule de la
chaux vive, servant à diviser de l'huile ou des résines
dans des conditions où ces corps peuvent être délayés
dans les couleurs à appliquer. Ces divers systèmes de
travail peuvent acquérir de grandes chances de succès
par la fixation des couleurs, après leur application, au
moyen du silicate de potasse ou de soude ou du vernis
silico-amylacé dont j'ai parlé.

La fixité et la résistance au lavage que peuvent acquérir
les peintures à la détrempe seront peut-être obtenues
plus complètes par d'autres réactions que celles que je
signale, aussi je suis bien loin de présenter mes résultats
comme le dernier terme de l'utilité de l'application des
réactions chimiques dans ces circonstances.

Quant au choix des bases blanches, j'ai particulière-

ture à l'huile. On doit naturellement répéter les couches doubles jusqu'à ce que la couleur couvre suffisamment.

Dans ce procédé, les couleurs terreuses ou métalliques éprouvent une silicatisation aussi complète que si elles avaient été broyées au verre soluble. Une portion du verre se décompose, et sa silice forme avec la base de la couleur un silicate dur, tandis que l'alcali est rendu libre; une autre portion du verre reste intacte et sert à lier en un tout les diverses couches qui ont été appliquées. Ces enduits sont fort beaux lorsqu'ils ont été poncés et polis à l'huile, mais il est nécessaire de les multiplier si on veut que le ponçage ne les enlève pas. Le polissage à l'huile présente en outre cet avantage que l'alcali libre est saponifié par l'huile à la surface et entraîné, ce qui diminue ou

---

ment fait des essais comparatifs avec les sels de chaux, de baryte et de strontiane, carbonates et sulfates naturels et artificiels; j'ai pensé pouvoir dès aujourd'hui appeler plus particulièrement l'attention des peintres sur le plâtre fin et le sulfate artificiel de baryte. Je n'ai d'ailleurs en aucune manière entendu exclure de ces peintures à la détrempe, les bases blanches usitées aujourd'hui, toute ma préoccupation s'est portée à en chercher de plus belles et de plus économiques.

Après l'étude des bases blanches, mon appréciation portera, comme je l'ai fait pour la teinture des pierres, sur l'utilité qu'il peut y avoir de produire, lors de l'application même de la peinture ou de l'impression, certaines couleurs au moyen de réactions chimiques qui peuvent leur donner naissance. Mes expériences sont encore très incomplètes sur ce point, de grandes difficultés d'exécution rendront toujours ces dernières applications d'une utilité problématique.

même prévient entièrement les efflorescences qui pourraient survenir avec le temps, lorsque l'alcali est la soude, quoique cet alcali, quand les objets sont en plein air, soit lavé et entraîné par les pluies.

Les grands avantages que présentent ces peintures au verre soluble sont parfaitement évidents. Ils consistent principalement dans : 1° la rapidité du travail, puisqu'on peut donner une nouvelle couche toutes les demi-heures ; 2° la pureté des tons ; il n'est pas possible que les couleurs pâlissent ou noircissent, surtout les blancs par voie de désoxydation des oxydes métalliques ; 3° la durée est bien supérieure avec le verre soluble qu'avec les couleurs à l'huile. L'huile, les essences, les goudrons sont des matières organiques périssables et peu durables ; la substance du verre soluble et celle des bases colorées qu'on y combine sont minérales. Un enduit de goudron exposé à l'air libre se détruit peu à peu dans le cours d'une année, et par conséquent ne garantit plus. Dans un enduit au vernis, l'excipient est détruit à l'air en moins de deux années, et on peut détacher la céruse avec le doigt ; 4° la résistance à l'action du feu, car tandis que les couleurs à l'huile augmentent la combustibilité des bois, l'enduit au verre soluble produit le contraire ; 5° l'économie comparativement aux couleurs à l'huile ou au vernis. Lorsque le kilogramme de verre soluble coûte 1 fr. 55 c., on peut avec l'eau, et comme il a été dit, obtenir 3 kilogrammes de verre étendu, du prix de 51 centimes le kilogramme. Le lait étendu pour broyer les couleurs a une valeur qui entre à peine en ligne de compte.

Quant aux avantages pratiques de cette peinture, on dira que le verre soluble s'applique très
facilement et très également à la brosse. L'application de la bouillie de couleur au lait n'est pas
aussi facile. Les couleurs, indépendamment des
blancs de plomb et de zinc, ne doivent pas être
broyées trop épaisses, et il faut les appliquer aussi
vivement et également que faire se peut, parce que
la masse colorée est bientôt absorbée par la couche
précédente de verre soluble, et que dans les
points déjà absorbés, il s'y forme des couches
doubles si on met quelque retard à les unir au
pinceau. Ces couches inégales s'exfolient aisément
quand on les enduit de verre soluble, tandis que
celles appliquées bien également restent intactes. Il
faut donc, pour appliquer ces couleurs, acquérir
de la dextérité et une certaine pratique.

Les couleurs propres à ces sortes d'enduits sont
pour les jaunes, le chromate de baryte (un peu
pâle), le jaune de Naples (foncé) ; pour les bleus,
le smalt, l'outremer ; pour les verts, le mélange du
jaune et du bleu (verts peu brillants), l'outremer
vert (vert bleu) et le vert de Schweinfurt ; pour les
orangés, le chromate de plomb ordinaire, même
les parties les plus claires ; pour les blancs, la
céruse et le blanc de zinc, le blanc fixe, la craie
lavée ; pour les rouges, le cinabre, le minium ;
pour les bruns, le *caput mortuum*, le rouge anglais ;
pour les noirs, la suie, le noir d'os (1). La plupart

---

(1) Les enduits en couleurs foncées se recouvrent
aisément d'une efflorescence blanche, surtout au soleil,
mais qui s'affaiblit la nuit. On prévient en grande partie

des autres couleurs sont décomposées par le verre
soluble et plus ou moins détruites.

Il faut avoir soin que le verre soluble ne contienne
pas de soufre, parce qu'alors il donnerait des tons
sales avec la plupart des couleurs métalliques.

M. Sanger, de Erfurth, a recommandé récemment l'emploi d'un verre soluble d'une teneur plus
faible en silice pour remplacer le savon. Et, en
effet, quand on en ajoute une petite quantité à
l'eau, on enlève très promptement les malpropretés
adhérentes au linge, de manière qu'on économise
le savon. Beaucoup de taches, et nous citerons
entre autres celles de sang, sont mieux enlevées par
ce moyen que par le savon, ce dont les chimistes
se rendront parfaitement compte. M. Mignot, à
Paris, prépare, sous le nom de *néo silexore*, des
enduits à base de verre soluble, qui, au point de
vue de l'adhérence, jouissent de grandes qualités.
On peut les appliquer sur bois, sur métal, sur
pierre, de manière à imiter les rugosités ou le poli
de ces matières.

Peinture aux silicates alcalins, de M. Léger

Plusieurs inventeurs ont essayé de peindre aux
silicates alcalins, mais ils ont rencontré de très
grands obstacles provenant surtout de ce que la silice étant naturellement blanche, elle ressort en
nuances blafardes, inégales et sales à la surface
des objets qui en ont été couverts, surtout lorsque
les couleurs sont d'une nuance foncée, telle que le

---

la formation de cette efflorescence en frottant avec un
chiffon qu'on a trempé dans l'huile de lin.

noir, par exemple. Ces inconvénients se présentent aussi avec les couleurs tendres et ont fait long-temps rejeter l'emploi des silicates alcalins en peinture.

M. Léger, de Paris, s'est fait breveter, en 1858, pour un procédé nouveau-dans l'emploi de ces silicates. Son silicate alcalin liquide, préparé par les diverses formules usitées, est concentré par ébullition et par une addition de bisulfure de carbone ; il se dégage, dans cette opération, de l'acide carbonique, et le soufre s'unit à la silice et aux alcalis qu'il colore.

Ce silicate est formé de 22 de silice et 8 de potasse sur 100 parties en liqueur marquant 35 pour 100 au pèse-sirop, auquel on fait absorber du bisulfure de carbone et dans lequel, pour le rendre plus mordant, on fait dissoudre une partie de potasse caustique.

M. Léger, pour modifier la teinte de la silice, substitue parfois le sulfure de potassium au bisulfure de carbone et colore aussi en se servant des autres sels métalliques.

Enfin, il prépare aussi un autre silicate soluble propre à donner à la peinture du brillant sans détruire son mat. Il est préparé en lavant le silicate avec des huiles fixes qui ravivent les couleurs sans laisser de traînées blafardes.

Il emploie indistinctement toutes les couleurs, tant à l'eau qu'à l'huile, pour peindre aux silicates, mais préparées par la voie sèche.

Un autre inconvénient des peintures aux silicates est celui des gerçures et des écailles que le peintre appelle *faïence*. Pour y remédier, M. Léger fait

dissoudre dans du bisulfure de carbone ou dans un
éther, ou même dans une huile essentielle, de la
glu, du caoutchouc ou de l'huile cuite, et ajoute au
silicate une petite quantité de cette dissolution. On
applique sur les objets, le bisulfure de carbone
s'évapore et laisse la peinture solide qui sèche vite.

M. Léger prépare enfin un vernis qui se marie
avec sa peinture, en faisant dissoudre dans du bisulfure de carbone ou dans un éther, des huiles
essentielles minérales ou végétales, des résines du
commerce, en y ajoutant de la dissolution de glu,
de caoutchouc ou d'huile cuite.

Lorsqu'on veut appliquer les peintures, il faut
que les surfaces soient rebouchées, mastiquées ou
enduites avec soin. Un enduit très convenable est
celui qu'on prépare avec un silicate alcalin, les
huiles fixes et des acides minéraux en proportion
convenable.

Pour lessiver les vieilles peintures aux silicates
alcalins, on se sert de l'acide hydro-fluo-azotique
qui les détruit.

On peut encore augmenter la placidité déjà
remarquable des silicates alcalins préparés comme
il a été dit, en y ajoutant de la glycérine, de la cire
animale, végétale ou minérale en proportion
convenable, en ayant seulement la précaution de
n'employer la liqueur qu'après clarification.

Le verre soluble ou silicate de potasse a reçu
dans la peinture une application intéressante de
M. Thellier-Verrier, de Lille. Cet inventeur prépare
une peinture en broyant, avec ce silicate, du silex
réduit en poudre, des poudres de briques, de
faïence, de porcelaine, des terres d'Italie, de

Sienne, de Vérone, de Cassel, des terres d'ombre, des ocres, etc., après que ces terres ont été calcinées ou fortement séchées au feu. Il a aussi reconnu qu'on pouvait peindre ainsi avec les sables séchés et pulvérisés, les poudres d'ardoise, les métaux, tels que les poudres de fer, de cuivre, de zinc, de bronze, le plomb excepté, ainsi que le mâchefer réduit en poudre.

On peut éviter les dispositions que ces peintures ont à suinter et à produire des efflorescences et à adhérer avec peu de force, en ajoutant peu à peu, et en agitant, au silicate, de 1/2 à 2 pour 100 d'acide sulfurique coupé d'au moins cinq fois son poids d'eau. On peut alors vernir sur la peinture hydrofuge ou la charger de peinture à l'huile ordinaire, ou même mélanger le silicate acidulé avec les huiles ordinaires. Toutefois, le vernis sèche lentement, et, pour le rendre plus siccatif, on le mélange à 75 0/0 de silicate.

C'est principalement aux établissements industriels, aux fabriques, aux charpentes, etc., que le mode de peinture au silicate et aux poudres est avantageux, en ce qu'il les met à l'abri du feu et fait résister les constructions aux influences atmosphériques.

Nouvelle peinture à émail, à base de silice hydratée, par M. le Dr Phipson

Cette nouvelle peinture imaginée par M. le Dr Phipson, professeur de chimie à Londres, est très employée en Angleterre.

Elle consiste à broyer les couleurs avec n mé-

lange de résine et de silice hydratée contenant
13 pour 100 d'eau environ, qui est soumise à la
calcination. Ce produit donne une substance très
blanche et très ténue, qui s'assimile parfaitement
aux autres couleurs, à l'huile de lin, etc.

Les couleurs ainsi préparées sont imperméables
à l'eau. Elles s'appliquent facilement au moyen de
la brosse, comme la peinture ordinaire. On peut
les employer sur pierre, sur bois et sur métal.
Formant un corps tout à fait insoluble dans l'eau,
elles supportent mieux que tout autre les lavages à
l'eau de savon, et présentent un nouvel avantage
au point de vue de l'entretien.

DEUXIÈME PARTIE

PEINTURE D'ENSEIGNES

DITE PEINTURE EN LETTRES

FILAGE

PRÉLIMINAIRE

La réclame a pris, de nos jours, une telle extension que la *peinture d'enseignes*, dont elle ne peut se passer, est devenue une véritable industrie.

Aussi, désireux de nous rendre utile au lecteur, avons-nous jugé à propos de consigner ici quelques détails relatifs à la *peinture d'enseignes*, plus communément appelée *peinture en lettres*.

Il n'est, en effet, pas de plus petit village, où le peintre en bâtiments ne soit, aujourd'hui, dans le cas d'être appelé à décorer d'une enseigne, soit un magasin, une auberge ou une boutique quelconque. Il n'y a pas de villes dont les boucheries, épiceries, boulangeries, buvettes, cafés, hôtels, etc., voire les usines, fabriques, écoles et autres établissements, n'aient besoin d'enseignes, et, en général, de moyens de réclame quelconque, qui ne nécessitent l'intervention du peintre en lettres.

Nous avons donc pensé que quelques données générales, mais sûres, sur la pratique de cette nouvelle branche de l'art décoratif, pourraient être les bienvenues, notamment pour MM. les peintres en bâtiments disséminés en province et souvent éloignés de tout centre capable de leur fournir les ouvriers spéciaux, quand cependant leur isolement relatif les force à recourir à eux-mêmes afin de satisfaire aux commandes des industriels et propriétaires de la campagne.

1. — Lettres, chiffres, etc.

Une enseigne bien comprise, voilà une des premières qualités du peintre en lettres.

Aussi conseillons-nous vivement à notre ami lecteur, désireux de s'initier le plus vite et le plus sûrement dans cet art, et cela avec le moins d'efforts et de perte de temps possible, *de regarder*, oui, de regarder avec attention ce qu'ont fait les hommes du métier.

Regardez autour de vous, regardez les enseignes de toutes les boutiques et magasins que vous pourrez rencontrer sur votre chemin.

Regardez, quand vous êtes en voyage, les nombreuses affiches dans les gares ; mais regardez tout ce qui est du genre ; regardez aussi votre journal et étudiez-le depuis son en-tête jusqu'aux annonces.

Et en regardant, comparez, jugez et raisonnez ce que vous voyez.

Vous remarquerez alors les différents caractères, leurs rapports entre eux comme importance ; les couleurs des lettres comparées à celle du fond sur lequel elles sont peintes, leurs épaisseurs, leurs ombres projetées ; les lettres de style, les orne-

ments agrémentant certaines majuscules, les inter-
lignes, etc., etc.

Le cadre trop restreint de ce manuel ne nous
permettant pas de nous étendre davantage sur cet
intéressant chapitre, nous nous voyons obligé de
renvoyer le lecteur aux albums de lettres, de
chiffres, etc., que l'on trouve dans le commerce.

2. — Traçage

Nous tenons à bien faire remarquer, et nous
insistons sur ce point, controversé par presque
tous ceux qui n'ont pas fait eux-mêmes d'inscriptions : C'est que *les distances entre chaque lettre
d'un mot ou d'un nom ne sont pas régulières.*

En effet, les lettres comme A, V, finissant en
pointe en haut ou en bas, laissent un vide de
chaque côté de cette pointe ; ce qui rend *à l'œil* la
lettre plus étroite. La lettre I l'est de sa nature, et
ainsi de suite pour toutes celles qui ne sont pas
comme H, M, N, U, lettres larges par elles-mêmes.

Exemples les mots MAIN et HUE ; on remarquera que les distances sont irrégulières dans le
premier mot, tandis que dans le second l'H est à
égale distance de l'U que l'E. Cette dernière présentant son côté vertical.

Règle générale : *Pour tracer les lettres d'un mot, il
ne faut jamais inscrire ces lettres dans des rectangles
régulièrement espacés les uns des autres.*

L'œil seul doit et peut guider l'artiste dans
l'espacement de ses lettres ; le grand nombre de
genres de caractères rendant absolument impossible l'application d'une règle fixe à ce sujet.

Voici comment on opère pour le traçage d'une enseigne :

Le genre ou le style de lettres à peindre étant choisi et arrêté, on trace deux lignes parallèles donnant la hauteur des lettres ; puis on fait à la craie, à la sanguine ou au fusain ce qu'on appelle l'*âme* des lettres, c'est-à-dire que pour le D, par exemple, en quelque genre qu'il soit, on tire une ligne droite entre les deux horizontales ; cette droite indique le côté extérieur gauche du plein vertical ; puis une ligne courbe donnant le côté extérieur, droit, de la boucle du D.

Pour le mot DEFENSE, par exemple, on tracera le D comme ci-dessus, puis à la distance que l'on croit momentanément bonne, on indique, par une ligne droite, le côté gauche *externe* du plein de l'E, puis par une autre droite pour le côté *droit externe* de l'arrêt des deux petits jambages horizontaux et d'une autre ligne droite externe du petit jambage du milieu de l'E.

Pour l'F, même exercice ; pour l'N, une verticale à gauche et une droite indiquant toujours les côtés extérieurs de la lettre. Ici on tirera une oblique reliant, de gauche à droite et de haut en bas, les deux jambages verticaux ; on aura bien soin de faire passer cette oblique par l'axe du délié de l'N, exception à la règle générale qui se retrouvera dans les lettres K, M, W, X, Y, Z.

Nous arrivons maintenant à l'S. Pour cette lettre on trace d'abord l'axe de la lettre (axe qui sera, bien entendu, en forme d'S), puis, à l'aide de courbes, on indique les côtés extérieurs, de droite et de gauche. Pour l'E final on agira comme précédemment.

Ce que nous venons de faire pour le mot
DÉFENSE sera à répéter pour tous les mots.

Quant aux distances entre les différents mots ou
noms, il faut toujours éviter, sans toutefois par
trop espacer, de rapprocher les mots au point que
la lettre finale d'un mot soit aussi rapprochée de
l'initiale du mot suivant, que les différentes lettres,
de l'un ou l'autre mot, le sont entre elles.

Nous engageons instamment nos lecteurs, et
cela dans leur propre intérêt, de bien se pénétrer
de ce que nous avons essayé de leur expliquer
clairement, car c'est *du traçage que dépend tout
l'effet d'une enseigne*. Si bien peinte soit-elle, si les
distances ne sont pas observées ou que, par
exemple, deux lettres semblables soient plus larges
l'une que l'autre, à moins que l'une d'elles soit une
majuscule, toute l'enseigne ne vaudra rien.

Nous répétons pour finir et concluons : *Regardez,
regardez avec soin*, puis imitez, et vous réussirez
infailliblement.

3. — Poncifs

Pour des lettres de style, c'est-à-dire gothique
Renaissance, Louis XIV, Louis XV, Louis XVI,
lettres de fantaisie, lettres cartels, etc., etc., qui
sont trop difficiles à tracer directement sur le
champ à couvrir et qui demandent une étude, on
les dessine sur du papier fort, tel que papier goudron clair ou autre, comme si l'on devait peindre
directement sur ce papier, c'est-à-dire de grandeur
d'exécution ; puis lorsque tout est bien établi, on
repasse bien nettement, au crayon Conté, tous les
contours des lettres.

Peintre en bâtiments. 24

Ensuite, couchant ce dessin sur un linge ou simplement sur une blouse pliée en deux ou en quatre, afin d'avoir une épaisseur molle, on pique tous les traits du dessin à l'aide d'une forte aiguille emmanchée dans un morceau de bois ou une hampe de pinceau. C'est ce dessin piqué qu'on appelle *poncif*.

Prenant alors un chiffon en toile de tissu assez clair, on y verse du blanc de craie réduit en poudre, de la sanguine, du fusain pulvérisé ou du noir de fumée, suivant les fonds clairs ou sombres sur lesquels on travaille, et on en fait une sorte de petit tampon de la grosseur d'un œuf en serrant avec une ficelle.

On fixe maintenant le *poncif* sur le mur avec des punaises ou des pointes ; prenant ensuite le petit tampon appelé *poncette*, on tapotte sur tout le piqué du dessin. La poudre de la poncette ayant traversé les trous du poncif, le dessin se trouve reproduit sur le mur.

4. — Pinceaux

Pour peindre les lettres, on se sert de pinceaux spéciaux, montés sur plume, en petit gris, en martre rouge et noire et en poils de veau. Les plus usités, surtout à cause de leur bon marché, sont ceux en petit gris.

Il y en a de taillés en bout carré et d'autres en pointe.

Les pinceaux carrés servent à peindre les pleins et les déliés d'une certaine force. Les pinceaux pointus ne servent qu'aux finesses, aussi s'en sert-on bien moins couramment.

Voici la liste des pinceaux que l'on trouve dans le commerce :

Pinceaux à lettres, carrés en petit gris :

N°s 1 à 8 = poil de 2, 2 1/2, 3, 4, 5 et 6 centimètres de long.

Pinceaux à lettres et filets, carrés et pointus en martre rouge :

N°s 1 à 8 = poil de 2, 2 1/2, 3, 3 1/2 et 4 centimètres de long.

Pinceaux à lettres, carrés en martre noire :

N°s 1 à 8 = poil de 2, 2 1/2 et 3 centimètres de long.

Pinceaux à filets, carrés en martre noire :

N°s 1 à 8 = poil de 4, 5 et 6 centimètres de long.

Pinceaux à lettres et filets, en poils de veau :

N°s 1 à 8.

Pinceaux à lettres, pointus en petit gris :

N°s 1 à 8 = poil de 1/2, 2, 2 1/2, 3, 4 et 5 centimètres de long.

Les pinceaux en petit gris se recommandent, comme nous l'avons dit, par leur bon marché et surtout par la flexibilité de leur poil qui se prête à tous les travaux.

Ceux en martre rouge ou noire ne servent que dans certains travaux où l'on a, au contraire, besoin d'un pinceau ferme et plus rigide que le petit gris.

Comme on a pu voir dans la nomenclature ci-dessus, il y a des pinceaux en martre noire; ils ont à peu près les mêmes qualités de fermeté que ceux en martre rouge, mais ils ont l'avantage d'être beaucoup moins chers.

Les pinceaux en poils de veau sont dans le même

cas que ceux en martre noire, dont nous venons de parler, et souvent on les vend dans le commerce comme étant de la martre rouge, à cause de leur couleur également rouge.

En effet, des marchands, peu scrupuleux, qui usent de ce stratagème, en réalisent de beaux bénéfices, les pinceaux en poils de veau ne coûtant guère plus cher que ceux en petit gris.

5. — Couleurs

Le peintre en lettres a généralement avec lui une boîte à couleurs dans laquelle il renferme, outre ses couleurs, aussi ses pinceaux, chiffons, etc.

Cette boîte est divisée en compartiments dans lesquels sont logées des boîtes rondes en fer-blanc et couvertes, contenant les principales couleurs, puis, dans la case du bas, on a un assortiment de couleurs à tableaux en tubes et, dans le fond du couvercle, est fixée par des pattes mobiles en cuivre, une palette en bois. Cette palette sert à y mélanger les couleurs en tube pour une teinte à trouver, ou pour une petite quantité de couleur, pour laquelle on ne veut pas employer tout un godet.

Ainsi que nous l'avons dit au commencement de ce chapitre, on remarquera que les différents mots d'une inscription sont souvent de couleurs différentes et que, néanmoins, ces couleurs et le fond ne se nuisent pas dans l'effet général, lorsque les teintes sont bien conçues. La couleur proprement dite s'emploie assez claire, tout comme pour le filage (voir plus loin ; Filage), cependant on fera

bien de la monter un peu en siccatif, ou bien
encore de la rendre plus *grasse* en y ajoutant du
vernis gras.

6. — Exécution

La peinture en lettres, étant déjà de l'art,
demande une longue pratique, et ce n'est qu'en
s'exerçant beaucoup qu'on arrivera à avoir ce
qu'on appelle *une bonne main* ; car là il n'y a plus
de coups de gros pinceaux à donner, il s'agit là, en
effet, à la fois de se rendre maître et de la couleur
et d'un pinceau fin, long et très difficile à conduire.

Le pinceau à lettres veut être tenu comme une
plume ou un crayon : entre le pouce, l'index, et le
médium, la hampe passant par la deuxième arti-
culation de l'index.

On pose l'auriculaire sur l'appuie-main tenu de
la main droite et.ayant les doigts, qui tiennent le
pinceau, allongés, en sorte que la hampe de ce dernier soit parallèle à l'index ; on replie les doigts
sur eux-mêmes sans quitter, de la hampe, l'articu-
lation de l'index, et on aura fait faire au pinceau
une ligne droite ; combinez maintenant avec ce
mouvement la rotation du poignet et vous aurez
une courbe.

En faisant légèrement tourner le pinceau dans
vos doigts, vous aurez une courbe avec plein et
délié.

Voilà tout le secret du maniement du pinceau
pour un peintre en lettres ; mais si simple qu'il paraisse en théorie, il est très difficile à réaliser en
pratique.

24.

Tantôt c'est la couleur qui ne coule pas bien, ou coule trop ; tantôt c'est le pinceau qui ne veut pas obéir docilement à la main inexpérimentée ; une autre fois la main, n'étant pas sûre, tremble et la hardiesse manquant, les courbes ne tournent pas, et ainsi de suite.

Il faut, pour s'exercer, commencer par tracer au pinceau, sur un bout de toile, des barres verticales ou horizontales de 10 centimètres, *bien parallèles* les unes aux autres, de *même largeur* et de même longueur ; puis de petites courbes, des arcs de cercle, quarts de circonférence, demi-circonférences. On les fait d'abord de la largeur du pinceau ; puis, en faisant tourner ce dernier dans les doigts, avec plein et délié.

On fait ensuite deux barres reliées par une courbe, puis une courbe à gauche et une à droite; ce qui fait un *0* ; enfin on s'exercera à faire l'*0* d'un seul coup de pinceau.

Continuez ainsi par des boucles s'enchaînant entre elles, etc., etc. Appliquez-vous ensuite à faire deux courbes concentriques (improprement appelées courbes parallèles), de même que vous avez déjà fait des barres droites parallèles.

Inscrivez ensuite une ovale dans un rond, ce qui vous donnera un *0*, avec ses pleins et ses déliés. Enfin copiez des lettres, d'abord pas trop petites, afin de donner de l'ouverture à vos courbes ; ni trop grandes, ce qui demande déjà une main exercée.

Pour peindre une lettre d'une certaine importance, soit 20 centimètres par exemple, on commence par en arrêter soigneusement le contour, au

pinceau carré assez fin et sans s'inquiéter des faux
coups de pinceau qui vont dans l'intérieur de la
lettre, attendu qu'on remplira cette dernière, quand
même, avec la même couleur ; puis, prenant un
pinceau, carré également, mais plus fort, on remplira la lettre en ayant bien soin de ne pas gâter
l'ouvrage déjà fait en en dépassant les contours.

7. — Filage

Quoique le *filage* soit généralement exécuté par
des ouvriers spéciaux, il sera bon d'en donner ici
les règles de la pratique.

Le peintre en bâtiments, quoique isolé, sera ainsi
mis à même de s'en tirer tout seul.

Le *filage* consiste à tirer des filets sur les murs,
les boiseries, etc. ; ces filets servent à séparer les
différentes teintes, à arrêter leurs bords bavocheux
et irréguliers produits par la brosse ou le pinceau
dans le couchage de la teinte ; à imiter les boiseries
d'un lambris, le briquetage sur un mur uni, etc.

1° Couleur

La couleur doit être assez diluée, de façon à couler
aisément de la brosse tout en conservant un peu de
corps. Un peu d'habitude donnera la proportion
d'huile et d'essence à employer pour que, sans être
trop grasse, la couleur ne soit pas trop maigre.

Quant au ton de la couleur, on doit en chercher
un qui soit intermédiaire aux tons respectifs des
teintes à séparer. On ne fera donc pas de filets trop
foncés pour des surfaces très claires et réciproque-
ment.

Règle générale. — Il faut que surfaces et filets s'harmonisent entre eux.

Exemple : On ne fera pas, entre une surface couleur vert d'eau et une surface d'un vert plus sombre, un filet rouge vif ou rose ; il faudra au contraire le faire d'un rouge *sourd*, fourni par des terres : ocre rouge ou autre, rendu plus sourd encore par un mélange de blanc et une pointe de bleu ou de laque violette.

2° Règles servant au filage

Ce sont des lattes en bois, larges de 4 à 5 centimètres, épaisses de 5 millimètres et de longueurs variées.

Il est bon d'en avoir une ou deux de 1 mètre et pareil nombre de 1^{m}50.

3° Brosses

Quant aux pinceaux, on fait usage, suivant les cas, de la brosse à tableaux plate, courte et mince ou du pinceau monté en plume, en petit gris, *long* et à pointe carrée.

L'emploi de la brosse est cependant le plus usité dans la pratique, parce qu'il est plus facile et plus expéditif.

On choisit les brosses suivant la largeur que l'on veut donner au filet, celle-ci devant être fournie par l'*épaisseur* de la brosse, plus une très légère pression donnée par la main. Les brosses d'un emploi le plus courant sont les n°s 12, 14 et 16.

Ainsi qu'il a été dit plus haut, il faut avoir soin de demander des brosses *plates, courtes et minces*. *Plates*, parce qu'une brosse ronde fournit beau-

coup et, par cela même, est impropre au filage ;
en effet, dès que l'on tire, les soies s'écartent insen-
siblement et au lieu d'une pointe, on a une sorte
de balai en éventail qui s'élargit toujours davantage.

Courtes, parce que les soies, moins elles sont longues, plus elles offrent de résistance à la pression
et par cela facilitent le travail ; les poils s'écartent
plus difficilement.

Minces, afin d'éviter le même inconvénient que
nous avons constaté aux brosses rondes.

4º Exécution

Après avoir tracé sur le mur une ligne indiquant
le filet (ce qui se fait au moyen d'une ficelle frottée
de craie, de sanguine ou de fusain, suivant le cas),
et tenant la règle par son milieu, de la main gauche,
de façon que le bord supérieur de cette règle cor-
responde exactement avec la ligne précédemment
tracée, on applique la règle du côté plat, le long du
mur en l'inclinant légèrement du haut, si la règle
est dans une position horizontale, de sorte que la
couleur contenue dans la brosse ne vienne pas à
passer entre la règle et le mur. Cependant, dans une
partie concave, comme les parois d'une cage d'escalier, par exemple. il faut appliquer, au contraire,
la règle à plat en lui faisant épouser le cintre de la
surface à décorer.

Dans ce cas, on doit avoir soin de tenir la règle
un peu *au-dessous* du tracé et on incline maintenant,
au contraire, la brosse pour éviter les bavoches.

Dans l'un et l'autre cas, on applique le plat de la
brosse sur le bord supérieur de la règle, et c'est là

que l'artiste devra beaucoup s'appliquer à *avoir de la main*, c'est-à-dire qu'il faut que la main soit sûre et ferme.

1° Afin de conserver à la brosse sa position perpendiculaire au mur (quand on travaille sur plan droit et que c'est la règle qui est inclinée), sans quoi le filet serait tantôt au-dessous, tantôt au-dessus du tracé; or, un filet qui n'est pas excessivement droit jure horriblement en ôtant toute netteté au travail, sa qualité prépondérante étant précisément sa rectilignité.

2° Pour que le filet soit toujours d'égale largeur, ce qui ne s'obtient que par une très légère et très régulière pression pendant le cours du traçage d'un filet. Si la pression diminue comparativement à celle donnée au commencement d'un filet, les poils de la brosse, par leur élasticité, reviennent à leur position naturelle et alors le filet devient fin; si, au contraire, cette pression s'accentue, relativement à celle primitive, les poils s'écartent et le filet devient large, etc., etc., de sorte qu'en continuant de cette manière le filet sera tantôt fin, puis moyen, puis gros, enfin de nouveau fin; défaut tout aussi grave que si le filet n'était pas rectiligne.

La main gauche qui tient le corps doit se trouver dans l'axe du corps de l'opérateur et, autant que possible, à la hauteur du creux de l'estomac.

On part du côté gauche en étendant le bras droit dans cette direction; tenant la brosse par le bout de la hampe, de manière à ne pas appuyer de la main ou de l'auriculaire sur la règle, on replie peu à peu le bras sur lui-même, puis on le détend pour aller le plus loin possible sur la droite.

Reprise du filet commencé. — On reprend de 5 à 10 centimètres sur le filet exécuté, en ayant soin de retrouver la même pression afin de conserver la largeur, sans quoi les parties du filet sembleraient s'emmancher les unes dans les autres comme les différentes pièces d'une canne à pêche.

Il faut continuellement veiller à ce qu'on reste bien dans l'axe, afin d'éviter que les reprises ne forment des marches d'escalier.

Lorsqu'on arrive au bout d'une partie de filet, on aura soin de finir en pointe, à quoi on arrive en *diminuant* graduellement la pression. Un arrêt net occasionnerait facilement un mouvement nerveux de la main ou du poignet, ce qui se traduirait par un bout carré plus fort que la largeur moyenne et qui nuirait à la reprise.

Nous engageons vivement le lecteur à s'essayer d'abord sur des filets de 50 centimètres, puis d'un mètre; ensuite sur des filets parallèles les uns aux autres; car toutes les méthodes ne donneraient jamais un aussi bon résultat que la pratique, par laquelle seule on obtient finalement *la main.*

TROISIÈME PARTIE

VITRERIE

Du verre ; Fournitures et travaux du vitrier ; Divers procédés nouveaux ; Mesurage ; Table des verres hors mesures ; Travaux de préparation de toutes les espèces de verre.

---

1. — Outils du vitrier, déchets et faux frais

Les instruments employés par le vitrier sont peu nombreux ; en voici l'énumération :

Règles. — La règle de vitrier a 1 mètre et plus de longueur, selon la dimension des feuilles de verre à couper ; elle est faite en bois mince, flexible et léger ; sa largeur est de 4 à 5 centimètres, et son épaisseur de 4 à 5 millimètres au plus, car au-dessus de cette épaisseur elle ne ploierait pas suffisamment pour prendre la gauche des feuilles, et son poids pourrait briser les feuilles en l'appliquant dessus. Cette règle est divisée en centimètres, de façon à pouvoir servir pour prendre les mesures.

Compas. — Le compas pour diviser des panneaux et pour dessiner ses patrons.

L'*équerre*, dont tout le monde connaît l'usage.

La *batte* à battre le mastic.

La *pince* pour arracher les anciennes pointes.

Le *marteau* à panne fendue d'un côté pour le même usage que la pince, et à tête plate de l'autre pour frapper les pointes dans les feuillures avant le masticage (fig. 35).

Le *couteau à lame flexible* pour mastiquer, appuyer et lisser dans les feuillures (fig. 36 et 37), qui se compose d'une lame *a* et d'un manche *b*.

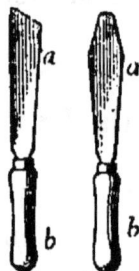

Fig. 35.   ·Fig. 36 et 37.

Marteau.   Couteaux à lame flexible.

Le vitrier a également d'autres couteaux à lames courtes et fortes, sur le champ desquels il frappe avec son marteau pour enlever les anciens mastics : ce sont les *couteaux à démastiquer*.

Les *pointes* : ce sont de petits clous dépourvus de tête qui, étant enfoncés dans les feuillures des cadres ou des croisées, y fixent les vitres. Ces pointes ont de 15 millimètres à 2 centimètres de long.

Le *grégeoir* ou *grésoir* qui sert à grésiller les bords du verre lorsqu'il est d'une forme circulaire,

Peintre en bâtiments.   25

concave ou de tout autre qui ne peut être coupée
avec le diamant, tels que dans les vitraux gothiques
ou de fantaisie qui sont destinés à remplir des panneaux en fer étiré (fig. 38).

Fig. 38.

Grégeoir ou grésoir.

Fig. 39.

Diamant.

Le *diamant* à couper du verre ; ce diamant est
enchâssé dans un *rabot a* en bois dur ou en ivoire
d'environ 12 centimètres de long. Sur une de ses
faces sont incrustés deux yeux en os ; il est percé
à son axe d'un trou par lequel on introduit le
diamant *c* dans son fût *b*, et lorsqu'on a déterminé
le sens de la coupe du diamant, on le scelle au
moyen de l'étain ou de la résine, en ayant soin
toutefois de tenir les yeux du rabot du côté qui
doit glisser sur la règle. La figure 39 représente le
diamant tout monté, tel qu'on s'en sert actuellement.

Les diamants qu'on emploie à la confection de
ces outils sont toujours bruts ; on préfère ceux qui
ont une légère teinte incarnat, et qui présentent le
plus de coupes ou de facettes.

Le diamant pouvant s'altérer, le soin à prendre
pour sa conservation consiste à visiter quelquefois
si l'étain qui le soude est encore capable de le
retenir ; si l'on avait quelques craintes de le voir
échapper de son enveloppe, on pourrait y souder
quelques grains d'étain qu'on ferait fondre au cha-

lumeau et avec précaution autour de la pierre ; il n'y a aucun danger à redouter pour le diamant, car il supporte un haut degré de chaleur sans s'altérer.

Jusqu'à présent aucune raison n'avait été donnée pour expliquer la propriété qu'on croyait appartenir exclusivement au diamant de couper le verre ; mais de nombreuses et ingénieuses recherches faites à ce sujet par M. Wollaston, nous font connaître que cette propriété dépend d'un fait purement mécanique qu'on peut retrouver avec d'autres substances. « Quand le diamant, dit-il, est façonné par un lapidaire, toutes ses surfaces sont à peu près planes, et conséquemment les lignes suivant lesquelles elles se coupent, ou les arêtes, sont des lignes droites. Mais dans les diamants naturels, qui sont ceux que les vitriers emploient toujours, et surtout dans ceux dont ils se servent de préférence, les surfaces sont généralement courbes, en sorte que, par leurs intersections, elles donnent naissance à des arêtes curvilignes ».

Si l'on place le diamant de telle sorte qu'une de ses arêtes soit tangente près des extrémités, à la fissure qu'on veut produire, et si les deux faces adjacentes sont également inclinées à la surface du verre, on aura satisfait aux conditions qui rendent l'opération facile. La courbure de l'arête étant peu considérable, les limites de l'inclinaison sont très rapprochées ; si le manche qui porte le diamant est trop ou trop peu élevé, une des extrémités de la courbe portera angulairement sur le verre, et ce point tracera un rayon très irrégulier. Quand, au contraire, le contact est convenablement formé, on obtient une simple fissure produite par la pression latérale des deux faces du diamant, pression qui s'exerce également de chaque côté. Par ce moyen, les proportions contiguës de la surface du verre tendent à se séparer plus que l'élasticité des parties inférieures ne le comporte, et forment une séparation partielle des éléments du verre par une fente peu profonde.

Pour s'assurer que la forme de l'arête du diamant est la principale cause des effets qu'il produit, M. Wollaston donna la forme d'un diamant à arêtes courbes à un fragment de cristal de roche, à un saphir, à un rubis spinelle et à quelques autres corps d'une dureté suffisante, et il trouva que chacun d'eux avait la propriété de former dans le verre des fissures nettes pendant un temps plus ou moins long, selon leur degré de dureté ; d'où il faut conclure que la longue durée des diamants coupants provient de leur dureté singulière.

Enfin, M. Wollaston explique la différence d'une coupe blanche à une bonne coupe, en ce que le fond du sillon tracé par la première a une grande largeur en comparaison d'une fissure convenable ; dans le premier cas, la force qui doit rompre le verre se répand sur une surface de quelque étendue et peut être facilement déviée, dans l'autre, elle est successivement appliquée aux divers points de la ligne mathématique qui forme le fond de la fissure, et suit toujours la même direction, à cause de la facilité avec laquelle l'adhésion des parties est détruite.

On vend dans le commerce une foule d'outils

décorés de noms plus ou moins pompeux, et destinés à remplacer les diamants pour couper le verre. Leur seul mérite serait le bon marché, mais obtenu trop souvent aux dépens des qualités de l'outil.

Les vitriers se serviront toujours de préférence de diamants véritables. Cependant il est quelques-uns de ces outils, qui consistent en une petite molette d'acier, dont on pourra tirer un parti avantageux, surtout pour des personnes qui ne pratiqueront pas le métier, et qui n'auraient que des occasions assez rares de couper du verre. Un moyen qui assurera mieux le fonctionnement de l'outil, consiste à le tremper dans un peu de poussière d'émeri délayée en pâte avec de l'eau, avant d'en faire usage.

Le carton à diviser. — Ce carton, dont la surface est lissée, reste constamment sur la table de l'atelier; il est divisé sur les deux sens par centimètres qui sont tracés et croisés sur le côté apparent : c'est sur ce carton ou sur la table même, si elle est très plane, unie et divisée également, que l'ouvrier coupe son verre conformément aux dimensions qu'il a prises sur place et marquées à la craie sur sa règle.

Plomb et soudure. — Les vitriers emploient le plomb étiré en verges pour tenir les panneaux de verre blanc ou de couleur, et en forment des panneaux qui s'enchâssent dans les bâtis en fer des croisées et des rosaces d'églises, et pour assembler les parties coloriées des sujets religieux qui remplissent les grands panneaux du milieu.

Ils se servent également de soudure pour souder les angles de ces panneaux ; la bonne soudure se

compose ordinairement d'une partie de [plomb et
de deux parties d'étain fin, c'est celle des ferblan-
tiers ; mais comme l'étain est plus cher que le
plomb, ils opèrent souvent avec le mélange des
plombiers, qui consiste seulement en deux parties
de plomb et une seulement d'étain. C'est à l'architecte qui dirige les travaux à s'assurer que l'alliage
est convenable pour l'usage auquel il doit s'appliquer.   .

Les *attaches* ou *liens en plomb* : ce sont des ban-
delettes en plomb de 10 à 12 centimètres de long
sur 8 millimètres de large. On en fait usage pour
la vitrerie des châssis des combles. Leur principal
usage est d'empêcher que les vitres ne glissent
dans leurs feuillures.

Fig. 40.   Fig. 41.
Tire-plomb.   Tailloir.

Fig. 42.   Fer à souder.

Le *tire-plomb*, lequel est en fer et sert à étirer
les lames de plomb destinées à assembler les vitraux
à compartiments (fig. 40).

Le *tailloir*, sorte de couteau en lame de grattoir
à deux tranchants pour découper les lames de
plomb (fig. 41).

Et enfin le *fer à souder*, sorte de crochet servant à souder les plombs en lames ou en verge qui réunissent les verres des panneaux vitrés à compartiments (fig. 42).

Mastic des vitriers

Voici comment on le prépare : on prend du blanc d'Espagne en poudre, bien sec, on en forme un cône tronqué; à l'extrémité supérieure, on fait un trou dans lequel on met un peu d'huile de lin, laquelle s'unissant au blanc constitue une sorte de pâte; on verse de nouvelle huile de lin, jusqu'à ce que le blanc soit tout à fait réduit en pâte; alors on pétrit à la main cette combinaison en y faisant entrer le plus de blanc d'Espagne qu'elle peut absorber. On la bat alors par morceaux de 2 à 3 kilogrammes ; plus ce mastic est battu, plus il est homogène et mieux il se lie avec les corps sur lesquels on l'applique; on peut même, à défaut d'huile de lin, employer des *fèces* d'huile (c'est ainsi qu'on nomme les dépôts qui se forment au fond des barriques d'huile). Ce mastic peut se conserver en le tenant à l'abri de l'air et enveloppé d'une toile cirée imbibée d'eau; sans ce moyen, il se dessèche et durcit beaucoup; on le ramollit en le pétrissant de nouveau entre les mains, comme on le durcit en y ajoutant du blanc d'Espagne ou un peu de céruse, ou enfin de la litharge.

Les proportions de mastic sont de 18 à 20 décagrammes d'huile pour 1 kilogramme de blanc, et le kilogramme de mastic, qui remplit 20 mètres de feuillures ordinaires, revient à 40 centimes environ.

1 kilogramme de pointes à vitre coûte 3 francs, et contient 4,700 pointes environ.

C'est avec ce mastic que l'on pose les carreaux en en remplissant les feuillures ; après avoir frappé les pointes, on l'étend en biseau avec le couteau à mastiquer et on lisse ensuite avec les doigts et la paume de la main.

Si on veut que ce mastic se raccorde avec les peintures des croisées, on peut y ajouter les matières colorantes convenables.

Sur les parties peintes en détrempe, où l'huile incorporée dans le mastic s'étendrait, et alors tacherait cette peinture, on substitue des bandes de papier au mastic pour fixer les verres.

Les vitriers ont souvent aussi à fixer les carreaux sur des châssis en fer, et se servent du mastic précédent.

En voici un autre qui serait spécialement approprié à ce dernier cas.

Il est formé de gomme laque contenant son poids de pierre ponce en poudre fine; on fait d'abord fondre la gomme laque à une température aussi basse que possible, puis on incorpore la pierre ponce dans la résine en fusion.

Il sert également à fixer le bois et le métal.

Nous rappelons le mastic à base de minium de fer dont nous avons déjà parlé.

Des déchets

Les déchets dans l'emploi du verre sont de deux sortes; dans la première, il est occasionné par la casse accidentelle, soit pendant le transport, soit pendant la pose. Ce déchet est compté par *Toussaint* de Sens, et *Morizot* pour 1/20, compensation faite des débris qui peuvent être utilisés ; dans le second cas, il est causé par de fausses mesures qui ne permettent pas de tirer un certain nombre de carreaux sans laisser une chute ou restant, dont le placement se fait à perte, s'il n'est impossible, en raison de ses petites dimensions ; par exemple, un carreau de 73 sur 51 centimètres ne peut être pris que sur une feuille de 81 sur 51 centimètres, ce qui occasionne une perte de 51 sur 8 centimètres ou 1/10 de la feuille ; mais aussi, lorsque le magasin du vitrier est convenablement assorti, cet ouvrier trouve toujours ou la mesure précise, ou il opère dans un verre de plus grande dimension une coupure dont il place facilement plus tard la perte qui lui reste. Nous sommes donc fondés à maintenir cette quotité de 1/20 admise par les auteurs précités.

Des faux frais

Les faux frais de vitrerie consistent dans la location d'un magasin pour déballer et remiser le verre, la patente et droit proportionnel, l'entretien et renouvellement des outils, tels que diamants pour couper le verre, portoirs, règles, marteaux, lames à damasquiner, grugeoirs, pinces, etc., etc. ; dans la fourniture des pointes nécessaires pour fixer les carreaux, du blanc et des linges pour les nettoyer. Ces faux frais sont évalués à un quart des frais de main-d'œuvre.

2. — Du verre

On donne le nom de *verres* à des matières dures, transparentes, qui présentent une cassure particulière appelée *cassure vitreuse*. Ce sont en général des silicates doubles de potasse ou de soude et d'une autre base terreuse ou métallique. On distingue trois espèces principales de verres : le *verre ordinaire*, le *verre commun* ou *verre à bouteille* et le *cristal*.

1° *Verre ordinaire*. Le verre ordinaire, que l'on emploie pour la gobeletterie, les vitres et les glaces coulées, est tantôt un silicate double de potasse et de chaux, tantôt un silicate double de soude et de chaux.

En Allemagne, où la potasse est plus commune que la soude, on fabrique des verres d'une transparence parfaite en faisant fondre dans des creusets en terre réfractaire un mélange de 12 parties de quartz hyalin, 6 parties de carbonate de potasse et 2 parties de chaux vive. Il en résulte un silicate double de potasse et de chaux parfaitement incolore, connu sous le nom de *verre de Bohême*. Ce verre est très estimé et sert principalement pour fabriquer les objets de gobeletterie, tels que verres à boire, carafes, etc.

En France, où la soude est à plus bas prix que la potasse, on emploie de préférence le carbonate de soude dans la fabrication du verre. Mais le verre ainsi obtenu est moins blanc que le verre à base de potasse : il présente toujours une teinte verdâtre très apparente lorsqu'on le regarde à travers une grande épaisseur, par exemple sur la tranche des carreaux de vitre.

Voici le procédé que l'on suit dans nos verreries : on fait un mélange de 10 parties de sable blanc, 4 parties de craie blanche et 3 parties de carbonate de soude. On ajoute à ce mélange une certaine quantité d'anciens débris de verre, et on soumet le tout à une calcination préliminaire appelée *fritte*, laquelle a pour but de déterminer un commencement de combinaison entre les éléments du mélange. La matière est ensuite placée dans des creusets en terre réfractaire où on la fait fondre en l'exposant à une température très élevée.

Le travail du verre s'exécute par deux procédés souvent simultanés, le *soufflage* et le *moulage*.

Le soufflage se fait au moyen d'une longue canne en fer, percée suivant son axe d'un trou de 3 millimètres de diamètre. L'ouvrier plonge l'extrémité de la canne dans le verre fondu, en retire une certaine quantité et forme l'objet qu'il veut obtenir en soufflant avec la bouche par l'autre extrémité de la canne. Lorsque l'objet est fabriqué, on le *recuit* en le chauffant au rouge sombre et en le laissant refroidir lentement. Cette opération a pour but de rendre le verre moins fragile.

2° *Verre commun* ou *verre à bouteille*. Le verre à bouteille doit sa couleur verte à une forte proportion de silicate de fer. Voici quelles sont les matières premières employées dans sa fabrication :

Sable ferrugineux	10	parties
Argile ferrugineuse	10	—
Soude de varech	6	—
Cendres lavées	18	—
Fragments de bouteilles	10	—

On mélange ces matières et on les fait fondre dans des fours appropriés. Les bouteilles sont fabriquées par le soufflage et par le moulage exécutés simultanément.

3° *Cristal.* Le *cristal* est un silicate de potasse et de plomb, que l'on obtient en fondant ensemble 30 parties de sable pur, 20 parties de minium et 10 parties de carbonate de potasse. Ce composé, d'une transparence et d'une limpidité parfaites, est plus dur, plus dense et beaucoup plus réfringent que le verre ordinaire. On l'emploie dans la fabrication des objets de luxe.

Nous pourrions encore citer le *flint-glass*, le *crown-glass*, le *strass* et l'*émail* comme variantes du verre, mais ces produits employés dans l'optique et la bijouterie, n'ont rien à faire dans ce manuel.

Verres colorés. La fabrication des verres colorés repose sur la propriété que possède le verre de dissoudre la plupart des oxydes métalliques en conservant sa transparence. Il suffit d'ajouter au mélange qui doit produire le verre une quantité déterminée d'oxyde métallique pour obtenir des verres colorés par fusion. Les diverses couleurs sont produites par les corps suivants :

Bleu : oxyde de cobalt ou bioxyde de cuivre.

Violet : peroxyde de manganèse.

Vert : oxyde de chrome.

Rouge : protoxyde de cuivre.

Jaune : noir de fumée en très petite proportion.

Rose : chlorure d'or.

Noir : oxyde de cobalt et oxyde de fer mélangés.

Le verre est caractérisé par sa transparence, son insolubilité et sa fusibilité. Lorsque le verre est maintenu pendant longtemps en fusion et qu'on le laisse refroidir lentement, il perd sa transparence et devient très dur ; on dit alors qu'il se *dévitrifie*. Ce phénomène est dû à la volatilisation d'une partie des bases alcalines qui entrent dans la composition de ce corps.

Lorsqu'on chauffe du verre jusqu'à la fusion et qu'on le refroidit brusquement, il subit une espèce de trempe et devient très cassant. Les *larmes bataviques* que l'on obtient en laissant tomber dans de l'eau froide des gouttes de verre fondu en sont un exemple. Ces petites masses vitreuses ont la forme d'un ovoïde terminé par une pointe très effilée. Dès que l'on vient à casser cette pointe, toute la masse se réduit en poussière en produisant une légère détonation. Cet effet provient de ce que les molécules intérieures sont maintenues dans un équilibre forcé par celles de la surface, équilibre qui se détruit aussitôt que l'on supprime en un point quelconque la résistance extérieure.

Bien que le verre soit insoluble dans l'eau, ce liquide tend à la longue à le décomposer, en lui enlevant une partie de ses bases alcalines. C'est pour cette raison que les vitres de vieux monuments, qui pendant très longtemps sont restées exposées à l'action de la pluie et de l'air humide finissent toujours par se dépolir extérieurement.

Les acides et particulièrement l'acide sulfurique, peuvent également décomposer le verre à la longue ; ils tendent à s'emparer des bases et à éliminer l'acide silicique. L'acide fluorhydrique attaque

immédiatement le verre et produit avec la silice
du fluorure de silicium.

Les carbonates alcalins et les alcalis caustiques
décomposent le verre et le transforment, sous l'influence de la chaleur, en silicates alcalins basiques
solubles dans l'eau et facilement attaquables par
les acides.

L'art du vitrier ne consiste pas seulement dans la
pose du verre, mais aussi dans le choix des verres
qu'il faut employer. Ses instruments sont simplement un diamant à couper le verre, un marteau à
deux pannes et une règle en bois ; un peu de mastic
et quelques pointes lui suffisent pour la pose ordinaire des carreaux droits. Dans la pose des vitraux
de châssis, où les verres sont à recouvrement, il
doit avoir soin de n'employer que des verres bien
plats pour que l'ajustage soit parfait.

Le verre, cette substance transparente, fragile,
et qui n'est attaquable ni par l'eau, ni même par l'air,
lorsqu'on a apporté les soins convenables à sa fusion, ni par les acides (un seul, l'*acide fluorhydrique*
excepté), est une combinaison de soude ou de potasse avec la silice en excès. Le verre peut se modifier presque à l'infini, relativement à son poids, à
sa dureté, à sa couleur, à l'aide de différents oxydes
métalliques, mais nous ne nous occuperons ici que
de huit sortes de verres que le vitrier emploie, savoir :

1° Verre en manchon, dit verre d'Alsace (1);

2° Verre en table, dit blanc ou de Bohême ;

_____

(1) Nous ne parlons pas du verre en plat ou à boudine
qui ne s'emploie plus.

3° Verre double (1) ;

4° Verre cannelé ;

5° Verre mousseline ;

6° Verre coloré ;

7° Les glaces de toutes dimensions dont on décore aujourd'hui les devantures de boutiques ;

8° Les verres et glaces gravés à l'acide fluorhydrique qu'on voit actuellement dans beaucoup de magasins.

Nous n'entrerons pas dans des détails plus étendus sur le verre, et nous renverrons les artistes qui désireraient acquérir des connaissances plus variées sur ce produit au *Manuel du Fabricant de Verre, de Glaces et de Cristaux*, de l'Encyclopédie-Roret, où ils trouveront toutes les notices propres à les éclairer sur ce produit industriel.

Verres doubles ou à deux couches

On appelle *verres doubles* des verres coulés d'une plus forte épaisseur que les verres ordinaires, et des verres blancs qui ont été revêtus d'une couche plus ou moins épaisse de verre coloré. Ces couches peuvent s'enlever au moyen de la taille et mettre le verre blanc à nu dans certaines parties.

Le verre de Bohême est très blanc, on l'emploie pour les beaux vitrages, les devantures de maga-

_____

(1) Les vitriers reçoivent quelquefois des verreries, des verres un peu plus épais que les verres ordinaires ; ils les comptent à leurs pratiques comme *verre demi-double* et les font payer en conséquence ; c'est une petite ruse dont on doit faire justice, les verriers ne fabriquent que du verre simple ou double.

sins, les encadrements de belles estampes ; enfin
pour vitrer tous les objets qui exigent une certaine
consistance et une blancheur parfaite.

Défectuosités du verre

1° Les *bouillons, loupes* ou *bulles*, sont dus à des
gouttelettes d'air qui se sont engagées dans la substance vitreuse pendant qu'elle est en fusion.

2° *Filandres*. On donne ce nom à des parties qui,
étant moins vitrifiables que d'autres, n'ont point
été vitrifiées.

3° Les *stries* ou *côtes*. C'est ainsi qu'on nomme
de petits filets saillants qui se forment par un soufflage trop brusque pendant la vitrification.

4° Les *pierres*. Celles-ci ont la plus grande analogie avec les filandres ; elles n'en diffèrent qu'en
ce qu'elles sont rondes au lieu d'être longitudi-
nales.

5° Le *gauchis*. On nomme ainsi le manque de rec-
titude qu'a quelquefois la surface du verre.

Il est un point essentiel que nous devons signaler, c'est une *tendance à la dévitrification* ; ce résultat est produit par la nature des substances qui
sont les constituants de la vitrification. C'est ce
qui a lieu principalement avec le verre de Bohême,
à cause des proportions plus fortes de potasse ou
de chaux qu'il contient. Ce verre est, en quelque
sorte, un silicate de potasse plus soluble que celui
de soude. On donne le nom de *verres taiés* à ceux
couverts de *taches blanches* ou de *taies*, ces verres
ont perdu alors leur transparence et leur poli.

Les verreries du Nord fournissent ordinairement
un verre dont la teinte est verte,

Celles de Lyon en produisent un dont la teinte est jaunâtre.

Les verres de la Seine et ceux de Bagneaux sont généralement plus blancs que ceux du Nord, et d'une épaisseur plus forte et plus régulière que ceux de Lyon.

Le verre dont on fait le plus d'usage en France est désigné dans le commerce sous le nom de *verre d'Alsace*.

Les verres ordinaires d'Alsace sont de différentes qualités, tant par leur degré de blancheur que par rapport à leur épaisseur, qui varie depuis 1 millimètre jusqu'à 2, 3 et même 4 millimètres. Le verre de ces deux dernières épaisseurs se désigne sous le nom de *verre double*. Le mètre superficiel du verre ordinaire pèse environ de 5 à 6 kilogrammes.

Le verre blanc, dit de *Bohême*, est presque incolore ; il est plus léger que le verre ordinaire. Le verre simple de cette qualité est presque toujours plus épais et plus régulier que celui d'Alsace.

Les verres qualité de Bohême se fabriquent à Prémontré, à Paris, et depuis quelque temps, dans les verreries du Nord. Le verre de Prémontré est beau, mais il présente souvent des parties qui paraissent plus opaques que le restant du verre. Les verres blancs du Nord sont un peu hygrométriques. Les verres doubles de cette qualité sont presque tous fabriqués dans le département de la Seine.

Le verre est parfois mal recuit ; on le reconnaît :

1° Lorsqu'en le maniant, ou en appuyant dessus la règle ou le diamant, il se brise ;

2° Quand le trait que le diamant commence à y

tracer s'ouvre aussitôt dans toute la longueur du
verre ;

3° Quand ce trait étant tracé au moyen du diamant et qu'on veut enlever la bande qu'on a
coupée, celle-ci s'en sépare comme si elle était
poussée par un ressort. Ce ressort est nommé
casilleux.

Verre dépoli

Ce verre a perdu son poli par suite du frottement qu'on lui a fait subir. Pour obtenir cet effet,
c'est-à-dire pour lui enlever son poli et sa transparence sans nuire cependant au passage de la
lumière, on choisit le verre le plus tendre, le plus
droit, ensuite on le fixe sur une table enduite d'une
couche de sable ou de plâtre clair. Après avoir
huilé la pièce, on frotte la surface huilée avec un
autre morceau de verre, ou bien une feuille de fer-
blanc ou un morceau de grès, jusqu'à ce qu'elle
soit bien dépolie dans toutes ses parties. Ce
polissage est payé de un tiers à moitié du prix du
verre.

On emploie ce verre pour des cloisons, des
fenêtres des pièces dont on ne veut pas que l'intérieur soit vu, pour se garantir des rayons solaires, etc. Ce verre doit être assez épais. On peut
donner la préférence à celui qu'on nomme *verre
de Prémontré*.

Verre cannelé

Il sert aux mêmes usages que le verre précédent,
cependant celui-ci a le désavantage de répandre
une lumière qui fatigue les yeux.

Les verres cannelés sont composés de même que les précédents; on leur donne la forme cannelée entre deux moules, pendant que le verre est encore flexible. Ces verres ont été imaginés dans le but de dérober certains objets à la vue, sans diminuer l'intensité de lumière éclairant la pièce d'où ces objets peuvent être vus. L'usage de ces verres, en vogue depuis quelques années, ne remplit pas complètement le but qu'on se propose, à moins cependant que la pièce dont on veut cacher la vue ne soit moins éclairée que celle où est placé l'observateur; dans le cas contraire, les objets prennent des formes disgracieuses, parce que la lumière divisée et réfléchie en une multitude de rayons fatigue la vue.

Verre dépoli à dessins à jour, dit verre mousseline

Ce verre est fabriqué dans divers établissements; il est dépoli : on y observe des ornements que l'on obtient par les parties du verre qui sont restées transparentes. Un tel verre produit un effet très joli pour les vitrages des pavillons, des chaumières, des kiosques, des boudoirs, chapelles, etc. Il arrive, suivant le gré des personnes, que l'on remplit l'intérieur des dessins au moyen d'une couleur à l'huile, transparente, ce qui en augmente la beauté. L'emploi industriel de l'acide fluorhydrique pour dépolir et décorer le verre a pris un grand développement.

Cet acide est un liquide incolore, fumant à l'air, excessivement caustique et d'une odeur très piquante. Sa densité est 1,06; il bout à 15 degrés.

Il est tellement avide d'eau, qu'il fait entendre,
lorsqu'on le verse dans ce liquide, un sifflement
aigu, et que la température de ce mélange s'élève
aussitôt à 100°. L'acide fluorhydrique attaque
presque tous les métaux ; mais sa propriété la plus
remarquable est l'action qu'il exerce sur la silice
(acide silicique Si O³) avec laquelle il forme immédiatement de l'eau et du fluorure de silicium.

$$3 \ H Fl + Si O^3 = 3 \ H O + Si Fl^3.$$

Cette propriété est utilisée pour la gravure sur
le verre, lequel n'est autre chose qu'un silicate
double de soude ou de potasse et de chaux. On
recouvre d'abord le verre d'une couche mince de
vernis (mélange de 3 parties de cire et de 1 partie
d'essence de térébenthine), puis on trace avec une
pointe les traits que l'on veut graver, en ayant
soin de mettre à nu la surface du verre. Il suffit
alors ou de verser de l'acide fluorhydrique étendu
d'eau sur le dessin, ou d'exposer celui-ci aux
vapeurs du même acide pour obtenir, au bout
d'un certain temps, l'image gravée en creux et en
traits opaques sur le verre. C'est de cette manière
que l'on grave les divisions sur les tiges des ther-
momètres, des aréomètres et autres tubes ou
autres instruments de verre portant des gradua-
tions.

On prépare l'acide fluorhydrique en chauffant,
dans une cornue en plomb, un mélange de fluorure
de calcium et de l'acide sulfurique ordinaire :

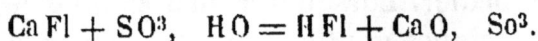

$$Ca Fl + S O^3, \quad H O = H Fl + Ca O, \quad So^3.$$

L'acide est recueilli et condensé dans un tube,

également en plomb, recourbé et entouré de glace.

Le cadre de ce manuel ne nous permettant pas de nous étendre davantage sur ce sujet, nous renvoyons le lecteur, pour les *Procédés spéciaux de Gravure et de Dépolissage du verre*, à l'intéressant manuel de la *Peinture et de la Gravure sur verre*, édition entièrement refondue par M. Bertran et faisant partie de l'Encyclopédie-Roret.

3. — Coupe et pose des carreaux de verre

Le moyen le plus naturel, le plus commode et le plus sûr du couper du verre, est de se servir d'un diamant monté ainsi que nous l'avons expliqué plus haut, s'il doit être taillé par des lignes droites; et de le grésiller au grésoir s'il prend des formes courbes : néanmoins, voici deux autres moyens, dont le premier, fort simple, consiste à étendre et frotter de l'essence de térébenthine sur une surface de verre et de le tailler ensuite avec une pointe d'acier quelconque.

Le second peut être employé lorsqu'on se propose de couper un tube, un goulot, ou quelque autre corps rond en verre. On prend alors une pierre à fusil qui ait un angle bien tranchant, ou bien une agathe, un diamant ou une lime : on trace, avec l'un de ces corps, une ligne circulaire à l'endroit où l'on veut les couper; on prend ensuite du fil soufré, avec lequel on fait deux ou trois tours sur cette ligne, on met le feu à ce fil, et on laisse brûler. Lorsqu'il a bien chauffé le verre, on jette quelques gouttes d'eau froide sur la partie chaude : aussitôt la pièce se détache comme si on

l'avait coupée avec des ciseaux. C'est par ce moyen
qu'on coupe le verre circulairement par bandes
étroites, de manière que ces bandes reposant l'une
sur l'autre, et s'écartant à volonté, forment une
espèce de ressort ou spirale mobile.

On peut obtenir les mêmes résultats en employant, au lieu du fil soufré, des brins de chanvre
imbibés d'essence de térébenthine.

Les vitres se fixent aux feuillures des châssis en
bois avec des pointes et du mastic ; mais si le bois
est peint en détrempe, on remplace le mastic, dont
l'huile tacherait la détrempe, par du mastic à la
colle, ou par des bandes de papier collé.

Pour remettre un carreau cassé, on prend d'abord
la mesure de la hauteur et celle de la largeur de la
feuille sur une règle plate ; les vitriers marquent
ordinairement la hauteur par un trait surmonté
d'une croix, afin de distinguer cette mesure de
celle de la largeur, qu'ils n'indiquent que par un
simple trait.

On coupe ensuite la feuille de verre, suivant la
mesure prise, à l'aide d'un diamant monté sur un
manche, et que l'on fait couler sur la règle en l'inclinant un peu. Si l'on n'avait pas de diamant, on
pourrait y suppléer par un poinçon d'acier, chauffé
au rouge, en injectant un peu d'eau froide sur la
trace faite par ce poinçon.

On ne pose le carreau qu'après avoir bien nettoyé
la feuillure du mastic ancien et des vieilles pointes ;
on ajuste le carreau, on le fixe avec les pointes que
l'on frappe en faisant glisser le marteau contre le
verre, et on le scelle avec du mastic que l'on unit

avec un couteau à pointe ronde, et qu'on lisse avec la main.

Vitrage métallique sans mastic, employé dans la toiture et servant à remplacer les châssis à tabatière, de M. Guelle aîné.

Ce nouveau vitrage est destiné à être placé sur les toits ou couvertures de passages, de cours, etc., où l'on n'a employé jusqu'à présent que des châssis en bois ou des coulisses en tôle.

On sait que le bois, sujet à l'influence des saisons, se déjette ou se disjoint ; le mastic qu'on emploie pour tenir les carreaux de verre, se détache promptement quand le bois se resserre et laisse un passage à l'eau qui s'y introduit, pourrit le bois et pénètre ensuite dans les lieux qu'on voulait en préserver ; si l'on n'a pas le soin de les repeindre tous les deux ou trois ans, ils ne peuvent être de longue durée.

Les petits bois ou coulisses en tôle sont sans doute préférables, mais ils ne sont pas sans inconvénients : la grande humidité détruit la peinture et fait rouiller le fer, s'il n'est pas galvanisé ; il en résulte que la rouille s'en détache, enlève la peinture et même le mastic. Outre cela, la tôle, dans son emploi, nécessite d'assez grands frais : par exemple, dans la couverture d'un passage, il faut, pour employer ces coulisses, établir une carcasse en fer, objet très dispendieux, de sorte que, par économie, on emploie le bois.

Le vitrage que M. Guelle nomme *fenestra* paraît exempt de ces inconvénients, et n'occasionne pas plus de dépenses : il est fait avec du zinc qui durcit à l'eau et que l'influence des saisons ne peut altérer. On peut se dispenser même de le peindre en le posant. Les carreaux de verre s'y adaptent sans faire usage du mastic. Ils sont retenus simplement par de petits crochets également en zinc, formant au pourtour du verre, et de distance en distance, des saillies au-dessous du châssis formé de ce même métal ; de sorte que tous les carreaux sont enfilés successivement entre ces petits crochets qui les retiennent.

Sous la ligne de séparation de chaque rangée de carreaux, et dans le sens de la hauteur du toit, se trouve une traverse en zinc, qui a la forme d'une gouttière, pour recevoir l'eau de la pluie qui s'échappe par les bords des carreaux qui, en cet endroit, ne font que se toucher en s'approchant l'un contre l'autre ; cette eau suit la gouttière jusqu'à ce qu'elle rencontre la toiture, sans pouvoir pénétrer dans les endroits couverts par le vitrage.

On peut, si l'on veut, contre-mastiquer les carreaux à l'intérieur ; mais le mastic n'ajoute rien à leur solidité, il empêche seulement l'air d'entrer. Ce mastic, ne se trouvant jamais éloigné des corps qui le soutiennent, ne peut se détacher ; il est absolument inutile d'en faire usage pour les couvertures des passages, puisqu'on y pratique des ventouses pour renouveler l'air.

On peut aussi enduire en plâtre ce nouveau vitrage jusqu'aux carreaux, ce qui, indépendamment de la propreté de l'ouvrage, le rend très clos et très solide, parce que l'humidité ou la chaleur ne font ni gonfler ni resserrer le zinc comme le bois, ce qui finit toujours par faire tomber le plâtre. On peut très facilement adapter à volonté des grillages sur ces châssis en fer. Il est à remarquer qu'il n'est pas nécessaire que la toiture d'une maison soit disposée pour le placement de ces nouveaux vitrages, il suffit qu'on ne les place pas au droit d'une poutre ou d'une solive. On pratique une ouverture dans le lattis, entre deux chevrons, et l'on y pose le vitrage.

Construction des vitrages, par M. Bigeard

Les vitrages qui servent à recouvrir les cours, ateliers, serres, etc., et surtout ceux qui constituent les panneaux ou champs de couche, dont on fait un si grand usage dans la culture maraîchère, présentaient l'inconvénient de laisser la buée en condensation retomber sur le sol ou plancher quelconque que recouvrent les vitrages, et laissent pénétrer la poussière par les joints des verres.

M. Bigeard évite ces inconvénients par l'adaptation de tringles en zinc estampé et replié de manière à former deux crochets pour recevoir, à bain de mastic, les extrémités des verres superposés qui constituent les vitrages. Ces tringles, qui n'ont aucune charge à supporter, peuvent être très légères et, par suite, leur prix de vente est aussi réduit que possible.

Observations sur le vitrage des serres

Le *Journal de la Société d'horticulture* a publié de précieux renseignements sur les précautions à

Peintre en bâtiments.   26

prendre pour vitrer les serres. Nous en donnons quelques extraits, sur les points les plus importants.

Le choix des verres et leur disposition ont une importance capitale. Etant donné que les trois quarts de la lumière qui tombe sur la serre ne les traverse pas, il est évident que l'exclusion de tout verre défectueux est de première nécessité. L'expérience a montré que l'emploi des petits carreaux était bien préférable à celui des grandes vitres. Le verre est toujours plus homogène, et la lumière arrive ainsi beaucoup plus également sur les plantes.

Habituellement on emploie au vitrage des serres, des carreaux de 1 mètre de longueur sur 0^m33 de large, avec un recouvrement de 0^m05 environ. Les petits carreaux présentent encore un autre avantage, il y a moins de condensation.

Le meilleur moyen pour vérifier la bonne qualité des verres, consiste à les présenter alternativement par les deux faces à l'action des rayons solaires, en plaçant au-dessous une feuille blanche, et vérifiant la pureté des rayons qui les traversent, lesquels ne devront présenter ni raies ni stries.

On emploie quelquefois des verres à surface extérieure striée, pour obtenir une diffusion de la lumière, et éviter l'emploi des stores.

La nature de la couleur à donner au verre a aussi une certaine importance.

M. Hunt a vérifié par expérience que le verre avec une légère teinte d'un vert jaunâtre pâle, était le plus avantageux. Les verres dans lesquels il entre du bioxyde de manganèse ou de l'oxyde de fer doivent être absolument proscrits.

Le mastic fabriqué avec de la craie bien pulvérisée et exempte de corps étrangers, broyée avec de l'huile de lin non cuite, est celui qu'on doit choisir de préférence. Il sèche un peu lentement, mais résiste à la gelée et à la chaleur.

Fixage du verre, sans baguettes, dans les croisées à verres peints, par M. Robison

On pose dans l'ouverture de la croisée, de manière à en joindre également les parois, un châssis en treillis de fer fondu. Ce châssis est garni de clous de fer battu. Ces clous, disposés comme les dents d'une herse, correspondent aux coins des panneaux. Suivant le dessin, leur tige est carrée ou ronde ; l'extrémité inférieure a une épaule de 9 millimètres, le col a la même dimension, et la pointe formée d'une vis à écrou circulaire aussi de 9 millimètres de diamètre.

On coupe de 7 millimètres les coins de chaque panneau de verre, en sorte qu'en rapprochant quatre de ces panneaux, il se trouvera à leur point central de rencontre une ouverture carrée de la dimension nécessaire pour l'introduction et l'agencement du col du trou.

Il est certain qu'au moyen de ces clous écroués à leurs extrémités, chaque panneau de verre se trouvera fortement assuré à ses quatre coins, et que pour tout appui du verre, l'œil n'apercevra de l'intérieur du bâtiment, que la surface des petits écrous de retenue placés aux points d'intersection

des lignes des panneaux, points que le peintre
peut dissimuler et même cacher à la vue, en les
faisant entrer dans les parties sombres de son
tableau. Naturellement, les bords des panneaux
forment des lignes immédiates et continues ; mais
comme les ombres projetées par le châssis extérieur
produisent, à la clarté solaire, le même effet désagréable que celui qui résulte des châssis à filets
mécaniques, M. Robison propose d'interposer, entre
le châssis et le verre peint, un écran de verre mat :
dans ce cas, le clou de retenue devra être diffé-
remment fixé.

4. — Nettoyage des vitres

. Le nettoyage des vitres est nécessaire après le
travail du peintre pour enlever les taches.

Lorsque les vitres sont salies par la poussière ou
la fumée ou tachées par les insectes, on les nettoie
en les frottant d'un linge trempé dans du blanc
d'Espagne délayé, afin de détacher les ordures ; on
les essuie avant que ce blanc ne soit sec, avec un
linge propre et doux pour mieux enlever ce qui
peut rester de sale après les vitres.

Lorsque les carreaux sont très sales, il faut,
avant d'étendre le blanc, enlever le plus gros des
ordures avec un linge humide.

Pour ceux qui sont sales de peinture à l'huile,
comme cela arrive lorsque les châssis ont été re-
peints, il faut, avec un linge imbibé d'eau seconde,
enlever tout ce qui pourra se détacher de peinture,
en ayant bien soin de ne pas frotter ce linge le long
des bois peints, ce qui les gâterait.

Si la couleur est trop tenace, on l'enlève en frottant les vitres avec la pointe d'un couteau à reboucher, mais avec légèreté pour ne pas rayer le verre.

Les glaces se nettoient de la même façon.

On peut vivifier leur poli en les frottant d'un linge imbibé d'eau-de-vie, d'esprit-de-vin ou de suif, et en frottant fortement aussitôt après.

On peut se servir de toile à coller, elle fait moins de peluches.

Il faut apporter le plus grand soin pour les dorures.

5. — **Nettoyage du verre dépoli**

Pour le nettoyage du verre *mat* ou *dépoli à l'acide ou au grès*, quand celui-ci est souillé par de la peinture à l'huile, on détrempe cette dernière avec de l'essence de térébenthine, ou, de préférence, avec du pétrole, en frottant avec le doigt ou la paume de la main, puis essuyant légèrement le plus gros de la boue sale formée, et, *avant que cette dernière ne sèche*, on frotte avec un chiffon trempé dans un récipient quelconque où on aura dilué de la chaux vive dans beaucoup d'eau. Laver ensuite à grande eau et laisser sécher, *sans frotter*, ce qui laisserait des traces blanches.

Une fois que le verre dépoli ne sera plus sale que du toucher des doigts gras, on n'aura plus qu'à laver à la chaux dite diluée et à rincer à grande eau.

6. — Mesurage et prix du verre

Mesurage. — Le *verre* se mesure en superficie. Les mesures doivent être prises au plus profond des feuillures, et comptées pour ce qu'elles sont réellement, en comprenant pour 1 centimètre ce qui a 5 millimètres et plus, et en abandonnant la fraction si elle a moins de 5 millimètres ; ainsi, un verre de 455 millimètres sur 334 millimètres sera compté pour 33 centimètres sur 46 centimètres.

Lorsqu'un carreau a une forme autre qu'un parallélogramme rectangle, ou qu'il présente la forme d'un losange ou d'un triangle, il est mesuré à sa plus grande longueur et largeur, c'est-à-dire à l'endroit le plus long et le plus large de la pièce dans laquelle on a dû le couper.

On divise ordinairement le verre en trois classes, par rapport aux dimensions.

La première dimension, ou *petite mesure*, comprend les verres qui ne portent pas au delà de 90 centimètres à l'équerre ou réunion des deux mesures, hauteur et largeur.

La deuxième, ou *deuxième mesure*, qui comprend les verres qui ne vont pas au delà de 1 mètre 10 centimètres.

La troisième ou *grande mesure*, qui comprend depuis 1^{m}12 jusqu'à 1^{m}35 à l'équerre.

Au-dessus de cette mesure, on ne peut plus les classer d'une manière uniforme, attendu que les mesures des verres livrés au commerce n'excèdent jamais 1^{m}35 à l'équerre, et qu'il faut, pour en avoir en dimensions supérieures, les commander en fabrique. On peut faire alors usage des glaces, qu'on emploie communément aujourd'hui pour devantures ou pour fenêtres.

Les six mesures sont :

69	— 54	84	— 45
75	— 51	90	— 42
81	— 48	96	— 39

On doit donc, dans le cas où ces mesures sont dépassées, timbrer chacun de ces carreaux, en indiquant les mesures à l'équerre et les estimer tout de suite à prix d'argent.

Il est bon de faire observer que chacune de ces mesures porte ordinairement de 4 à 5 centimètres de plus de chaque côté, pour les bavures des rebords qu'il faut supprimer pour la coupe.

Le poids de chacune de ces pièces qui ont 0^m37 environ de surface, est de près de 2 kilogrammes en verre ordinaire.

On distingue le verre en verre ordinaire, appelé verre d'Alsace, qui se divise en trois qualités appelées : premier, deuxième et troisième choix ; en verre de Prémontré et de Bagneaux, qui sont très blancs ; le verre entier, le verre double ordinaire, blanc et au lagre.

On doit encore distinguer les carreaux posés dans des châssis neufs de ceux posés en rechange et dont il a fallu démastiquer les feuillures.

On fait aussi un article séparé pour les verres posés sur des châssis de comble, qui sont entre deux mastics et maintenus par des attaches de plomb.

La journée du vitrier est généralement de dix heures de travail en été, et de neuf heures en hiver.

La journée et les nuits du vitrier sont payées au même tarif que celles des peintres.

Les vitraux mis en plomb ⎫
Les verres opales ⎬ se payent de gré à gré.
Les bordures à dessins ⎪
Les inscriptions ⎭

Les verres *dépolis*, *cannelés*, de *couleur*, à *dessin*, *gravés*, etc., se mesurent comme il est dit ci-dessus, en ayant soin de désigner la couleur, la force du verre ou le dessin qui le décore.

Les verres *posés à façon*, les *remastiquages* seuls des carreaux, ainsi que les *nettoyages* se comptent chacun à la pièce, selon la grandeur que l'on désigne sous le nom de *petit* ou *grand carreau* et de *pièce*. Ces trois expressions correspondent aux trois dimensions que nous avons données à la page précédente.

On ne doit pas confondre les carreaux nettoyés, et qui ne sont salis que par la poussière, avec ceux qui sont gâtés par la peinture.

Le nettoyage des glaces se compte à la pièce ; on devra désigner leur grandeur.

La *dépose* des carreaux se compte à la pièce, et le vitrier n'est point responsable de la casse, à moins de conventions contraires.

Le prix des verres varie avec le temps, et celui des travaux pour la pose, le mastiquage, la dépose, le dépolissage et le nettoyage des carreaux et des glaces n'a pas toujours la même valeur. Voir pour le métrage de ces travaux, les *Tarifs des Séries de bâtiment*, première partie, pages 283 et 305.

Le verre double, premier choix, est payé le double du tarif ; le verre de deuxième choix 10 pour 100 en moins.

Les pièces en verre double pour devantures de magasin ou autres, se payent au double de ce tarif. Les glaces se payent au prix du tarif des établissements qui fabriquent exclusivement ces produits.

Les pièces dépolies au grès se payent 30 pour 100 au-dessus du tarif; mais si c'est un verre double, c'est seulement 15 pour 100 d'augmentation.

La plus-value à ajouter aux verres posés entre deux mastics et contre-mastiqués, sur un châssis de toit, est calculée à raison de 1 fr. 50 le mètre superficiel, que le verre soit double ou simple.

Lorsque le verre est posé en réparation, il est alloué 15 pour 100 en sus du prix du tarif.

7. — Vitraux peints réels et vitraux factices

Sans vouloir entrer ici dans des détails sur la fabrication des vitraux peints en général, qui font l'objet d'un manuel spécial : *La Peinture sur Verre*, de l'Encyclopédie-Roret, nous avons cru utile de donner à MM. les peintres en bâtiments quelques notions sur la manière de faire soi-même et de poser, chez le client, des vitraux factices, économiques, du plus bel effet et dont l'emploi se répand toujours davantage.

Il nous a été donné de suivre en tous ses détails la fabrication des produits de la maison de M. Levens, 55, rue de Châteaudun, à Paris, dont l'usine

est située à Vaucresson et fournit, sous le nom de
Vitraux adhésifs, tout ce que nous avons pu voir
de plus beau, comme choix et comme exécution
de sujets variés à l'infini, dans cette industrie
encore nouvelle.

8. — Vitraux adhésifs Levens

Les vitraux adhésifs, faits en papier transparent, s'appliquent sur les vitres des fenêtres, et en
général, sur tous les châssis vitrés ou sur des
verres mobiles que l'on place contre les vitres déjà
posées à l'intérieur des appartements, ce qui permet de les enlever à volonté.

Ils sont actuellement très à la mode : leur prix,
comparé surtout aux vitraux réels, est insignifiant,
leur application est d'une netteté parfaite, la pose
n'offre aucune difficulté, puisqu'on les colle sur le
verre comme une image ; ils tamisent la lumière
du jour en la colorant et sont du plus gracieux
effet.

Ces vitraux sont indispensables pour les fenêtres
de tout appartement arrangé avec goût et pour
dissimuler des pièces vitrées, mieux que ne le font
les verres dépolis, remplacer avec avantage les
rideaux, en supprimant tous les frais de nettoyage que ces derniers nécessitent.

Plusieurs modèles sont fabriqués ; de très jolis
sujets formant médaillons, des personnages costu-
més des xiie xiiie et xive siècles, des sujets religieux
pour églises, des camaïeux Byzantins et Renais-
sance, des sujets à dispositions Mauresques,
Orientales et du style Indou, des fantaisies Japo-

naises, etc.; le tout inspiré par les principaux chefs-d'œuvre des grands maîtres, et choisi avec un goût minutieux et sûr par M. Levens, seul propriétaire des *Vitraux adhésifs*. Cette collection bien parisienne est bien certainement la plus artistique qui ait jamais été composée. La collection comprend une série d'albums contenant chacun deux vitraux adhésifs; oiseaux ou médaillons héraldiques de style ancien, d'un coloris tout à fait remarquable.

Ces albums coloriés, afin que les clients éloignés de Paris puissent faire un choix en toute connaissance de cause, sont d'un prix minime.

Ces vitraux adhèrent d'eux-mêmes à l'aide d'un simple collage.

Une fois posés et secs, ils ne peuvent ni se casser ni se détériorer sous l'action de la chaleur ou de l'humidité et, grâce aux couleurs indélébiles employées, les tons les plus tendres seront aussi beaux après plusieurs années que le premier jour de la pose de ces vitraux.

Il est bon de décorer d'abord une fenêtre ou une porte vitrée, afin de se rendre compte du bel effet des *Vitraux adhésifs*; on évitera ainsi toute dépense de rideaux.

Toutes les feuilles se raccordent parfaitement et se découpent avec des ciseaux, ce qui permet de décorer des verres de toutes dimensions, grandes et petites.

La maison, nous dit-on, fournit aussi des vitres toutes décorées que l'on applique simplement sur les vitres existantes des fenêtres, il suffit d'envoyer les dimensions exactes en centimètres.

9. — Instruction pour poser facilement soi-même les vitraux adhésifs

Il faut toucher les feuilles et les sujets avec beaucoup de précaution, pour éviter de les froisser. Autant les vitraux adhésifs sont solides quand ils sont collés, autant ils demandent de ménagement quand ils sont en feuilles isolées du verre.

Les vitraux adhésifs adhèrent, il est vrai, au verre à l'aide d'un simple mouillage à l'eau chaude, mais ce mode de collage est défectueux. (Voir plus loin le meilleur mode de collage).

Pose. — Vous collez d'abord la bordure, ensuite la *feuille de fond* coupée à la mesure exacte de l'emplacement, et, si un sujet, personnage ou autre, doit être ajouté dessus, il faut faire une ouverture avec une lame de canif, lorsque la feuille de fond est collée, en ayant soin de faire cette ouverture de 1 millimètre ou 2 plus petite que le sujet à coller, de manière que celui-ci s'y place exactement et recouvre même un peu le fond. Vous collez alors le sujet; votre vitrail se trouve ainsi complété.

10. — Recommandations essentielles sur le meilleur mode de collage des vitraux adhésifs en feuilles.

Les vitraux adhésifs doivent être collés à l'intérieur de la pièce, sur la vitre. Il faut d'abord nettoyer le verre; ensuite, on enduit la vitre de colle de pâte et on applique la feuille sur le verre, du côté le plus brillant, puis on passe encore de la colle au dos de la feuille pour faciliter l'adhérence et permettre au petit *chasse-colle*, dont il est question plus loin, de glisser sur la feuille sans la rayer, pendant la pression qu'il est nécessaire de faire pour expulser la colle.

Si l'on pose une bordure, il n'est pas nécessaire d'enduire toute la vitre ; on enduit seulement l'emplacement que doit occuper la bordure, mais le point important est de chasser l'excédent de colle qui se trouve entre la vitre et la bordure ; cela se fait très bien au moyen d'un carton du format de la carte de visite *tenu bien droit*, ou d'un *chasse-colle* en gomme élastique ; on passe ce carton ou cette gomme sur la feuille en conduisant la colle sur les bords et en l'épongeant au fur et à mesure.

En résumé, il faut : 1° Enduire de colle ; 2° appliquer la feuille ou bordure ; 3° passer une seconde couche de colle ; 4° chasser l'excès de colle, comme il est dit plus haut, et essuyer avec une petite éponge à peine humide ou un petit linge fin (Tout cela doit être fait vivement, autant que possible).

La colle étant bien expulsée, ainsi que les bulles, le travail est terminé et très bien fait. Vous faites de même pour la feuille de fond et pour les sujets ou personnages décoratifs.

On peut faire soi-même la colle de pâte en délayant à la main une poignée de farine de blé dans un verre d'eau froide ; on met le mélange sur le feu et on remue avec une cuiller de bois jusqu'à l'ébullition. Aussitôt les premiers bouillons formés, on retire du feu et la colle est faite. On l'emploie à froid, en la battant un peu, ce qui la rend liquide.

Nota. — Huit jours après que les vitraux adhé-

Peintre en bâtiments.   **27**

sifs ont été posés, on passera sur le tout une couche de *vernis-cristal*, fourni par la maison Levens, ce qui permettra de les rendre complètement insensibles à la buée.

La maison Levens fournit aussi des vitres toutes décorées et prêtes à poser.

11. — Pendant les gelées

Pour coller les vitraux pendant les gelées ou les temps froids, au lieu de colle de pâte, employer de l'esprit-de-vin ou alcool pur mélangé d'un tiers d'eau. En aucun cas, *n'employer de la gélatine*, ce système est absolument défectueux.

QUATRIÈME PARTIE

PAPIERS DE TENTURE

Emploi des Papiers de tenture. Toiles et Papiers
sous tenture. Papier de la Chine. Mesurage

---

1. — Emploi des papiers peints

L'art de peindre et d'imprimer le papier a fait,
depuis un siècle environ, des progrès étonnants ;
les papiers pour tenture, par la multiplicité des
dessins, la variété et la fraîcheur des couleurs, et
surtout par la modicité de leur prix, peuvent maintenant tenir lieu de peinture ou de tapisseries,
qu'ils remplacent avantageusement pour la décoration intérieure des appartements.

Autrefois, tous les papiers de tenture se fabri-
quaient à la main et feuille par feuille, et on en
formait ainsi des mains de 25 feuilles, dont 20 réunies formaient une rame. Mais, aujourd'hui, tous
les papiers sont fabriqués à la mécanique et forment des rouleaux sans fin qui sont, d'une part,
beaucoup plus commodes pour l'imprimeur, qui
n'a plus à coller les feuilles les unes aux autres
pour former des rouleaux qu'il imprime aussi à
la mécanique, et, de l'autre, pour le colleur, qui
peut aussi donner plus de perfection à son travail

et présenter des surfaces parfaitement unies et sans épaisseur.

Echantillons de papier de tenture. — Le papier de tenture est de deux échantillons, le *carré* et le *grand-raisin* ; ces échantillons sont de diverses qualités, varient de prix suivant les dessins et la mode, et se vendent au rouleau.

Le *rouleau de papier carré* porte, tout ébarbé, 8^m 75 de longueur et 47 centim. de largeur ; étant posé, il couvre environ 4 mètres superficiels, avec un léger excédent en plus.

Le *rouleau de grand-raisin* sans fin porte, tout ébarbé, 10^m 40 de longueur et 54 centimètres de largeur : étant posé, il couvre environ 5^m 50.

Les bordures se vendent généralement au rouleau sur papier carré ou sur papier raisin ; les bordures ordinaires, sur carré, contiennent de 4 à 8 bandes.

Toile et papier sous tenture. — Avant de coller le papier de tenture, on applique ordinairement ou du papier gris, ou une toile tendue et revêtue de papier gris sur les surfaces que doit recouvrir le papier de tenture ; on aura donc égard aux observations suivantes :

1. Quand les murs sont revêtus d'un enduit de plâtre uni et bien sec, et que le papier de tenture est commun, il est inutile d'appliquer du papier gris sous la tenture ; mais il est toujours bon alors de donner d'avance un encollage au plâtre. Cet encollage devient inutile lorsque le plâtre a été précédemment revêtu d'un papier de tenture, et l'on n'a d'autre soin à prendre alors que celui d'enlever le vieux papier.

2. Quand les murs sont vieux, il faut les gratter, les épousseter au moyen de la brosse représentée par la figure 28, et s'ils sont raboteux, il faut les rendre unis, soit en les grattant, soit en plaçant des tringles sur lesquelles on tendra de la toile pour obtenir une surface unie. Dans ces deux cas, on encolle le mur, ou bien on pose du papier gris sous tenture.

3. Quand les murs sont humides, il est indispensable de les garnir de châssis sur lesquels on tend de la toile, qui se trouve ainsi isolée du mur, et que l'on couvre d'abord de papier gris, et ensuite du papier de tenture.

4. La pose du papier gris sous tenture est toujours avantageuse, parce que ce papier spongieux prend bien la colle, et elle devient indispensable dès que le papier de tenture n'est pas tout à fait commun.

Il y a trois sortes de toiles à tenture : celle dont on se sert le plus ordinairement porte 80 centimètres de largeur, et la pièce contient 66 à 70 mètres.

Le papier carré bleu qui sert sous tenture et qu'on colle aussi dans les armoires, se vend encore aujourd'hui à la rame composée de vingt mains, chaque main est de vingt-cinq feuilles, et la feuille, avant d'être rognée, porte 54 centimètres sur 40 centimètres : la main, après avoir été rognée, et déduction faite des parties recouvertes lors du collage, couvre environ 4 mètres. Mais, le plus ordinairement, ce papier, ainsi que le papier gris, qui sert au même usage, est livré au commerce en rouleaux de 8 mètres de longueur et de 50 centimètres de largeur. Ces rouleaux couvrent également 4 mètres.

Colle et pose. — La colle propre à la tenture est faite avec de l'eau, des farines communes que l'on fait cuire pour lui donner la consistance convenable ; quand on la fait soi-même, on y ajoute quelques têtes d'ail. On la vend dans le commerce, à Paris, par baquets.

La pose du papier comprend les opérations suivantes :

1. On divise le rouleau en bandes proportionnées à la hauteur de la surface à recouvrir ; chaque bande d'ailleurs doit couvrir de quelques centimètres la hauteur réservée pour les bordures.

2. On étend la bande sur une table ; on la couvre de colle avec une brosse, et, avant de replier la bande sur elle-même par le côté collé, on enlève tout excédent de colle. On a d'ailleurs soin de laisser chaque bande pliée s'imprégner de colle avant de poser, et pour cela on apprête de colle plusieurs bandes à la fois, en commençant ensuite la pose par la première bande pliée.

3. On prend la bande à deux mains, on l'ajuste sur le mur, par le haut, en laissant aller le reste qui se déplie par son propre poids, ou que l'on aide à se déplier bien d'*aplomb*, ce qui est essentiel. On fixe la pose avec un chiffon blanc, ou mieux un petit balai de crin sans manche, que l'on descend du haut en bas, d'abord par le milieu de la bande, et ensuite sur les côtés. Le papier, en séchant, se retire et présente une surface très unie.

4. En posant une bande près de celle déjà posée, on l'ajuste de manière à la recouvrir très peu

mais en ayant soin de raccorder le dessin, de sorte que les reprises en conservent la symétrie; et comme chaque bande, fixée d'abord par le haut, a été ensuite dépliée bien d'aplomb, cet ajustement devient très facile.

5. On pose les bordures en haut d'abord, puis en bas, dans le sens de leur dessin, et on les fixe horizontalement, soit en s'aidant des lambris, soit des dessins du papier.

Faux plafonds. — On fait quelquefois de faux plafonds avec des toiles tendues sur châssis, couvertes de papier gris sur lequel on applique des papiers de tenture ou une peinture en détrempe. Le moindre inconvénient de ces faux plafonds est de servir de retraite aux souris.

On a soin de tendre fortement cette toile de tenture, qui a 97 centimètres de largeur.

Procédé pour coller les papiers peints, et pour détruire en même temps les punaises

On commence par gratter les murs, et on les époussette bien.. On prend ensuite, pour une chambre de grandeur ordinaire, 50 décagrammes de colle de Flandre qu'on humecte légèrement. Une heure après on y ajoute autant d'essence de térébenthine, et on les laisse cuire pendant une demi-heure, en remuant continuellement. Quand la térébenthine est entièrement dissoute, on enduit les murs de deux ou trois couches de cette colle à chaud. On prend ensuite, pour coller le papier, de la colle de farine dans laquelle on a fait dissoudre au feu, de la térébenthine dans la proportion de 15 à 18 décagrammes par demi-kilogramme

de colle, ayant toujours soin de remuer, sans quoi
la térébenthine tacherait le papier, si elle n'était
pas bien dissoute dans la colle.

2. — Toiles tendues pour panneaux peints et autres

Lorsque le colleur de papier est appelé à préparer des panneaux en toile sur des portes-tapisseries,
pour tentures, dessus de portes, plafonds, compartiments ou autres, voici comment il doit opérer,
savoir :

Toiles en détrempe. — Après avoir fait choix de
la toile, il faut d'abord l'étendre ferme sur les
châssis qui doivent la recevoir. Si cette toile est
claire, on collera par derrière du papier, avec de la
colle de farine, ce qui est inutile si la toile est d'un
tissu serré. Ce papier collé étant sec, on donne sur
la toile une couche de blanc de Meudon infusé dans
l'eau et détrempé avec de la colle de gants chaude ;
on passe par-dessus cette première couche une
pierre ponce pour en enlever les nœuds et les
grandes inégalités ; on donne alors une seconde
couche d'impression, mais plus ferme et plus
épaisse, de blanc de Meudon et de colle, après quoi
on ponce encore un peu la toile, et alors elle est
prête.

Lorsqu'il s'agit de peindre des décorations sur
cette toile, il faut broyer toutes couleurs à l'eau et
les détremper à la colle de gants : le stil de grain,
le bleu de Prusse et les cendres bleues servent à
représenter des paysages. La cendre bleue seule
suffit pour faire des ciels ; la laque plate, que l'on

brunit avec de l'eau de cendres gravelées, s'emploie
pour les fonds rouges, etc., etc.

Toiles à l'huile. — La toile étant choisie et disposée à peu près comme on vient de le dire, et le
châssis étant étendu à plat, on présente le côté qui
doit être peint ; on étend alors également sur ce
côté, et avec un grand couteau de bois fait exprès
pour cela, de la colle de gants de moyenne force,
battue en consistance de bouillie, jusqu'à ce que la
toile en soit imbibée partout, en ayant soin de
ramasser avec ce couteau le surplus de la colle,
afin qu'il ne reste que ce qui peut être entré dans
la toile, et il faut que la colle soit suffisamment
forte pour qu'elle ne pénètre pas de l'autre côté de
la toile. L'emploi de cette colle a pour objet de coucher tous les fils sur la toile et de remplir les trous,
afin que la couleur ne passe pas au travers. La colle
ayant été ainsi ramassée, on accroche le châssis à
l'air ; quand la couche est sèche, on ponce légèrement et en tous sens la toile pour abattre et user
les fils qui peuvent s'y trouver.

Après avoir ensuite broyé du brun-rouge à
l'huile de noix, dans laquelle on met de la litharge
broyée impalpable et avec le plus grand soin, on
détrempe à l'huile de noix. La couleur étant suffisamment épaisse, on remet le châssis à plat, on
étend la couleur dessus avec un couteau destiné à
cet effet.

Cette couleur étant étendue et retirée de manière
qu'il n'en reste que ce qui est empreint dans la
toile, on la laisse sécher de nouveau ; après quoi,
on peut encore, lorsqu'elle est sèche, passer la
pierre ponce par-dessus pour la rendre plus unie.

27.

On donne alors une couche de petit gris formé avec
du blanc de céruse et du noir de charbon broyé
très fin et détrempé à l'huile de noix et à l'huile de
lin par moitié. Cette couleur se pose à la brosse
fort légèrement; on en met le moins qu'on peut,
afin que la toile ne se casse pas et que les couleurs
qu'on aurait à appliquer ensuite dessus se conservent mieux.

On imprime maintenant, pour les tableaux, des
toiles ou du coutil d'un grain serré et uni, sans
encollage et à trois ou quatre couches de couleurs
pour avoir une surface unie. Cette impression des
toiles à tableaux exige cinq à six mois dans l'hiver,
et·toujours au moins deux mois en été, parce que
l'on est obligé, avant d'imprimer une nouvelle couche, d'attendre que la précédente soit suffisamment
sèche pour être poncée.

On peut abréger le temps en imprimant en détrempe les deux premières couches, et une dernière couche à l'huile très liquide, quand les deux
couches en détrempe sont sèches et unies avec la
pierre ponce. L'huile pénètre l'impression en
détrempe et la rend très souple, particulièrement
si on emploie de l'huile devenue visqueuse par son
exposition à l'air; alors elle n'est parfaitement
sèche qu'après un long espace de temps et jusqu'à
ce que leur dessiccation soit complète, on peut alors
rouler ces toiles comme des toiles cirées.

Nous devons faire observer ici que la flexibilité
des toiles ainsi imprimées dépend de l'union intime
de la couleur en détrempe avec l'huile : l'absorption s'opère en employant une colle très faible,
mêlée d'un peu d'huile et d'une plus grande quan-

lité de mucilage de graine de lin ; on peut même n'employer que ce mucilage très épais obtenu par l'ébullition. Cette impression peut se faire en quatre ou cinq jours, mais elle sèche très lentement, et l'on risquerait fort de voir altérer les couleurs que l'on emploierait si l'on peignait avant qu'elle ne soit parfaitement sèche.

Papiers de tenture

Quand le papier est collé sur la toile, il faut l'encoller.

Pour cet encollage, en le supposant, par exemple, de 25 à 30 mètres carrés, on fait bouillir dans 12 litres d'eau, à petit feu, pendant l'espace de deux ou trois heures, 50 décagrammes de rognures de parchemin ; et, après avoir fait passer la liqueur par un tamis de crin, on la laisse refroidir. Lorsqu'elle est en consistance de gelée, on la bat avec la brosse pour la mettre en état liquide et l'on donne alors une première couche à froid, bien liquide et bien égale partout. Cette couche étant sèche, on en donne une seconde, légère et unie.

Pour vernir, il faut attendre que les couches soient parfaitement sèches, que la brosse le soit aussi, car la moindre humidité qui s'y trouverait gâterait le vernis. On fait faire un bon feu dans la pièce où l'on opère, et il faut avoir soin de tenir les portes et les fenêtres fermées ; si la pièce était trop grande pour que l'objet qu'on veut vernir ne pût se ressentir de la chaleur, on en approcherait un réchaud allumé : on met alors peu de vernis à la fois dans un vaisseau propre et neuf, en ayant soin de reboucher chaque fois qu'on prend la bouteille qui contient ce vernis, et de ne pas la tenir trop éloignée du feu. On applique alors deux couches d'un beau vernis blanc, sans odeur, à l'acool. En été, on n'a pas besoin de feu.

3. — Mesurage des papiers de tenture et des accessoires

Les *papiers* de tenture se comptent au rouleau, en indiquant, autant que possible, la nature du papier, la forme du dessin, le nombre et la qualité des couleurs, des dessins, ainsi que la couleur du fond ; enfin, on fait connaître si le fond seulement est mat ou satiné, ou si le fond et les couleurs le sont aussi.

Le *rouleau* de papier contenait autrefois vingt-quatre feuilles. Il est maintenant d'une seule pièce qui porte huit mètres. Les papiers le plus généralement employés sont le carré et grand raisin, comme on l'a vu plus haut.

Pour la vérification du nombre de rouleaux fournis ou collés dans une pièce, on compte le nombre de lés qu'on multiplie par la hauteur desdits, plus la hauteur du papier coupé pour raccorder le dessin, et cette somme divisée par la longueur que doit avoir le rouleau de la nature du papier qu'on vérifie, donne la quantité de rouleaux employés.

Les *toiles*, qui se tendent sur des bâtis en menuiserie pour éloigner le papier des murs humides ou irréguliers, sont de trois sortes.

La plus étroite porte 70 centimètres de large, la seconde porte 81 centimètres, et la troisième 97 centimètres.

Celle de 81 centimètres est le plus en usage, et c'est assez généralement à cette mesure que l'on réduit les deux autres. Un mètre de toile de 81 centimètres couvre, coutures déduites, 78 à 80 centimètres superficiels.

La *vieille toile* se compte aussi au mètre superficiel ; on indique si elle a été détendue seulement ou détendue, retendue et clouée.

Les clous font toujours partie du prix de la toile, ainsi que les coutures pour assembler les lés, qu'elle soit neuve ou vieille.

Les *arrachages* des anciens papiers et des clous, le *grattage* de mur, se comptent séparément et en superficie, ou en journées d'attachement.

Les *encollages* sur papier, ainsi que les *vernissages*, se mesurent aussi en superficie, en indiquant la nature de l'encollage et du vernis.

Lorsque sur les murs on a donné, pour fixer plus sûrement le papier, une couche de colle de pâte, on la mesure en superficie.

Les *bordures* se comptent au rouleau, comme le papier, pour ce qui est de la fourniture ; mais, pour le collage, on doit compter au mètre linéaire celles qui ont été découpées, comme les cordes, galons, etc. On doit indiquer aussi combien le rouleau contient de bandes. On compte également de cette façon les plinthes en marbre et les ornements.

Les sujets représentant des figures, et qui sont découpés et collés sur des papiers de fond, se comptent à la pièce.

Les *bandes de zinc* dont on entoure les armoires se mesurent au mètre linéaire, et leur prix comprend les clous nécessaires pour les fixer ; lorsque la largeur dépassera 4 centimètres, on en fera mention.

La journée des colleurs est généralement de dix heures de travail en été, et huit ou neuf heures en hiver.

Le prix des papiers de tenture ne peut être établi par aucun détail, la différence du prix entre les papiers de même sorte étant plutôt due à la mode ou à l'heureuse exécution d'un dessin qu'aux différences qui peuvent d'ailleurs exister entre eux ; il ne peut donc y avoir aucune règle fixe pour en déterminer le prix. Ils devront être achetés à prix débattus.

FIN

TABLE DES MATIÈRES

DEUXIÈME PARTIE

Peinture d'enseignes, dite peinture en lettres. Filage

TROISIÈME PARTIE

Vitrerie

QUATRIÈME PARTIE

Papiers de tenture

FIN DE LA TABLE DES MATIÈRES

BAR-SUR-SEINE. — IMPRIMERIE Vᵉ C. SAILLARD.

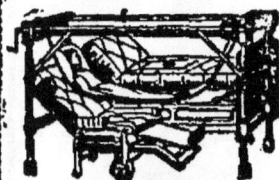

1er AOUT 1909

Ce Catalogue annule les précédents

CATALOGUE COMPLET

DE LA

LIBRAIRIE ENCYCLOPÉDIQUE

RORET

L. MULO, SUCCr

12, rue Hautefeuille, 12

PARIS-VIe

NOUVELLE COLLECTION

DE

L'ENCYCLOPÉDIE-RORET

Format in-18 Jésus 19×12

COLLECTION DES MANUELS-RORET

OUVRAGES DIVERS

Sur l'Industrie et les Arts et Métiers

OUVRAGES HORTICOLES

JOURNAUX — SUITES A BUFFON

Divers. — Bibliothèque des Arts et Métiers

Dépôt des Ouvrages publiés par la Librairie **FÉRET & FILS**

DE BORDEAUX

Ce Catalogue est envoyé *franco* sur demande

ENCYCLOPÉDIE-RORET

COLLECTION

DES

MANUELS-RORET

FORMANT UNE

ENCYCLOPÉDIE DES SCIENCES ET DES ARTS

FORMAT IN-18

Par une réunion de Savants et d'Industriels

Tous les Traités se vendent séparément.

La plupart des volumes, de 300 à 400 pages, renferment des planches parfaitement dessinées et gravées, et des figures intercalées dans le texte.

Les Manuels épuisés sont revus avec soin et mis au niveau de la science à chaque édition. Aucun Manuel n'est cliché, afin de permettre d'y introduire les modifications et les additions indispensables. Cette mesure, qui oblige l'Éditeur à renouveler les frais de composition typographique à chaque édition, doit empêcher le Public de comparer le prix des *Manuels-Roret* avec celui des ouvrages similaires, tirés sur clichés.

Pour recevoir chaque volume franc de port, on joindra, à la lettre de demande, un *mandat sur la poste* (de préférence aux timbres-poste). Afin d'éviter les écritures pour l'expéditeur et les frais de recouvrement pour le destinataire, **aucun envoi n'est fait contre remboursement par la Poste.**

Les volumes expédiés dans les pays qui ne font pas partie de l'Union des Postes, seront grevés des frais de poste établis d'après les tarifs de la poste française. Les demandes venant de l'Étranger devront contenir **25 centimes** en sus des prix portés au Catalogue, pour frais de recommandation à la Poste.

Les timbres étrangers ne pouvant être utilisés, nous prions nos Correspondants de ne pas nous en adresser.

Nouvelle Collection de l'Encyclopédie-Roret

Format in-18 Jésus 19 ✕ 12

Les ouvrages précédés d'un astérisque (*) ont été honorés d'une souscription des Ministères du Commerce, de l'Instruction publique et des Beaux-Arts, et de l'Agriculture.

Manuel de l'**Apiculteur Mobiliste**, nouvelles Causeries sur les Abeilles en 30 leçons, par l'abbé DUQUESNOIS. 1 vol. in-18 jésus, orné de 20 fig. dans le texte. (*Médaille d'argent* à Bar-le-Duc.)   3 fr.

— de l'**Eleveur de Chèvres**. par H.-L.-Alph. BLANCHON. 1 vol. in-18 jésus, orné de 12 figures dans le texte.   2 fr. 50

*—de l'**Eleveur de Faisans**, par H.-L.-Alph. BLANCHON, 1 vol. in-18 jésus, orné de 31 figures dans le texte. 2 fr.

— de l'**Eleveur de Poules**, par H.-L.-Alph. BLANCHON. Deuxième édition, revue, 1 vol. in-18 jésus, orné de 67 figures dans le texte.   3 fr.

— du **Pisciculteur**, par H.-L.-Alph. Blanchon, 1 vol. in-18 jésus, orné de 65 fig. dans le texte.   3 fr. 50

*— de l'**Eleveur de Pigeons, Pigeons voyageurs**, par H.-L.-Alp. BLANCHON, 1 vol. in-18 jésus, orné de 44 fig. dans le texte.   3 fr.

*— de l'**Eleveur de Lapins**, par WILLEMIN, 1 vol. in-18 jésus, orné de 24 figures dans le texte.   2 fr. 50

— **Cordon Bleu** (le), Nouvelle Cuisinière Bourgeoise, par Mlle MARGUERITE, 14e édition. 1 vol. in-18 jésus, orné de figures dans le texte. (*En préparation*).

— **Eléments Culinaires** (les) à l'usage des jeunes filles, par Auguste COLOMBIÉ. 1 vol. in 18 jésus, cartonné. 3 fr.

— **Traité pratique de Cuisine bourgeoise**, par Auguste COLOMBIÉ, 1 vol. in-18 jésus, cartonné.   4 fr.

— **100 Entremets**, par Auguste COLOMBIÉ, 1 vol. in-18 jésus, cartonné.   2 fr.

*— de **Jardinage et d'Horticulture**, par Albert MAUMENÉ, avec la collaboration de Claude TRÉBIGNAUD, arboriculteur. 1 vol. in-18 jésus, orné de 275 figures dans le texte, 900 pages.   Broché, 6 fr. — Cartonné. 7 fr.

— de l'**Agriculteur**, par Louis BEURET et Raymond BRUNET, 1 vol. in-18 jésus orné de 117 figures.   5 fr.

— **Artichaut et de l'Asperge** (de la Culture de l'), par R. BRUNET, ingénieur agronome. 1 vol. orné de 13 fig. dans le texte.   2 fr.

— **Champignons et de la Truffe** (de la Culture des),

par R. Brunet, ingénieur agronome. 1 vol. orné de 15
figures dans le texte. 2 fr. 50
— **Châtaignier** (Culture, Exploitation et Utilisations),
par H. Blin. 1 vol. in-18 jésus orné de 36 fig. 1 fr. 50
— **Fraisier** (de la Culture du), par R. Brunet, ingénieur
agronome. 1 vol. orné de 28 fig. dans le texte. 2 fr.
— **Groseillier, du Cassissier et du Framboisier**
(de la Culture du), par R. Brunet, ingénieur agronome.
1 vol. orné de 7 fig. dans le texte. 1 fr. 50
— **Melon, de la Citrouille et du Concombre** (de
la Culture du), par R. Brunet, ingén' agronome. 1 vol.
orné de 25 fig. dans le texte. 2 fr.
— **d'Ostréiculture et de Myticulture**, par A. LarbaLÉtrier, 1 vol. orné de 22 fig. dans le texte. 2 fr. 50
— **Tabac** (Culture et Fabrication du), par R. Brunet, ingén' agronome. 1 vol. orné de 23 fig. dans le texte. 3 fr.

COLLECTION DES MANUELS-RORET

Manuel pour gouverner les Abeilles (Voir *Manuel de l'Apiculteur*, page 3).
— **Accordeur de Pianos**, traitant de la Facture des
Pianos anciens et modernes et de la Réparation de leur
mécanisme, contenant des Principes d'Acoustique, des Notions de Musique, les Partitions habituelles, la Théorie et
la Pratique de l'Accord, à l'usage des Accordeurs et des
Amateurs, par M. G. Huberson. 1 vol. orné de figures et
de musique et accompagné de planches. 2 fr. 50
— **Aérostation**, ou Guide pour servir à l'histoire ainsi
qu'à la pratique des *Ballons* (*En préparation*).
— **Agriculture Elémentaire** (Voir *Manuel de
l'Agriculteur*, page 3).
— **Alcoométrie**, contenant la description des appareils et des méthodes alcoométriques, les Tables de Force
de Mouillage des Alcools, le Remontage des Eaux-de-Vie,
et des indications pour la vente des alcools au poids, par
MM. F. Malepeyre et Aug. Petit. 1 vol. 1 fr. 75
— **Algèbre**, ou Exposition élémentaire des principes
de cette science, par M. Terquem. (*Ouvrage approuvé par
l'Université.*) 1 gros vol. (*En préparation*).
— **Alimentation**, par M. W. Maigne. 2 vol. 6 fr.
— *Première partie*, Substances alimentaires, leur ori-
gine, leur valeur nutritive, falsifications qu'on leur fait
subir et moyens de les reconnaître. 1 vol. 3 fr.

— *Deuxième partie*, CONSERVES ALIMENTAIRES, contenant tous les procédés en usage pour conserver les Viandes, le Poisson, le Lait, les Œufs, les Grains, les Légumes verts et secs, les Fruits, les Boissons, etc., suivi du Bouchage des boîtes, des vases et des bouteilles. 1 vol. orné de fig. 3 fr.

— **Amidonnier et Fabricant de Pâtes alimentaires**, traitant de la Fabrication de l'Amidon et des Produits obtenus des Fruits et des Plantes qui renferment de la Fécule, par MM. MORIN, F. MALEPEYRE et Alb. LARBALÉTRIER. 1 vol. avec figures et planches. 3 fr.

— **Anatomie comparée**, par MM. de SIEBOLD et STANNIUS ; trad. de l'allemand par MM. SPRING et LACORDAIRE, professeurs à l'Université de Liège. 3 gros vol. 10 fr. 50

— **Aniline (Couleurs d')**, d'Acide phénique et de **Naphtaline**, par M. Th. CHATEAU. (*En préparation.*)

· — **Animaux nuisibles** (Destructeur des).

1re *partie*, Animaux nuisibles aux Habitations, à l'Agriculture, au Jardinage, etc., par VÉRARDI (*En préparation*).

2e *partie*, Insectes nuisibles aux Arbres forestiers et fruitiers, à l'usage des Forestiers, des Jardiniers et des Propriétaires, par MM. RATZEBURG, DE CORBERON et BOISDUVAL. 1 vol. orné de 8 planches. (*En préparation.*)

— **Archéologie** grecque, étrusque, romaine, égyptienne, indienne, etc., traduit de l'allemand de M. O. MULLER par M. NICARD. 3 vol. avec Atlas. Les 3 vol. 10 fr. 50. L'Atlas séparé : 12 fr. Les 3 volumes et l'Atlas : 22 fr. 50

— **Architecte des Jardins**, ou l'Art de les composer et de les décorer, par M. BOITARD. 1 vol. avec Atlas de 140 planches (*En préparation*).

— **Architecte des Monuments religieux**, ou Traité d'Archéologie pratique, applicable à la restauration et à la construction des Eglises, par M. SCHMIT. (*En prépar.*).

— **Arithmétique démontrée**, par MM. COLLIN et TRÉMERY. 1 vol. (*En préparation.*)

— **Arithmétique complémentaire**, ou Recueil de Problèmes nouveaux, par M. TRÉMERY. 1 vol. 1 fr. 75

— **Armurier**, Fourbisseur et Arquebusier, traitant de la fabrication des Armes à feu et des Armes blanches, par M. PAULIN DÉSORMEAUX. 2 vol. avec planches. (*En prépar.*)

— **Arpentage**, Art de lever les plans, par P. BOURGOIN, géomètre topographe. 1 vol avec 255 fig. 3 fr. 50 *On vend séparément* les MODÈLES DE TOPOGRAPHIE, par CHARTIER. 1 planche coloriée. 1 fr.

— **Art militaire**, ou Instructions pratiques à l'usage

de toutes les armes de terre, par M. VERGNAUD, colonel d'artillerie. 1 volume avec figures. (*En préparation.*)

— **Artificier** (PYROTECHNIE CIVILE), contenant l'Art de confectionner et de tirer les feux d'artifice, par A.-D. VERGNAUD, colonel d'artillerie et P. VERGNAUD, lieutenant-colonel. 1 vol. orné de fig. Nouvelle Edition, refondue, par Georges PETIT, ingénieur civil. 3 fr.

— **Aspirants** aux fonctions de Notaires, Greffiers, Avocats à la Cour de Cassation, Avoués, Huissiers, et Commissaires-Priseurs, par M. COMBES. 1 vol. (*En préparation.*)

— **Assolements, Jachère** et **Succession des Cultures** (Voir *Manuel de l'Agriculteur*, page 3).

— **Astronomie**, ou Traité élémentaire de cette science, trad. de l'anglais de W. HERSCHEL, par M. A.-D. VERGNAUD. 1 vol. orné de planches (*En préparation.*)

— **Astronomie amusante**, Notions élémentaires sur l'Astronomie, par M. L. TOMLINSON, traduit de l'anglais par A. D. VERGNAUD. 1 vol. avec figures. (*En prép.*)

— **Automobiles** (De la construction et du montage des), contenant l'historique, l'étude détaillée des pièces constituant les automobiles, la construction des voitures à pétrole, à vapeur et électriques, les renseignements sur leur montage et leur conduite, par N. CHRYSSOCHOÏDÈS, ingénieur des Arts et Manufactures, professeur à la Fédération générale française des Chauffeurs, Mécaniciens, Electriciens. 2 vol. ornés de 340 figures dans le texte. 8 fr.

— **Bibliographie universelle**, par MM. F. DENIS, P. PINÇON et DE MARTONNE. (*En préparation.*)

— **Bibliothéconomie**, Arrangement, Conservation et Administration des Bibliothèques, par L.-A. CONSTANTIN. 1 vol. orné de figures. (*En préparation.*)

— **Bijoutier-Joaillier** et **Sertisseur**, traitant des Pierres précieuses, de la Nacre, des Perles, du Corail et du Jais, contenant l'Art de les tailler, de les sertir, de les monter, de les imiter, suivi de la description des principaux Ordres et la fabrication de leurs décorations, par MM. JULIA DE FONTENELLE, F. MALEPEYRE et A. ROMAIN. 1 vol. accompagné de planches. 3 fr.

— **Bijoutier-Orfèvre**, traitant des Métaux précieux, de leurs Alliages, des divers modes d'Essai et d'Affinage, du Titre et des Poinçons de garantie de l'Or et de l'Argent, des divers travaux d'Orfèvrerie en or, en argent et en plaqué, du Niellage et de l'Emaillage des Métaux précieux, de la Bijouterie en vrai et en faux, de la fabrication des bijoux de fantaisie, en fer, en acier, en aluminium, etc., par J. DE FONTENELLE, F. MALE-

PEYRE et A. ROMAIN. 2 vol. avec fig. et planches. 6 fr.

— **Biographie**, ou Dictionnaire historique abrégé des grands hommes, par M. NOEL, ancien inspecteur-général des études. 2 volumes. 6 fr.

— **Blanchiment et Blanchissage**, Nettoyage et Dégraissage des fils de lin, coton, laine, soie, etc., par G. PETIT, ing. civ. 2 vol. ornés de 112 fig. dans le texte. 7 fr.

— **Bonnetier et Fabricant de bas**, renfermant les procédés à suivre pour exécuter, sur le métier et à l'aiguille les divers tissus à maille, par MM. LEBLANC et PREAUX-CALTOT. 1 vol. avec planches *(En préparation)*.

— **Botanique**, Partie élémentaire, par M. BOITARD. 1 vol avec planches. 3 fr. 50

ATLAS DE BOTANIQUE pour la partie élémentaire. 1 vol. in-8 renfermant 36 planches. 6 fr.

— **Bottier et Cordonnier** *(En préparation)*.

— **Boucher**, voyez *Charcutier*.

TABLEAU FIGURATIF DES DIVERSES QUALITÉS DE LA VIANDE DE BOUCHERIE, in-plano colorié. 1 fr.

— **Bougies stéariques et Bougies de paraffine**, traitant de la fabrication des Acides gras concrets, de l'Acide oléique, de la Glycérine, etc., par M. F. MALEPEYRE. Nouv. éd. rev. et corrig. par G. PETIT, ing. civil. 2 vol. ornés de 179 figures dans le texte. 8 fr.

— **Boulanger**, ou Traité pratique de la Panification française et étrangère, contenant la connaissance des farines, les moyens de reconnaître leur mélange et leur altération, les principes de la Boulangerie, la construction des pétrins et des fours, la fabrication de toute espèce de pains et de biscuits, par J. FONTENELLE et F. MALEPEYRE. Nouvelle édition entièrement refondue et mise au courant de l'état actuel de cette industrie, par SCHIELD-TREHERNE. 1 vol. orné de 97 figures dans le texte 4 fr.

— **Bourrelier-Sellier-Harnacheur**, contenant la description de tout l'outillage moderne. Les renseignements sur les marchandises à employer. Fabrication du harnais, équipement, sellerie, garniture de voitures. Recettes diverses. Vocabulaire des termes en usage dans cette profession, par L. JAILLANT. 1 vol. orné de 126 fig. dans le texte. 3 fr.

— **Bourse et ses Spéculations** mises à la portée de tout le monde, par BOYARD. 1 vol. *(En préparation)*.

— **Bouvier.** *(En préparation.)*

— **Brasseur**, ou l'Art de faire toutes sortes de Bières françaises et étrangères, par F. MALEPEYRE. Nouvelle édi-

tion, entièrement revue et complétée par Schield-Treherne, 2 gros vol. accompagnés d'un Atlas de 14 pl. 8 fr.

— **Briquetier, Tuilier,** Fabricant de Carreaux, de
tuyaux de Drainage et de Creusets réfractaires, contenant la fabrication de ces matériaux à la main et à la mécanique, et la description des fours et appareils actuellement usités dans ces industries, par F. Malepeyre et
A. Romain. Nouvelle édition, revue, corrigée et augmentée, par G. Petit, ingénieur civil. 2 vol. ornés de 351 fig.
dans le texte. 7 fr.

— **Briquets, Allumettes chimiques,** soufrées,
phosphorées, amorphes, etc., *Briquets électriques, Lumière
électrique* et appareils qui la produisent, par MM. Maigne
et A. Brandely. Edition entièrement refondue par Georges
Petit, ingénieur civil. 1 vol. orné de 67 figures. 3 fr.

— **Broderie,** ou Traité complet de cet Art, par Mme
Celnart. 1 vol. accompagné d'un Atlas de 40 planches.
(*En préparation.*)

— **Bronzage** des Métaux et du Plâtre, par
Debonliez, Malepeyre, et Lacombe. 1 vol. 1 fr. 25

— **Cadres** (Fabricant de), Passe-Partout, Châssis, Encadrements, suivi de la restauration des tableaux et du
nettoyage des gravures, estampes, etc., par J. Saulo et de
Saint-Victor. Edition entièrement refondue, par E.-E.
Stahl. 1 vol. orné de 27 illustrations. 2 fr.

— **Calculateur,** ou Comptes-Faits utiles aux opérations industrielles, aux comptes d'inventaire, etc., par
M. Aug. Terrière. 1 gros vol. 3 fr. 50

— **Calendrier** (Théorie du). (*En préparation.*)

— **Calligraphie,** ou l'Art d'écrire en peu de leçons,
d'après la méthode de Carstairs. 1 Atlas in-8 obl. 1 fr.

— **Canotier,** ou Traité universel et raisonné de cet
Art, par un Loup d'eau douce. 1 vol. orné de fig. 1 fr. 75

— **Caoutchouc, Gutta-percha, Gomme factice,**
Tissus imperméables, Toiles cirées et gommées, par M.
Maigne. Nouvelle édition, revue et augmentée, par G. Petit,
ingénieur civil. 2 vol. ornés de 96 fig. dans le texte. 6 fr.

— **Capitaliste,** contenant la pratique de l'escompte et
des comptes-courants, d'après la méthode nouvelle, par
M. Terrière, employé à la trésorerie générale de la cou-
ronne. 1 gros vol. 3 fr. 50.

— **Cartes Géographiques** (Construction et Dessin
des), par Perrot. Nouvelle édition par Bourgoin. 1 vol.
orné de 148 figures. 2 fr. 50

— **Cartonnier,** Fabricant de Carton, de Carte, de

Cartonnages et de Cartes à jouer, par Georges PETIT, ingénieur civil. 1 vol. orné de 95 fig. dans le texte. 4 fr.

— **Chamoiseur, Maroquinier, Mégissier, Teinturier en peaux, Fabricant de Cuirs vernis,
Parcheminier et Gantier**, traitant de l'outillage à la
main, des machines nouvelles, et des procédés les plus récents en usage dans ces diverses industries, par MM. JULIA
DE FONTENELLE, MAIGNE et VILLON. 1 vol. avec fig. 3 fr. 50

— **Chandelier et Cirier**, contenant toutes les opérations usitées dans ces industries. Nouvelle édition par
Georges PETIT, ingénieur civil. 1 vol. orné de 85 figures
dans le texte. 4 fr.

— **Chapeaux** (Fabricant de) en tous genres, par MM.
CLUZ, F. et JULIA DE FONTENELLE. 1 vol. (*En préparation*).

— **Charcutier, Boucher et Equarrisseur**, contenant l'élevage et l'engraissement du Porc et de la Truie,
l'Art de préparer et de conserver les différentes parties du
Cochon, les maniements et le Dépeçage du Bœuf, de la
Vache, du Taureau, du Veau, du Mouton et du Cheval, et
traitant de l'utilisation des débris, par MM. LEBRUN et
MAIGNE. 1 vol. avec figures et planches. 2 fr. 50

On vend séparément :
TABLEAU DES QUALITÉS DE VIANDE, in plano col. 1 fr.

— **Charpentier**, ou Traité complet et simplifié de cet
Art, traitant de la Charpente en bois et en fer et de
la Manipulation des diverses pièces de Charpente, par
HANUS, BISTON, BOUTEREAU et GAUCHÉ. Nouvelle édition
refondue, corrigée et augmentée de la *Série des Prix*, par
N. CHRYSSOCHOÏDÈS. 2 vol. ornés de 94 fig. dans le texte et
accompagnés d'un Atlas de 22 planches. 8 fr.

— **Charron-Forgeron**, traitant de l'Atelier, de l'Outillage, des Matériaux mis en œuvre par le Charron, du
Travail de la forge, de la Construction du gros et du petit
matériel, etc., par M. G. MARIN-DARBEL. 1 vol. orné de nombreuses figures et accompagné de planches. 3 fr. 50

— **Chasseur**, ou Traité général de toutes les chasses à
courre et à tir, suivi d'un Vocabulaire des termes de Chasse
et de la Législation, par MM. DE MERSAN, BOYARD et ROBERT.
1 vol. contenant la musique des principales fanfares. 3 fr.

— **Chaudronnier**, contenant l'Art de travailler au
marteau le cuivre, la tôle et le fer-blanc, ainsi que les
travaux d'Estampage et d'Etampage, par MM. JULLIEN,
VALÉRIO et CASALONGA, ingénieurs civils. Nouvelle édition entièrement refondue et augmentée du *Tracé en chau-
dronnerie*, par Georges PETIT, ingén. civil. 1 vol. orné de

86 fig. dans le texte et accompagné d'un Atlas de 20 pl. 5 fr.

— **Chauffage et Ventilation** des Bâtiments publics et privés, au moyen de l'air chaud, de l'eau chaude et de la vapeur, Chauffage des Bains, des Serres, des Vins, et des Vagons de chemins de fer, par M. A. ROMAIN. 1 vol. accompagné de planches et orné de figures.   3 fr.

— **Chaufournier, Plâtrier, Carrier et Bitumier**, contenant l'exploitation des Carrières et la fabrication du Plâtre, des différentes Chaux, des Ciments, Mortiers, Bétons, Bitumes, Asphaltes, etc., par MM. D. MAGNIER et A. ROMAIN. Nouvelle édition. 1 vol. accompagné de planches.   3 fr. 50

— **Chemins de Fer**, contenant des étudés comparatives sur les divers systèmes de la voie et du matériel, le Formulaire des charges et conditions pour l'établissement des travaux, etc., par M. E. WITH. 2 vol. avec atlas 7 fr.

— **Cheval (Éducation et dressage du)** monté et attelé, traitant de son hygiène et des remèdes qui lui conviennent, par M. DE MONTIGNY. 1 vol. avec planches. 3 fr.

— **Chimie Agricole**, par MM. DAVY et VERGNAUD. 1 vol. orné de figures.   3 fr. 50

— **Chimie analytique** (*En préparation*).

— **Chimie appliquée**, voyez *Produits chimiques*.

— **Chocolatier**, voyez *Confiseur et Chocolatier*.

— **Cidre et Poiré (Fabricant de)**, traitant de la Culture et de la Greffe des meilleures variétés de fruits propres à faire le Cidre et le Poiré, ainsi que des Méthodes nouvelles et des Appareils perfectionnés employés dans cette industrie, par MM. DUBIEF, F. MALEPEYRE et le Comte DE VALICOURT. 1 vol. orné de figures.   3 fr.

— **Cirage**, voyez *Encres*.

— **Ciseleur**, contenant la description des procédés de l'Art de ciseler et repousser tous les métaux ductiles, bijouterie, orfèvrerie, armures, bronzes, etc., par M. Jean GARNIER, ciseleur-sculpteur. Nouvelle édition, revue, corrigée et augmentée, par C. CHOUARTZ, ciseleur. 1 vol. orné de 60 figures dans le texte.   3 fr.

— **Clichage** en matière et galvanique, voyez *Graveur*.

— **Coiffeur**, par M. VILLARET. 1 vol. orné de figures. (*En préparation*).

— **Colles (Fabrication de toutes sortes de)**, comprenant celles de matières végétales, animales et composées, par MALEPEYRE. Nouvelle édition entièrement refondue par H. BERTRAN, ingénieur des Arts et Manufactures. 1 vol. orné de 114 figures dans le texte.   3 fr.

— **Coloriste,** contenant le mélange et l'emploi des Couleurs, ainsi que l'Enluminure, le Lavis, le coloriage à la main et au patron, etc., par MM. PERROT, BLANCHARD, THILLAYE et VERGNAUD. (*En préparation.*)

— **Commerce, Banque et Change,** contenant tout ce qui est relatif aux effets de Commerce, à la tenue des livres, à la comptabilité, à la bourse, aux emprunts, etc., par M. GALLAS, suivi de la MÉTHODE NOUVELLE POUR LE CALCUL DES INTÉRÊTS A TOUS LES TAUX (*En préparation*).

— **Compagnie** (Bonne), ou Guide de la Politesse et de la Bienséance, par madame CELNART (*En préparation*).

— **Comptes-Faits,** voyez *Calculateur, Capitaliste, Poids et Mesures* (*Barème des*).

— **Confiseur et Chocolatier,** contenant les derniers perfectionnements apportés à ces Arts, par MM. CARDELLI et LIONNET-CLÉMANDOT. Nouvelle édition complètement refondue par M. A. M. VILLON, ingénieur-chimiste. 1 vol. avec nombreuses illustrations. 4 fr.

— **Conserves alimentaires,** voyez *Alimentation.*

— **Construction moderne** (La), ou Traité de l'Art de bâtir avec solidité, économie et durée, comprenant la Construction, l'histoire de l'Architecture et l'Ornementation des édifices, par BATAILLE, architecte, anc. professeur. Nouvelle édition, revue, corrigée et augmentée par N. CHRYSSOCHOÏDÈS. 1 vol. orné de 224 fig. dans le texte et accompagné d'un Atlas grand in-8° de 44 planches 15 fr.

— **Constructions agricoles,** traitant des matériaux et de leur emploi dans les Constructions destinées au logement des Cultivateurs, des Animaux et des Produits agricoles dans les petites, les moyennes et les grandes exploitations, par M. G. HEUZÉ, inspecteur de l'agriculture. 1 vol. accompagné d'un Atlas de 16 pl. grand in-8°. 7 fr.

— **Contre-Poisons,** ou Traitement des individus empoisonnés, asphyxiés, noyés ou mordus, par M. le Docteur H. CHAUSSIER. 1 vol. (*En préparation*).

— **Contributions Directes,** Guide des Contribuables, par M. BOYARD. (*En préparation.*)

— **Cordier,** contenant la culture des Plantes textiles, l'extraction de la Filasse, et la fabrication de toutes sortes de cordes, par G. LAURENT. 1 vol. orné de fig. (*En préparation*).

— **Correspondance Commerciale,** contenant les Termes de commerce, les Modèles et Formules épistolaires et de comptabilité, etc., par MM. REBS-LESTIENNE et TRÉMERY. (*En préparation.*)

— **Corroyeur,** voyez *Tanneur.*

— **Couleurs** (Fabricant de) à l'huile et à l'eau, Laques, Couleurs hygiéniques, Couleurs fines, etc., par MM. RIF-FAULT, VERGNAUD, TOUSSAINT et MALEPEYRE. 2 volumes accompagnés de planches. 7 fr.

— **Coupe des Pierres**, contenant des notions de Géométrie élémentaire et descriptive, ainsi que l'art du Trait appliqué à la Stéréotomie, par MM. TOUSSAINT et H. M.-M., architectes. Nouvelle édition, augmentée d'un Appendice sur le transport et le travail de la pierre, par FROMHOLT. 1 vol. avec Atlas. 5 fr.

— **Coutelier**, ou l'Art de faire tous les Ouvrages de Coutellerie, par LANDRIN, ing^r civil. (*En préparation*).

— **Couvreur**, voyez *Plombier*.

— **Crustacés** (Hist. natur. des), par MM. Bosc et DES-MAREST, etc. 2 vol. ornés de planches. 6 fr.

— **Cubage des Bois** en grume ou écorcés au 1/4 et au 1/5 réduits, de 1^m à 10^m90 de longueur inclus, et de 0^m40 à 4^m de circonférence inclus ; donnant tous les cubes par fraction de 0^m10 en 0^m10 pour la longueur et de 0^m05 en 0^m05 pour la circonférence, et permettant d'obtenir les cubes de toutes longueurs, par G HAUDEBERT, ancien marchand de bois à Vendôme. 1 vol. 1 fr. 25

— **Cuisinier et Cuisinière**. (*En préparation*.)

— **Cultivateur Forestier**, contenant l'Art de cultiver en forêts tous les Arbres indigènes et exotiques, par M. BOITARD. 2 vol. (*En préparation*.)

— **Cultivateur Français**, ou l'Art de bien cultiver les Terres et d'en retirer un grand profit, par M. THIÉBAUT DE BERNEAUD. 2 vol. ornés de figures. 5 fr.

— **Dames**, ou l'Art de l'Elégance, traitant des Objets de toilette, d'ameublement et de voyage qui conviennent aux Dames, par madame CELNART. 1 vol. 3 fr.

— **Danse**, ou Traité théorique et pratique de cet Art, contenant toutes les *Danses de Société* et la Théorie de la Danse théâtrale, par BLASIS et LEMAITRE. 1 vol. 1 fr. 25

— **Décorateur-Ornementiste**. (*En préparation*.)

— **Dessin Linéaire**, par M. ALLAIN, entrepreneur de travaux publics. 1 vol. avec Atlas de 20 planches. 5 fr.

— **Dessinateur**, ou Traité complet du Dessin, par M. BOUTEREAU, professeur. 1 volume accompagné d'un Atlas de 20 planches, dont quelques-unes coloriées. 5 fr.

— **Distillateur-Liquoriste**, contenant les Formules des Liqueurs les plus répandues, les parfums, substances colorantes, etc., par MM. LEBEAUD, JULIA DE FONTENELLE et MALEPEYRE. 1 gros volume. 3 fr. 50

— **Distillation de la Betterave, de la Pomme de terre,** du Topinambour et des racines féculentes, telles que la carotte, le rutabaga, l'asphodèle, etc., par Hourier et Malepeyre. Nouvelle édition entièrement refondue par Larbalétrier. 1 vol. accomp. de 3 pl. gravées sur acier. 3 fr.

— **Distillation des Grains et des Mélasses,** par MM. F. Malepeyre et Alb. Larbalétrier. 1 vol. accompagné d'un Atlas de 9 planches in-8°. 5 fr.

— **Distillation des Vins,** des Marcs, des Moûts, des Fruits, des Cidres, etc., par M. F. Malepeyre. Nouvelle édition revue, corrigée et considérablement augmentée par M. Raymond Brunet, ingénieur-agronome. 1 vol. 3 fr.

— **Domestiques,** ou Art de former de bons serviteurs, par Mme Celnart. 1 vol. (En préparation.)

— **Dorure, Argenture, Nickelage, Platinage sur Métaux,** au feu, au trempé, à la feuille, au pinceau, au pouce et par la méthode électro-métallurgique, traitant de l'application à l'Horlogerie de la dorure et de l'argenture galvaniques, et de la coloration des Métaux par les oxydes métalliques et l'Electricité, par MM. Mathey, Maigne, A. Villon et Georges Petit, ingénieur civil. 1 vol. orné de 36 figures dans le texte. 3 fr. 50

— **Dorure sur bois** à l'eau et à la mixtion, par les procédés anciens et nouveaux, traitant des Peintures laquées sur Meubles et sur Sièges, par M. Sauge. 1 vol. 1 fr. 50

— **Drainage simplifié.** (Voir *Agriculture*, p. 3.)

— **Eaux et Boissons Gazeuses,** ou Description des méthodes et des appareils les plus usités dans cette industrie, le bouchage des bouteilles et des siphons, la Gazéification des Vins, Bières et Cidres, etc. Nouv. édit. augmentée des Boissons angl. et amér., par L. Gasquet, Ingénieur des Arts et Manufactures, et Jarae, Ingénieur. 1 vol. orné de 140 fig. dans le texte. 4 fr.

— **Eaux-de-Vie (Négociant en),** Liquoriste, Marchand de Vins et Distillateur, par MM. Rayon et Malepeyre. Nouvelle édition revue, corrigée et augmentée par Raymond Brunet, ingénieur-agronome, 1 vol. 1 fr.

— **Ebéniste et Tabletier,** traitant des Bois, de leur Teinture et de leur Apprêt, de l'Outillage, du Débitage des bois de placage, de la fabrication et de la réparation des Meubles de tout genre et du travail de la Tabletterie, par MM. Nosban et Maigne. 1 vol. orné de figures et accompagné de planches. 3 fr. 50

— **Electricité atmosphérique** (voir *Electricité*).

2

— **Electricité médicale,** ou Eléments d'Electro-Biologie, suivi d'un Traité sur la Vision, par M. Smee, traduit par M. Magnier. 1 vol. orné de figures.   3 fr.

— **Electricité,** contenant théorie, pratique et applications diverses, par G. Petit, Ingénieur civil, 2 vol. ornés de 285 figures dans le texte.   8 fr.

— **Encres (Fabricant d')** de toute sorte, telles que Encres d'écriture, Encres à copier, Encres d'impression typographique, lithographique et de taille douce, Encres de couleurs, Encres sympathiques, etc., suivi de la *Fabrication des Cirages* et de l'*Imperméabilisation des Chaussures*, par MM. de Champour, F. Malepeyre et A. Villon. 1 v. 3 fr. 50

— **Engrais** (Fabrication et application des) animaux, végétaux et minéraux et des Engrais chimiques, ou Traité théorique et pratique de la nutrition des plantes, par MM. Eug. et Henri Landrin et M. Alb. Larbalétrier. 1 vol. orné de figures.   3 fr.

— **Entomologie élémentaire,** ou Entretiens sur les Insectes en général, mis à la portée de la jeunesse, par M. Boyer de Fonscolombe. 1 gros vol.   3 fr.

— **Epistolaire (Style),** Choix de lettres puisées dans nos meilleurs auteurs et Instructions sur le style, par Biscarrat et la comtesse d'Hautpoul (*En préparation*).

— **Equarrisseur,** voyez *Charcutier.*

— **Equitation,** traitant du manège civil, du manège militaire, de l'Equitation des Dames, etc., par MM. Vergnaud et d'Attanoux. 1 vol. orné de figures.   3 fr.

— **Escaliers en Bois** (Construction des), traitant de la manipulation et du posage des Escaliers à une ou plusieurs rampes, de tous les modèles et s'adaptant à toutes les constructions, par M. Boutereau. 1 vol. et Atlas grand in-8° de 20 planches gravées sur acier.   5 fr.

— **Escrime,** ou Traité de l'Art de faire des armes, par M. Lafaugère. 1 vol. orné de figures.   2 fr. 50

— **Etat Civil** (Officier de l'), traitant de la Tenue des Registres et de la Rédaction des Actes, par M. Lemolt. 1 vol.   2 fr. 50

— **Etoffes imprimées et Papiers peints** (Fabricant d'). (*En préparation.*)

— **Falsifications des Drogues** simples ou composées, moyens de les reconnaître, par M. Pédroni, chimiste. 1 vol. avec planche. (*En préparation.*)

— **Ferblantier-Lampiste,** ou Art de confectionner tous les Ustensiles en fer-blanc, de les souder, de les réparer, etc., suivi de la fabrication des Lampes et des Appareils d'éclairage, par MM. LEBRUN, MALEPEYRE et A. ROMAIN. 1 vol. orné de fig. et accompagné de planches. 3 f. 50

— **Fermier**. — Voir *Agriculteur*, page 3.

— **Filature du Coton**, contenant la description des Métiers à filer le coton, diverses formules pour apprécier la résistance des Appareils mécaniques, et un Traité des engrenages, par M. DRAPIER. (*En préparation*.)

— **Fleuriste artificiel et Feuillagiste**, ou l'Art d'imiter toute espèce de Fleurs, de Feuillage et de Fruits. 1 vol. orné de 50 figures. 3 fr.

On peut se procurer des *modèles coloriés*, dessinés d'après nature, par REDOUTÉ. La planche : 1 fr.

— **Fondeur**, traitant de la Fonderie du fer, de l'acier, du cuivre, du bronze et du laiton, de la fonte des statues, des cloches, etc., par MM. A. GILLOT et L. LOCKERT, ingénieurs. Nouvelle édition revue, corrigée et augmentée par N. CHRYSSOCHOIDES, ingénieur des Arts et Manufactures. 2 vol. ornés de 233 figures dans le texte. 8 fr.

— **Fontainier**, voy. *Mécanicien-Fontainier, Sondeur*.

— **Forestier praticien** (le) et Guide des Gardes Champêtres. (Voir *Cultivateur forestier, Gardes champêtres*).

— **Forgeron, Maréchal, Taillandier**, voyez *Charron, Machines-Outils, Serrurier*.

— **Forges** (Maître de), ou Traité théorique et pratique de l'Art de travailler le fer, la fonte et l'acier, par M. LANDRIN. (*En préparation*).

— **Galvanoplastie**, ou Traité complet des Manipulations électro-metallurgiques, contenant tous les procédés les plus récents et les plus usités, par M. A. BRANDELY. Nouvelle édition revue et corrigée par G. PETIT, ingén. civil. 2 vol. ornés de 81 figures. 7 fr.

— **Gants** (Fabricant de), voyez *Chamoiseur*.

— **Gardes Champêtres, Gardes Forestiers, Gardes-Pêche, et Gardes-Chasse**, par M. BOYARD, ancien président à la Cour d'Orléans, M. VASSEROT, ancien sous-préfet, M. V. EMION et M. L. GRÉVAT, juges de paix, 1 vol. 2 fr. 50

— **Gardes-Malades**, et personnes qui veulent se soigner elles-mêmes, par M. le docteur MORIN. 1 vol. 2 fr. 50

— **Gaz** (Appareilleur à), voyez *Plombier*.

— **Gaz** (Eclairage et Chauffage au), ou Traité élémentaire et pratique destiné aux Ingénieurs, aux Directeurs et aux Contre-Maîtres d'Usines à Gaz, mis à la portée de tout le monde, suivi d'un *Aide-Mémoire de l'Ingénieur-Gazier*, par M. D. MAGNIER, ingénieur-gazier. Nouvelle édition corrigée, augmentée et entièrement refondue, par E. BANCELIN, ancien élève de l'Ecole polytechnique, ancien sous-régisseur d'usine de la Cie Parisienne du Gaz. 2 vol. ornés de 322 figures dans le texte.   8 fr.

On a extrait de ce Manuel l'ouvrage suivant :
AIDE-MÉMOIRE DE L'INGÉNIEUR-GAZIER, contenant les Notions et les Formules nécessaires aux personnes qui s'occupent de la Fabrication et de l'Emploi du Gaz. Br. in-18. 75 c.

— **Géographie de la France**, divisée par bassins, par M. LORIOL (*Autorisé par l'Université*). 1 vol. 2 fr. 50

— **Géographie physique**, ou Introduction à l'étude de la Géologie, par M. HUOT. 1 vol. (*En préparation.*)

— **Géologie**, ou Traité élémentaire de cette science, par MM. HUOT et D'ORBIGNY. 1 vol. (*En préparation.*)

— **Gourmands**, ou l'Art de faire les honneurs de sa table, par CARDELLI. (*En préparation.*)

— **Graveur**, ou Traité complet de la Gravure en creux et en relief, Eau-forte, Taille douce, Héliogravure, Gravure sur bois et sur métal, Photogravure, Similigravure, Procédés divers, Clichage des gravures en plomb et en galvanoplastie, Fabrication des Cartes à jouer, Gravure de la musique, etc., par M. VILLON. 2 volumes ornés de figures.   6 fr.

— **Greffes** (Monographie des), ou Description des diverses sortes de Greffes employées pour la multiplication des végétaux. (*En préparation.*) — Voir *Jardinage*, page 3.

— **Gymnastique**, par M. le colonel AMOROS. (*Ouvrage couronné par l'Institut, admis par l'Université, etc.*) 2 vol. et Atlas.   10 fr. 50

— **Habitants de la Campagne** (Voir *Agriculteur*, page 3).

— **Histoire naturelle médicale et de Pharmacographie**, ou Tableau des Produits que la Médecine et les Arts empruntent à l'Histoire naturelle, par M. LESSON, ancien pharmacien de la marine à Rochefort. 2 volumes.   5 fr.

— **Horloger**, comprenant la Construction détaillée de l'Horlogerie ordinaire et de précision, et, en général, de toutes les machines propres à mesurer le temps ; par LENORMAND, JANVIER et MAGNIER, revu par L. S.-T. Nouvelle édition entièrement refondue et augmentée de l'Horlogerie Electrique, l'Horlogerie Pneumatique et la Boîte à

Musique, par E. STAHL. 2 vol. accompagnés d'un Atlas de 15 planches. 7 fr.

— **Horloger-Rhabilleur**, traitant du rhabillage et du réglage des Montres et des Pendules, augmenté de : **Corrélation du Pendule au rochet** avec le levier de la Force motrice. Etude mécanique appliquée à l'Horlogerie, par M. J.-E. PERSEGOL. 1 vol. orné de 59 figures. 2 fr. 50

On vend séparément :

CORRÉLATION DU PENDULE AU ROCHET. 50 c.

— **Huiles minérales**, leur Fabrication et leur Emploi à l'Eclairage et au Chauffage, par D. MAGNIER, ingénieur. Nouvelle édition par N. CHRYSSOCHOÏDÈS. 1 vol. orné de 70 figures. 4 fr.

— **Huiles végétales et animales** (Fabricant et Epurateur d'), comprenant la Fabrication des Huiles et les méthodes les plus usuelles de les essayer et de reconnaître leur sophistication, par J. DE FONTENELLE, F. MALEPEYRE et AD. DALICAN. Nouvelle édition revue, corrigée et augmentée par N. CHRYSSOCHOÏDÈS, ingénieur des arts et manufactures. 2 vol. ornés de 190 fig. dans le texte. 7 fr.

— **Hydroscope**, voyez *Sondeur.*

— **Hygiène**, ou l'Art de conserver sa santé, par le docteur MORIN. 1 vol. *(En préparation.)*

— **Indiennes** (Fabricant d'), renfermant les Impressions des Laines, des Châles et des Soies, par MM. THILLAYE et VERGNAUD. 1 vol. accompagné de planches. *(En préparation).*

— **Instruments de Chirurgie** (Fabricant d'), par M. H.-C. LANDRIN. *(En préparation.)*

— **Irrigations et assainissement des Terres**, ou Traité de l'emploi des Eaux en agriculture, par M. le Marquis DE PARETO, 3 vol. accompagnés de deux Atlas composés de 40 planches in-folio et de tableaux. 18 fr.

— **Jeunes gens**, ou Sciences, Arts et Récréations qui leur conviennent, par M. VERGNAUD. *(En préparation.)*

— **Jeux d'Adresse et d'Agilité**, contenant les Jeux et les Récréations d'intérieur et en plein air, à l'usage des enfants, des jeunes gens et des jeunes filles de tout âge, et des grandes personnes, par DUMONT. 1 vol. orné de figures. 3 fr.

— **Jeux de Calcul et de Hasard.** *(En prép.)*

— **Jeux de Cartes**, tels que l'Ecarté, le Piquet, le Whist, la Bouillotte, le Bésigue, le Trente et un, le Baccarat, le Lansquenet, etc. 1 vol. *(En préparation.)*

— **Jeux de Société**, renfermant les Rondes enfantines, les Jeux innocents, les Pénitences, les Jeux d'esprit, les Jeux de Salon les plus en usage dans les réunions intimes, par Madame CBLNART. 1 vol. (*En préparation.*)

— **Justices de Paix**, ou Traité des Compétences et Attributions tant anciennes que nouvelles, en toutes matières, par M. BIRBT. (*En préparation.*)

— **Laiterie**, ou Traité de toutes les méthodes en usage pour traiter et conserver le Lait, faire le Beurre, confectionner les Fromages français et étrangers, et reconnaître les Falsifications de ces substances alimentaires, par M. MAIONE, 1 vol. orné de figures. 3 fr.

— **Lampiste**, voyez *Ferblantier.*

— **Langage** (Pureté du), par M. BLONDIN (*En prép.*).

— **Langage** (Pureté du), par MM. BIMCARRAT et BONIFACE. 1 vol. (*En préparation.*)

— **Levure (Fabricant de)**, traitant de sa composition chimique, de sa production et de son emploi dans l'industrie, principalement dans la Brasserie, la Distillation, la Boulangerie, la Pâtisserie, l'Amidonnerie, la Papeterie, par F. MALEPEYRE. Nouvelle édition revue et corrigée par R. BRUNET, ingénr agronome. 1 vol. orné de fig, 2 fr 50

— **Limonadier**, Glacier, Cafetier et Amateur de thés, contenant la fabrication de la Glace et des Boissons frappées ou rafraîchissantes, par CHAUTARD et JULIA DE FONTENELLE. Nouvelle édition entièrement refondue par CHRYSSOCHOÏDES, ingénieur des Arts et Manufactures. 1 vol. orné de 76 figures dans le texte. 3 fr.

— **Linotypie**, *la Linotype à la portée de tous*, contenant description, fonctionnement, avaries et réparations, instructions aux opérateurs, par H. GIRAUD, mécanicien-électricien au journal *La Dépêche de Brest*, 1 vol. orné de 36 figures. 1 fr. 50

— **Liquides (Amélioration des)**, tels que Vins, Alcools, Spiritueux divers, Liqueurs, Cidres, Bières, Vinaigres, Laits, par V.-F. LEBEUF ; 6e éd., entièrement refondue, par le Dr E. VARENNE I. P. ●, ancien distillateur, négociant en vins et spiritueux, membre de la commission extra-parlementaire de l'alcool, etc., rédacteur scientifique à la *Revue Vinicole*, 1 vol. 3 fr.

— **Lithographe** (Imprimeur et Dessinateur), traitant de l'Autographie, la Lithographie mécanique, la Chromolithographie, la Lithophotographie, la Zincographie, et des procédés nouveaux en usage dans cette industrie, par M. VILLON. 2 volumes et Atlas in-18. 9 fr.

— **Littérature** à l'usage des deux sexes, par madame D'HAUTPOUL. 1 vol.   1 fr. 75

— **Locomotion mécanique**, voyez *Vélocipédie et Automobiles*.

— **Luthier**, ou Traité de la construction des Instruments à cordes et à archet, tels que le Violon, l'Alto, le Violoncelle, la Contrebasse, la Guitare, la Mandoline, la Harpe, les Monocordes, la Vielle, etc., traitant de la Fabrication des Cordes harmoniques en boyau et en métal, par MM. MAUGIN et MAIGNE. Nouvelle édition suivie du mémoire sur la construction des instruments à cordes et à archet, par F. SAVART. 1 vol. avec fig. et planches.   3 fr. 50

— **Machines à Vapeur** appliquées à la Marine, par M. JANVIER. 1 vol. avec planches.   3 fr. 50

— **Machines Locomotives** (Constructeur de), par M. JULLIEN, ingénieur civil (*En préparation*).

— **Machines-Outils** employées dans les usines et ateliers de construction, pour le Travail des Métaux, par M. CHRÉTIEN. Voir page 32.

— **Maçon, Stucateur, Carreleur et Paveur,** contenant l'emploi, dans ces industries, des matières calcaires et siliceuses, ainsi que la construction des Bâtiments de ville et de campagne, et les méthodes de Pavage expérimentées dans les grandes villes, par MM. TOUSSAINT, D. MAGNIER, G. PICAT et A. ROMAIN. 1 vol. orné de figures et accompagné de 6 planches.   3 fr. 50

— **Maires, Adjoints, Conseillers et Officiers municipaux,** rédigé *par ordre alphabétique*, par M Ch. VASSEROT, ancien adjoint. (*En préparation*).

— **Maître d'Hôtel,** ou Traité complet des menus, mis à la portée de tout le monde, par M. CHEVRIER. 1 vol. orné de figures. (*En préparation.*)

— **Maîtresse de Maison,** ou Conseils et Recettes sur l'Economie domestique, par Mme LAURENT 1 vol. (*En préparation.*)

— **Mammalogie,** ou Histoire naturelle des Mammifères, par M. LESSON. 1 gros vol.   3 fr. 50

— **Marbrier, Constructeur et Propriétaire de maisons,** contenant des Notions pratiques sur les Marbres, ainsi que des Modèles de Monuments funèbres, de Cheminées, de Vases et d'Ornements de toute nature, par B. et M. (*En préparation.*)

— **Marine,** Gréement, manœuvre du Navire et Artillerie, par M. VERDIER. 2 vol. ornés de figures.   5 fr.

— **Maroquinier,** voyez *Chamoiseur*.

— **Marqueteur et Ivoirier**, traitant de la fabrication des meubles et des objets meublants en marqueterie
et en incrustation, de la Tablett-rie-Ivoirerie, du travail
de l'Ivoire, de l'Os, de la Corne, de la Baleine, de la Nacre,
de l'Ambre, etc., par MM. MAIGNE et ROBICHON. 1 vol.
orné de figures. 3 fr. 50.

— **Mathématiques appliquées**, Notions élémentaires sur les Lois du mouvement des corps solides, de
l'Hydraulique, de l'Air, du Son, de la Lumière, des Levés
de terrains et nivellement, du Tracé des Cadrans solaires,
etc., par RICHARD. (*En préparation.*)

— **Mécanicien-Fontainier**, comprenant la Conduite
et la Distribution des Eaux, le mesurage aux Compteurs
et à la Jauge, la Filtration, la fabrication des Robinets, des
Fontaines, des Bornes, des Bouches d'eau, des Garde-robes,
etc., par MM. BISTON, JANVIER, MALEPEYRE et A. ROMAIN.
1 vol. avec figures et planches. 3 fr. 50

— **Mécanique**, ou Exposition élémentaire des lois de
l'Equilibre et du Mouvement des Corps solides, par M. TER-
QUEM. 1 gros vol. orné de planches (*En préparation*).

— **Médecine et Chirurgie domestiques**, contenant les moyens les plus simples et les plus rationnels
pour la guérison de toutes les maladies, par M. le docteur
MORIN. (*En préparation.*)

— **Mégissier**, voyez *Chamoiseur*.

— **Menuisier en bâtiments, Layetier-Embal-
leur**, traitant des Bois employés dans la menuiserie, de
l'Outillage, du Trait, de la construction des Escaliers, du
Travail du Bois, etc., par MM. NOSBAN et MAIGNE. 2 vol.
accompagnés de planches et ornés de figures. 6 fr.

— **Métaux** (Travail des), voyez *Machines-Outils, Tourneur, Charron, Chaudronnier, Ferblantier*.

— **Meunier.**(*En préparation.*)

— **Microscope** (Observateur au). Description du Microscope et ses diverses applications, par M. F. DUJARDIN,
ancien professeur à la Faculté des Sciences de Rennes.
1 vol. avec Atlas de 30 planches. 10 fr. 50

— **Minéralogie**, ou Tableau des Substances minérales, par M. HUOT (*En préparation*).

— **Mines** (Exploitation des).
2o *partie*, MÉTAUX PRÉCIEUX ET INDUSTRIELS, SOUFRE, SEL,
DIAMANT, par M. L. KNAB, ingénieur. 1 vol. avec pl. 3 fr. 50

— **Miniature**, voyez *Peinture à l'Aquarelle*.

— **Morale**, ou Droits et Devoirs dans la Société. 1 volume. *(En préparation.)*

— **Morale** (**La**) de l'Enfance, par le vicomte DE MOREL VINDÉ. 1 vol. in-18 cartonné. (*En préparation.*)

— **Moraliste**, ou Pensées et Maximes instructives pour tous les âges de la vie, par M. TREMBLAY. 2 vol.   5 fr.

— **Mouleur**, ou Art de mouler en Plâtre, au Ciment, à l'argile, à la cire, à la gélatine, traitant du Moulage du carton, du carton-pierre, du carton-cuir, du carton-toile, du bois, de l'écaille, de la corne, de la baleine, du celluloïd, etc., contenant le moulage et le clichage des médailles, par MM. LEBRUN, MAGNIER, ROBERT et DE VALICOURT. 1 vol. orné de figures.   3 fr. 50

— **Moutardier**, voyez *Vinaigrier*.

— **Musique** : SOLFÈGES, MÉTHODES

| Méthode de Trompette et Trombone. . . . » 75 | Méthode de Harpe.. . 3 50 Méthode de Cor anglais 1 75 |

— **Mythologies**. (*En préparation.*)

— **Naturaliste préparateur**, 1re *partie* : Classification, Recherche des Objets d'histoire naturelle et leur emballage, Disposition et Conservation des Collections, par M. BOITARD. 1 vol. orné de figures.   3 fr.

— *Seconde partie* : Art de préparer et d'empailler les Animaux, de conserver les Végétaux et les Minéraux, de préparer les Pièces d'Anatomie normale et d'embaumer les corps, par MM. BOITARD et MAIGNE. 1 vol. orné de figures.   3 fr. 50

— **Navigation**, contenant la manière de se servir de l'Octant et du Sextant, les méthodes usuelles d'astronomie nautique, suivi d'un Supplément contenant les méthodes de calcul exigées des candidats au grade de Maître au cabotage, par M. GIQUEL, professeur d'hydrographie. (*En préparation*).

*— **Numismatique ancienne**, par M. A. DE BARTHÉLEMY, Membre de l'Institut. 1 gros vol. accompagné d'un Atlas renfermant 12 planches.   7 fr.

*— **Numismatique moderne et du moyen âge**, par M. AD. BLANCHET. 3 vol accompagnés d'un Atlas renfermant 14 planches.   15 fr.

— **Oiseaux** (**Eleveur d'**), ou Art de l'Oiselier, contenant la Description des principales espèces d'Oiseaux indigènes et exotiques susceptibles d'être élevés en captivité; leur nourriture, leur reproduction, leurs maladies, etc., par M. G. Schmitt. 1 vol.   1 fr. 75

— **Oiseleur,** ou Secrets anciens et modernes de la Chasse aux Oiseaux, traitant de la Fabrication et de l'emploi des Filets et des Pièges, par J. G. et Connard. 1 vol. orné de planches et de 48 figures dans le texte. Nouvelle édition.   3 fr. 50

— **Organiste,** contenant l'expertise de l'Orgue, sa description, la manière de l'entretenir et de l'accorder soi-même, suivi de Procès-verbaux pour la réception des Orgues de toute espèce et d'un dictionnaire des termes employés dans la facture d'orgues, par J. Guédon. 1 vol. orné de 94 figures dans le texte.   3 fr.

— **Orgues** (Facteur d'), ou Traité théorique et pratique de l'Art de construire les Orgues, contenant le travail de Dom Bédos et les perfectionnements de la facture jusqu'à nos jours, par Hamel. Nouvelle édition revue et augmentée d'un Appendice donnant les nouveautés apportées dans la fabrication depuis la dernière édition, par J. Guédon. 1 vol. grand in-8 jésus, orné de 64 fig. dans le texte et accompagné d'un Atlas de 43 planches.   20 fr.

— **Ornithologie,** ou Description des genres et des principales espèces d'oiseaux, par M. Lesson (*En prépar.*).

Atlas d'Ornithologie, composé de 129 planches représentant la plupart des oiseaux décrits dans l'ouvrage ci-dessus (*En préparation*).

— **Paléontologie,** ou des Lois de l'organisation des êtres vivants comparées à celles qu'ont suivies les Espèces fossiles et humatiles dans leur apparition successive; par M. Marcel de Serres, professeur à la Faculté des Sciences de Montpellier. 2 vol. avec Atlas.   7 fr.

— **Papetier et Régleur,** traitant de ces arts et de toutes les industries annexes du commerce de détail de la Papeterie, par Julia de Fontenelle et Poisson (*En préparation*).

— **Papiers de Fantaisie,** (Fabricant de), Papiers marbrés, jaspés, maroquinés, gaufrés, dorés, etc.; Peau d'âne factice, Papiers métalliques, par Fichtenberg (*En préparation.*)

— **Parcheminier,** voyez *Chamoiseur*.

— **Parfumeur,** ou Traité complet de toutes les branches de la Parfumerie, contenant les procédés nouveaux, employés en France, en Angleterre et en Amérique, à l'usage des chimistes-fabricants et des ménages, par MM. PRADAL, F. MALEPEYRE et A. VILLON 2 vol. ornés de figures. Nouvelle édition corrigée, augmentée et entièrement refondue, par M. A.-M. VILLON, ingénieur-chimiste. 6 fr.

— **Patinage** et Récréations sur la Glace, par M. PAULIN-DÉSORMEAUX. 1 vol. orné de 4 planches. 1 fr. 25

— **Pâtes alimentaires**, voyez *Amidonnier*.

— **Pâtissier**, ou Traité complet et simplifié de Pâtisserie de ménage, de boutique et d'hôtel, par M. LEBLANC. 1 volume orné de figures. 3 fr.

— **Paveur et Carreleur**, voyez *Maçon*.

— **Pêcheur**, ou Traité général de toutes les pêches *d'eau douce et de mer*, contenant l'histoire et la pêche des animaux fluviatiles et marins, les diverses pêches à la ligne et aux filets en rivière et en mer, etc., par PESSON-MAISONNEUVE et MORICEAU. Nouvelle édition entièrement refondue par G. PAULIN. 1 vol. orné de 207 fig. dans le texte. 3 fr. 50

— **Pêcheur-Praticien**, ou les Secrets et les Mystères de la Pêche à la ligne dévoilés, par M. LAMBERT. Nouvelle édition, par L. JAILLANT. 1 vol. orné de 96 figures dans le texte. 1 fr. 50

— **Peintre d'histoire et Sculpteur**, ouvrage dans lequel on traite de la philosophie de l'Art et des moyens pratiques, par M. ARSENNE, peintre. 1 vol. 3 fr. 50

— **Peintre d'histoire naturelle**, contenant des notions générales sur le dessin, le clair-obscur, l'effet des couleurs naturelles et artificielles, les divers genres de peintures, etc. par M. DUMÉNIL. (*En préparation.*)

— **Peintre en Bâtiments**, Vernisseur et Vitrier, traitant de l'emploi des Couleurs et des Vernis pour l'assainissement et la décoration des habitations, de la pose des Papiers de tenture et du Vitrage, par RIFFAULT, VERGNAUD, TOUSSAINT et F. MALEPEYRE. Nouvelle édition revue et augmentée du Peintre d'enseignes, de la Pose des vitraux, etc. 1 vol. orné de 44 figures. 3 fr.

— **Peintre en Voitures**, par V. THOMAS, maître de conférences à la Faculté des Sciences de Rennes. 1 vol. orné de 54 figures. 3 fr.

— **Peinture à l'Aquarelle**, Gouache, Miniature, Peinture à la cire, Peintures orientales, procédé Raffaëlli, etc. Nouvelle édition par Henry GUÉDY. 1 vol. 3 fr.

— **Peintre et Graveur en lettres** (*En préparation*)

— **Peinture sur Verre, Porcelaine, Faïence et**

Email, traitant de la décoration de ces matières, ainsi que de la fabrication des Emaux et des Couleurs vitrifiables et de l'Emaillage sur métaux précieux ou communs et sur terre cuite, par MM. REROULLEAU, MAGNIER et ROMAIN. 1 vol. avec fig. Nouv. édit. revue par H. BERTRAN. 3 fr. 50

— **Peinture et Vernissage des Métaux et du Bois,** traitant des Couleurs et des Vernis propres à décorer les Métaux et les Bois, de l'imitation sur métal des bois indigènes et exotiques, de l'ornementation des Articles de ménage et des Objets de fantaisie, suivi de l'imitation des Laques du Japon sur menus articles, par MM. FINK et LACOMBE. 1 vol. orné de figures.   2 fr.

— **Pelletier-Fourreur et Plumassier,** traitant de l'apprêt et de la conservation des Fourrures et de la préparation des Plumes, par M. MAIGNE. 1 vol. orné de figures.   2 fr. 50

— **Perspective** appliquée au Dessin et à la Peinture, par M. VERGNAUD. 1 vol. accompagné de planches. 3 fr.

— **Pharmacie Populaire,** simplifiée et mise à la portée de toutes les classes de la société, par M. JULIA DE FONTENELLE (*En préparation*).

— **Photographie** sur Métal, sur Papier et sur Verre, contenant toutes les découvertes les plus récentes, par M. DE VALICOURT. 2 vol. avec planche.   6 fr.

— SUPPLÉMENT à la Photographie sur Papier et sur Verre, par M. G. HUBERSON. 1 vol.   3 fr.

— **Photographie** (Répertoire de), Formulaire complet de cet Art, par M. DE LATREILLE. (*En préparation.*)

— **Physicien-Préparateur,** ou Description des Instruments de Physique et leur Emploi dans les Sciences et dans l'Industrie, par MM. Ch. CHEVALIER et le docteur FAU. (*En préparation.*)

— **Physiologie végétale,** Physique, Chimie et Minéralogie appliquées à la culture, par M. BOITARD. 1 vol. orné de planches.   3 fr.

— **Plain-Chant ecclésiastique.** (*En préparation.*)

— **Plâtrier,** voyez *Chaufournier, Maçon.*

— **Plombier, Zingueur, Couvreur, Appareilleur à Gaz,** contenant la fabrication et le travail du Plomb et du Zinc et la manière de les souder, la Couverture des Constructions et l'Installation des Appareils et des Compteurs à Gaz, par M. Romain. Nouvelle édition, refondue, corrigée et augmentée, suivie de la *Série des Prix*, par N. Chryssochoïdès. 1 vol. orné de 266 figures dans le texte. 4 fr.

— **Poêlier-Fumiste**, traitant de la construction des Cheminées de tous modèles, des Fourneaux et des Poêles en terre, de l'agencement et de la Tuyauterie des Fourneaux en maçonnerie et des Poêles en terre, en fonte et en tôle, et du Ramonage des divers appareils de Chauffage, par MM. Ardenni, J. de Fontenelle, F. Malepeyre et A. Romain, 1 vol. orné de figures. 3 fr.

— **Poids et Mesures**, à l'usage des Médecins, etc. Brochure in-18. 25 c.

— **Poids et Mesures**, Comptes faits ou Barème général des Poids et Mesures, par M Achille Nouhen. *Ouvrage divisé en cinq parties qui se vendent séparément.*

1re partie, Mesures de Longueur. (*En préparation.*)
2e partie, — de Surface. 60 c.
3e partie, — de Solidité. (*En préparation.*)
4e partie, Poids. (*En préparation.*)
5e partie, Mesures de Capacité. (*En préparation.*)

— **Poids et Mesures** (Barème complet des), avec conversion facile de l'ancien système au nouveau, par M. Bacilet. 1 vol. 3 fr.

— **Poids et Mesures** (Fabrication des). Voir *Potier d'étain.*

— **Police de la France.** (*En préparation.*)

— **Pompes** (Fabricant de) de tous les systèmes, rectilignes, centrifuges, à diaphragme, à vapeur, à incendie, d'épuisement, de mines, de jardin, etc., traitant des principales Machines élévatoires autres que les Pompes, par MM. Janvier, Biston et A. Romain. 1 vol. orné de figures et accompagné de p'anches. 3 fr. 50

— **Ponts-et-Chaussées :** *Première partie*, Routes et Chemins, par M. de Gayffier, ingénieur en chef des Ponts-et-Chaussées. 1 vol. avec planches. 3 fr. 50

— *Seconde partie*, Ponts et Aqueducs en maçonnerie, par M. de Gayffier, 1 vol. avec planches. 3 fr. 50

— *Troisième partie*, Ponts en bois et en fer, par M. A. Romain. 1 vol. avec figures et planches. 3 fr. 50

— **Porcelainier, Faïencier, Potier de Terre,** contenant des notions pratiques sur la fabrication des Grès cérames, des Pipes, des Boutons, des Fleurs en porcelaine et des diverses Porcelaines tendres, par D. MAGNIER, ingénieur civil. Nouvelle édition revue et augmentée par BERTRAN, Ingénieur des Arts et Manufactures. 1 vol. orné de 148 figures dans le texte.   4 fr.

— **Potier d'Etain** et de la fabrication des **Poids et Mesures,** contenant la fabrication de la poterie d'Etain, Etains d'art ; poids et mesures de tous genres, balances, bascules, alcoomètres. Nouvelle édition par G. LAURENT, ingénieur des Arts et Manufactures. 1 vol. orné de 227 figures dans le texte.   4 fr.

— **Produits chimiques** (Fabricant de), formant un Traité de Chimie appliquée aux Arts, à l'Industrie et à la Médecine, par M. G.-E. LORMÉ. 4 gros volumes et Atlas de 16 planches grand in-8°. (*En préparation*).

— **Propriétaire, Locataire** et Sous-locataire, des biens de ville et des biens ruraux ; rédigé *par ordre alphabétique*, par MM. SERGENT et VASSEROT. 1 vol. 2 fr. 50

— **Puisatier,** voyez *Sondeur.*

— **Relieur** en tous genres, contenant les Arts de l'Assembleur, du Satineur, du Brocheur, du Rogneur, du Cartonneur et du Doreur, par MM. Séb. LENORMAND et W. MAIGNE. 1 vol. avec figures et planches.   3 fr. 50

— **Roses** (Amateur de), leur Histoire et leur Culture, par M. BOITARD. (*En préparation*).

— **Sapeur-Pompier** (Nouveau manuel *complet* du), composé par une Commission d'officiers du Régiment de Paris et de la Province, publié par *ordre du Ministère de l'Intérieur.* Edition entièrement refondue d'après le nouveau matériel de la Ville de Paris. 1 vol. orné de 140 fig. dans le texte. Broché . . . . 3 fr. 50
Cartonné, avec la couverture imprimée . . . 3 fr. 85

— **Sapeur-Pompier** (Nouveau Manuel *abrégé* du) composé par une Commission d'officiers du Régiment de Paris et de la Province, publié par *ordre du Ministère de l'Intérieur.* Edition abrégée, entièrement refondue, extraite du Nouveau Manuel complet. 1 vol. orné de nombreuses figures dans le texte. Broché . . . . 2 fr.
Cartonné, avec la couverture imprimée . . . 2 fr. 25

— **Sapeurs-Pompiers** (Théorie des), extraite du nouveau Manuel complet du Sapeur-Pompier composée par une Commission d'officiers du Régiment de Paris et de la Province.

Edition entièrement refondue, contenant les Manœuvres de la Pompe à bras et des Echelles, d'après le nouveau Matériel de la Ville de Paris. 1 vol. orné de nombreuses figures dans le texte. Broché. . . . . 75 c.
Cartonné, avec la couverture imprimée. . . . . 85 c.

— **Sapeurs-Pompiers** (*Manuel des Concours*) (Fédération nationale des Sapeurs-Pompiers français). 1 vol. orné de 80 fig. dans le texte, br. 2 fr. 50 ; — *Franco*, 2 fr. 75
Cartonné avec la couverture imprimée, 2 fr. 85 ; — *Franco*. 3 fr. 10

— **Sapeurs-Pompiers**, manuel des premiers secours par le Dr Ch. Le Page. 1 vol. in-16 orné de 83 illust. dans le texte. 2 fr.

— **Sapeurs-Pompiers**, voir Service d'incendie dans les Villes et les Campagnes.

— **Sauvetage** dans les Incendies, les Puits, les Puisards, les Fosses d'aisances, les Caves et Celliers, les Accidents en rivière et les Naufrages maritimes, par M. W. Maigne, 1 vol. orné de vignettes et de planches. (*En préparation.*)

— **Savonnier**, ou Traité de la Fabrication des Savons, contenant des notions sur les Alcalis et les Corps gras saponifiables, ainsi que les procédés de fabrication et les appareils en usage dans la Savonnerie, par M. E. Lormé. 3 vol. accompagnés de planches. 9 fr.

— **Sculpture sur bois**, contenant l'outillage et les moyens pratiques de Sculpture, les Styles de l'Ornementation, l'Art de Découper les Bois, l'Ivoire, l'Os, l'Ecaille et les Métaux, la Fabrication des Bois comprimés, etc., par M. S. Lacombe. 1 vol. orné de figures. 3 fr. 50

— **Serrurier**, ou Traité complet et simplifié de cet art, traitant des Fers, des Combustibles, de l'Outillage, du Travail à l'atelier et sur place, de la Serrurerie du carrossage, et des divers Travaux de Forge. par Paulin-Désormeaux et H. Landrin. Nouvelle édition entièrement refondue par Chryssochoïdès, ingénieur des Arts et Manufactures. 1 vol. orné de 106 fig. dans le texte et accompagné d'un Atlas de 16 planches. 5 fr.

— **Service d'Incendie** dans les Villes et les Campagnes, en France et à l'Etranger, par le lieutenant-colonel

Raincourt, ancien chef de bataillon au régiment des Sapeurs-Pompiers, Président d'honneur du Congrès international des Sapeurs-Pompiers, en 1889, et M. Marcel Grégoire, sous-préfet de Pontoise. 1 vol. in-18 orné de 77 figures dans le texte. 2 fr. 50

— **Soierie**, contenant l'Art d'élever les Vers à soie et de cultiver le Mûrier, traitant de la Fabrication des Soieries, par M. Devilliers. 2 vol. et Atlas. (*En préparation*).

— **Sommelier et Marchand de Vins**, contenant des notions sur les Vins rouges, blancs et mousseux, leur classification par vignobles et par crus, l'Art de les déguster, la description du matériel de cave, les soins à donner aux Vins en cercles et en bouteilles, l'art de les rétablir de leurs maladies, les coupages, les moyens de reconnaître les falsifications, etc., par M. Maigne. Nouvelle édition, revue, corrigée et augmentée, par R. Brunet. 1 vol. orné de 97 figures dans le texte. 3 fr.

— **Sondeur, Puisatier et Hydroscope**, traitant de la construction des Puits ordinaires et artésiens et de la recherche des Sources et des Eaux souterraines, par M. A. Romain. 1 vol. accompagné de planches. 3 fr. 50

— **Sorcellerie Ancienne et Moderne expliquée**, ou Cours de Prestidigitation. (*Epuisé.*)

— Supplément a la Sorcellerie expliquée, par M. Ponsin. (*Epuisé.*)

— **Souffleur à la Lampe et au Chalumeau**, (Voir *Verrier.*)

— **Sucre** (**Fabricant et Raffineur de**), traitant de la fabrication des Sucres indigènes et coloniaux, provenant de toutes les substances saccharifères dont l'emploi est usuel et reconnu pratique, par M. Zoéga. 1 vol. orné de planches et de figures. (*En préparation.*)

— **Taille-Douce** (Imprimeur en), par MM. Berthiaud et Boitard. (*En préparation.*)

— **Tanneur, Corroyeur et Hongroyeur**, contenant le travail des Cuirs forts de la Molleterie et des Cuirs blancs, suivi de la fabrication des Courroies, d'après les méthodes perfectionnées les plus récentes. par Maigne. 2 vol. ornés de figures et accompagnés de planches. 6 fr.

— **Tapissier Décorateur**, par H. Lacroix, professeur technique. 1 vol. orné de 81 figures dans le texte. 2 fr. 50

— **Technologie physique et mécanique**, ou

FORMULAIRE ·ANNOTÉ à l'usage des Ingénieurs, des Architectes, des Constructeurs et des Chefs d'usines, par H. GUÉDY, architecte. 1 vol.   4 fr.

— **Teinture des peaux**, voyez *Chamoiseur.*

*— **Teinture moderne**. Voir page 31.

— **Teinturier, Apprêteur et Dégraisseur**, ou Art de teindre la Laine, la Soie, le Coton, le Lin, le Chanvre et les autres matières filamenteuses, ainsi que les tissus simples et mélangés, au moyen des COULEURS ANCIENNES animales, végétales et minérales, par MM. RIFFAUT, VERGNAUD, JULIA DE FONTENELLE, THILLAYE, MALEPEYRE, ULRICH et ROMAIN. 2 vol. accompag. de planch. 7 fr.

— *Supplément*, traitant de l'emploi en Teinture des COULEURS D'ANILINE et de leurs dérivés, par M. A.-M. VILLON, chimiste. 1 vol.   3 fr. 50

— **Télégraphie électrique**, contenant la description des divers systèmes de Télégraphes et de Téléphones, et leurs applications au service des Chemins de fer, des Sonneries électriques et des Avertisseurs d'incendie, par ROMAIN. 1 vol. orné de fig. et accompagné de pl.   3 fr. 50

— **Teneur de Livres**, renfermant la Tenue des Livres en partie simple et en partie double, par TRÉMERY et A. TERRIÈRE (*Ouvrage autorisé par l'Université*), suivi de la Comptabilité agricole, par R. BRUNET. 1 vol.   3 fr.

— **Terrassier** et Entrepreneur de terrassements, traitant des divers modes de transport, d'extraction et d'excavation, et contenant une description sommaire des grands travaux modernes, par MM. CH. ETIENNE, AD. MASSON et D. CASALONGA. 1 vol et un Atlas de 22 pl. (*En prép.*)

— **Théâtral (Manuel)** et du Comédien, contenant les principes de l'Art de la parole, par Aristippe BERNIER DE MALIGNY. 1 vol. (*En préparation.*)

— **Tissage mécanique**. (*En préparation.*)

— **Tissus** (Dessin et Fabrication des) façonnés, tels que Draps, Velours, Ruban, Gilet, Coutil, Châle, Passementerie, Gazes, Barèges, Tulle, Peluche, Damassé, Mousseline, etc., par M. TOUSTAIN. (*En préparation.*)

— **Tonnelier**, contenant la fabrication des Tonneaux, des Cuves, des Foudres et des autres vaisseaux en bois cerclés, suivi du *Jaugeage* des fûts de toute dimension, par P. DÉSORMEAUX, OTT et MAIGNE. Nouvelle édition revue et corrigée par RAYMOND BRUNET, Ingénieur agronome. 1 vol. orné de 227 figures.   3 fr.

— **Tourneur,** ou Traité théorique et pratique de l'art du Tour, contenant la description des appareils et des procédés les plus usités pour Tourner les Bois et les Métaux, les Pierres, l'Ivoire, la Corne, l'Ecaille, la Nacre, etc. Ainsi que les notions de Forge, d'Ajustage et d'Ebénisterie indispensables au Tourneur, par E. de VALICOURT. 1 vol. grand in-8 contenant 27 planches de figures, 4ᵉ édition revue et corrigée. 15 fr.

— **Treillageur,** *Première partie,* traitant de la fabrication à la main. de la Menuiserie des Jardins et de la fabrication des Objets de jardinage, par M. P. DÉSORMEAUX. 1 vol. accompagné de planches (*En préparation*).

— **Treillageur,** *Seconde partie,* traitant de l'outillage, de la fabrication à la main et à la mécanique. de la confection des Grillages, Claies, Jalousies, etc., par M. E. DARTHUY. 1 vol. avec figures et planches. 3 fr.

— **Typographie** (de). Historique. Composition. Règles orthographiques. Imposition. Travaux de ville. Journaux. Tableaux. Algèbre. Langues étrangères. Musique et plain-chant. Machines. Papier. Stéréotypie. Illustration. Par EMILE LECLERC, de la *Revue des Arts graphiques,* ancien directeur de l'Ecole professionnelle Lahure. Préface de M. PAUL BLUYSEN. 1 vol. orné de 100 figures dans le texte. 4 fr.
On vend séparément les SIGNES DE CORRECTION. 50 c.

— **Vélocipédie** (de), Locomotion, Vélocipèdes, Construction, etc., par Louis LOCKERT, ingénieur diplômé de l'Ecole centrale. 1 vol. orné de 58 fig. dans le texte. Terminé par l'Art de monter à Bicyclette, par RIVIERRE. 1 fr. 50

— **Vernis (Fabricant de),** contenant les formules les plus usitées de vernis de toute espèce, à l'éther, à l'alcool, à l'essence, vernis gras, etc., par M. A. ROMAIN. 1 vol. orné de figures. 4 fr.

— **Verrier et Fabricant de Cristaux,** Pierres précieuses factices. Verres colorés, Yeux artificiels, par JULIA DE FONTENELLE et MALEPEYRE. Nouvelle édition entièrement refondue par BERTRAN, Ingénieur des Arts et Manufactures. 2 vol. ornés de 235 fig. dans le texte. 8 fr.

— **Vétérinaire,** contenant la connaissance des chevaux, la manière de les élever, les dresser et les conduire, la Description de leurs maladies, les meilleurs modes de traitement, etc., par M. LEBEAU et un ancien professeur d'Alfort. 1 vol. orné de figures. (*En prépar.*),

— **Vigneron**, ou l'Art de cultiver la Vigne, de la protéger contre les insectes qui la détruisent, et de faire le Vin, contenant les meilleures méthodes de Vinification, traitant du chauffage des Vins, etc., par THIÉBAUT DE BERNEAUD et F. MALEPEYRE. 1 vol. orné de 40 figures. Nouvelle édition, revue par R. BRUNET. 3 fr. 50

— **Vinaigrier et Moutardier**, contenant la fabrication de l'acide acétique, de l'acide pyroligneux, des acétates, et les formules de Vinaigres de table, de toilette et pharmaceutiques, l'analyse chimique de la graine de moutarde, ainsi que les meilleures recettes pour la préparation de la moutarde, par MM. J. DE FONTENELLE et F. MALEPEYRE. 1 vol. orné de figures. 3 fr. 50

— **Vins** (Calendrier des), ou instructions à exécuter mois par mois, pour conserver, améliorer ou guérir les Vins. *(Ouvrage destiné aux Garçons de caves et de celliers, et aux Maîtres de Chais, faisant suite à l'Amélioration des Liquides)*, par M. V.-F. LEBEUF. 1 vol. 1 fr. 75

— **Vins de Fruits et Boissons économiques**, contenant l'Art de fabriquer soi-même, chez soi et à peu de frais, les Vins de Fruits, les Vins de Raisins secs, le Cidre, le Poiré, les Vins de Grains, les Bières économiques et de ménage, les Boissons rafraîchissantes, les Hydromels, etc., et l'Art d'imiter avec les Fruits et les Plantes les Vins de table et de liqueur français et étrangers, par M. F. MALEPEYRE. 1 vol. 3 fr.

— **Vins mousseux** (Voyez *Eaux et Boissons gazeuses*).

— **Zingueur**, voyez *Plombier*.

INDUSTRIE, ARTS ET MÉTIERS

*Guide pratique de Teinture moderne, suivi de l'Art du Teinturier-Dégraisseur, contenant l'étude des fibres textiles et des matières premières utilisées en Teinture, et des procédés les plus récents pour la fixation des couleurs sur laine, soie, coton, etc., par V. THOMAS, docteur ès sciences, préparateur de Chimie appliquée à la Faculté des Sciences de l'Université de Paris. 1 vol. grand in-8° raisin, orné de 133 figures dans le texte. 20 fr.

Art du Peintre, Doreur et Vernisseur, par
Watin ; 14ᵉ édit., revue pour la fabrication et l'application
des couleurs, par MM. Ch. et F. Bourgeois, et augmentée
de l'*Art du Peintre en voitures, en marbres et en faux-*
bois, par M. J. de Montigny, ingénieur. 1 vol. in-8°. 6 fr.

Calcul des essieux pour les Chemins de Fer ; Coup
d'œil sur les roues de vagons, par A.-C. Benoit-Dupor-
tail, 1856. Brochure in-8°. 1 fr. 75

Cubage des Bois en grume (Tarif de), au mètre
cube réel et au mètre cube marchand, par M. Ch. Blind.
Brochure in-18. 75 c.

Etudes sur quelques produits naturels applicables à la *Teinture,* par Arnaudon, 1858. Br. in-8. 1 fr. 25

— **Guia** del Cultivador de Montes y de la Guarderia
Rural — ò — La Silvicultura Práctica. 1 vol. in-8. 2 fr.

Incendies des matières dangereuses et explo-
sives (Les) (dangers, précautions, moyens et appareils),
les extincteurs d'incendie. par Daniel Pierre, ingénieur
chimiste, 1 vol. in-8°, avec figures. 2 fr.

Levés à vue (Des) et du Dessin d'après nature. par
Leblanc. Brochure in-18 avec planche. 25 c.

Machines-Outils (Traité des) employées dans les
usines et les ateliers de construction pour le Travail des
Métaux, par M. J. Chrétien, 1866. 1 volume in-8 jésus,
renfermant 16 planches gravées avec soin sur acier. 12 fr.

Manipulations hydroplastiques, ou Guide du
Doreur et de l'Argenteur, par M. Roseleur. 1 volume
in-8°. 15 fr.

Manuel-Barême pour les Alliages d'Or et
d'Argent. Ouvrage indispensable aux Fabricants Bijoutiers et Orfèvres, ainsi qu'à toutes les personnes qui s'occupent du commerce des Métaux précieux, par M. A. Mer-
cier. 1 vol. in-8. Broché, 10 fr. Relié en toile, 11 fr. 50

Manuel de la Filature du Lin et de l'Etoupe,
Application du Système métrique au Calcul du mouvement
différentiel, par Delmotte. 2ᵉ éd., 1878. 1 vol. in-12. 2 fr. 50

Mémoire sur l'Appareil des voûtes hélicoï-
dales et des voûtes biaises à double courbure, par A.-A.
Souchon. 1 vol. in-4° renfermant 8 planches. 3 fr. 50

Photographie sur papier, par M. Blanquart-
Evrard, 1851. 1 vol. grand in-8. 1 fr. 50

Tables techniques de l'Industrie du Gaz, par
M. D. MAGNIER, ingénieur. (*En préparation.*)

Traité du Chauffage au Gaz, par CH. HUGUENY.
1857. Brochure in-8°. 1 fr. 50

Traité de la Coupe des Pierres, ou Méthode facile et abrégée pour se perfectionner dans cette science, par J.-B. DE LA RUE. 3e édition, revue et corrigée par M. RAMÉE, architecte. 1 vol. in-8° de texte, avec un Atlas de 98 planches in-folio. 20 fr.

Traité des Echafaudages, ou Choix des meilleurs modèles de charpentes, par J.-Ch. KRAFFT. 1 vol. in-folio relié, renfermant 51 planches gravées sur acier. 25 fr.

Usage de la Règle logarithmique, ou Règle-calcul. In-18. 25 c.

Vignole du Charpentier. 1re partie, ART DU TRAIT, contenant l'application de cet art aux principales constructions en usage dans le bâtiment, par M. MICHEL, maître charpentier, et M. BOUTEREAU, professeur de géométrie appliquée aux arts. 1 vol. in-8°, avec Atlas de 72 pl. 20 fr.

PARIS-BIJOUX

Annuaire des Horlogers et Bijoutiers, publié par la *Revue de l'Horlogerie - Bijouterie*, 1909. — Petit in-16, toile souple. 3 fr.

OUVRAGES SUR L'HORTICULTURE

L'AGRICULTURE, L'ÉCONOMIE RURALE, ETC.

Plantes vivaces de la maison Lebeuf, ou Liste des espèces les plus intéressantes cultivées dans cet établissement, avec quelques renseignements sur leur culture, leur emploi, etc., par GODEFROI-LEBEUF et BOIS, 1882. 1 vol. in-18, orné de figures. 2e édition. 1 fr. 50

Les Insectes nuisibles aux arbres fruitiers. Moyens de les détruire, par A. RAMÉ. 1re partie: LES LÉPIDOPTÈRES. 1 vol. in-18, 2e édit. 1 fr. 25

Histoire du Pommier, par DUVAL, 1852. Brochure in-8°. 1 fr. 50

Etude sur !les Sauterelles et les Criquets, moyens d'en arrêter les invasions et de les transformer en Engrais par les procédés Durand et Hauvel, brevetés s. g. d. g., 1878. Brochure in-8 de 36 pages. 75 c.

Voyage de découverte autour du Monde et à la recherche de La Pérouse, par J. Dumont d'Urville, capitaine de vaisseau, exécuté sous son commandement et par ordre du gouvernement, sur la corvette l'*Astrolabe*, pendant les années 1826 à 1829. 5 tomes divisés en 10 volumes in-8 ornés de vignettes sur bois, avec un Atlas contenant 20 planches ou cartes grand in-folio. 30 fr.

Cet important ouvrage, qui a été exécuté par ordre du gouvernement sous le commandement de M. Dumont d'Urville et rédigé par lui, n'a rien de commun avec le *Voyage pittoresque* publié sous sa direction.

ALBUMS INDUSTRIELS

Carnets du Garde-Meuble, Albums grand in-8, publiés par D. Guilmard.

Nº 1. Ébéniste parisien, Recueil de dessins de Meubles dessinés d'après nature chez les principaux ébénistes du faubourg Saint-Antoine. Album in-8 jésus de 130 feuilles. En couleur, 40 fr.

Nº 2 Fabricant de Sièges, Recueil de dessins de Sièges non garnis, dessinés d'après nature chez les principaux fabricants du faubourg Saint-Antoine. Sièges simples. Album de 120 planches avec titre. En noir, 25 fr. — En couleur, 40 fr.

Nº 3. Vieux bois, Recueil de dessins de Meubles et de Sièges en vieux chêne sculpté. Fabrication courante. Album de 26 planches. En couleur, 10 fr.

Nº 3 *bis*. Meubles en chêne, Recueil de Meubles et de Sièges sculptés en chêne. Album de 26 planches. En noir. 6 fr. — En couleur, 10 fr.

Nº 4. Sculpteur. Recueil de motifs sculptés employés dans la fabrication des meubles simples. Album de 24 pl. En noir (pas de couleur), 6 fr.

Nº 6. Marqueterie et boule, Recueil de meubles dans ce genre, contenant 24 planches in-8º jésus, et représentant 44 modèles différents. En noir, 6 fr. — En couleur, 12 fr.

No 7. CARNET-RÉFÉRENCE, Collection de Sièges, Meubles et Tentures, contenant 80 planches in-4° noires.   12 fr.

Carnet Empire, 68 planches de Tentures, Sièges et Meubles, genre Empire, par E. MAINCENT. Album cart. En noir, 10 fr. — En couleur,   20 fr.

Petit Carnet, No 1, MEUBLES SIMPLES, Petit Album de poche, contenant 40 planches, représentant 67 modèles En noir, 5 fr. — En couleur,   7 fr.

Petit Carnet, N° 2, SIÈGES. Petit Album de poche, contenant 40 planches. En noir, 5 fr. — En couleur,   7 fr.

Petit Carnet, N° 3, TENTURES. Petit Album de poche, contenant 39 planches. En noir, 5 fr. En couleur,   7 fr.

Petit Carnet, N° 4. SIÈGES BOIS RECOUVERT, série classique et fantaisie. 60 pl. en noir, 7 fr. 50 ; en couleur 12 fr.

Petit Carnet, N° 5. TENTURES. 60 pl. contenant 66 modèles de tentures classiques, modernes et art nouveau, en noir 7 fr. 50 ; en couleur,   12 fr.

Petit Carnet du Garde-Meuble, N° 10, SIÈGES, TENTURES. Petit Album de poche, renfermant 32 planches. En noir,   5 fr.

Décoration (La) au XIX° Siècle, Décor intérieur des habitations, Riches appartements, Hôtels et Châteaux, par D. GUILMARD. 48 pl. in-4° coloriées, en carton. 60 fr.

Décoration (La petite), Menuiserie décorative appliquée à l'intérieur des habitations, par E. MAINCENT. Album de 20 planches coloriées.   16 fr.

Disposition des Appartements, Album relié renfermant 18 plans de faces et d'élévations, etc. En noir, 50 fr.

Fleur décorative (La). 1re partie, BRONZERIES, donnant la plus grande partie des types de fleurs employés dans la décoration. 43 planches, dont un titre, en carton. En noir, 12 fr. — En couleur,   25 fr.

Menuiserie (La) parisienne, Recueil de motifs de menuiserie dans le genre moderne, par D. GUILMARD. Album de 30 planches in-4° en carton.   15 fr.

Menuiserie (La) religieuse, Ameublement des Églises, styles roman et ogival du x° au xiv° siècle, par D. GUILMARD. Album in-4° de 30 planches.   15 fr.

Ornementation (La connaissance des Styles de l'), Histoire de l'ornement et des arts qui s'y rattachent depuis l'ère chrétienne jusqu'à nos jours, par D. GUILMARD. 1 beau vol. in-4°, richement illustré et accompagné de 42 planches noires,   25 fr,

Ornements d'appartements (Album des), Collection de tous les accessoires de décorations servant aux croisées et aux lits, par D. Guilmard. Album de 24 planches in-8° oblong. En noir, 6 fr. — En couleur,   10 fr.

Portefeuille pratique de l'Ebéniste parisien, Elévation, Plan, Coupe et détails nécessaires à la fabrication des Meubles, par D. Guilmard. Album in-4° de 31 planches noires.   15 fr.

Sièges (Portefeuille pratique du Fabricant de), Plan, Coupes, Elévation et Détails nécessaires à la Fabrication des Sièges, par D. Guilmard. Album in-4° de 31 planches.   15 fr.

Tapissier garnisseur (Tarif du), Prix de revient de modèles en bois recouverts ou apparents.   9 fr.

Albums en cartons contenant les dessins correspondant aux prix de revient du Tarif :

Bois RECOUVERTS, 128 modèles, fig. noires.   28 fr.
Bois APPARENTS, 125 modèles, fig. noires.   23 fr.

Tapissier parisien (Album du), par D. Guilmard. Album grand in-8° de 25 planches.

En noir,   7 fr.

Tapissier parisien (Portefeuille pratique du), PREMIÈRE PARTIE. Décors de lits, croisées, etc. Coupe et texte de ces diverses décorations, par D. Guilmard. Album de 30 planches in-4°. En noir, 18 fr. — En couleur, 25 fr.

SECONDE PARTIE. Dessins de Tentures modernes avec Coupes, Détails et Texte explicatif, par E. Maincent. Album de 35 planches. En noir,   20 fr.

Tapissier (Tarif du), TENTURES, par E. Maincent, donnant le prix de revient, l'emploi et la coupe des Etoffes pour Tentures. 1 vol. grand in-8° cartonné, sans planches.   12 fr.

Tourneur (Art du); Profils et renseignements pour servir dans tous les Arts et Industries du Tour, par E. Maincent. Album in-4° de 30 planches avec texte.   20 fr.

Nouveau Recueil de Tentures laines dans le genre simple. 28 pl. sur bristol grand format (0,32×0,49), comprenant des décors de lit, fenêtres, portières, grandes baies, salons, salles à manger, chambres à coucher.

En noir, 30 fr.; en couleur,   55 fr.

L'AMEUBLEMENT

ET

LE GARDE-MEUBLE

RÉUNIS

publie 6o Planches par année

Il est divisé en trois parties :

MEUBLES, TENTURES, SIÈGES

Il paraitra tous les deux mois :

4 Planches de Meubles, 4 Planches de Tentures

Et tous les quatre mois :

4 Planches de Sièges.

PRIX DES ABONNEMENTS :

FRANCE

Meubles.. 24 pl. par an, en noir 14 fr.; — couleur 20 fr.
Tentures. 24 pl. par an, — 14 fr.; — 20 fr.
Sièges ... 12 pl. par an, — 7 fr.; — 10 fr.
Prix des 3 séries complètes — 35 fr.; — 50 fr.

ÉTRANGER

Meubles . 24 pl. par an, en noir 15 fr.; — couleur 22 fr.
Tentures. 24 pl. par an, — 15 fr.; — 22 fr.
Sièges ... 12 pl. par an, — 8 fr.; — 11 fr.
Prix des 3 séries complètes — 38 fr.; — 55 fr.

Les livraisons paraissent tous les deux mois.
Les Sièges avec les livraisons de Janvier, Mai, Septembre

Les Abonnements partent de Janvier.

NOUVEAUX PROCÉDÉS
DE
TAXIDERMIE

Accompagnés de Photographies des principaux types de la collection de l'auteur à Makri-Keui, près Constantinople, de Physionomies de Rapaces sur nature, et suivis de quelques impressions ornithologiques, par le COMTE ALLÉON, commandeur de l'ordre du Mérite civil de Bulgarie, chevalier de l'ordre de St-Grégoire, officier du Medjidié, membre du Comité international permanent ornithologique de Vienne, médaille d'or à l'exposition de Vienne 1883. 1 vol. in-8° jésus, 32 p. de texte, 132 fig. tirées sur papier couché. **25 fr.**

BIBLIOTHÈQUE DES ARTS ET MÉTIERS

6 vol. format in-18, grand papier

1 fr. 75 le volume

Livre du Cultivateur, Guide complet de la culture des Champs, par M. MAUNY DE MORNAY. 1837. 1 vol. accompagné de 2 planches.

Livre du Jardinier, Guide complet de la culture des Jardins fruitiers, potagers et d'agrément, par M. MAUNY DE MORNAY. 1838. 2 vol. accompagnés de 2 planches.

Livre des Logeurs et des Traiteurs, Code complet des Aubergistes, Maitres d'hôtel, Teneurs d'hôtel garni, Logeurs, Traiteurs, Restaurateurs, Marchands de Vin, etc., suivi de la Législation sur les Boissons. 1838. 1 vol.

Livre du Fabricant de Sucre et du Raffineur, par M. MAUNY DE MORNAY. 1837. 1 vol. accompagné de 2 planches.

Livre du Vigneron et du Fabricant de Cidre, de Poiré, de Cormé, et autres Vins de Fruits, par M. MAUNY DE MORNAY. 1838. 1 vol. accompagné d'une planche

Zoologie classique, ou Histoire naturelle du Règne animal, par M. F. A. POUCHET, ancien professeur de zoologie au Muséum d'Histoire naturelle de Rouen, etc. Seconde édition considérablement augmentée. 2 vol in-8°, contenant ensemble plus de 1,300 pages, et accompagnés d'un Atlas de 44 planches et de 5 grands tableaux. Fig. noires. **25 fr.**

NOTA. *Le Conseil de l'Université a décidé que cet ouvrage serait placé dans les bibliothèques des Lycées.*

SUITES A BUFFON

Formant avec les Œuvres de cet auteur

UN

COURS COMPLET D'HISTOIRE NATURELLE

EMBRASSANT

LES TROIS RÈGNES DE LA NATURE

Belle Édition, format in-octavo

DIVISION DE L'OUVRAGE

Zoologie générale (Supplément à Buffon), ou Mémoires et Notices sur la Zoologie, l'Anthropologie et l'Histoire de la Science, par M. ISIDORE GEOFFROY-SAINT-HILAIRE. 1 vol. avec 1 livraison de planches.
Fig. noires. 13 fr.
Fig. coloriées. 21 fr.

Cétacés (Baleines, Dauphins, etc.), ou Recueil et examen des faits dont se compose l'histoire de ces animaux, par M. F. CUVIER, membre de l'Institut, professeur au Muséum d'Histoire naturelle. 1 vol. avec 2 livraisons de planches.
Fig. noires. 17 fr.
Fig. coloriées. 33 fr.

Reptiles (Serpents, Lézards, Grenouilles, Tortue, etc.), par M. DUMÉRIL, membre de l'Institut, professeur à la Faculté de Médecine et au Muséum d'Histoire naturelle, et M. BIBRON, professeur d'Histoire naturelle. 10 vol. et 10 livraisons de planches.
Fig. noires. 130 fr.

Fig. coloriées. 210 fr.

Poissons, par M. A.-Aug. DUMÉRIL, professeur au Muséum d'Histoire naturelle, professeur agrégé libre à la Faculté de Médecine de Paris. Tomes I et II (en 3 volumes) avec 2 livraisons de planches. (*En publication*).
Fig. noires. 34 fr.
Fig. coloriées. 50 fr.

Entomologie (Introduction à l'), comprenant les principes généraux de l'Anatomie, de la Physiologie des Insectes ; des détails sur leurs mœurs, et un résumé des principaux systèmes de classification, etc., par M. LACORDAIRE, professeur à l'Université de Liège. (*Ouvrage adopté et recommandé par l'Université pour être placé dans les bibliothèques des Facultés et des Collèges, et donné en prix aux élèves*).
2 vol. et 2 livraisons de planches.
Fig. noires. 25 fr.
Fig. coloriées. 40 fr.

Insectes Coléoptères (Cantharides, Charançons, Hannetons, Scarabées, etc.) par M. LACORDAIRE, professeur à l'Université de Liège, et M. le Dʳ CHAPUIS, membre de l'Académie royale de Belgique. 14 vol. avec 13 livraisons de planches.
Fig. noires. 170 fr.
(Manque de coloris).

— **Orthoptères** (Grillons, Criquets, Sauterelles), par M. AUDINET-SERVILLE, membre de la Société entomologique de France. 1 vol. et 1 livraison de pl.
Fig. noires. 13 fr.
Fig. coloriées. 21 fr.

— **Hémiptères** (Cigales, Punaises, Cochenilles, etc.) par MM. AMYOT et SERVILLE. 1 vol. et 1 livraison de planches.
Fig. noires. 13 fr.
(Manque de coloris).

Insectes Lépidoptères (Papillons). *Les deux parties de cet ouvrage se vendent séparément.*

— DIURNES, par M. BOISDUVAL, tome Iᵉʳ, avec 2 livraisons de planches. *(En publication)*.
Fig. noires. 17 fr.
(Manque de coloris).

— NOCTURNES, par MM. BOISDUVAL et GUÉNÉE, tome Iᵉʳ, avec 1 livraison de planches, tomes V à X, avec 5 livraisons de planches.
(En publication).
Fig. noires. 90 fr.
Fig. coloriées. 125 fr.

Névroptères (Demoiselles, Éphémères, etc.), par M. le docteur RAMBUR. 1 vol. et 1 livraison de planches *(Epuisé)*.

— **Hyménoptères** (Abeilles, Guêpes, Fourmis, etc.), par M. le comte LEPELLETIER DE SAINT-FARGEAU et M. BRULLÉ. 4 vol. avec 4 livraisons de planches.
Fig. noires. 50 fr.
Fig. coloriées. 90 fr.

— **Diptères** (Mouches, Cousins, etc.), par M. MACQUART, ancien recteur du Muséum d'Histoire naturelle de Lille. 2 vol. et 2 livraisons de planches.
(Epuisé.)

— **Aptères** (Araignées, Scorpions, etc.), par MM. WALCKENAER et GERVAIS. 4 vol. avec 5 livraisons de planches.
Fig. noires. 54 fr.
(Manque de coloris).

Crustacés (Ecrevisses, Homards, Crabes, etc.), comprenant l'Anatomie, la Physiologie et la classification de ces animaux, par M. MILNE-EDWARDS, membre de l'Institut, professeur au Muséum d'Histoire naturelle, etc. 3 vol. avec 4 livraisons de planches.
Fig. noires. 42 fr.
(Manque de coloris).

Helminthes ou Vers intestinaux, par M. DUJARDIN, doyen de la Faculté des Sciences de Rennes. 1 vol. avec 1 livraison de planches

Fig. noires. 13 fr.
(*Manque de coloris*).

Annelés marins et d'eau douce (Annélides, Géphyriens, Sangsues, Lombrics, etc.), par M. DE QUATREFAGES, membre de l'Institut, professeur au Muséum d'Histoire naturelle, et M. Léon VAILLANT, professeur au Muséum d'Histoire naturelle. Tomes I et II (en 3 vol.) avec 2 livraisons de planches.
Fig noires. 32 fr.
Tome III (en 2 vol.) avec 1 livraison de planches.
Fig. noires. 22 fr.
(*Manque de coloris*).

Zoophytes Acalèphes (Physales, Béroés, Angèles, etc.), par M. LESSON, correspondant de l'Institut, pharmacien en chef de la Marine, à Rochefort. 1 vol. avec 1 livraison de pl.
Fig. noires. 13 fr.
(*Manque de coloris*)

— **Echinodermes** (Oursins, Palmettes, etc.), par MM. DUJARDIN, doyen de la Faculté des Sciences de Rennes, et HUPÉ, aide-naturaliste au Muséum de Paris. 1 vol. avec 1 livraison de planches.
Fig. noires. 13 fr.
Fig. coloriées. 21 fr.

— **Coralliaires** ou POLYPES PROPREMENT DITS (Coraux, Gorgones, Eponges, etc.), par MM. MILNE-EDWARDS, membre de l'Institut, professeur au Muséum d'Histoire naturelle, et J. HAIME,

aide-naturaliste au Muséum d'Histoire naturelle. 3 vol. avec 3 livraisons de pl.
Fig. noires. 37 fr.
(*Manque de coloris*).

Zoophytes Infusoires (Animalcules microscopiques), par M. DUJARDIN, doyen de la Faculté des Sciences de Rennes. 1 vol. avec 2 livraisons de pl.
Fig. noires. 18 fr.
(*Manque de coloris*)

Botanique (Introduction à l'étude de la), ou Traité élémentaire de cette science, contenant l'Organographie, la Physiologie, etc., par M. DE CANDOLLE, professeur d'Histoire naturelle à Genève. (*Ouvrage autorisé par l'Université pour les Lycées et les Collèges*). 2 vol. et 1 livraison de planches noires. 22 fr.
Les planches ne sont pas coloriées.

Végétaux phanérogames (Organes sexuels apparents : Arbres, Arbrisseaux, Plantes d'agrément, etc.), par M. SPACH, aide-naturaliste au Muséum d'Histoire naturelle. 14 vol. avec 15 livraisons de pl.
Fig. noires. 180 fr.
Fig. coloriées. 300 fr.

Géologie (Histoire, Formation et Disposition des Matériaux qui composent l'écorce du globe terrestre), par M. HUOT, membre de plusieurs sociétés savantes. 2 vol. ensemble de plus de

1,500 pages, avec 2 livraisons de pl. noires. 26 fr.
Les planches ne sont pas coloriées.
Minéralogie (Pierres, Sels, Métaux, etc.), par M. DELAFOSSE, membre de l'Institut, professeur au Muséum d'Histoire naturelle et à la Sorbonne. 3 vol. et 4 livraisons de planches noires. 43 fr.
Les planches ne sont pas coloriées.

PETITES SUITES A BUFFON
Format in-18

Histoire des Poissons classée par ordre, genres et espèces, d'après le système de Linné, avec les caractères génériques, par BLOCH et RÉNÉ-RICHARD CASTEL. 10 vol. accompagnés de 160 planches représentant 600 espèces de poissons dessinés d'après nature.
Fig. noires. 26 fr.

Histoire des Reptiles, par MM. SONNINI, naturaliste, et LATREILLE, membre de l'Institut. 4 vol. accompagnés de 54 planches, représentant environ 150 espèces différentes de serpents, vipères, couleuvres, lézards grenouilles, tortues, etc., dessinées d'après nature.
Fig. noires. 10 fr.

Histoire des Coquilles, contenant leur description, leurs mœurs et leurs usages, par M. Bosc, membre de l'Institut. 5 vol. accompagnés de planches.
Fig. noires. 10 fr. 50

Histoire naturelle des Végétaux classés par familles, avec la citation de la classe et de l'ordre de Linné, et l'indication de l'usage qu'on peut faire des plantes dans les arts, le commerce, l'agriculture, le jardinage, la médecine, etc.; des figures dessinées d'après nature, et un GENERA complet, selon le système de Linné, avec des renvois aux familles naturelles de Jussieu, par J.-B. LAMARCK et C.-F.-B. DE MIRBEL. 15 vol. in-18 accompagnés de 120 planches.
Fig. noires. 30 fr.
Fig. coloriées. 46 fr.

Histoire naturelle des Vers, par M. Bosc, membre de l'Institut. 3 vol.
Fig. noires. 6 fr. 50
Fig. coloriées. 10 fr. 50

Histoire des Insectes, composée d'après RÉAUMUR, GEOFFROY, DE GEER, ROESEL, LINNÉ, FABRICIUS, et les meilleurs ouvrages qui ont paru sur cette partie, rédigée suivant les méthodes d'Olivier, de Latreille, avec des notes, plusieurs observations nouvelles et des figures dessinées d'après nature, par F.-M.-G. DE TIGNY et BRONGNIART, pour les généralités. Édition augmentée par M. GUÉRIN. 10 vol. ornés de planches. Fig. noires. 28 fr.

Histoire des Crustacés, contenant leur description, leurs mœurs et leurs usages, par MM. BOSC et DESMAREST. 2 vol. accompagnés de 18 planches. Fig. noires. 7 fr. 50

OUVRAGES DIVERS D'HISTOIRE NATURELLE

Arachnides (Les) de France, par M. E. SIMON, membre de la Société entomologique de France.

Tome 1er, contenant les Familles des Epeiridæ, Uloboridæ, Dictynidæ, Enyoidæ et Pholcidæ. 1 vol. in-8°, accompagné de 3 planches. 12 fr.

Tome 2, contenant les Familles des Urocteidæ, Agelenidæ, Thomisidæ et Sparassidæ. 1 vol. in-8°, accompagné de 7 planches. 12 fr.

Tome 3, contenant les Familles des Attidæ, Oxyopidæ et Lycosidæ. 1 vol. in-8°, accompagné de 4 planches. 12 fr.

Tome 4, contenant la Famille des Drassidæ. 1 vol. in-8°, accompagné de 5 planches. 12 fr.

Tome 5 (1re partie), contenant la Famille des Epeiridæ (supplément) et des Theridionidæ. 1 vol. in-8°, accompagné de planches. 12 fr.

Tome 5 (2e partie), contenant la Famille des Theridionidæ (suite). 1 vol. in-8°, accompagné de planches et orné de figures. 12 fr.

Tome 5 (3e partie), contenant la Famille des Theridionidæ (fin). 1 vol. in-8°, accompagné de planches et orné de figures. 12 fr.

Tome 6. (*En préparation.*)

Tome 7, contenant les Familles des Chernetes, Scorpiones et Opiliones. 1 vol. in-8°, accompagné de planches. 12 fr.

Histoire naturelle des Araignées. par M. EUG. SIMON, *Deuxième édition.*

Tome premier, *1er fascicule* contenant 215 figures intercalées dans le texte. 1 vol. grand in-8° de 256 pages. 6 fr.

Tome premier, *2e fascicule* contenant 275 figures intercalées dans le texte. 1 vol. grand in-8°. 6 fr.

Tome premier, *3e fascicule* contenant 347 figures intercalées dans le texte. 1 vol. grand in-8°. 6 fr.

Tome premier, *4e et dernier fascicule* (du tome 1er), contenant 261 figures 1 vol. grand in-8°. 6 fr.

Tome second, *1ᵉʳ fascicule* contenant 200 figures intercalées dans le texte. 1 vol. grand in-8°.   6 fr.
Tome second, *2° fascicule* contenant 184 figures intercalées dans le texte. 1 vol. grand in-8.   6 fr.
Tome second, *3° fascicule* contenant 407 figures.   6 fr.
Tome second, *4ᵉ et dernier fascicule* contenant 329 figures.   6 fr.
**Catalogue des espèces actuellement connues
de la famille des Trochilides**, par Eugène Simon,
brochure in-8°.   3 fr.

OUVRAGES D'ASSORTIMENT

**Aranéides des îles de la Réunion, Maurice et
Madagascar**, par M. Aug. Vinson. 1 gros volume in-8,
illustré de 14 planches.
Fig. noires.   20 fr.

Astronomie des Demoiselles, ou Entretiens entre
un frère et sa sœur, sur la mécanique céleste, par James
Fergusson et M. Quétrin. 1 vol. in-12.   3 fr. 50

Botanique (La), de J.-J. Rousseau, contenant tout ce
qu'il a écrit sur cette science, augmentée de l'exposition
de la méthode de Tournefort et de Linné, suivie d'un Dic
tionnaire de botanique et de notes historiques, par M. De-
ville. 2ᵉ édition, 1 gros vol. in-12, orné de 8 planches.
Figures noires.   4 fr.

**Choix des plus belles fleurs et des plus beaux
fruits**, par P.-J. Redouté, peintre d'histoire naturelle.
100 planches différentes coloriées. Chaque pl.   1 fr.

**Collection iconographique et historique des
Chenilles d'Europe**, ou Description et figures de ces
Chenilles, avec l'histoire de leurs métamorphoses, et leur
application à l'agriculture, par MM. Boisduval, Rambur
et Graslin.
Cette collection se compose de 42 livraisons, format
grand in-8, papier vélin : chaque livraison comprend *trois
planches coloriées* et le texte correspondant.
Les 42 livraisons réunies (la pl. I des Papillonides n'a
jamais existé) :   100 fr.

**Cours d'agriculture, de viticulture et de jar-
dinage**, par Mathieu Risler (1849). 1 vol. in-12.   2 fr.

Fauna japonica, sive Descriptio animalium quæ in
itinere per Japoniam jussu et auspiciis superiorum, qui

summum in India Batava imperium tenent, suscepto anni 1823-1830, collegit, notis, observationibus et adumbratio- nibus illustravit Ph. Fr. de Siebold.

Reptiles, 3 livraisons noires. Ensemble   25 fr.

Faune de l'Océanie, par M. le docteur Boisduval. 1 gros vol. in-8, imprimé sur grand papier.   10 fr.

Faune entomologique de Madagascar, Bourbon et Maurice. — *Lépidoptères*, par le docteur Bois- duval ; avec des notes sur leurs métamorphoses, par M. Sganzin.
Huit livraisons, format grand in-8, papier vélin.
Planches noires.   10 fr.

Icones historique des Lépidoptères nouveaux ou peu connus, collection, avec figures coloriées, des papillons d'Europe nouvellement découverts, par M. le docteur Boisduval. Ouvrage formant le complément de tous les auteurs iconographes. Cet ouvrage se compose de 42 livraisons grand in-8, comprenant chacune *deux planches coloriées* et le texte correspondant.
Les 42 livraisons réunies. Coloriées.   100 fr.
Noires.   25 fr.
Nota. — Tome 2. Le texte s'arrête page 208. Toutes les fig. des planches 48 à 70 inclusivement sont décrites. Les fig. des planches 71 à la fin ne sont pas décrites.

Manuel des Candidats à l'emploi de Vérificateur des Poids et Mesures, par Ravon. 2e éd., 1841. 1 vol. in-8. 5 fr.

Manuel des Sociétés de secours mutuels. Une brochure in-12. 1854.   0 fr. 50

Mémoires de la Société royale des Sciences de Liège. Première série, 1843 à 1866, 20 vol. à   7 fr.
Deuxième série, 1866 à 1887, 13 vol. à   7 fr.

Ministre (Le) de Wakefield, traduit en français par M. Aignan. 1 vol. in-12, avec figures.   1 fr.

Monographie des Erotyliens, famille de l'ordre des Coléoptères, par M. Th. Lacordaire. In-8.   9 fr.

Synonymia insectorum. — **Genera et species curculionidum** (ouvrage comprenant la synonymie et la description de tous les Curculionides connus), par M. Schoenherr. 8 tomes en 16 parties. (*Ouvrage ter- miné.*)   144 fr.

Théorie élémentaire de la Botanique, ou Expo- sition des principes de la classification naturelle et de l'art de décrire et d'étudier les végétaux, par M. de Can- dolle. 3e édition, 1 vol. in-8.   8 fr.

DÉPOT DES OUVRAGES

PUBLIÉS PAR LA

LIBRAIRIE FÉRET & FILS

DE BORDEAUX

Andrieu (P.). — Le Sucrage des Vendanges. Les vins de première cuvée avec chaptalisation des moûts. Les vins de sucre avec corrections dans leur composition. 1903, in-8, broché.   1 fr. 50

— Nouvelle méthode de vinification de la vendange par sulfitage et levurage. 1903, in-8. br.   0 fr. 60

— 1904, in-8°, br.   0 fr. 60

— 1905, in-8°, br.   0 fr. 60

— 1906, in-8°, br.   0 fr. 60

— 1907, in-8°, br.   0 fr. 60

— 1908, in-8°, br.   0 fr. 60

— Les Caves de réserve pour les vins ordinaires, 1904, in-8°, br.   0 fr. 75

Audebert. — La lutte contre l'Eudémis Botrana, la Cochylis et l'Altise. Bordeaux, 1902.   0 fr. 50

Audebert II (Tristan). — La chasse à la palombe dans le Bazadais, 1907, in-18 avec planches.   3 fr.

Barbe. — De l'élevage du cheval dans le sud-ouest de la France et principalement dans la Gironde et les Landes, et de son hygiène. Hygiène des animaux en général et de leurs habitations. 1903, 1 vol. in-8, br.   6 fr.

Batz-Trenquelléon (Ch. de). — Le vrai baron de Batz, rectifications historiques d'après des documents inédits. 1908, in-8.   2 fr.

Bellot des Minières. — Manuel pratique pour les traitements contre toutes les maladies cryptogamiques, à l'aide de l'ammoniure de cuivre en vases hermétiques, b. s. g. d. g. 1902, gr. in-8.   0 fr. 50

— La question viticole. 1902, gr. in-8.   1 fr. 50

Berniard. — L'Algérie et ses vins :

1re partie : prov. d'Oran. Ouv. illustré et accompagné d'une carte vinicole de la province d'Oran. 1888, in-18. 3 fr.

2e partie : prov. d'Alger. Ouv. illustré et accomp. d'une carte vinicole de cette province. Bordeaux, 1890, in-18. 3 fr.

3e partie : prov. de Constantine. Ouv. illustré et accompagné d'une carte vinicole de cette prov. 1892, in-18. 3 fr.

Bitteroff. — Nouveau système astronomique. Lois nouvelles de la gravitation universelle. 1902, in-18. 5 fr.

Blarez (D'). — Cours de chimie organique (programme aide-mémoire des leçons), in-18. 3 fr.

Bontou (A.). — Traité de cuisine bourgeoise bordelaise, 1906, 1 gros vol. in-18 jés., cartonné 3 fr.

Boué (L.). — A travers l'Europe. Impressions poétiques, ornées de 101 compositions dues à 60 artistes de Paris ou de Bordeaux, avec préface de Th. Froment, in-folio de luxe tiré à 625 exempl., dont 25 exempl. sur Japon. Prix sur vélin, 30 fr.; relié toile genre amateur, 37 fr.; sur Japon. 100 fr.

Carles (Dr P.). — Etude chimique et hygiénique du vin en général et du vin de Bordeaux en particulier. 1880, in-8. 3 fr.

— Dérivés tartriques du vin ; 3° éd., Bordeaux, 1903, in-8 (Prix Montyon de l'Institut de France, 1898). 4 fr. 50

— Bouquet naturel des vins et eaux-de-vie. 1897, 1 fr.

— Le vin, le vermouth, les apéritifs et le froid. 1900, in-8. 1 fr.

— Le pain des diabétiques, in-8. 0 fr. 50

— L'acide sulfureux en œnologie et en œnotechnie. Bordeaux, 1905. 1 fr.

— Les vins de Graves de la Gironde, vinification et conservation, 1907, in-8. 0 fr. 60

— Le vin et les Eaux-de-vie de France, 2° édition, 1908. in-8. 0 fr. 40

Carrère (H). — Scènes et saynètes. Lettre préface de Jacques Normand, in-12. 3 fr. 50
(Ouvrages pour les familles et les pensions).

Cazenave. — Manuel pratique de la culture de la vigne dans la Gironde, 2° édition, 1889, in-12, br. 304 p. 3 fr.

Daniel (L.). — La question phylloxérique, — Le greffage et la crise viticole, préface de M. Gaston Bonnier, membre de l'Institut, 1908, fascicule 1er, gr. in-8°, 184 p., orné de 81 dessins en noir et 1 pl. hors texte en couleurs. 6 fr.

Daurel (J.). — Album des raisins de cuve de la Gironde et de la région du S.-O., avec leur description et leur synonymie, avec 15 gr. color. gr. nat., 5 gr. en phototyp. Bordeaux, 1892, in-4, br. 7 fr.
(Publication de luxe couronnée par la Société des Agriculteurs de France).

Dezeimeris (R). — D'une cause de dépérissement de la vigne et des moyens d'y porter remède, 5ᵉ édition, Bordeaux, 1891, in-8, br. 82 p. et 4 pl. hors texte. 2 fr. 50

Denigès (Dʳ G.). — Exposé élémentaire des principes fondamentaux de la théorie atomique ; 2ᵉ édition, 1895, in-8, 120 p.   3 fr. 50.

Féret (Ed.). — **Annuaire du Tout Sud-Ouest** illustré, 1904. Bordeaux, 1 gros vol. petit in-8°, 1,300 p., illustré, par Marcel de Fonrémis, de vues de châteaux, portraits, etc., cartonné toile.   9 fr.
Reliure de luxe.   12 fr.

Féret. — Annuaire du Tout Sud-Ouest illustré, 1905-1906, 1,520 pages, cart. toile.   9 fr.
Reliure de luxe.   12 fr.

Féret (Ed.). — **Bordeaux et ses vins** classés par ordre de mérite, 8ᵉ édition. Bordeaux, 1908, in-12 br., avec 700 vues de châteaux et 10 cart. vinic.   9 fr.
Le même relié toile anglaise.   10 fr.
Le même sans les cartes br.   7 fr.

— Bordeaux and its Wines classed by order of merit 3ᵈ english edition, translated from the 7ᵈ french édition by M. Ravenscrofit, illustrated by Eug. Vergez. 10 fr.
Le même relié toile.   11 fr. 50

— Bordeaux und Seine Weine, trad. sur la 6ᵉ édition française par Paul Wend. Bordeaux et Stettin, 1893, in-12, br., 851 p. enrichie de 400 vues de châteaux. 12 fr. 50
Le même relié.   15 fr.

— Album des grands crus classés du Médoc syndiqués, 1908, in-8.   1 fr. 25

— Les vins de Médoc, avec ill. d'Eug. Vergez et 4 cartes, in-18 j., 260 p.   3 fr.

— Les vins de Graves rouges et blancs, avec ill. d'Eug. Vergez et cartes, in-18 j., 146 p.   2 fr.

— Le pays de Sauternes et les vins blancs de Podensac et de Langon, avec ill. et cart.   2 fr.

— Saint-Emilion et ses vins et les principaux vins de l'arrondissement de Libourne, avec illust., et cartes vinicoles, in-18 j., 264 p.   3 fr.

— Les vins du Cubzadais, du Bourgeais et du Blayais, avec ill. et cart.   2 fr.

— Les vins de l'Entre-Deux-Mers, avec ill. et cart.
                                                  3 fr.

Ces ouvrages sont tirés de la 8ᵉ éd. de *Bordeaux et ses vins*.

— Caractère des récoltes de 1795 à nos jours. Bordeaux, 1898, 16 p. et une carte vinicole de la Gironde.　0 fr. 75

Le même en anglais.　0 fr. 75

— Carnet de statistique du négociant en vins, destiné à recevoir des notes sur 2,000 crus de la Gironde. Bordeaux, 1894, in-12, toile.　2 fr.

— Bordeaux et ses monuments, in-8, br., 90 p., 2 plans et 31 gr.　2 fr.

Feret (Ed.). — Dictionnaire Manuel du maître de chai et du négociant en vins, guide utile à quiconque veut vendre ou manipuler des vins et des spiritueux. 1 vol. in-18, ill. Bordeaux, 1898, 6 fr., cart.　7 fr.

— Le même ne contenant que les articles utiles au maître de chai 3 fr. 50, cart.　4 fr. 50

— Bergerac et ses vins et les principaux crus du département de la Dordogne. 1 vol. in-18 jésus illustré,　3 fr. 50 cart.　5 fr.

Carte vinicole du Médoc et de l'arrondissement de Blaye, extraite de la carte de la Gironde au 1/160000 ; 1 feuille gr. colombier, tirée en trois couleurs.　3 fr.

La même sur toile pleine.　4 fr. 50

Nouvelle carte routière et vinicole de la Gironde à l'échelle de 1/160000, dressée par Félix Feret pour accompagner l'ouvrage *Bordeaux et ses vins*; 1 feuille gr.-aigle, imprim. en trois couleurs et color. par contrées vinicoles (1893).　6 fr.

La même, collée sur toile, pliée, cartonnée.　10 fr.

La même collée sur toile vernie, montée avec gorge et rouleau.　14 fr.

— Statistique générale du départᵗ de la Gironde, 3 tomes en 4 vol. gr. in-8; prix pour les souscripteurs.　52 fr.

Le tome I : Partie topographique, scientique, agricole, industrielle, commerciale et administrative ; 1 vol. gr. in-8 de 1,000 p. est en vente au prix de　16 fr.

Le tome II : Partie agricole et viticole; 1 vol. gr.-8, avec supplément 1,100 p., orné de 300 gr. est à peu près épuisé; ce volume ne se vend qu'avec le t. I au prix de 36 francs les deux vol.

Le tome III : 1ʳᵉ partie, bibliographie; 1 vol. gr. in-8, br., 628 p., est en vente au prix de　10 fr.

2ᵉ partie, archéologique ; 1 vol. gr. in-8, br., d'environ 500 p., orné d'illustrations de MM. Léo Drouyn, Vergez, etc. (sous presse).

— Supplément à la statistique générale de la Gironde part. vinic.). Bordeaux, 1880, in-8, 169 p. avec 50 vues. 4 fr.

Gautier (Paul). — Au fil du rêve, poésies, 1905. in-18, 120 p. **3 fr.**

Gayon. — Etude sur les appareils de pasteurisation des vins en bouteilles et en fûts, avec vignettes ; in-8, 1895. **2 fr.**

— Expériences sur la pasteurisation des vins de la Gironde. Bordeaux, 1895, in-8, 59 p. 1 fr. 25

Gayon, Blarez et Dubourg. — Analyse chimique des vins rouges du département de la Gironde, récolte de 1887. Bordeaux, 1888, in-8. br., 47 p. 1 fr. 50

— Analyse chimique des vins du département de la Gironde, récolte de 1888. 1889, in-8, br., 31 p. 1 fr. 50

Gébelin. — Eléments de géographie. Nouvelle édition par M. Marion.

Europe (moins la France). 1900, in-18. 2 fr.
France et colonies françaises. 1899, in-18. 2 fr.
La Terre, l'Amérique. 1899, in-18. 1 fr. 50
Asie, Afrique, Océanie. in-18. 1 fr. 50

Grandjean. — Le baron de Charlevoix-Villiers et la fixation des Dunes, in-8. 1 fr.

Guillaud (Dr J.-A.). — Flore de Bordeaux et du Sud-Ouest, analyse et description sommaire des plantes sauvages et généralement cultivées dans cette région ; Phanérogames, 326 p., br. 4 fr. 50; cartonné 5 fr. 50

Guillon (J.-M.), dir. de la station viticole de Cognac. — Notes sur la reconstitution du vignoble, avec fig., 1900, gr. in-8. 1 fr. 25

Hugo d'Alési. — Panorama de Bordeaux, fac-simile d'aquarelle sur bristol. 6 fr.

Juhel-Rénoy. — Conseils sur la fabrication et la conservation du cidre. 1897, in-18, 60 p. 1 fr. 25

Kehrig (H.). — La cochylis. Des moyens de la combattre, 3ᵉ éd., 1893, in-8, 2 pl. 2 fr. 50

— L'Eudémis. Les moyens proposés pour la combattre. 1907. 0 fr. 50

— Le vin chez le consommateur. Conseils pratiques, 4ᵉ éd., in-18, 12 p. 0 fr. 25

— Le soutirage des vins, 2ᵉ édition. 1907.   0 fr. 50

— Le privilège des vins à Bordeaux jusqu'en 1889, suivi d'un appendice comprenant le Ban des Vendanges, des Courtiers, de Taverniers ; prix payés pour les vins du xvⁱᵉ au xvⁱⁱⁱᵉ siècle, tableau de l'exploitation des vignes en 1825 Ouvrage couronné par l'Académie des sciences, belles-lettres et arts de Bordeaux. 1886, gr. in-8, 116 p. 2 fr. 50

Labat (Gustave). — Gustave de Galard, sa vie et son œuvre (1779-1841) ; in-4°, orné de 4 pl. hors texte, dessins inédits du maitre. 1896, in-4.   15 fr.

Laborde (J.). — Cours d'Œnologie. Tome I. Maturation du raisin. Fermentation alcoolique. Vinification des raisins rouges et blancs, avec préface de V. Gayon. 1908, 1 vol. gr. in-8°, avec 55 fig. et 1 planche hors texte. 5 fr.

Lapierre (A.). — Plan de la ville de Bordeaux avec les lignes de tramways et omnibus, à l'échelle du 1/10000, dressé par A. LAPIERRE.   1 fr. 50
Le même, colorié.   2 fr. 50

Lemaignan. — Utilisation des marcs de raisin pour fabriquer d'excellentes piquettes, pour nourrir le bétail et comme engrais. 1906, gr. in-8°.   0 fr. 25

Loquin (Anatole). — Le Masque de fer et le livre de M. Funck-Brentano. Bordeaux, 1898, in-8.   0 fr. 60

— Le Prisonnier masqué de la Bastille. Son histoire authentique. Bordeaux, 1900, in-12.   3 fr. 50

Malvezin (P.). — Etudes sur la viti-viniculture, 1905, gr. in-8°.   4 fr.

Mathé (E.). — De Bordeaux à Paris par la Chine, le Japon et l'Amérique. 1907, 1 vol. in-18 orné de figures. 4 fr.

Matignon (J. J.). — Le siège de la légation de France (Pékin, du 15 juin au 15 août 1900). Conférences faites à Bordeaux, in-8.   1 fr. 50

Méric G.). — Le black-rot. Tableau donnant grandeur nature en chromo, feuilles et grains atteints par le black-rot, avec texte explicatif.   0 fr. 75

Montaigne (Michel de). — Nouvelle édition publiée par MM. H. Barckhausen et R. Dezeimeris, contenant la reproduction de la 1ʳᵉ édition, avec les variantes des 2ᵉ et 3ᵉ éditions ; 2 vol. in-8, édition de luxe (Publication de la Société des Bibliophiles de Guyenne).   15 fr.

Pabon (Louis). — Dictionnaire des usages commerciaux et maritimes de la place de Bordeaux et des places voisines. Bordeaux, 1888, in-8, br., 214 p.   3 fr. 50

Panajou (F.). — Barèges et ses env. 1904, 1 vol. in-12, 110 p., 80 phot., 2 pan. h. t., 1 c. de la rég., br. 2 fr. 25

Perceval (Emile de). — Le président Emérigon et ses amis (1795-1847), in-8.   10 fr.

Poignant (M. P.). — Coefficient économique des machines à vapeur en raison de la détente du cylindre et de la formule $\dfrac{t - to}{t}$ Surchauffe de la vapeur. 1902, in-8.
                           1 fr. 50

Rouhet. — De l'entraînement complet et expérimental de l'homme, avec étude sur la voix articulée, suivi de recherches physiologiques et pratiques sur le cheval, gr in-8, illustré.   10 fr

— L'Equitation, gr. in-8 illustré.   3 fr. 5

Saint-Laurent (Pierre). — Chiens de défense et chiens de garde, races, éducation, dressage. Préface de M. Cunisset-Carnot, 1907, in-8º avec planches.   2 fr.

Salvat. — Le pin maritime, sa culture, ses productions. Bordeaux, 1891, in-12, br., 39 p.   1 fr.

Sud-Ouest navigable (1er Congrès du), tenu à Bordeaux les 12, 13 et 14 juin 1902. Compte rendu des travaux. 1902, gr. in-8.   5 fr.

Usages locaux du département de la Gironde publiés suivant la délibération du Conseil général, 2º éd. revue et augmentée. 1900, in-12.   2 fr. 50

Viard (E.). — Etude sur les vins au point de vue de leur action sur l'organisme. 1904, gr. in-8.   1 fr.

_____

Ajouter 10 0/0 du prix de l'ouvrage pour l'envoi franco, plus 25 centimes de recommandation pour l'Etranger.

BAR-SUR-SEINE. — IMP. Vᵉ C. SAILLARD.